海洋工程非线性动力学理论与方法

唐友刚　刘利琴　张素侠　著

科学出版社

北京

内 容 简 介

本书阐述非线性动力学理论与方法及其在海洋工程中的应用。主要内容包括单自由度非线性振动、多自由度非线性振动、参数激励非线性振动、非线性振动稳定性的分析方法、非线性系统求解的图解法和数值模拟方法，概要介绍现代非线性动力学分岔和混沌理论；结合大量海洋工程实例，包括船舶的非线性和参数激励运动、铰接塔平台的非线性动力特性分析、深海平台垂荡-纵摇耦合动力特性及海洋细长构件的非线性动力特性分析等，详细阐述海洋结构非线性动力学建模、求解和分析方法，揭示海洋工程结构物复杂的非线性动力学行为，包括内共振响应、无周期响应、异频振动响应、参数激励响应、分岔和混沌响应等。

本书可作为大学本科高年级学生及研究生的教学参考书或教学用书，还可供从事船舶与海洋工程、机械工程、土木工程及水利水电工程等方面的科技人员参考。

图书在版编目（CIP）数据

海洋工程非线性动力学理论与方法 / 唐友刚，刘利琴，张素侠著.
—北京：科学出版社，2016.12
ISBN 978-7-03-051417-2

Ⅰ. ①海… Ⅱ. ①唐… ②刘… ③张… Ⅲ. ①海洋工程-非线性-动力学 Ⅳ. ①P75

中国版本图书馆 CIP 数据核字（2016）第 316746 号

责任编辑：牛宇锋　王　苏 / 责任校对：郭瑞芝
责任印制：张　伟 / 封面设计：陈　敬

科 学 出 版 社 出版
北京东黄城根北街 16 号
邮政编码：100717
http://www.sciencep.com

北京九州迅驰传媒文化有限公司 印刷
科学出版社发行　各地新华书店经销

*

2016 年 12 月第　一　版　开本：720×1000　1/16
2024 年 1 月第四次印刷　印张：23 3/4
字数：463 000

定价：198.00 元
（如有印装质量问题，我社负责调换）

前　　言

随着海洋资源开发与海洋空间利用工程的发展，出现了多种形式的海洋结构物。研究这些海洋结构物的环境载荷、动力响应特性及其在动力载荷作用下的动力响应分析理论，形成了一门崭新的学科——海洋工程结构动力学。该学科的根本目的是为海洋工程结构的设计开发、建造与安装提供坚实的理论基础。为此，作者曾经于 2008 年出版了《海洋工程结构动力学》一书，受到同行的普遍欢迎。

作者在研究海洋工程结构动力响应及其安全分析的工作中，遇到了大量海洋工程结构的非线性动力学问题。这些问题采用线性振动理论无法解决，甚至得到与海洋结构实际现象完全违背的结果。例如，船舶在纵浪中大幅横摇运动及倾覆现象，顺应式平台的大幅及慢漂运动，深海平台升沉与摇摆运动的耦合关系等，这些动力学问题无法采用线性振动理论进行分析。多年来，作者课题组及国内外同行结合不断涌现的海洋新型结构，应用非线性动力学的理论和方法，开展了大量卓有成效的研究工作，发展了非线性动力学理论与方法，拓宽了其应用范围。

海洋工程结构的非线性振动或者运动，导致结构物出现异常损伤和破坏。为了揭示海洋结构由于非线性振动或者非线性运动原因引起的损伤与失效机理，发现复杂非线性振动(运动)响应出现的条件，以及非线性振动(运动)引起的有害后果，采用非线性动力学研究海洋结构动力响应是海洋工程领域科技的发展趋势与需求。本书正是为了适应该发展趋势和需要编写而成。

非线性振动(运动)的研究方法可以分为解析方法及数值方法。国内外许多学者致力于非线性振动理论与解析方法的研究。近年来，该理论研究得到了很大的发展。特别是分岔和混沌理论的研究工作，在工程实践中出现了一大批应用成果。近 30 年来，计算机技术迅速发展，大量的非线性振动问题可以采用数值模拟方法获得解决，这进一步推进了非线性振动理论和方法的进步，尤其为多自由度非线性振动问题的求解提供了强有力的方法。

本书密切结合海洋工程非线性振动(运动)实际，阐述非线性振动系统分析的理论与方法，以及动力学中分岔与混沌分析的基本理论。编写过程力求便于工程应用，紧密结合海洋工程实际。

本书共 12 章，第 1 章介绍非线性振动的基本概念、海洋工程中的非线性振动问题；第 2 章介绍单自由度非线性自由振动方程的近似解法、单自由度非线性系统自由振动的特点；第 3 章介绍单自由度非线性系统强迫振动的近似解法，分析非线性系统强迫振动响应的特点；第 4 章介绍单自由度参数激励振动系统的求解方法；第 5 章介绍弱非线性多自由度系统的多尺度法、多自由度系统内共振和参数激励响应特点，以及船舶斜浪航行的非线性运动分析方法；第 6 章介绍非线性系统的稳定性分析方法，包括李雅普诺夫方法、劳斯-赫尔维茨方法及参激系统稳定性判别方法；第 7 章介绍非线性系统的图解法与数值解法，包括点映射和胞映射方法，求解多自由度非线性动力响应的数值模拟方法；第 8 章介绍非线性系统的分岔与混沌分析方法；第 9 章介绍顺应式铰接塔平台系统非线性动力响应的分析方法，包括建模、求解过程及动力响应特点；第 10 章介绍船舶非线性运动，包括横浪中的强迫横摇运动，纵浪中的参数激励横摇及斜浪中的参数激励横摇；第 11 章介绍深海 Spar 平台的非线性动力分析，包括平台的垂荡-纵摇耦合运动及运动稳定性分析；第 12 章介绍海洋细长构件的动力响应分析，包括深海立管的涡激非线性振动、张力腿的非线性振动及缆索的冲击动力响应。

多年来，本书作者及其团队从事海洋工程结构非线性动力学的教学和科研工作，承担 863 计划项目、国家自然科学基金项目、973 计划项目(2014CB046805)、博士点基金等。本书是在作者多年科研和教学基础上编写而成的。感谢作者研究团队为本书做出的贡献，他们是田凯强、郑俊武、张延峰、王文杰、谢文会、刘利琴、李红霞、张素侠、赵晶瑞等。特别感谢董艳秋教授对作者多年的指导与支持。

本书由唐友刚、刘利琴、张素侠等共同编写。具体分工为：唐友刚编写第 1～第 5 章；张素侠编写第 7 章；刘利琴编写第 8～第 10 章；唐友刚和李焱编写第 11 章；第 6 及第 12 章由张素侠和刘利琴共同完成。全书由唐友刚统稿。

在本书编写过程中，参阅和引用了同行专家的资料和科研成果。天津大学力学系的吴志强教授审阅了第 6 和第 8 章内容，提出了宝贵的修改意见。在完成书稿的过程中，得到了研究团队博士和硕士研究生李焱、曲晓奇、周光耀、翟佳伟、赵海祥、陈胜利等的热情支持。

陈予恕院士对于本书的出版，给予了很多关心、鼓励和指导，百忙之中亲自为本书作序。在本书付梓之际，作者谨向支持本书出版的所有单位和个人表示衷心的感谢和崇高的敬意。

本书出版，得到 973 计划项目(2014CB046805)和国家科学基金项目(51279130)的资助，在此深表感谢。

作者水平所限，书中不妥之处在所难免，恳请读者批评指正，衷心感谢读者对本书提出宝贵意见。

唐友刚

2016 年 6 月 6 日

于天津大学七里台校区

目　　录

第1章 绪 论

1.1 研究海洋工程结构非线性动力学的工程意义

振动是自然界广泛存在的自然现象。航行或定位于海洋中的船舶与海洋工程结构物遭受风、浪、流等复杂载荷的作用，时刻处于运动之中。振动可以分为线性振动与非线性振动两大类。线性振动是指该振动系统中的惯性力、阻尼力、恢复力是位移、速度和加速度的线性函数，而且干扰力是简谐的。线性振动可以表述为[1]

$$m\ddot{x} + c\dot{x} + kx = f(t) \tag{1-1}$$

其中，m 为振动质量；c 为阻尼系数；k 为刚度系数；x 为振动位移；$\dot{x}$ 为振动加速度；$\ddot{x}$ 为振动加速度；$f(t)$ 为周期干扰。由于式(1-1)中的阻尼力、弹性恢复力都是线性函数，所以式(1-1)为二阶非齐次线性微分方程，这样的系统称为线性振动系统[1]。船舶在规则横浪作用下的小幅摇摆运动，可以由式(1-1)表示。如果阻尼力和弹性力二者之一或者二者都是位移和速度的非线性函数，则该系统是非线性的，该系统的振动方程为非线性微分方程，非线性微分方程表示的系统为非线性振动系统[2]。

$$m\ddot{x} + f(\dot{x}) + f(x) = f(t) \tag{1-2}$$

其中，非线性阻尼力 $f(\dot{x})$ 是速度的非线性函数；非线性恢复力 $f(x)$ 是位移的非线性函数；干扰力 $f(t)$ 是随时间周期变化的函数。这类系统的非线性振动是由结构系统自身的非线性因素引起的。

在海洋工程结构振动时，小尺度构件的波浪干扰力按照莫里森(Morison)公式计算[3-5]，干扰力 $f(t)$ 包括两部分：拖曳力和惯性力。拖曳力是速度的平方函数，因此，对于海洋工程结构，即使结构系统本身是线性的，由于遭受非线性干扰力的作用，其振动也属于非线性振动。这类系统的非线性振动是由外载荷的非线性因素引起的。

海洋工程结构存在非线性振动,导致海洋结构出现复杂的非线性动力学行为,研究海洋工程结构非线性动力学行为的分析方法及动力学行为特征构成了海洋工程非线性动力学的主要任务和内容。研究内容主要包括：海洋工程结构发生周期振动的规律(振幅、频率、相位的变化规律)，周期解的稳定条件，揭示复杂非线性动力学响应出现的参数域，由此预测和确定海洋结构发生大幅振动的外在和内在因素，确定海洋工程结构非线性有害振动发生的机理和条件，发现极端海况下结构振动响应的特点，并为减小有害振动、实施振动参数优化提供依据。通过海洋工程非线性动力学行为的研究，掌握其复杂振动的特点和影响因素，修改和调整这些因素或者条件，使结构大幅运动得到减小或者控制，为确保结构系统的安全提供理论技术支持。

1.2 海洋工程结构中的非线性振动问题

1.2.1 含刚度非线性的非线性振动系统

1. 船舶在规则波浪中横摇

船舶在规则横浪中发生横摇运动。横摇运动方程为[6]

$$I_\phi \ddot{\phi} + R(\dot{\phi},t) + K(\phi,t) = M(\Omega,t) \tag{1-3}$$

在小角度横摇(横摇角不大于10°)情况下，横摇运动方程是线性的，即有

$$R(\dot{\phi},t) = c\dot{\phi}$$
$$K(\phi,t) = k\phi$$

其中，I_ϕ、c、k 分别为横摇转动惯量、阻尼力矩系数和恢复刚度系数，$k = \overline{GM}\Delta$，$\overline{GM}$ 为横摇初稳性高，Δ 为排水量；$\ddot{\phi}$、$\dot{\phi}$、ϕ 分别为横摇角加速度、横摇角速度和横摇角；$M(\Omega,t)$ 为横摇干扰力矩。

在横摇角大于10°时，船舶横摇进入大角横摇。船舶阻尼力是横摇角速度 $\dot{\phi}$ 的非线性函数，同时，横摇恢复力矩也是横摇角的非线性函数。非线性阻尼力矩表示为

$$R(\dot{\phi},t) = B_1\dot{\phi} + B_3\dot{\phi}^3 \tag{1-4}$$

恢复力矩根据如图 1-1 所示的静稳性曲线拟合得到[7]，图 1-1 乘以排水量即为恢复力矩。

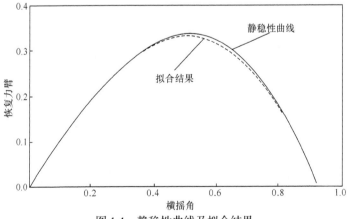

图 1-1 静稳性曲线及拟合结果

将图 1-1 所示曲线乘以排水量进行拟合，得到恢复力矩的表达式为

$$K(\phi,t) = k_1\phi + k_3\phi^3 + k_5\phi^5 + \cdots \tag{1-5}$$

考虑规则波，则波浪干扰力矩可以写为简谐形式，即

$$M(\Omega,t) = M_0 \cos \Omega t \tag{1-6}$$

其中，M_0 为波浪干扰力矩的幅值；Ω 为波浪力矩的圆频率(rad/s)。将式(1-4)～式(1-6)代入式(1-3)，得到船舶的如下非线性横摇运动方程[6]：

$$I_\phi \ddot{\phi} + B_1 \dot{\phi} + B_3 \dot{\phi}^3 + k_1\phi + k_3\phi^3 + k_5\phi^5 = M_0 \cos \Omega t \tag{1-7}$$

式(1-7)为研究船舶和浮体在横浪上大幅运动和倾覆机理的非线性模型，其包括了阻尼非线性和恢复力非线性。

2. 多点系泊系统

为了有效限制浮体在海上的 6 个自由度运动，采用多条缆绳将浮体的不同位置与海底连接，形成多点系泊系统，如图 1-2 所示。

图 1-2 多点系泊船

该系泊方式可以减小船舶的摇摆运动。在迎浪或顺浪状态下，主要表现为纵荡运动。将多点系泊船简化为图 1-3 所示的分析模型[3]。

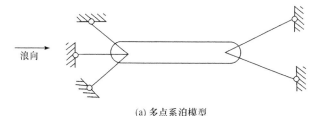

浪向

(a) 多点系泊模型

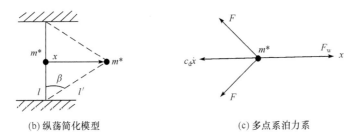

　　　　(b) 纵荡简化模型　　　　　　　　　　(c) 多点系泊力系

图 1-3　多点系泊船分析模型

　　假定波浪方向与船体长度方向一致，则简化模型纵荡运动力的平衡方程为

$$m\ddot{x} + c_{\mathrm{d}}\dot{x} + 2F_{\mathrm{H}}(x,t) = F_{\mathrm{w}}(t) \tag{1-8}$$

其中，x 及其导数 $\dot{x}$、$\ddot{x}$ 分别为船舶纵向运动的位移、速度和加速度；m 为包括附连水在内的船舶质量；c_{d} 为流体阻尼系数；$F_{\mathrm{H}}(x,t)$ 为单根系泊缆索张力在水平方向的分力；F_{w} 为波浪力沿纵向的分量。若缆索断面面积为 A，材料的弹性模量为 E，初张力为 R_0，则有

$$F_{\mathrm{H}} = F\sin\beta = \frac{x}{l'}\left(R_0 + AE\frac{l'-l}{l}\right)$$

单根缆索伸长后的长度 $l' = l\sqrt{1 + (x/l)^2}$，于是有

$$F_{\mathrm{H}} = R_0\left(\frac{x}{l}\right) + \frac{AE}{2l^3}x^3 \tag{1-9}$$

　　考虑两根缆索同时起作用，将式(1-9)代入式(1-8)，则可得到多点系泊系统的纵向运动方程为

$$m\ddot{x} + c_{\mathrm{d}}\dot{x} + \frac{2R_0}{l}x + \frac{AE}{l^3}x^3 = F_{\mathrm{w}}(t) \tag{1-10}$$

　　式(1-10)包含 x^3，所以方程是非线性的，其为系泊船非线性纵荡运动方程。具有三次非线性的方程称为达芬(Duffing)方程，一般形式为[2,8]

$$m\ddot{x} + c\dot{x} + k_1 x + k_3 x^3 = F_{\mathrm{w}}(t) \tag{1-11}$$

k_1 为线性恢复力刚度项系数；k_3 为非线性恢复力刚度项系数。式(1-11)为一类重要的非线性方程的形式。

1.2.2　含分段线性非线性恢复力的振动系统

　　分段线性非线性恢复力是指振动位移在不同阶段，恢复刚度和恢复力的大小具有不同的表达式，即将一个运动周期按照恢复力表达式的不同分为几个线性区段，这种系统称为分段线性非线性振动系统[2]。

在海洋油气资源开发生产系统中，采用单点系泊实施储油轮的定位，如图 1-4 所示。

图 1-4　铰接塔-油轮系统(单点系泊)

图 1-4 中，铰接塔通过万向接头与海底连接，油轮通过缆绳连接铰接塔的刚臂。铰接塔和油轮在风浪作用下耦合运动。当油轮纵荡时，塔柱沿油轮纵荡方向做摇摆运动[9]。

塔柱结构包括水面附近的浮力舱和调整重心的压载舱。①当塔柱向船体运动时，系泊索松弛，恢复力只有水面附近浮力舱提供的浮力矩；②当塔柱离开油轮运动时，缆绳拉紧，恢复力包括浮力影响和缆绳张紧力。在塔柱运动的一个周期内，恢复力的表达式是分为几个线性区段的。考虑到油轮的质量远大于塔柱和大缆的质量，可以假定油轮不动，研究塔柱的摇摆规律和大缆张力。动力自由度为铰接塔的摆角 θ，用弹簧表示系缆产生的恢复刚度，得到的分析模型如图 1-5 和图 1-6[10,11]所示。

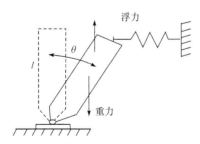

图 1-5　铰接塔-油轮简化模型图

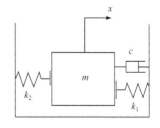

图 1-6　铰接塔-油轮等效动力学模型

考虑系泊塔柱朝两个不同的方向运动时，恢复刚度不同，铰接塔体系在运动过程中，对应两个不同的恢复刚度表达式，即恢复刚度为分段线性非光滑的。考虑系统的结构阻尼和流体平方阻尼，阻尼特性由线性阻尼加平方阻尼项表示。铰

接塔-油轮体系的等效动力学模型如图 1-5 所示。图 1-6 所示动力学模型的运动控制方程为[11]

$$I_{\theta}\ddot{\theta} + C\dot{\theta} + d(\dot{\theta}) + g(\theta) = \sum_{n=0}^{\infty}\left(\hat{F}_n \cos n\Omega\tau + \hat{G}_n \sin n\Omega\tau\right) \qquad (1\text{-}12)$$

其中

$$d(\dot{\theta}) = \begin{cases} D\dot{\theta}^2, & \dot{\theta} < 0 \\ -D\dot{\theta}^2, & \dot{\theta} \geqslant 0 \end{cases} \qquad (1\text{-}13)$$

$$g(\theta) = \begin{cases} k_1\theta, & \theta < 0 \\ k_2, & \theta \geqslant 0 \end{cases} \qquad (1\text{-}14)$$

式(1-12)~式(1-14)中，θ 为铰接塔角位移；$\dot{\theta}$ 和 $\ddot{\theta}$ 分别为 θ 对时间的一阶和二阶导数；I_θ 为铰接塔的转动惯量；C 为阻尼线性项系数；$d(\dot{\theta})$ 为非线性阻尼表达式；$\sum_{n=0}^{\infty}\left(\hat{F}_n \cos n\Omega\tau + \hat{G}_n \sin n\Omega\tau\right)$ 为载荷激励；$g(\theta)$ 为分段线性恢复刚度函数。当塔柱离开平衡位置向左摆动时，恢复刚度系数为 k_1，向右摆动时，恢复刚度系数为 k_2。

1.2.3 参数激励振动系统

一般振动方程中的阻尼系数和恢复力系数是常数，与时间无关，即为常系数振动微分方程。但是在工程实际中，某些振动微分方程的恢复力系数与振动时间有关，这在数学上称为时变系数微分方程，方程中出现与时间有关的系数，等于施加了附加激励，这称为参数激励。由此引起的振动，称为参数激励振动。对于参数激励系统而言，当外激励为系统固有频率的 2 倍时，会激起振幅很大的动力响应，这称为主参数共振[1,2]。

1. 船舶参数激励横摇

1998 年，一条巴拿马型 C11 集装箱 APL CHINA 号在北太平洋海域顶浪航行时，出现了剧烈的横摇运动，横摇角一度达到 40°，船上集装箱损坏、丢失严重，如图 1-7 所示。这是参数激励引起的船舶大幅横摇[12]。

研究船舶参数横摇运动是目前船舶与海洋工程领域的重要课题。船舶在纵浪中航行时，排水量和横稳心的位置是时变的，这导致横摇恢复力矩是横摇、波面升高及时间的函数[9]：

$$K(\phi,t) = \Delta \cdot \overline{GZ}(\phi,\eta,t) \qquad (1\text{-}15)$$

其中，η 为波面升高；Δ 为排水量；$\overline{GZ}(\phi,\eta,t)$ 为船舶横摇恢复力臂。

图 1-7　参数激励横摇引起集装箱倾倒

研究表明，在纵浪中航行时，波浪使船体的初稳性高随时间波动，对高次恢复力矩系数影响较小。恢复力臂可用以下形式表示[9]：

$$\overline{GZ} = \left[\overline{GM} + gm(t)\right]\phi + K_3\phi^3 + K_5\phi^5 \tag{1-16}$$

其中，$gm(t)$ 表示波浪对初稳性高的影响，是时变的初稳性高的波动项，为微分方程的时变系数，即参数激励项；$\overline{GM}$ 是静水中船体的初稳性高；K_3 和 K_5 分别为三次和五次非线性恢复力矩系数，它们可由静稳性曲线拟合得到。这个模型反映纵浪中的初稳性高是由静水中的初稳性高和波浪引起的初稳性高波动项组成的。

将式(1-16)代入式(1-15)，然后代入横摇运动方程(1-3)，得到[9]

$$I_\phi\ddot{\phi} + B_1\dot{\phi} + B_3\dot{\phi}^3 + \Delta\left\{\left[\overline{GM} + gm(t)\right]\phi + K_3\phi^3 + K_5\phi^5\right\} = 0 \tag{1-17}$$

令

$$2\hat{\mu} = \frac{B_1}{I_{\phi\phi} + \delta I_{\phi\phi}}, \quad \hat{\mu}_3 = \frac{B_3}{I_{\phi\phi} + \delta I_{\phi\phi}}, \quad \omega_\phi = \sqrt{\frac{\Delta \cdot \overline{GM}}{I_{\phi\phi} + \delta I_{\phi\phi}}}$$

$$k_3 = \frac{\Delta \cdot K_3}{(I_{\phi\phi} + \delta I_{\phi\phi})\omega_\phi^2}, \quad k_5 = \frac{\Delta \cdot K_5}{(I_{\phi\phi} + \delta I_{\phi\phi})\omega_\phi^2}, \quad h(t) = \frac{\Delta \cdot gm(t)}{(I_{\phi\phi} + \delta I_{\phi\phi})\omega_\phi^2}$$

ω_ϕ 为船舶横摇固有频率，则式(1-17)写为

$$\ddot{\phi} + 2\hat{\mu}\dot{\phi} + \hat{\mu}_3\dot{\phi}^3 + \omega_\phi^2[\phi + k_3\phi^3 + k_5\phi^5 + h(t)\phi] = 0$$

在规则纵浪中，参数激励项按简谐规律变化，即

$$h(t) = h_0 \cos \Omega t$$

则规则纵浪中的船舶参数激励非线性横摇方程为[7,9]

$$\ddot{\phi} + 2\hat{\mu}\dot{\phi} + \hat{\mu}_3\dot{\phi}^3 + \omega_\phi^2[\phi + k_3\phi^3 + k_5\phi^5 + h_0\cos(\Omega t)\phi] = 0 \qquad (1\text{-}18)$$

其中，h_0 为无因次参数激励幅值；Ω 为参数激励频率。

2. 受浮体周期升沉作用的深海立管

海洋资源开发中采用大量细长杆件，如立管(钻井立管和生产立管)，张力腿平台的张力腿、系泊缆索等均属于细长杆件。这类杆件的顶端与浮体连接，当浮体在波浪中做升沉运动时，杆件的顶端受到浮体的升沉影响，一般将升沉运动简化为作用于杆件顶端的周期力，该周期力引起杆件的横向振动，此即为海洋细长杆件的参数激励振动[13]。

深海顶张力立管(top tension riser, TTR)是连接采油甲板井口与海底的通道，其作用是将油气输送到甲板。深海顶张力立管如图 1-8(a)所示，图 1-8(b)为分析模型[13]。

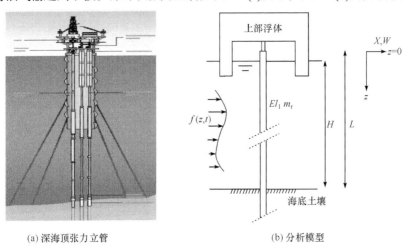

(a) 深海顶张力立管　　　　　　　　　　(b) 分析模型

图 1-8　深海顶张力立管及其分析模型

深海顶张力立管的参数激励振动方程为[13]

$$EI\frac{\partial^4 w(z,t)}{\partial z^4} - \frac{\partial}{\partial z}\left[T(z,t)\frac{\partial w(z,t)}{\partial z}\right] + (m_r + m_f + m_a)\frac{\partial^2 w(z,t)}{\partial z^2} = 0 \qquad (1\text{-}19)$$

其中，EI 为立管的抗弯刚度($N \cdot m^2$)；$T(z,t)$ 为立管的有效张力(N)；$m_r = \frac{1}{4}\rho_s\pi(D_o^2 - D_i^2)$ 为单位长度立管质量(kg/m)，ρ_s 为立管材料密度(kg/m^3)，D_o 为立管的外径(m)，D_i 为立管的内径(m)；$m_f = \frac{1}{4}\rho_f\pi D_i^2$ 为单位长度内部流体质量(kg/m)，ρ_f 为立管内部流体密度(kg/m^3)；$m_a = \frac{1}{4}C_a\rho_w\pi D_o^2$ 为单位长度附加质量

(kg/m)，C_a 为附加质量系数，ρ_w 为海水密度(kg/m³)。

考虑立管顶端浮体的升沉运动，立管的有效轴力 $T(z,t)$ 是时间和水深的函数[13]：

$$T(z,t) = A_s g(\rho_s - \rho_w)(f_{top}L - z) + ka\cos\Omega t \tag{1-20}$$

其中，A_s 是立管截面面积；f_{top} 立管顶张力系数(实际工程一般取为 1.3)；k 是张紧器等效弹簧刚度 $k = LW_a / a_c$，L 是立管的长度，W_a 是立管单位长度的湿重，a_c 是与立管张紧系统效率有关的常数，工程中 $a_c = 10\text{m}$，由此得到 $k = 144.4\text{kN/m}$；a 和 Ω 是浮体的升沉幅值(m)和升沉频率(rad/s)；$ka\cos\Omega t$ 为杆件顶端浮体运动引起的施加在杆端的载荷，称为参数激励项。将式(1-20)代入式(1-19)，即为 TTR 的参数激励振动方程。

考虑立管单位长度受横向流体动力 $f(z,t)$ 的强迫激励，根据式(1-19)，则立管的振动为参数-强迫激励振动，简称参-强激励振动[13]。

$$EI\frac{\partial^4 w(z,t)}{\partial z^4} - \frac{\partial}{\partial z}\left[T(z,t)\frac{\partial w(z,t)}{\partial z}\right] + (m_r + m_f + m_a)\frac{\partial^2 w(z,t)}{\partial z^2} = f(z,t) \tag{1-21}$$

式(1-21)即为柔性杆件参-强激励振动方程。

3. 张力腿平台张力腿的参激振动

张力腿平台如图 1-9(a)所示，张力腿连接浮体结构与海底基础见图 1-9(a)，浮体提供的浮力大于结构重量，剩余浮力由张力腿承受，所以张力腿具有很大的垂向刚度。平台浮体垂荡运动过程中，张力腿顶部受到拉压作用，该拉压载荷即为参数激励。图 1-9(b)为张力腿分析模型[14]。

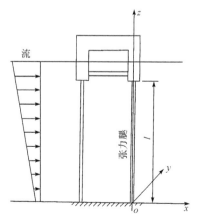

(a) 张力腿平台　　　　　　　　(b) 分析模型

图 1-9　张力腿及其分析模型

参数激励作用下张力腿的振动方程为[14]

$$m\frac{\partial^2 y(z,t)}{\partial t^2} + c_1'\frac{\partial y(z,t)}{\partial t} + EI\frac{\partial^4 y(z,t)}{\partial z^4} - (T_0 + T\cos\Omega t)\cdot\frac{\partial^2 y(z,t)}{\partial z^2} = f_y(z,t) \quad (1\text{-}22)$$

其中，EI 为弯曲刚度；T_0 为预张力；$T\cos\Omega t$ 为顶端动张力，也即参数激励项；$f_y(z,t)$ 为流体作用力。式(1-22)是参数激励和外激励共同作用的振动系统，称为参-强激励振动系统。

4. 系泊缆索参数激励振动

长度为 l、单位长度均匀有效质量为 $\bar{m}$ 的单个锚缆，固定一端，而另一端与浮体连接。浮体水平运动时，系缆上端受到横向谐波激励[3,5]。图 1-10(a)所示的接近垂直的锚缆以及图 1-10(b)所示的浮筒系缆都是可能在规则波浪的情况下发生水平运动激励的例子[3,5]。

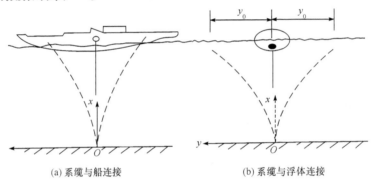

(a) 系缆与船连接　　　　　　　(b) 系缆与浮体连接

图 1-10　水中缆受到的水平向激励

在任何情况下，系缆的平均拉力是 P_0，海底条件和连接浮体顶部条件为

$$y(0,\ t) = 0 \ , \quad y(l,\ t) = y_0\cos\Omega t \quad (1\text{-}23)$$

在图 1-10(a)中，当被系泊的船舶或浮体在波浪中做升沉运动时，垂直系泊的锚索或锚缆也可能发生参数激励振动。这种情况下，锚缆的平均张力是 P_0。谐波脉动力的振幅是 $P_1 < P_0$，而且激励频率是 Ω，垂直载荷为

$$P = P_0 + P_1\cos\Omega t \quad (1\text{-}24)$$

缆索的基本弯曲自由振动微分方程为[5]

$$P\frac{\partial^2 y}{\partial x^2} - \bar{m}\frac{\partial^2 y}{\partial t^2} = 0 \quad (1\text{-}25)$$

由式(1-24)得到锚缆的水平横向运动方程为

$$\overline{m}\frac{\partial^2 y}{\partial t^2} - (P_0 + P_1\cos\Omega t)\frac{\partial^2 y}{\partial x^2} = 0 \tag{1-26}$$

式(1-26)即为缆索参数激励振动方程，$P_1\cos\Omega t$ 项称为参数激励项，反映了升沉运动引起的载荷对于锚缆水平横向振动的影响。

5. 深海 Spar 平台垂荡-纵摇耦合运动

深海 Spar 平台有 6 个自由度的运动，但由于结构的对称性，独立的运动仅有垂荡、纵摇和纵荡。大量的 Spar 平台统计表明，其垂荡固有频率接近纵摇固有频率的 2 倍，极易产生耦合的不稳定运动。Spar 平台垂荡和纵摇耦合运动过程中，主体排水量与浮心位置不断变化，导致主体纵摇恢复力矩出现时变，引起主体纵摇运动的附加干扰，属于参数激励运动的范畴。尤其当波激频率接近垂荡固有频率时，纵摇稳性高度 $\overline{GM}$ 会受到时变的垂荡运动的影响，出现参数激励纵摇运动，此外，平台还将受到波浪激励力矩的强迫激励作用，因此平台的纵摇运动受到了参-强联合激励作用[15-17]。

考虑垂荡为简谐运动，且不受纵摇影响，Spar 平台参数激励纵摇运动方程为[16]

$$\left(I_{55} + I\right)\ddot{\xi}_5 + B_5\dot{\xi}_5 + \rho g\Delta\left[\overline{GM} + \frac{1}{4}\xi_5^2 H_g + \frac{1}{2}(\eta - \xi_3)\right]\xi_5 = 0 \tag{1-27a}$$

若考虑波浪力矩的作用，式(1-27a)为参数激励和波浪激励运动微分方程，此时为参-强激励振动系统[15]：

$$\left(I_{55} + I\right)\ddot{\xi}_5 + B_5\dot{\xi}_5 + \rho g\Delta\left[\overline{GM} + \frac{1}{4}\xi_5^2 H_g + \frac{1}{2}(\eta - \xi_3)\right]\xi_5 = F_{w5}\cos\left(\Omega t + \theta_5\right)$$

$$\tag{1-27b}$$

其中，I 为平台纵摇转动惯量；I_{55} 为纵摇附加转动惯量；B_5 为纵摇辐射阻尼系数；ρ 为海水密度；Δ 为平台静排水量；$\overline{GM}$ 为纵摇初稳性高；H_g 为平台重心距静水面的高度；ξ_3 为垂荡位移，ξ_5 为纵摇角；F_{w5} 为线性化的纵摇波浪力矩幅值；Ω 为波浪频率；θ_5 是纵摇波浪力矩与垂荡运动间的相位角。

1.2.4 多自由度的非线性振动系统

海洋工程结构物在大幅非线性运动过程中，多个自由度之间是相互耦合的。例如，船舶在小角度运动情况下，可以认为横摇、升沉及纵摇是独立的，但是在大幅非线性运动过程中，横摇、升沉及纵摇则是相互影响的。根据非线性动力学理论，在非线性大幅运动状态下，各个模态之间的能量不再守恒，而是相互传递的，因而导致各个模态运动幅值和相位出现调整。

1. 船舶横摇-纵摇耦合非线性运动

采用两个坐标系描述船舶运动，$\overline{O}\,\overline{x}\,\overline{y}\,\overline{z}$ 为空间固定坐标系，$Oxyz$ 为固定在船上的运动坐标系，如图 1-11 所示。船体质心位移由矢量 $\boldsymbol{R}$ 描述，旋转角用欧拉角描述。定义：绕 x 轴的角度为横摇角 ϕ，绕 y 轴的角度为纵摇角 θ，绕 z 轴的角度为首摇角 ψ [18]。

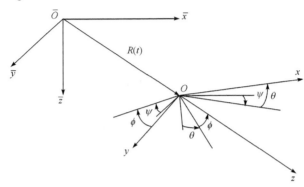

图 1-11　船舶耦合运动坐标系

考虑建立横摇与纵摇两个自由度的耦合运动，假设如下。

(1) 重心位置固定不动，即 $u = v = w = \dot{u} = \dot{v} = \dot{w} = 0$。

(2) 横摇与纵摇为绕过重心轴的运动。

(3) 首摇角及角速度为零，即 $\psi = \dot{\psi} = 0$。

考虑规则波力矩的作用，得到船舶横摇和纵摇耦合的非线性运动方程为[18]

$$\begin{cases} I_{xx}\ddot{\phi} - I_{xz}\dot{\phi}\dot{\theta} = K_1 + K_\phi\phi + K_{\dot{\phi}}\dot{\phi} + K_{\ddot{\phi}}\ddot{\phi} + K_{\phi\theta}\phi\theta + K_{0\dot{\phi}}\theta\ddot{\phi} + K_{\phi\ddot{\theta}}\phi\ddot{\phi} + K_{\dot{\phi}\dot{\theta}}\dot{\phi}\dot{\theta} + M_{\phi0}\cos\Omega t \\[2mm] I_{yy}\ddot{\theta} - I_{xz}\dot{\phi}^2 = M_1 + M_\theta\theta + M_{\dot{\theta}}\dot{\theta} + M_{\ddot{\theta}}\ddot{\theta} + M_{\phi\phi}\phi^2 + M_{\dot{\phi}\dot{\phi}}\dot{\phi}\dot{\phi} + M_{\theta\theta}\theta^2 + M_{\theta\ddot{\theta}}\theta\ddot{\theta} + M_{\dot{\phi}\dot{\phi}}\dot{\phi}^2 \\[2mm] \qquad\qquad + M_{\dot{\theta}\dot{\theta}}\dot{\theta}^2 + M_{\theta0}\cos\Omega t \end{cases}$$

$$(1\text{-}28)$$

其中，I_{xx}、I_{yy} 分别为 x 轴、对 y 轴的转动惯量；I_{xz} 为对 x 和 z 轴的惯性积。

令 $\phi = \phi_s + u$，$\theta = \theta_s + v$，其中，ϕ_s 和 θ_s 分别为船舶静力 K_1 和 M_1 作用下的静倾角。仅考虑动倾角，在式(1-28)中以 u 代替 ϕ，v 代替 θ，得[16]

$$\begin{cases} \ddot{u} + \omega_1^2 u = \varepsilon(-2\mu_1\dot{u} + \delta_1 uv + \delta_2 u\ddot{v} + \delta_3 v\ddot{u} + \delta_4 \dot{u}\dot{v} + \delta_5 v + \delta_6 u + \delta_7 \ddot{v} \\[2mm] \qquad\qquad + \delta_8 \ddot{u} + F_1\cos\Omega t) \\[2mm] \ddot{v} + \omega_2^2 v = \varepsilon\big[-2\mu_2\dot{v} + \alpha_1 u^2 + \alpha_2 u\ddot{u} + \alpha_3 v^2 + \alpha_4 v\ddot{v} + \alpha_5 \dot{u}^2 + \alpha_6 \dot{v}^2 + \alpha_7 u \\[2mm] \qquad\qquad + \alpha_8 \ddot{u} + \alpha_9 v + \alpha_{10}\ddot{v} + F_2\cos(\Omega t + \tau)\big] \end{cases}$$

$$(1\text{-}29)$$

其中，ε 为无因次小参数，表示弱非线性；ω_1、ω_2 为线性情形下横摇和纵摇的固有频率；$F_1\cos\Omega t$ 和 $F_2\cos(\Omega t+\tau)$ 分别为横摇干扰力矩和纵摇干扰力矩。式(1-29)即为横摇-纵摇耦合的非线性微分方程，该方程既是参激的，也是强迫激励的。

2. Spar 平台垂荡-纵摇耦合非线性运动

Spar 平台的垂荡运动与纵摇运动是强耦合运动。典型的 Spar 平台垂荡固有周期约为 30s，横摇固有周期为 50～70s，垂荡与纵摇固有频率比接近 2∶1。在大多数海况下，由于固有频率远离波浪频率范围，垂荡与纵摇运动间的耦合作用并不明显。然而，在某些海洋环境下(如西非)，一年中的长期涌浪工况占据了很大的比例，这些涌浪的峰值周期可以达到 30s。在长周期涌浪的条件下，将产生一个线性激励垂荡共振运动，从而使得一阶波浪力比二阶差频波浪力更为重要。在共振的情况下，垂荡响应会急剧增大，并会产生不稳定的纵摇运动。因此需要建立垂荡-纵摇耦合的非线性运动方程，研究多自由度非线性系统的动力响应。垂荡-纵摇耦合的非线性运动方程为

$$\begin{cases} (m+m_{33})\ddot{\xi}_3 + B_3\dot{\xi}_3 + \rho g A_{\mathrm{w}}\left[\xi_3 - \dfrac{\xi_5^2}{2}H_{\mathrm{g}} - \eta(x,t)\right] = F_3 \\ (I+I_{33})\ddot{\xi}_5 + B_5\dot{\xi}_5 + \nabla\left[\overline{GM} - \dfrac{1}{2}\xi_3 + \dfrac{\xi_5^2}{4}H_{\mathrm{g}} + \dfrac{1}{2}\eta(x,t)\right]\xi_5 = M_3 \end{cases} \tag{1-30}$$

其中，m 为平台质量；m_{33} 为垂荡附加质量；I 为平台纵摇转动惯量；I_{33} 为纵摇附加转动惯量；B_3 和 B_5 分别为垂荡和纵摇线性辐射阻尼系数；A_{w} 为平台横截面面积；H_{g} 为平台重心距静水面的高度；$\overline{GM}$ 为纵摇初稳性高；F_3 和 M_3 分别为垂荡-纵摇一阶波浪激励力矩和波浪力矩。

1.3　海洋工程结构典型的非线性振动方程

海洋工程领域结构形式众多，不可能将其全部列举出来。但是以上海洋工程结构的实例，代表了大多数海洋工程结构非线性振动的特点和规律。基于以上工程实例，凝练出海洋工程结构非线性振动方程的一般形式。

1.3.1　自治系统与非自治系统

自治系统是指不显含时间 t 的微分方程，也称为自由振动系统。如下微分方程代表的系统为自治系统[2,8]：

$$\frac{\mathrm{d}^2 x}{\mathrm{d}t^2} = f(x, \dot{x}) \tag{1-31}$$

其中，$\dot{x}$ 为对时间的一阶导数。如果非线性方程中的非线性部分是小的，则有

$$\frac{\mathrm{d}^2 x}{\mathrm{d}t^2} = \varepsilon f(x, \dot{x}) \tag{1-32}$$

其中，ε 为小参数。

非自治系统是指显含时间 t 的微分方程，也称为强迫振动系统。一般的微分方程形式为[8]

$$\frac{\mathrm{d}^2 x}{\mathrm{d}t^2} = f(x, \dot{x}, t) \tag{1-33}$$

如果非线性方程中的非线性部分是小的，则有非自治系统的微分方程为

$$\frac{\mathrm{d}^2 x}{\mathrm{d}t^2} = \varepsilon f(x, \dot{x}, t) \tag{1-34}$$

1.3.2　保守系统与非保守系统

保守系统是指振动过程中没有能量损失也没有外加能量补充的系统。该系统微分方程中没有阻尼项和干扰力项。

保守系统微分方程的一般形式为[8]

$$\begin{cases} \dfrac{\mathrm{d}^2 x}{\mathrm{d}t^2} + f(x) = 0 \\ \dfrac{\mathrm{d}^2 x}{\mathrm{d}t^2} + \varepsilon f(x) = 0 \end{cases} \tag{1-35}$$

非保守系统中具有能量耗散，微分方程中包括阻尼力项，即

$$\begin{cases} \dfrac{\mathrm{d}^2 x}{\mathrm{d}t^2} + f(\dot{x}) + kx = 0 \\ \dfrac{\mathrm{d}^2 x}{\mathrm{d}t^2} + \varepsilon f(\dot{x}) + kx = 0 \end{cases} \tag{1-36}$$

其中，$\varepsilon f(\dot{x})$ 为弱非线性阻尼力项。

1.3.3　海洋工程中典型的非线性振动方程

1) 非线性方程的一般形式

$$m\ddot{x} + c\dot{x} + kx + f(x, \dot{x}) = f(t) \tag{1-37}$$

其中，$\ddot{x}$ 表示对时间的二阶导数；$f(x, \dot{x})$ 表示非线性项。

2) 达芬方程和刚度非线性

船舶横浪中横摇和多点系泊浮体的纵荡运动，可以归结为达芬方程。

无阻尼自由振动的达芬方程[2,8]为

$$m\ddot{x} + k_1 x + k_3 x^3 = 0 \tag{1-38}$$

恢复刚度硬特性的有阻尼达芬方程为

$$m\ddot{x} + c\dot{x} + k_1 x + k_3 x^3 = 0 \tag{1-39}$$

其中，$k_3 > 0$。

恢复刚度软特性的有阻尼达芬方程为

$$m\ddot{x} + c\dot{x} + kx + k_3 x^3 = 0 \tag{1-40}$$

其中，$k_3 < 0$。

带有强迫项的达芬方程[2,8]为

$$m\ddot{x} + c\dot{x} + k_1 x + k_3 x^3 = f_0 \cos \Omega t \tag{1-41}$$

3) 阻尼和刚度非线性的微分方程

$$m\ddot{x} + c_1 \dot{x} + c_3 \dot{x}^3 + k_1 x + k_3 x^3 = f_0 \cos \Omega t \tag{1-42}$$

4) 对称分段线性的非线性系统

分段刚度非线性恢复力按照下式变化[2]：

$$m\ddot{x} + c_1 \dot{x} + f(x) = 0 \tag{1-43a}$$

其中

$$f(x) = \begin{cases} kx, & -e \leqslant x \leqslant e \\ kx + \Delta k(x - e), & e \leqslant x \\ kx + \Delta k(x + e), & -e \geqslant x \end{cases} \tag{1-43b}$$

这里，e 为振动的范围。

5) 线性参数激励振动系统

Hill 方程：

$$\ddot{x} + \left| -A + K f(t) \right| x = 0 \tag{1-44a}$$

Mathieu 方程：

$$\ddot{x} + \lambda^2 \left| 1 + \cos \Omega t \right| x = 0 \tag{1-44b}$$

6) 非线性参数激励振动系统[8]

$$\ddot{x} + k(t)x + \varepsilon f(x, \dot{x}) = 0 \tag{1-45}$$

其中，$k(t)$ 为参数激励项；$f(x, \dot{x})$ 为非线性项。

7) 多自由度非线性系统[3]

$$M\ddot{X} + KX + Q(X, \dot{X}) = F(t) \tag{1-46}$$

8) 载荷非线性单自由度系统

$$m\ddot{x} + c\dot{x} + kx = f(\dot{x}, u) \tag{1-47}$$

其中，u 为流速。

9) 载荷非线性多自由度系统

$$M\ddot{X} + C\dot{X} + KX = F(\dot{X}, U) \tag{1-48}$$

1.4　非线性振动的特点

1.4.1　非线性振动与线性振动的主要区别

任何结构物进入损伤或者破坏的过程，都必须经过非线性过程，例如，船舶正常运动至大幅横摇发展到倾覆，是非线性过程；系泊海洋浮体大幅运动直至系泊缆索崩断是非线性过程。只有研究非线性动力学的过程，才可以揭示结构损伤和破坏的机理。非线性振动过程中，结构的响应特性与线性结构具有本质的区别。早期的研究受理论方法计算及技术手段的限制，往往忽略非线性项，这样得到的分析结果不仅在数量上有误差，在工程上也可能导致严重的后果。

研究表明，非线性振动系统与线性振动系统的主要区别如下[2,8]。

(1) 线性系统中的叠加原理对于非线性系统是不适用的，如作用在非线性系统上的可以展成傅里叶级数的周期干扰力，其受迫振动的解不等于每个谐波单独作用时解的叠加。

(2) 在非线性系统中，对应于平衡状态和周期振动的定常解一般有数个，必须研究解的稳定性问题，才能决定哪一个解在工程实际中能实现。

(3) 在线性系统中，由于阻尼存在，自由振动总是被衰减掉，只有在干扰力作用下，才有定常周期解。而在非线性系统中，如自激振动系统，在有阻尼而无干扰力时，也有定常的周期振动。

(4) 在线性系统中，受迫振动的频率和干扰的频率相同，而对于非线性系统，在单频干扰力作用下，其定常受迫振动的解中，除存在和干扰力同频成分外，还有与干扰频率呈倍数关系和分数关系的频率成分存在。

(5) 在线性系统中，固有频率和起始条件、振幅无关，而在非线性系统中，固有频率则和振幅有关，同时，非线性系统中的振动三要素也和起始条件有关。

(6) 在非线性系统中，当系统参数发生微小改变(参数摄动)时，解的周期将发生倍化分岔，分岔的继续可能导致混沌等复杂的动力学行为。

非线性振动系统的这些特点，需要从理论上进行分析研究。

1.4.2　海洋工程结构的非线性因素

1. 阻尼非线性因素

海洋浮体在水中运动的过程中，表面与水摩擦产生能量损失，浮体运动向外辐射能量，对于船舶而言，横摇阻尼来自摩擦、旋涡阻尼、附体阻尼等，这些阻尼与船舶运动速度的关系是非线性的。

2. 恢复刚度非线性

浮体结构的恢复能力来自水下部分结构的排水体积大小和浮心的改变，这使得重力和浮力形成恢复力矩。水下部分的形状为曲面，使得恢复刚度为非线性的。例如，船舶横摇的恢复力臂，见图 1-1。

3. 系泊材料和系泊力的非线性

系泊材料一般为钢缆、尼龙缆或者锚链。尼龙缆材料本身的本构关系是非线性的，这导致系泊力与浮体位移为非线性关系。系泊锚链水中的构型为悬链线，其提供的拉力为非线性[4]，如图 1-12 所示。

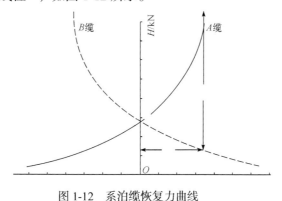

图 1-12　系泊缆恢复力曲线

4. 载荷非线性

海洋结构除了与和结构形状有关的自身非线性因素以外，还与结构所受的水动力载荷有关。

细长杆件所受水动力按照莫里森公式计算。该公式中，拖曳力部分包括了结构振动速度的平方项，所以载荷是非线性的。对于大尺度结构，所受波浪载荷包括一阶波浪力和二阶波浪力，甚至更高阶的载荷，按照斯托克斯(Stokes)公式计算波浪载荷为非线性。

1.5　非线性振动问题的求解方法

　　为了研究非线性振动问题，首要的是进行合理的简化，建立一个可行的分析模型。该模型能够反映实际结构的受力和振动特征，要基于研究的目的和需要建立分析模型。即使研究同一个振动系统，因为研究的关注点不同，采用的力学分析模型也不一定相同。例如，在远离共振区的研究，阻尼影响较小，可以不考虑阻尼；但若研究共振区的受迫振动，必须考虑阻尼的影响。此外，在研究振动系统周期解的稳定性时，也需要考虑阻尼影响。

　　在建立力学模型的基础上，选取合适的分析方法进行求解，研究不同动力学参数的敏感性，找到系统的动力学行为与结构参数之间的关系。此过程可以采用定性或者定量的方法求近似解，也可以采用数值模拟方法。如果条件具备，考虑动力学相似条件进行模型试验。

　　非线性方程的求解方法归纳起来有如下几种[2]。

　　(1) 解析方法。

　　(2) 数值方法。

　　(3) 图解方法。

　　(4) 试验方法。

　　用解析方法求非线性方程的精确解一般仅对少数特殊的两个或三个自由度以下的非线性方程有效。求方程的精确解的方法有直接积分法与分段积分法。对于多数弱非线性的单自由度或多自由度系统，只能求出其近似解。

　　求近似解的方法有以下几种。

　　(1) 小参数法。

　　(2) 三级数法。

　　(3) 平均法。

　　(4) 等价线性化法。

　　(5) 谐波平衡法。

　　(6) 多尺度法。

　　数值方法目前已广泛用于计算非线性振动系统，是一种求解非线性方程的有效方法。

　　图解方法在研究单自由度非线性振动系统时是一种不可缺少的方法，在相平面上进行作图的各种方法(如等倾线作图法、点映射与胞映射法等)对于不同的非线性振动方程都是有效的。

　　在工程中，应用最广泛的是解析方法与数值方法。试验方法也很重要，但由于需要具备一些试验必需的仪器和设备，仅在一些必要的条件下适用。目前，由于计算技术的发展，在一定的情况和范围内，可由计算机仿真代替部分试验工作。本书在介绍解析法求近似解的基础上，也对其他一些方法，如数值方法、图解方法进行介绍。

第 2 章　单自由度非线性系统的自由振动

分析单自由度自由振动的目的是了解单自由度振动系统自由振动的形式、频率特性和幅值特性。我们已经知道，无阻尼单自由度线性振动系统的振动形式是简谐振动，振幅为常数，振动频率由系统的质量和刚度决定，与初始条件无关；有阻尼振动系统的阻尼消耗振动能量，振动形式是衰减振动，振幅按照指数规律衰减直至振动停止，阻尼使振动的周期拉长。单自由度非线性系统自由振动的形式是怎样的，其频率和振动幅值变化的规律是什么，阻尼对非线性自由振动有什么影响？本章将采用不同的方法，分析单自由度非线性系统自由振动的形式、频率及振动幅值的变化特点和规律，这是研究非线性振动的基础。

2.1　无阻尼自由振动特点

考虑式(1-39)，忽略阻尼项，其代表多点系泊船在纵浪中的非线性自由纵荡运动[1,19]：

$$m\ddot{x} + k_1 x + k_3 x^3 = 0 \tag{2-1}$$

m 包括船体的自身质量和附连水质量。一般，纵荡运动附连水质量占总排水量的15%。式(2-1)各项除以 m，得到

$$\ddot{x} + \omega_0^2 x + \varepsilon x^3 = 0 \tag{2-2}$$

其中，$\omega_0^2 = k_1/m$；$\varepsilon = k_3/m$，假定 ε 为小于 1 的任意小量。

采用经典的摄动法求出式(2-2)的近似解。取初始条件为：时间 $t=0$ 时，船舶位移幅值为 A，然后释放，在释放的瞬间，初速度也为零，即有初始条件：

$$x(0) = A, \quad \dot{x}(0) = 0 \tag{2-3}$$

由于 ε 足够小，以致对于所有的解 $x = x(t)$，εx^3 项始终比 $\omega_0^2 x$ 小很多。根据一阶摄动理论，式(2-2)的解为如下形式：

$$x = x_0(t) + \varepsilon x_1(t) \tag{2-4}$$

对于上述解，相应的频率 $\tilde{\omega}^2$ 具有如下形式：

$$\tilde{\omega}^2 = \omega_0^2 + \varepsilon f(A) \tag{2-5}$$

式(2-4)和式(2-5)中，$x_1(t)$ 和振幅函数 $f(A)$ 是待定的。将式(2-4)代入式(2-2)，并

引入 $\omega_0^2 = \tilde{\omega}^2 - \varepsilon f(A)$ ，按照 ε 的幂次来整理结果，得到

$$\left(\ddot{x}_0 + \tilde{\omega}^2 x_0\right)\varepsilon^0 + \left[\ddot{x}_1 + \tilde{\omega}^2 x_1 - f(A)x_0 + x_0^3\right]\varepsilon^1 + O\left(\varepsilon^2\right) = 0 \tag{2-6}$$

式(2-6)中，忽略了 ε 的高阶小量。

第三项后面的项为 ε 的高阶小量，忽略不计。由 ε^0 和 ε^1 的系数项等于 0 得到两个方程：

$$\ddot{x}_0 + \tilde{\omega}^2 x_0 = 0 \tag{2-7}$$

$$\ddot{x}_1 + \tilde{\omega}^2 x_1 = f(A)x_0 - x_0^3 \tag{2-8}$$

式(2-7)满足式(2-3)的唯一解是

$$x_0 = A\cos\tilde{\omega}t \tag{2-9}$$

将式(2-9)代入式(2-8)的右端，并应用下列恒等式：

$$\cos^3\tilde{\omega}t = \frac{3}{4}\cos\tilde{\omega}t + \frac{1}{4}\cos 3\tilde{\omega}t \tag{2-10}$$

得式(2-8)中 x_1 的通解为[1,2]

$$x_1 = B_1\cos\tilde{\omega}t + B_2\sin\tilde{\omega}t + \frac{A^3}{32\tilde{\omega}^2}\cos 3\tilde{\omega}t + \frac{t}{2\tilde{\omega}}\left[Af(A) - \frac{3}{4}A^3\right] \tag{2-11}$$

其中，B_1 和 B_2 为常数，式(2-11)中的最后一项称为永年项，随着时间的增长，这一项使 x_1 变得无限大，这对于受约束的结构体系在物理上是不可能的，因此，其系数必须等于零。于是得

$$f(A) = \frac{3}{4}A^2 \tag{2-12}$$

利用式(2-12)，由式(2-5)得出自由振动的频率是

$$\tilde{\omega} = \left(\omega_0^2 + \frac{3k_3}{4m}A^2\right)^{1/2} \tag{2-13}$$

其中，ε 已经由 k_3/m 来代换。结果表明，增加了恢复力的立方项，使得由式(2-5)表示的非线性体系的频率增加了，同时，该频率的增加取决于体系的初始位移 A。

利用零初始值条件 $x_1(0) = \dot{x}_i(0) = 0$ ，求得常数 B_1 和 B_2 的值，从而由式(2-11)计算出 x_1 的值，得到 $B_1 = -A^3/\left(32\tilde{\omega}^2\right)$ 和 $B_2 = 0$ 。然后将 x_1 的解代入式(2-4)，得到一阶摄动解：

$$x(t) = A\cos\tilde{\omega}t - \frac{k_3 A^3}{32m\tilde{\omega}^2}\left(\cos\tilde{\omega}t - \cos 3\tilde{\omega}t\right) \tag{2-14}$$

式(2-14)表明，非线性体系的自由振动中，出现了谐波频率为 $3\tilde{\omega}$ 的分量，该分量使线性系统（$k_3 = 0$）自由振动发生了畸变。

例题 2-1 计算多点系泊船的纵荡频率和横荡频率。船舶质量为 4400t，采用多点系泊定位 13.7m 的水深中，系泊线的纵荡恢复力为

$$f(x) = 297x + 62.9x^3 \text{(kN)}$$

系泊线的横荡恢复力为

$$f(y) = 186y + 14.94y^3 \text{(kN)}$$

对于 $\tilde{\omega}$ 值，假定船舶首先沿纵荡方向位移，离开其平衡位置的振幅是 0.914m，然后从静止状态释放。$\tilde{\omega}$ 按式(2-13)计算。

(1) 纵荡自由运动。纵荡运动包括附连水在内的质量 $m_1 = 1.15m = 5060000\text{(kg)}$。

$$\omega_0 = \left(\frac{k_1}{m}\right)^{1/2} = \left(\frac{2.97 \times 10^5}{5060000}\right)^{1/2} = 0.242\text{(rad/s)}$$

$$\tilde{\omega} = \left(0.242^2 + \frac{3 \times 62913 \times 0.914^2}{4 \times 50.6 \times 10^5}\right)^{1/2} = 0.256\text{(rad/s)}$$

考虑非线性恢复刚度影响后，纵荡频率增加了 6.6%。

(2) 横荡运动。横荡运动包括附连水在内的质量 $m_2 = 2m = 8800000\text{(kg)}$。

$$\omega_0 = \left(\frac{185572.5}{8800000}\right)^{1/2} = 0.145\text{(rad/s)}$$

$$\tilde{\omega} = \left(0.145^2 + \frac{3 \times 149418 \times 0.914^2}{4 \times 8800000}\right)^{1/2} = 0.177\text{(rad/s)}$$

考虑非线性恢复刚度影响后，横荡频率增加了 22.9%，结果表明了初始条件和运动幅值对于自由运动"频率"的影响。

考虑恢复力的表达式为 $f(x) = k_1 x + k_3 x^3$，若 $k_3 > 0$，则称为硬刚度特性，此时曲线 $f(x)$ 的曲率随 x 的增大而增大；如果 $k_3 < 0$，则称为软刚度特性，此时曲线 $f(x)$ 的曲率随 x 的增大而减小。软刚度特性出现在系泊缆上，缆的一端系在海床上的重物块上。当船的位移足够大时，海底的重物被提起离开海床，该系泊体系的系泊力具有软刚度特性。选取一系列的比值 k_3 / k_1，考虑 k_3 的正负号，同时取不同的频率比 $\tilde{\omega} / \omega_0$，可以画出自由振动幅值与 k_3 / k_1 比值之间的关系曲线，如图 2-1[19]所示。

为了讨论图 2-1，将式(2-13)改写为

$$A = \sqrt{\frac{4k_1}{3k_3}\left(\frac{\tilde{\omega}^2}{\omega_0^2} - 1\right)} \tag{2-15}$$

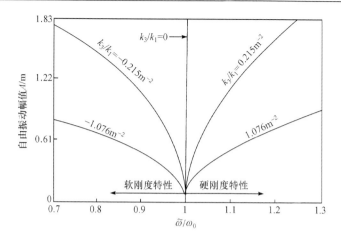

图 2-1　非线性自由振动幅值-频率特性曲线

由式(2-15)可知，对于硬刚度特性，当 $k_3/k_1 = 1.076\,\mathrm{m}^{-2}$ 和 $k_3/k_1 = 0.215\mathrm{m}^{-2}$ 时，仅当 $\tilde{\omega}/\omega_0 \geqslant 1$ 时幅值 A 才为实数，因此幅值-频率曲线出现在图 2-1 的右半边；对于软刚度特性，在 $k_3/k_1 = -1.076\,\mathrm{m}^{-2}$ 和 $k_3/k_1 = -0.215\mathrm{m}^{-2}$ 的条件下，仅当 $\tilde{\omega}/\omega_0 \leqslant 1$ 时幅值 A 才为实数，因此幅值-频率曲线出现在图 2-1 的左半边。

对于非线性结构自由振动幅值-频率响应特性的一般结论是：①对于相同的 k_3/k_1 的绝对值，当 $\tilde{\omega}/\omega_0$ 相对于单位 1 变化的百分数相同时，表明软刚度比硬刚度体系允许较小的幅值改变；②当 $\tilde{\omega}/\omega_0$ 比值超出所示范围(0.7～1.3)时，由于摄动解失效，结果越来越不准确，严格地说，只有当 $\tilde{\omega}/\omega_0 \to 1$ 时，这些结果才是有效的。图 2-1 中的 $k_3/k_1 = 0$ 时的垂线，对应 $\tilde{\omega}/\omega_0 = 1$ 的状态，即线性振动体系。

2.2　小 参 数 法

2.2.1　正规摄动法[2,8,20]

经典的小参数方法包括三种：①正规摄动分析方法；②林特斯德特-庞加莱(Lindstedt-Poincare，L-P)法；③重正规化法。这里介绍正规摄动分析方法和 L-P 法[1,19]。

去掉单自由度非线性振动方程的激励项，得到

$$\ddot{x} + \omega_0^2 x = \varepsilon f(x, \dot{x}) \tag{2-16}$$

其中，ω_0^2 为派生系统的固有频率，派生系统是指去掉非线性项后得到的系统；$f(x, \dot{x})$ 是 x 和 $\dot{x}$ 的非线性函数。设式(2-16)的解为小参数 ε 的升幂多项式，即

$$x = x_0 + \varepsilon x_1 + \varepsilon^2 x_2 + \cdots + \varepsilon^n x_n = x_0 + \sum_{i=1}^{n} \varepsilon^i x_i \tag{2-17}$$

并取导数

$$\dot{x} = y = \frac{\mathrm{d}x}{\mathrm{d}t} = \frac{\mathrm{d}x_0}{\mathrm{d}t} + \sum_{i=1}^{n} \varepsilon^i \frac{\mathrm{d}x_i}{\mathrm{d}t} \tag{2-18}$$

用泰勒(Taylor)级数将函数 $f(x, y)$ 在 (x_0, y_0) 点展开，即

$$f(x, y) = f(x_0, y_0) + \sum_{n=1}^{\infty} \frac{1}{n!}\left(\sum_{i=1}^{n} \varepsilon^i x_i \frac{\partial}{\partial x} + \sum_{i=1}^{n} \varepsilon^i \frac{\mathrm{d}x_i}{\mathrm{d}t} \frac{\partial}{\partial y} \right)^n f(x_0, y_0) \tag{2-19}$$

将式(2-19)按 ε 的幂次排列：

$$f(x, y) = f(x_0, y_0) + \varepsilon\left[f'_x(x_0, y_0) x_1 + f'_y(x_0, y_0) \dot{x}_1 \right] + \varepsilon^2 \cdots \tag{2-20}$$

将式(2-18)对时间 t 再取一次导数，得

$$\ddot{x} = \frac{\mathrm{d}^2 x}{\mathrm{d}t^2} = \frac{\mathrm{d}^2 x_0}{\mathrm{d}t^2} + \sum_{i=1}^{n} \varepsilon^i \frac{\mathrm{d}^2 x_i}{\mathrm{d}t^2} \tag{2-21}$$

将式(2-17)、式(2-20)和式(2-21)代入式(2-16)，并比较等式两边 ε 同阶次幂的系数，得

$$\begin{cases} \ddot{x}_0 + \omega_0^2 x_0 = 0 \\ \ddot{x}_1 + \omega_0^2 x_1 = f(x_0, y_0) \\ \ddot{x}_2 + \omega_0^2 x_2 = f'_x(x_0, y_0) x_1 + f'_y(x_0, y_0) \dot{x}_1 \\ \quad\vdots \end{cases} \tag{2-22}$$

求出式(2-22)第一个方程的解 x_0，代入第二个方程，从而求出解 x_1。将 x_0 和 x_1 代入第三个方程，从而求出解 x_2，依此进行下去，可得到 x_n 的解。如果余项已经接近零，再把解 $x_0, x_1, \cdots, x_n$ 代入式(2-17)，便可得到式(2-16)的解。

以上求解方法由泊松(Poisson)提出，称为泊松小参数法。这种方法求出的近似解仅适合在较短的时间内，在长时期内它是不适用的，该解不符合客观的物理过程，例题 2-2 说明了这一点。

例题 2-2　考虑系泊船，其非线性弹性恢复力 $f(x) = \alpha x + \gamma x^3$，它的非线性自由运动微分方程为

$$m\ddot{x} + \alpha x + \gamma x^3 = 0, \quad \alpha, \gamma > 0 \tag{a}$$

其中，m 包括船舶和附连水的质量。令 $\omega_0^2 = \dfrac{\alpha}{m}, \varepsilon = \dfrac{\gamma}{m}$，而且假设 $\varepsilon \ll 1$，则式(a)可以写成如下小参数方程：

$$\ddot{x} + \omega_0^2 x = -\varepsilon x^3 \tag{b}$$

其右端函数为 $f(x) = -x^3$。设解为式(2-17)，即 $x = x_0 + \varepsilon x_1 + \cdots$，由式(2-22)得

$$\begin{cases} \ddot{x}_0 + \omega_0^2 x_0 = 0 \\ \ddot{x}_1 + \omega_0^2 x_1 = -x_0^3 \end{cases} \tag{c}$$

由式(c)的第一方程，得到解

$$x_0 = a\cos(\omega_0 t + \vartheta) \tag{d}$$

将其代入式(c)中第二个方程的右端，可得

$$\begin{aligned} \ddot{x}_1 + \omega_0^2 x_1 &= -a^3\cos^3(\omega_0 t + \vartheta) \\ &= -\frac{3}{4}a^3\cos(\omega_0 t + \vartheta) - \frac{1}{4}a^3\cos 3(\omega_0 t + \vartheta) \end{aligned}$$

其解为

$$x_1 = -\frac{3}{8\omega_0}ta^3\sin(\omega_0 t + \vartheta) + \frac{a^3}{32\omega_0^2}\cos 3(\omega_0 t + \vartheta) \tag{e}$$

将式(d)和式(e)代入 x 的解式(2-17)中，得到近似解：

$$x = a\cos(\omega_0 t + \vartheta) - \frac{3\varepsilon}{8\omega_0}a^3 t\sin(\omega_0 t + \vartheta) + \frac{\varepsilon a^3}{32\omega_0^2}\cos 3(\omega_0 t + \vartheta) \tag{f}$$

其中，第二项 $-\dfrac{3\varepsilon}{8\omega_0}a^3 t\sin(\omega_0 t + \vartheta)$ 显含时间 t，为永年项，其振幅随时间 t 的延长而无限增长，这种显含时间 t 而使解无线增大的项称为永年项，与该系泊系统的真实情况不符。因为该系统本质上是一个能量守恒的保守系统，系泊船舶运动幅值不会无限增加。因此必须寻找消去永年项的近似解法。泊松的小参数法又称为正规摄动法，永年项的出现，使其应用受到限制。

2.2.2　L-P 小参数法

正规摄动法的主要不足是忽略了非线性项对系统固有频率的影响。实际非线性系统的频率受非线性的影响，振动周期不再是 2π，而应该是 $2\pi/\omega(\varepsilon)$，其中瞬时频率 $\omega(\varepsilon)$ 是与 ε 有关的系统振动的圆频率。L-P 小参数法的主要思想是在考虑非线性项对周期运动影响的基础上求各阶近似解[1,8]。

针对式(2-16)，引入新自变量

$$\tau = \omega t \tag{2-23}$$

其中，ω 与小参数 ε 有关，需要将自变量由 t 变为 τ，因此有

$$\begin{cases} \dfrac{\mathrm{d}}{\mathrm{d}t} = \dfrac{\mathrm{d}\tau}{\mathrm{d}t}\dfrac{\mathrm{d}}{\mathrm{d}\tau} = \omega\dfrac{\mathrm{d}}{\mathrm{d}\tau} \\[3mm] \dfrac{\mathrm{d}^2}{\mathrm{d}t^2} = \omega\dfrac{\mathrm{d}}{\mathrm{d}t}\left(\dfrac{\mathrm{d}}{\mathrm{d}\tau}\right) = \omega\dfrac{\mathrm{d}}{\mathrm{d}t}\left(\dfrac{\mathrm{d}}{\mathrm{d}\tau}\right)\dfrac{\mathrm{d}\tau}{\mathrm{d}\tau} = \omega^2\dfrac{\mathrm{d}^2}{\mathrm{d}\tau^2} \end{cases} \tag{2-24}$$

将待定频率 ω 展开为 ε 的幂级数：

$$\omega = \omega_0 + \varepsilon\omega_1 + \varepsilon^2\omega_2 + \cdots \tag{2-25}$$

以便使对新自变量 τ 的方程有固定周期 2π，且与 ε 无关，而参数 $\omega_1,\omega_2,\cdots$ 的选择要能使永年项消失。经过自变量的变换后，按如下形式设解：

$$x(\tau) = x_0(\tau) + \varepsilon x_1(\tau) + \varepsilon^2 x_2(\tau) + \cdots \tag{2-26}$$

其中，每一个 $x_i(\tau)$ 将是 τ 的周期函数，其周期为 2π。

将式(2-24)～式(2-26)代入式(2-16)，得

$$\omega^2\frac{\mathrm{d}^2 x}{\mathrm{d}\tau^2} + \omega_0^2 x = \varepsilon f(x) \tag{2-27}$$

将函数 $f(x)$ 在 x_0 附近展开为 ε 的幂级数：

$$f(x) = f(x_0) + \varepsilon\frac{\mathrm{d}f(x_0)}{\mathrm{d}x}(x_1 - x_0) + \cdots \tag{2-28}$$

将式(2-28)代入式(2-27)，然后比较左、右两端 ε 同次幂项的系数得

$$\begin{cases} \omega_0^2\dfrac{\mathrm{d}^2 x_0}{\mathrm{d}\tau^2} + \omega_0^2 x_0 = 0 \\[3mm] \omega_0^2\dfrac{\mathrm{d}^2 x_1}{\mathrm{d}\tau^2} + \omega_0^2 x_1 = f(x_0) - 2\omega_0\omega_1\dfrac{\mathrm{d}^2 x_0}{\mathrm{d}\tau^2} \\[3mm] \omega_0^2\dfrac{\mathrm{d}^2 x_2}{\mathrm{d}\tau^2} + \omega_0^2 x_2 = x_1\dfrac{\mathrm{d}f(x_0)}{\mathrm{d}x} - (2\omega_0\omega_1 + \omega_1^2)\dfrac{\mathrm{d}^2 x_0}{\mathrm{d}\tau^2} - 2\omega_0\omega_1\dfrac{\mathrm{d}^2 x_1}{\mathrm{d}\tau^2} \\ \qquad\qquad\qquad \vdots \end{cases} \tag{2-29}$$

其中，$\dfrac{\mathrm{d}f(x_0)}{\mathrm{d}x}$ 表示导数 $\dfrac{\mathrm{d}f(x)}{\mathrm{d}x}$ 在 $x=x_0$ 处的取值。为了同时确定频率的修正量 $\omega_1,\omega_2,\cdots$ 以及要满足 $x_0,x_1,x_2,\cdots$ 中的每一个都是以 2π 为周期的周期函数的要求，即要求：

$$x_i(\tau + 2\pi) = x_i(\tau), \quad i = 1,2,\cdots \tag{2-30}$$

即每一个 x_i 都不包含永年项的要求。这就是要求式(2-29)右端都不包含以 1 为圆频率的 τ 的简谐项，因为只有这样的项会引起非周期性。如果选择 $\omega_1,\omega_2,\cdots$ 使所有的 $x_1,x_2,\cdots$ 中以1为圆频率的简谐项的系数为零，上述要求即可满足。从式(2-29)中的第一式中可以看出 x_0 中不会出现永年项。

例题 2-3 用 L-P 小参数法求下列方程的近似解。

$$\ddot{x} + \omega_0^2 (x + \varepsilon x^3) = 0 \tag{a}$$

方程显然有周期解，其非线性项为 $f(x) = -\omega_0^2 x^3$。将 x、ω 展开为小参数 ε 的幂级数形式，得

$$\begin{cases} x(\tau) = x_0(\tau) + \varepsilon x_1(\tau) + \cdots \\ \omega = \omega_0 + \varepsilon \omega_1 + \cdots \\ f(x) = -\omega_0^2 x^3 = -\omega_0^2 \left[x_0(\tau) + \varepsilon x_1(\tau) + \cdots \right]^3 \end{cases} \tag{b}$$

将式(b)代入式(a)，并且每一项除以 ω_0^2。令方程两边小参数 ε 的系数相等，得

$$\begin{cases} \dfrac{d^2 x_0}{d\tau^2} + x_0 = 0 \\ \dfrac{d^2 x_1}{d\tau^2} + x_1 = -x_0^3 - 2\dfrac{\omega_1}{\omega_0}\dfrac{d^2 x_0}{d\tau^2} \\ \dfrac{d^2 x_2}{d\tau^2} + x_2 = 3x_0^2 x_1 - \dfrac{1}{\omega_0^2}(2\omega_0\omega_1 + \omega_1^2)\dfrac{d^2 x_0}{d\tau^2} - 2\dfrac{\omega_0}{\omega_1}\dfrac{d^2 x_1}{d\tau^2} \\ \qquad\qquad\qquad\vdots \end{cases} \tag{c}$$

取初始条件为

$$t = 0, \quad \frac{dx_i}{d\tau} = 0, \quad i = 0, 1, 2, \cdots \tag{d}$$

利用式(d)的第一个初始条件与式(c)的第一式，得到解为

$$x_0 = A\cos\tau \tag{e}$$

把式(e)代入式(c)的第二式并利用三角函数，得

$$\frac{d^2 x_1}{d\tau^2} + x_1 = \frac{1}{4}\frac{A}{\omega_0}(8\omega_1 - 3\omega_0 A^2)\cos\tau - \frac{1}{4}A^3\cos 3\tau \tag{f}$$

式(f)右端的第一项会引起共振因而产生永年项，因为第一项的余弦函数 $\cos\tau$ 的圆频率值为 1（x_1 的系数也为 1）。为消除引起永年项的第一项，令式(f)右端 $\cos\tau$ 的系数等于零，即得

$$\omega_1 = \frac{3}{8}\omega_0 A^2 \tag{g}$$

此时式(f)变为

$$\frac{d^2 x_1}{d\tau^2} + x_1 = -\frac{1}{4}A^3\cos 3\tau$$

引用初始条件式(c)，采用待定系数法求出上式的特解为

$$x_1 = \frac{1}{32}A^3 \cos 3\tau \tag{h}$$

这里，齐次解可以看作已包含在式(d)中了。求解过程说明满足了式(f)的关系即可获得周期解。将式(e)和式(h)代入式(2-26)，即得到二阶近似解：

$$x(\tau,\varepsilon) = A\cos\tau + \varepsilon\frac{1}{32}A^3 \cos 3\tau \tag{i}$$

式(i)的解中已不再包括永年项。将式(g)代入式(2-25)，得到瞬时振动频率为

$$\omega(\varepsilon) = \omega_0\left[1 + \varepsilon\left(\frac{3A^2}{8}\right) + \cdots\right] \tag{j}$$

式(j)表明，系统自由振动的频率不再是常数，而是与系统幅值 A 有关，这正是非线性系统的重要特点之一。

2.3　三　级　数　法

2.3.1　三级数法求解思路[2,8,20]

对于自治系统，没有载荷作用，方程形式为

$$\ddot{x} + \omega_0^2 x = \varepsilon f(x,\dot{x}) \tag{2-31}$$

其中，$f(x,\dot{x})$ 为位移和速度的非线性函数，此方程包括非线性恢复力和非线性阻尼力。现介绍求解式(2-31)的三级数法。

当式(2-31)中的 $\varepsilon = 0$ 时，方程存在简谐解，即

$$x = a\cos\psi \tag{2-32}$$

其中，振幅 a 是常数；相位角 ψ 等速变化，为时间的线性函数，即 $\dfrac{da}{dt} = 0$，

$\psi = \omega_0 t + \vartheta$，$\dfrac{d\psi}{dt} = \omega_0$，$a$ 和 ϑ 由初始条件确定。

若方程中有非线性项，即 $\varepsilon \neq 0$，则振幅 a、相位角 ψ 和振动位移 x 的力学行为发生如下变化。

(1) 振幅 a 随时间变化，不再为常数。

(2) 相位角 ψ 是时间的非线性函数。

(3) 振动位移 x 中出现高次谐波或者亚谐波。

考虑到非线性项的影响，式(2-31)的解有以下形式：

$$x = a\cos\psi + \varepsilon u_1(a,\psi) + \varepsilon^2 u_2(a,\psi) + \cdots \tag{2-33}$$

其中，$u_i(a,\psi)$ 为 ψ 的以 2π 为周期的函数；振幅 a 和相位角 ψ 是时间 t 的周期

函数。

非线性系统的当量阻尼比 δ_e 和当量固有频率 ω_e 可表示为如下级数：

$$\begin{cases} \delta_e = \varepsilon\delta_1(a) + \varepsilon^2\delta_2(a) + \cdots \\ \omega_e = \omega_0 + \varepsilon\omega_1(a) + \varepsilon^2\omega_2(a) + \cdots \end{cases} \tag{2-34}$$

在求出 δ_i 和 ω_i 后，可得到振幅 a 和相位角 ψ。a 和 ψ 满足以下方程：

$$\begin{cases} \dfrac{\mathrm{d}a}{\mathrm{d}t} = [\varepsilon\delta_1(a) + \varepsilon^2\delta_2(a) + \varepsilon^3\cdots]a \\ \dfrac{\mathrm{d}\psi}{\mathrm{d}t} = \omega_0 + \varepsilon\omega_1(a) + \varepsilon^2\omega_2(a) + \cdots \end{cases} \tag{2-35}$$

关键的问题是如何求出 δ_i、ω_i、u_1、u_2。三级数法的适用性不是取决于式(2-35)的收敛性，而是取决于当 $\varepsilon \to 0$ 时方程的渐近性，只要 ε 的值足够小，对于充分长的时间间隔，式(2-35)就能给出足够精确的解。

下面给出确定 u_1、u_2 的方法。由于 u_1、u_2 中不含一次谐波，基于三角函数的正交性，有

$$\begin{cases} \displaystyle\int_0^{2\pi} u_1(a,\psi)\cos\psi\,\mathrm{d}\psi = 0 \\ \displaystyle\int_0^{2\pi} u_2(a,\psi)\cos\psi\,\mathrm{d}\psi = 0 \\ \displaystyle\int_0^{2\pi} u_1(a,\psi)\sin\psi\,\mathrm{d}\psi = 0 \\ \displaystyle\int_0^{2\pi} u_2(a,\psi)\sin\psi\,\mathrm{d}\psi = 0 \end{cases} \tag{2-36}$$

将方程中的非线性项展开为傅里叶级数，代入式(2-31)，消去一次谐波项，便可以得到 u_1、u_2 的表达式，u_1、u_2 可以看作不含基波的高频振荡响应部分。

方程解的精确程度取决于求解过程得到的解的阶次。不同阶次近似解的表达式如下。

(1) 一阶近似解。在求出 δ_1、ω_1 后，一次近似解为

$$\begin{cases} x = a\cos\psi \\ \dfrac{\mathrm{d}a}{\mathrm{d}t} = \varepsilon\delta_1(a)a \\ \dfrac{\mathrm{d}\psi}{\mathrm{d}t} = \omega_0 + \varepsilon\omega_1 \end{cases} \tag{2-37}$$

计算出 u_1 的值，$\dfrac{\mathrm{d}a}{\mathrm{d}t}$、$\dfrac{\mathrm{d}\psi}{\mathrm{d}t}$ 按照式(2-37)，得到改进的一阶近似解为

$$x = a\cos\psi + \varepsilon u_1(a,\psi) \tag{2-38}$$

(2) 二阶近似解。求 δ_2、ω_2，x 取自式(2-38)，按照下式确定 δ_2、ω_2：

$$\begin{cases} \dfrac{\mathrm{d}a}{\mathrm{d}t} = \left[\varepsilon\delta_1(a) + \varepsilon^2\delta_2(a) \right]a \\[2mm] \dfrac{\mathrm{d}\psi}{\mathrm{d}t} = \omega_0 + \varepsilon\omega_1(a) + \varepsilon^2\omega_2(a) \end{cases} \tag{2-39}$$

求出 u_2 的表达式，将其与式(2-38)叠加，得二阶近似解：

$$x = a\cos\psi + \varepsilon u_1(a,\psi) + \varepsilon^2 u_2(a,\psi) \tag{2-40}$$

按照以上方法和步骤，可以求出满足不同精度要求的近似解。

2.3.2　求解过程

求解具有非线性阻尼力和非线性恢复力的系统，非线性方程为式(2-31)。当 $\varepsilon=0$ 时，方程有简谐解(式(2-32))。当 $\varepsilon\neq0$ 时，振幅和相位角随时间变化，由式(2-35)表示。下面介绍 $\delta_1(a)$、$\delta_2(a)$、$\omega_1(a)$、$\omega_2(a)$、$u_1(a,\psi)$、$u_2(a,\psi)$ 的求法。

将式(2-32)分别对时间 t 求一阶和二阶导数：

$$\begin{cases} \dfrac{\mathrm{d}x}{\mathrm{d}t} = \dfrac{\mathrm{d}a}{\mathrm{d}t}\left(\cos\psi + \varepsilon\dfrac{\partial u_1}{\partial a} + \varepsilon^2\dfrac{\partial u_2}{\partial a} + \cdots \right) + \dfrac{\mathrm{d}\psi}{\mathrm{d}t} \\[3mm] \qquad\quad \cdot\left(-a\sin\psi + \varepsilon\dfrac{\partial u_1}{\partial\psi} + \varepsilon^2\dfrac{\partial u_2}{\partial\psi} + \cdots \right) \\[3mm] \dfrac{\mathrm{d}^2x}{\mathrm{d}t^2} = \dfrac{\mathrm{d}^2a}{\mathrm{d}t^2}\left(\cos\psi + \varepsilon\dfrac{\partial u_1}{\partial a} + \varepsilon^2\dfrac{\partial u_2}{\partial a} + \cdots \right) + \dfrac{\mathrm{d}^2\psi}{\mathrm{d}t^2}(-a\sin\psi \\[3mm] \qquad\quad + \varepsilon\dfrac{\partial u_1}{\partial\psi} + \varepsilon^2\dfrac{\partial u_2}{\partial\psi} + \cdots) + \left(\dfrac{\mathrm{d}a}{\mathrm{d}t} \right)^2\left(\varepsilon\dfrac{\partial^2 u_1}{\partial a^2} + \varepsilon^2\dfrac{\partial^2 u_2}{\partial a^2} + \cdots \right) \\[3mm] \qquad\quad + 2\dfrac{\mathrm{d}a}{\mathrm{d}t}\dfrac{\mathrm{d}\psi}{\mathrm{d}t}\left(-\sin\psi + \varepsilon\dfrac{\partial^2 u_1}{\partial a\partial\psi} + \varepsilon^2\dfrac{\partial^2 u_2}{\partial a\partial\psi} + \cdots \right) \\[3mm] \qquad\quad + \left(\dfrac{\mathrm{d}\psi}{\mathrm{d}t} \right)^2\left(-a\cos\psi + \varepsilon\dfrac{\partial^2 u_1}{\partial\psi^2} + \varepsilon^2\dfrac{\partial^2 u_2}{\partial\psi^2} + \cdots \right) \end{cases} \tag{2-41}$$

由式(2-39)可求出

$$\begin{cases}\dfrac{\mathrm{d}^2 a}{\mathrm{d}t^2}=\left(\varepsilon\dfrac{\mathrm{d}(\delta_1 a)}{\mathrm{d}a}+\varepsilon^2\dfrac{\mathrm{d}(\delta_2 a)}{\mathrm{d}a}+\cdots\right)(\varepsilon\delta_1+\varepsilon^2\delta_2+\cdots)\\[2mm]
\qquad=\varepsilon^2\delta_1 a\dfrac{\mathrm{d}\delta_1}{\mathrm{d}a}+\varepsilon^3\cdots\\[2mm]
\dfrac{\mathrm{d}^2\psi}{\mathrm{d}t^2}=\left(\varepsilon\dfrac{\mathrm{d}\omega_1}{\mathrm{d}a}+\varepsilon^2\dfrac{\mathrm{d}\omega_2}{\mathrm{d}a}+\cdots\right)(\varepsilon\delta_1+\varepsilon^2\delta_2+\cdots)=\varepsilon^2\delta_1 a\dfrac{\mathrm{d}\omega_1}{\mathrm{d}a}+\varepsilon^3\cdots\\[2mm]
\left(\dfrac{\mathrm{d}a}{\mathrm{d}t}\right)^2=(\varepsilon\delta_1+\varepsilon^2\delta_2+\cdots)^2 a^2=\varepsilon^2\delta_1^2 a^2+\varepsilon^3\cdots\\[2mm]
\dfrac{\mathrm{d}a}{\mathrm{d}t}\dfrac{\mathrm{d}\psi}{\mathrm{d}t}=(\varepsilon\delta_1+\varepsilon^2\delta_2+\cdots)a(\omega_0+\varepsilon\omega_1+\varepsilon^2\omega_2+\cdots)=\varepsilon\delta_1\omega_0 a\\[2mm]
\qquad\qquad+\varepsilon^2(\delta_2\omega_0 a+\delta_1\omega_1 a)\cdots\\[2mm]
\left(\dfrac{\mathrm{d}\psi}{\mathrm{d}t}\right)^2=(\omega_0+\varepsilon\omega_1+\cdots)^2=\omega_0^2+\varepsilon 2\omega_0\omega_1+\varepsilon^2\omega_1^2+\varepsilon^3\cdots\end{cases}\tag{2-42}$$

将式(2-41)和式(2-42)代入式(2-31)的左端，即

$$\begin{aligned}\dfrac{\mathrm{d}^2 x}{\mathrm{d}t^2}+\omega_0^2 x=&\varepsilon\left[-2\omega_0\delta_1 a\sin\psi-2\omega_0 a\omega_1\cos\psi+\omega_0^2\dfrac{\partial^2 u_1}{\partial\psi^2}+\omega_0^2 u_1\right]\\
&+\varepsilon^2\left[\left(\delta_2\dfrac{\mathrm{d}\delta_1}{\mathrm{d}a}-\omega_1^2-2\omega_0\omega_2\right)a\cos\psi\right.\\
&\quad-\left(2\omega_0\delta_2+2\delta_1\omega_1+\delta_1\dfrac{\mathrm{d}\omega_1}{\mathrm{d}a}a\right)a\sin\psi\\
&\quad\left.+2\omega_0\delta_1 a\dfrac{\partial^2 u_1}{\partial a\partial\psi}+2\omega_0\omega_1\dfrac{\partial^2 u_1}{\partial\psi^2}+\omega_0^2\dfrac{\partial^2 u_2}{\partial\psi^2}+\omega_0^2 u_2\right]\cdots\end{aligned}\tag{2-43}$$

将式(2-31)右端展开为泰勒级数，即

$$\begin{aligned}\varepsilon f(x,\dot x)=&\varepsilon f(a\cos\psi,-a\omega_0\sin\psi)+\varepsilon^2\left[u_1 f'_x(a\cos\psi,-a\omega_0\sin\psi)\right.\\
&\left.\cdot\left(\delta_1 a\cos\psi-a\omega_1\sin\psi+\omega_0\dfrac{\partial u_1}{\partial\psi}\right)f'_{\dot x}(a\cos\psi,-a\omega_0\sin\psi)\right]+\varepsilon^3\cdots\end{aligned}\tag{2-44}$$

其中，f'_x 和 $f'_{\dot x}$ 是函数关于位移 x 和速度 $\dot x$ 的一阶导数。

由式(2-43)和式(2-44)，令方程两边同一阶 ε 的系数相等，得到以下方程：

$$\begin{cases}\omega_0^2\left(\dfrac{\partial^2 u_1}{\partial\psi^2}+u_1\right)=f_0(a,\psi)+2\omega_0\delta_1 a\sin\psi+2\omega_0\omega_1 a\cos\psi\\[3mm]
\omega_0^2\left(\dfrac{\partial^2 u_2}{\partial\psi^2}+u_2\right)=f_1(a,\psi)+2\omega_0\delta_2 a\sin\psi+2\omega_0\omega_2 a\cos\psi\\[2mm]
\qquad\qquad\vdots\end{cases}\tag{2-45}$$

其中

$$
\begin{cases}
f_0(a,\psi) = f(a\cos\psi, -a\omega_0\sin\psi) \\
f_1(a,\psi) = uf_x'(a\cos\psi, -a\omega_0\sin\psi) \\
\qquad + \left(\delta_1 a\cos\psi - a\omega_1\sin\psi + \omega_0\dfrac{\partial\mu_1}{\partial\psi}\right)f_x'(a\cos\psi, -a\omega_0\sin\psi) \\
\qquad + \left[\omega_1^2 - \delta_1\dfrac{\mathrm{d}(\delta_1 a)}{\mathrm{d}a}\right]a\cos\psi + \left(2\omega_1 + a\dfrac{\mathrm{d}\omega_1}{\mathrm{d}a}\right)\delta_1 a\sin\psi \\
\qquad - 2\omega_0\delta_1 a\dfrac{\partial^2 u_1}{\partial a\partial\psi} - 2\omega_0\omega_1\dfrac{\partial^2 u_1}{\partial\psi^2}
\end{cases}
\tag{2-46}
$$

由式(2-45)的第一式可以看出，当 δ_1 和 ω_1 已知时，u_1 可以由式(2-46)求出。首先将非线性函数 $f_0(a,\psi)$ 展为傅里叶级数，并将 $u_1(a,\psi)$ 表示为与此相似的形式：

$$
\begin{cases}
f_0(a,\psi) = g_0^{(0)}(a) + \displaystyle\sum_{n=1}^{\infty}[g_n^{(0)}(a)\cos n\psi + h_n^{(0)}(a)\sin n\psi] \\
u_1(a,\psi) = v_0^{(0)}(a) + \displaystyle\sum_{n=1}^{\infty}[v_n^{(0)}(a)\cos n\psi + w_n^{(0)}(a)\sin n\psi]
\end{cases}
\tag{2-47}
$$

将式(2-47)代入式(2-45)的第一式，可得

$$
\begin{aligned}
&\omega_0^2 v_0^{(0)}(a) + \sum_{n=1}^{\infty}\omega_0^2(1-n^2)[v_n^{(0)}(a)\cos n\psi + w_n^{(0)}(a)\sin n\psi] \\
&= g_0^{(0)}(a) + [g_1^{(0)}(a) + 2\omega_0 a\omega_1]\cos\psi + [h_1^{(0)}(a) + 2\omega_0\delta_1 a]\sin\psi \\
&\quad + \sum_{n=2}^{\infty}[g_n^{(0)}(a)\cos n\psi + h_n^{(0)}(a)\sin n\psi]
\end{aligned}
\tag{2-48}
$$

令式(2-48)中各谐波项的系数相等，可得

$$
\begin{cases}
g_1^{(0)}(a) + 2\omega_0\omega_1 a = 0, \quad h_1^{(0)}(a) + 2\omega_0\delta_1 a = 0 \\
v_0^{(0)}(a) = \dfrac{g_0^{(0)}(a)}{\omega_0^2}, \quad v_n^{(0)}(a) = \dfrac{g_n^{(0)}(a)}{\omega_0^2(1-n^2)} \\
w_n^{(0)}(a) = \dfrac{h_n^{(0)}(a)}{\omega_0^2(1-n^2)}, \quad n = 2,3,\cdots
\end{cases}
\tag{2-49}
$$

因为在 u_1 中无一次谐波，所以有

$$
u_1(a,\psi) = \frac{g_0^{(0)}(a)}{\omega_0^2} + \frac{1}{\omega_0^2}\sum_{n=2}^{\infty}\frac{[g_n^{(0)}(a)\cos n\psi + h_n^{(0)}(a)\sin n\psi]}{1-n^2}
$$

再由式(2-49)可得

$$
\begin{cases}
\delta_1(a) = -\dfrac{h_1^{(0)}(a)}{2\omega_0 a} = -\dfrac{1}{2\pi\omega_0 a}\displaystyle\int_0^{2\pi} f(a\cos\psi, -a\omega\sin\psi)\sin\psi\,\mathrm{d}\psi \\[3mm]
\omega_1(a) = -\dfrac{g_1^{(0)}(a)}{2a\omega_0} = -\dfrac{1}{2\pi a\omega_0}\displaystyle\int_0^{2\pi} f(a\cos\psi, -a\omega\sin\psi)\cos\psi\,\mathrm{d}\psi
\end{cases}
\tag{2-50}
$$

由式(2-33)、式(2-35)及式(2-50)，可求出方程的第一阶近似解和改进的第一阶近似解。类似地，若将式(2-46)的非线性函数 $f_1(a,\psi)$ 展开为傅里叶级数，$u_2(a,\psi)$ 可按式(2-45)的第二式求出：

$$
\begin{cases}
f_1(a,\psi) = g_0^{(1)}(a) + \displaystyle\sum_{n=1}^{\infty}[g_n^{(1)}(a)\cos n\psi + h_n^{(1)}(a)\sin n\psi] \\[3mm]
u_2(a,\psi) = \dfrac{g_0^{(1)}(a)}{\omega_0^2} + \dfrac{1}{\omega_0^2}\displaystyle\sum_{n=2}^{\infty}\dfrac{[g_n^{(1)}(a)\cos n\psi + h_n^{(1)}(a)\sin n\psi]}{1-n^2} \\[3mm]
g_1^{(1)}(a) + 2\omega_0 a\omega_2 = 0, \quad h_1^{(1)}(a) + 2\omega_0\delta_2 a = 0
\end{cases}
\tag{2-51}
$$

因为 $g_1^{(1)}(a)$、$h_1^{(1)}(a)$ 可由式(2-51)中的第一式求出，所以按照式(2-51)中的第三式可求出 δ_2 和 ω_2，由此可求出方程的第二阶近似解和改进的第二阶近似解。

2.3.3　无阻尼非线性刚度保守系统

无阻尼力、非线性恢复力的振动系统的方程为

$$
m\frac{\mathrm{d}^2 x}{\mathrm{d}t^2}\ddot{x} + kx + \varepsilon\phi(x) = 0
\tag{2-52}
$$

各项同除以质量 m 得

$$
\ddot{x} + \omega_0^2 x + \varepsilon\frac{1}{m}\phi(x) = 0
\tag{2-53}
$$

此时

$$
\begin{cases}
\omega_0^2 = \dfrac{k}{m} \\[3mm]
f(x,\dot{x}) = -\dfrac{1}{m}\phi(x)
\end{cases}
\tag{2-54}
$$

将式 $x = a\cos\psi$、$\dot{x} = 0$ 代入式(2-33)，可知 $\cos^2\psi$，$\cos^3\psi$，$\cdots$ 都是 ψ 的偶函数，所以在 $\phi(a\cos\psi)$ 的级数中，不包括 $a\sin\psi$ 的项，函数 $\phi(a\cos\psi)$ 的展开式为

$$
\phi(a\cos\psi) = \sum_{n=0}^{\infty} C_n(a)\cos n\psi
\tag{2-55}
$$

由式(2-47)得

$$\sum_{n=0}^{\infty} g_n^{(0)}(a)\cos n\psi + \sum_{n=0}^{\infty} h_n^{(0)}(a)\sin n\psi = -\frac{1}{m}\sum_{n=0}^{\infty} C_n(a)\cos n\psi$$

则

$$g_n^{(0)}(a) = -\frac{C_n(a)}{m}, \qquad h_n^{(0)}(a) = 0$$

由式(2-49)有

$$\begin{cases} \delta_1(a) = 0 \\ \omega_1(a) = \dfrac{C_1(a)}{2ma\omega_0} \end{cases} \tag{2-56}$$

由式(2-37)可得第一阶近似解为

$$x_1 = a\cos\psi$$

a、ψ 由下式决定：

$$\begin{cases} \dfrac{\mathrm{d}a}{\mathrm{d}t} = 0 \\ \dfrac{\mathrm{d}\psi}{\mathrm{d}t} = \omega_0 + \dfrac{\varepsilon C_1(a)}{2ma\omega_0} = \omega_1(a) \end{cases} \tag{2-57}$$

由式(2-57)知，振幅与时间 t 无关，由初始条件确定。

$$a = a_0 = \text{const} \tag{2-58a}$$

其相角为

$$\psi = \omega_1(a)t + \vartheta \tag{2-58b}$$

ϑ 为由初始条件确定的初始相位角。

故振动的第一阶近似解为简谐振动，其振幅为由初始条件决定的常数。其频率受到方程中恢复力非线性项的影响，即振动频率随振幅而变化。换言之，由于式(2-53)中恢复力非线性项的存在，振动系统就失去了"等时性"。

2.3.4　线性阻尼非线性刚度系统[2,8]

例题 2-4　考虑自由振动的单摆系统，自由振动方程为

$$m\ddot{x} + c\dot{x} + m\frac{g}{l}\left(x - \frac{x^3}{6}\right) = 0 \tag{a}$$

或者

$$\ddot{x} + \omega_0^2 \dot{x} = \varepsilon f(x, \dot{x})$$

$$\omega_0^2 = \frac{g}{l}, \quad \varepsilon f(x, \dot{x}) = -\frac{c}{m}\dot{x} + \frac{g}{6l}x^3$$

方程的一次近似解为

$$
\begin{cases}
x = a\cos\psi \\[2mm]
\dfrac{\mathrm{d}a}{\mathrm{d}t} = -\varepsilon\delta_1(a)a = -\dfrac{1}{2\pi\omega_0}\int_0^{2\pi}\varepsilon f(a\cos\psi,\ -a\omega\sin\psi)\sin\psi\,\mathrm{d}\psi \\[2mm]
\dfrac{\mathrm{d}\psi}{\mathrm{d}t} = \omega_0 + \varepsilon\omega_1 = \omega_0 - \dfrac{1}{2\pi a\omega_0} \\[3mm]
\qquad\qquad \cdot\int_0^{2\pi}\varepsilon f(a\cos\psi,\ -a\omega\sin\psi)\cos\psi\,\mathrm{d}\psi = \omega_0\left(1-\dfrac{a^2}{16}\right)
\end{cases}
\tag{b}
$$

积分后得

$$
\delta_1(a) = \frac{c}{2m},\qquad \omega_1 = -\frac{a^2}{16m}\omega_0
\tag{c}
$$

当 $t=0$ 时，a 的初始值为 a_0，按照式(b)的第二式可求出

$$
a = a_0\mathrm{e}^{-\delta_1 t}
\tag{d}
$$

按照式(b)的第三式可求出

$$
\psi = \omega_0\left[t + \frac{a_0^2}{32\delta_1}(\mathrm{e}^{-2\delta_1 t}-1)\right] + \vartheta
\tag{e}
$$

其中，ϑ 为相位角的初值。将式(d)和式(e)代入式(b)的第一式，得

$$
x = a\cos\psi = a_0\mathrm{e}^{-\delta_1 t}\cos\left\{\omega_0\left[t + \frac{a_0^2}{32\delta_1}(\mathrm{e}^{-2\delta_1 t}-1)\right] + \vartheta\right\}
\tag{f}
$$

式(f)表明，线性阻尼的作用是使振动衰减，随着时间增长，振动将停止，这与线性系统的规律一致。此外，振动频率 ω 是振幅的函数，即 $\omega = \omega_0\left(1-\dfrac{a^2}{16}\right)$，当振幅减小时，振动频率增加；振幅增大时，振动频率减小。

2.4　平　均　法

平均法[1,2,21](averaging method)的基本思想是根据弱非线性振动系统中振动的拟谐和性质，假设非线性系统与其派生系统的解具有相似的形式，并根据非线性振动系统的振幅、初相位关于时间的导数都是 $O(\varepsilon)$ 量级的周期函数的特性，将非线性振动系统的振幅、初相位关于时间的导数看成时间 t 的缓变函数，并用一个周期的平均值代替它，故称为平均法。

设单自由度非线性系统自由振动的方程为

$$\ddot{x} + \omega_0^2 x = \varepsilon f(x, \dot{x}) \tag{2-59}$$

写成一阶微分方程组，得

$$\begin{cases} \dot{x} = z \\ \dot{z} = -\omega_0^2 x + \varepsilon f(x, z) \end{cases} \tag{2-60}$$

其中，函数 $f(x, z)$ 是 n 阶可微的。

2.4.1　导出平均法的标准方程组

在式(2-60)中，令 $\varepsilon = 0$，可得派生系统的解为

$$\begin{cases} x = a\cos\psi \\ z = -a\omega_0\sin\psi \end{cases} \tag{2-61}$$

其中，振幅 a 和相位角 ψ 的变化率是常数，即

$$\begin{cases} \dfrac{\mathrm{d}a}{\mathrm{d}t} = 0 \\ \dfrac{\mathrm{d}\psi}{\mathrm{d}t} = \omega_0 \\ \psi = \omega_0 t + \vartheta \end{cases} \tag{2-62}$$

其中，a、ϑ 为由初始条件确定的常数。

当 $\varepsilon \neq 0$ 时，非线性因素的影响使系统的响应出现高次谐波，同时振动的瞬时频率与振幅有关，设通解为

$$x = a\cos\psi + \varepsilon x_1(a, \psi) + \varepsilon^2 x_2(a, \psi) + \cdots \tag{2-63}$$

其中，$x_1(a, \psi), x_2(a, \psi), \cdots$ 是 ψ 的以 2π 为周期的周期函数，而 a、ψ 为时间 t 的函数，其由如下方程决定：

$$\begin{cases} \dfrac{\mathrm{d}a}{\mathrm{d}t} = \varepsilon A_1(a) + \varepsilon^2 A_2(a) + \varepsilon^3 \cdots \\ \dfrac{\mathrm{d}\psi}{\mathrm{d}t} = \omega_0 + \varepsilon \omega_1(a) + \varepsilon^2 \omega_2(a) + \varepsilon^3 \cdots \end{cases} \tag{2-64}$$

将式(2-61)的第一式对时间 t 求一阶导数，得

$$\dot{x} = z = \frac{\mathrm{d}a}{\mathrm{d}t}\cos\psi - a\left(\omega_0 + \frac{\mathrm{d}\vartheta}{\mathrm{d}t}\right)\sin\psi \tag{2-65}$$

若要求 z 仍保持式(2-61)的形式，则必须有

$$\frac{\mathrm{d}a}{\mathrm{d}t}\cos\psi - a\frac{\mathrm{d}\vartheta}{\mathrm{d}t}\sin\psi = 0 \tag{2-66}$$

对式(2-65)再求一次导数，并注意到式(2-66)，则有

$$\dot{z} = \ddot{x} = -\frac{\mathrm{d}a}{\mathrm{d}t}\omega_0 \sin\psi - a\omega_0\left(\omega_0 + \frac{\mathrm{d}\vartheta}{\mathrm{d}t}\right)\cos\psi \tag{2-67}$$

将 x 及 $\ddot{x}$ 的表达式代入式(2-59)得

$$-\frac{\mathrm{d}a}{\mathrm{d}t}\omega_0 \sin\psi - a\frac{\mathrm{d}\vartheta}{\mathrm{d}t}\cos\psi = \varepsilon f(a\cos\psi, -a\omega_0 \sin\psi) \tag{2-68}$$

将式(2-66)和式(2-68)联立可以解出

$$\begin{cases} \dfrac{\mathrm{d}a}{\mathrm{d}t} = -\dfrac{\varepsilon}{\omega_0}f(a\cos\psi, -a\omega_0 \sin\psi)\sin\psi = \varepsilon\phi(a,\psi) \\[3mm] \dfrac{\mathrm{d}\vartheta}{\mathrm{d}t} = -\dfrac{\varepsilon}{a\omega_0}f(a\cos\psi, -a\omega_0 \sin\psi)\cos\psi = \varepsilon\phi^*(a,\psi) \end{cases} \tag{2-69}$$

其中

$$\begin{cases} \phi(a,\psi) = -\dfrac{1}{\omega_0}f(a\cos\psi, -a\omega_0 \sin\psi)\sin\psi \\[3mm] \phi^*(a,\psi) = -\dfrac{1}{a\omega_0}f(a\cos\psi, -a\omega_0 \sin\psi)\cos\psi \end{cases} \tag{2-70}$$

式(2-69)称为标准方程组。至此，尚未进行过任何近似处理。

2.4.2　求振幅和相位平均值

由式(2-69)的形式可知，振幅和相位关于时间的导数是与 ε 成比例的量。换言之，在一个振动周期 2π 内，a 和 ϑ 随时间仅作了很小的变化。这样即可以用 a 和 ϑ 在一个周期内变化的平均值 $\bar{a}$ 和 $\bar{\vartheta}$ 代替原来变化的式(2-69)中的右端项。于是式(2-69)变为

$$\begin{cases} \dfrac{\mathrm{d}\bar{a}}{\mathrm{d}t} = -\dfrac{\varepsilon}{2\pi\omega_0}\displaystyle\int_0^{2\pi} f(a\cos\psi, -a\omega_0 \sin\psi)\sin\psi\,\mathrm{d}\psi \\[4mm] \dfrac{\mathrm{d}\bar{\vartheta}}{\mathrm{d}t} = -\dfrac{\varepsilon}{2\pi a\omega_0}\displaystyle\int_0^{2\pi} f(a\cos\psi, -a\omega_0 \sin\psi)\cos\psi\,\mathrm{d}\psi \end{cases} \tag{2-71}$$

式(2-71)可以看作原方程进行变量变换后，得到关于变量 a 和 ϑ 的微分方程。由于非线性的影响，并不能精确求出式(2-71)中 a 和 ϑ 的精确解，a 和 ϑ 将随时间缓慢变化，所以可以用平均值 $\bar{a}$ 和 $\bar{\vartheta}$ 来表示随时间缓慢变化的振幅 a 和相位 ϑ，略去微小的波动。如果非线性函数已知，即可以求出 $\dfrac{\mathrm{d}a}{\mathrm{d}t}$、$\dfrac{\mathrm{d}\vartheta}{\mathrm{d}t}$ 的平均值。

如果仅求式(2-59)的一次近似解，根据式(2-61)和式(2-62)可得

$$
\begin{cases}
x = a\cos\psi \\
\dfrac{\mathrm{d}a}{\mathrm{d}t} = \varepsilon A_1(a) \\
\dfrac{\mathrm{d}\psi}{\mathrm{d}t} = \omega_0 + \varepsilon\omega_1(a)
\end{cases}
\tag{2-72}
$$

考虑到式(2-71)及式(2-62)得

$$
\begin{cases}
\dfrac{\mathrm{d}a}{\mathrm{d}t} = -\dfrac{\varepsilon}{2\pi\omega_0}\displaystyle\int_0^{2\pi} f(a\cos\psi, -a\omega_0\sin\psi)\sin\psi\,\mathrm{d}\psi \\
\dfrac{\mathrm{d}\psi}{\mathrm{d}t} = \omega_0 - \dfrac{\varepsilon}{2\pi a\omega_0}\displaystyle\int_0^{2\pi} f(a\cos\psi, -a\omega_0\sin\psi)\cos\psi\,\mathrm{d}\psi
\end{cases}
\tag{2-73}
$$

由式(2-73)可求响应的振幅和相位。

为了求包含高次谐波在内的改进的一阶近似解，可以将式(2-69)中的右端项展开为傅里叶级数，即

$$
\begin{cases}
\dot{a} = -\dfrac{\varepsilon}{\omega_0} f(a,\psi)\sin\psi = -\dfrac{\varepsilon}{\omega_0}\displaystyle\sum_{n=0}^{\infty}\left[g_n^{(1)}(a)\cos n\psi + h_n^{(1)}(a)\sin n\psi\right] \\
\dot{\vartheta} = -\dfrac{\varepsilon}{a\omega_0} f(a,\psi)\cos\psi = -\dfrac{\varepsilon}{a\omega_0}\displaystyle\sum_{n=0}^{\infty}\left[g_n^{(2)}(a)\cos n\psi + h_n^{(2)}(a)\sin n\psi\right]
\end{cases}
\tag{2-74}
$$

以上所取平均值相当于式(2-74)中仅保留 $n=0$ 的项，即

$$
\begin{cases}
\dfrac{\mathrm{d}\overline{a}}{\mathrm{d}t} = -\dfrac{\varepsilon}{2\pi\omega_0} g_0^{(1)}(a) \\
\dfrac{\mathrm{d}\overline{\vartheta}}{\mathrm{d}t} = -\dfrac{\varepsilon}{2\pi a\omega_0} g_0^{(2)}(a)
\end{cases}
\tag{2-75}
$$

式(2-71)和式(2-75)是等价的。如果求更高阶的近似解，对式(2-74)积分即可：

$$
\begin{cases}
a = \overline{a} - \dfrac{\varepsilon}{\omega_0^2}\displaystyle\sum_{n=0}^{\infty}\left[g_n^{(1)}(\overline{a})\sin\psi - h_n^{(1)}(\overline{a})\cos n\psi\right] \\
\vartheta = \overline{\vartheta} - \dfrac{\varepsilon}{a\omega_0^2}\displaystyle\sum_{n=0}^{\infty}\left[g_n^{(2)}(\overline{a})\sin n\psi - h_n^{(2)}(\overline{a})\cos nn\psi\right]
\end{cases}
\tag{2-76}
$$

例题 2-5　用平均法求解达芬方程 $\ddot{x} + x = -\varepsilon x^3$ 的近似解，初始条件为 $x(0) = A$，$\dot{x}(0) = 0$。

整理为平均法的标准方程组。此处 $f = -x^3$，$\omega_0 = 1$，将此代入式(2-73)，成为

$$
\frac{\mathrm{d}a}{\mathrm{d}t} = -\frac{\varepsilon}{2\pi}\int_0^{2\pi} a^3\cos^2\psi\sin\psi\,\mathrm{d}\psi = 0
\tag{a}
$$

$$\frac{\mathrm{d}\vartheta}{\mathrm{d}t} = \frac{\varepsilon}{2\pi a}\int_0^{2\pi} a^3\cos^4\psi\,\mathrm{d}\psi = \frac{3}{8}\varepsilon a^2 \tag{b}$$

从式(a)可知，a 为常数，即等于初始值 $a = A$，将此结果代入式(2-73)的第二式得

$$\psi = \frac{3}{8}\varepsilon A^2 t + \vartheta \tag{c}$$

将式(c)代入式(2-72)，可得一次近似解为

$$x = A\cos\left[\left(1 + \frac{3}{8}\varepsilon A^2\right)t + \vartheta\right] \tag{d}$$

式(d)说明振动的频率不再是 1，而是与振动幅值和初始条件有关。

2.4.3 非线性系统的等效线性化方法[1,2]

根据第一次近似平均法，可以对非线性系统进行等效线性化处理。考虑微分方程 $m\ddot{x} + kx = \varepsilon f(x,\dot{x})$ 或者改写为

$$\ddot{x} + \omega_0^2 x = \frac{1}{m}\varepsilon f(x,\dot{x}) \tag{2-77}$$

其中，$\omega_0^2 = k/m$。根据式(2-73)，用 $\frac{1}{m}f(x,\dot{x})$ 代替 $f(x,\dot{x})$，用平均法表示式(2-74)的解为

$$x = a\cos\psi$$

$$\frac{\mathrm{d}a}{\mathrm{d}t} = -\frac{\varepsilon}{2\pi m\omega_0}\int_0^{2\pi} f(a\cos\psi, -a\omega_0\sin\psi)\sin\psi\,\mathrm{d}\psi \tag{2-78a}$$

$$\frac{\mathrm{d}\psi}{\mathrm{d}t} = p_{\mathrm{e}}(a) \tag{2-78b}$$

其中

$$p_{\mathrm{e}}(a) = \omega_0 - \frac{\varepsilon}{2\pi a m\omega_0}\int_0^{2\pi} f(a\cos\psi, -a\omega_0\sin\psi)\cos\psi\,\mathrm{d}\psi \tag{2-78c}$$

令

$$\omega_{\mathrm{e}}(a) = \frac{\varepsilon}{\pi a\omega_0}\int_0^{2\pi} f(a\cos\psi, -a\omega_0\sin\psi)\sin\psi\,\mathrm{d}\psi \tag{2-79a}$$

$$k_{\mathrm{e}}(a) = k - \frac{\varepsilon}{\pi a}\int_0^{2\pi} f(a\cos\psi, -a\omega_0\sin\psi)\cos\psi\,\mathrm{d}\psi \tag{2-79b}$$

对式(2-78c)两边平方，得

$$p_e^2(a) = \omega_0^2 - \frac{\varepsilon}{\pi am} \int_0^{2\pi} f(a\cos\psi, -a\omega_0\sin\psi)\cos\psi \, d\psi + O(\varepsilon^2) \qquad (2\text{-}80)$$

由于计算第一次近似解，所以可以忽略 $O(\varepsilon^2)$ 项。比较式(2-78c)和式(2-80)，以及比较式(2-79a)、式(2-79b)及式(2-78a)，可得

$$\begin{cases} p_e^2(a) = \dfrac{k_e(a)}{m} \\[2mm] \dfrac{da}{dt} = -\dfrac{\omega_e(a)}{2m} \end{cases} \qquad (2\text{-}81)$$

将 $x = a\cos\psi$ 对时间 t 求导数，并利用式(2-78c)和式(2-79a)可得

$$\frac{dx}{dt} = -a p_e(a)\sin\psi - \frac{\omega_e(a)}{2m} a\cos\psi \qquad (2\text{-}82)$$

将式(2-82)再次对时间 t 求导得

$$\begin{aligned}
\frac{d^2 x}{dt^2} &= -a p_e^2(a)\cos\psi + \frac{\omega_e(a)}{m} a p_e(a)\sin\psi + \frac{\omega_e^2(a)}{4m} a\cos\psi \\
&\quad + \frac{\omega_e(a)}{2m} a^2 \frac{dp_e(a)}{da}\sin\psi + \frac{d\omega_e(a)}{da}\frac{a}{2m}\frac{\omega_e(a)}{2m} a\cos\psi \\
&= -\frac{K_e(a)}{m} x - \frac{\omega_e(a)}{m}\frac{dx}{dt} - \frac{\omega_e^2(a)}{4m^2} x + \frac{\omega_e(a)}{2m} a^2 \frac{dp_e(a)}{da}\sin\psi \\
&\quad + \frac{1}{2m}\frac{d\omega_e(a)}{da} a \frac{\omega_e(a)}{2m} x
\end{aligned} \qquad (2\text{-}83)$$

在第一阶近似解中略去 $O(\varepsilon^2)$ 项得

$$m\frac{d^2 x}{dt^2} + \omega_e(a)\frac{dx}{dt} + K_e(a)x = 0 \qquad (2\text{-}84)$$

式(2-84)表明，在第一次近似解中，所研究的非线性系统的振动和一个线性系统的振动是等价的，因此 $\omega_e(a)$ 和 $K_e(a)$ 分别为等效阻尼系数和等效弹性系数。式(2-84)所代表的系统称为原非线性系统的等效线性系统。比较式(2-84)和 $m\ddot{x} + kx = \varepsilon f(x,\dot{x})$ 可知，只要将

$$F_e = -\left\{ [K_e(a) - k]x + \omega_e(a)\frac{dx}{dt} \right\} \qquad (2\text{-}85)$$

代替非线性方程的右端项 $\varepsilon f(x,\dot{x})$ ，两边消去 kx ，即得到等效线性系统(2-84)。还可以引入等效线性系统的阻尼衰减率和固有频率，分别为

$$\begin{cases} \delta_e(a) = \dfrac{\omega_e(a)}{2m} \\[3mm] P_e(a) = \sqrt{\dfrac{K_e(a)}{m}} \end{cases} \qquad (2\text{-}86)$$

在工程实际中，对于比较复杂的工程系统，没有必要列出振动微分方程，可以直接将系统中的非线性因素用等效线性系数代替，然后求解等效线性微分方程，即可得到振动响应。

2.5　多尺度法

2.5.1　求解思路

多尺度法是二十世纪五六十年代由斯特罗克(Sturrock)、弗里曼(Frieman)、奈弗(Nayfeh)及桑德拉(Sandri)等提出的奇异摄动法。多尺度法不但适合于求周期运动解[1,2,21]，也适用于求有阻尼系统的近似解。

考虑非线性方程

$$\ddot{x} + \omega_0^2 x = \varepsilon f(x, \dot{x}) \tag{2-87}$$

的解。多尺度法把微分方程的解不只看作单一变量 t 的函数，而把 $t, \varepsilon t, \varepsilon^2 t, \cdots$ 都看作独立的变量或称时间的尺度，把解看作这些独立自变量或时间尺度的函数。

引入新的独立自变量

$$T_n = \varepsilon^n t, \quad n = 0, 1, 2, \cdots \tag{2-88}$$

根据这些关系，对 t 的导数可用对 T_n 的偏导数表示为如下算子的形式：

$$\begin{cases} \dfrac{\mathrm{d}}{\mathrm{d}t} = \dfrac{\mathrm{d}T_0}{\mathrm{d}t}\dfrac{\partial}{\partial T_0} + \dfrac{\mathrm{d}T_1}{\mathrm{d}t}\dfrac{\partial}{\partial T_1} + \cdots = D_0 + \varepsilon D_1 + \cdots \\[2mm] \dfrac{\mathrm{d}^2}{\mathrm{d}t^2} = D_0^2 + 2\varepsilon D_0 D_1 + \varepsilon^2(D_1^2 + 2D_0 D_2) + \cdots \end{cases} \tag{2-89}$$

其中，$D_0, D_1, D_2, \cdots$ 分别是对 $T_0, T_1, T_2, \cdots$ 求偏导数的运算符号。采用多尺度法求解时，对于自治系统，设解的形式为

$$x(t) = x_0(T_0, T_1, T_2, \cdots) + \varepsilon x_1(T_0, T_1, T_2, \cdots) + \cdots \tag{2-90}$$

所取独立自变量的个数取决于解的展开式所取项数，若展开式取到 $O(\varepsilon^2)$，则自变量取 T_0、T_1 即可；若展开式取到 $O(\varepsilon^3)$，则自变量取 T_0、T_1、T_2 即可。

2.5.2　求解过程

将式(2-90)代入式(2-87)并考虑到式(2-88)及式(2-89)，比较 ε 同幂次项的系数，可以得到一系列线性偏微分方程：

$$\begin{cases} D_0^2 x_0 + \omega_0^2 x_0 = 0 \\ D_0^2 x_1 + \omega_0^2 x_1 = -2D_0 D_1 x_0 + f(x_0, D_0 x_0) \\ D_0^2 x_2 + \omega_0^2 x_2 = F(x_0, x_1) \\ \qquad\qquad \vdots \end{cases} \tag{2-91}$$

将式(2-91)中第一式的解写为复数的形式：

$$x_0 = A(T_1, T_2, \cdots) \exp(i\omega_0 T_0) + \bar{A}(T_1, T_2, \cdots) \exp(-i\omega_0 T_0) \tag{2-92}$$

函数 A 在这一步仍然是任意的，它可以由下一步消除永年项的条件确定。

将 x_0 代入式(2-91)中的第二式，得

$$\begin{aligned} D_0^2 x_1 + \omega_0^2 x_1 = &-2i\omega_0 D_1 A \exp(i\omega_0 T_0) + 2i\omega_0 D_1 \bar{A} \exp(-i\omega_0 T_0) \\ &+ f[A \exp(i\omega_0 T_0) + \bar{A} \exp(-i\omega_0 T_0) \\ &+ i\omega_0 A \exp(i\omega_0 T_0) - i\omega_0 \bar{A} \exp(-i\omega_0 T_0)] \end{aligned} \tag{2-93}$$

此式的解中含 $T_0 \exp(\pm i\omega_0 T_0)$ 的项均为永年项，必须适当选择函数 A，使 x_1 中不出现永年项。为此，将 $f(x_0, D_0 x_0)$ 展开为傅里叶级数：

$$f = \sum_{n=-\infty}^{\infty} f_n(A, \bar{A}) \exp(in\omega_0 T_0) \tag{2-94a}$$

其中

$$f_n(A, \bar{A}) = \frac{\omega_0}{2\pi} \int_0^{2\pi/\omega_0} f \exp(-in\omega_0 T_0) \mathrm{d}T_0 \tag{2-94b}$$

消除永年项的条件是

$$iD_1 A = \frac{\omega_0}{2\pi} \int_0^{2\pi/\omega_0} f \exp(-in\omega_0 T_0) \mathrm{d}T_0 \tag{2-95}$$

若求第一次近似解，只需将 A 看作 T_1 的函数，并且将解设到这一项为止。为求解式(2-95)，将 $A(T_1)$ 表示为极坐标的形式：

$$A(T_1) = \frac{1}{2} a(T_1) \exp[-i\beta(T_1)] \tag{2-96}$$

求一阶近似解，由式(2-92)得

$$\begin{cases} x_0 = a(T_1) \cos\psi \\ \psi = \omega_0 T_0 + \beta(T_1) \end{cases} \tag{2-97}$$

将式(2-96)代入式(2-95)，得

$$i(D_1 a + i a D_1 \beta) = \frac{1}{2\pi\omega_0} \int_0^{2\pi} f(a\cos\psi, -\omega_0 a\sin\psi) \exp(-i\psi) \mathrm{d}\psi \tag{2-98}$$

分离式(2-98)的实部与虚部，得

$$\begin{cases} D_1 a = -\dfrac{1}{2\pi\omega_0} \int_0^{2\pi} f(a\cos\psi, -\omega_0 a\sin\psi)\sin\psi\,\mathrm{d}\psi \\ D_1\beta = -\dfrac{1}{2\pi\omega_0 a} \int_0^{2\pi} f(a\cos\psi, -\omega_0 a\sin\psi)\cos\psi\,\mathrm{d}\psi \end{cases} \tag{2-99}$$

解出 a、β 后，可得第一次近似解为

$$x = a(T_1)\cos[\omega_0 T_0 + \beta(T_1)] \tag{2-100}$$

例题 2-6　用多尺度法求解下列自由振动系统方程的近似解。

$$\ddot{x} + 2\varepsilon\dot{x} + x = 0$$

其中，ε 为小参数。

与式(2-77)比较，此处 $\omega_0 = 1$，$f = -2\dot{x}$。令

$$\begin{cases} x(t) = x_0(T_0, T_1, T_2, \cdots) + \varepsilon x_1(T_0, T_1, T_2, \cdots) + \varepsilon^2 x_2(T_0, T_1, T_2, \cdots) + O(\varepsilon^3) \\ T_n = \varepsilon^n t, \quad n = 0, 1, 2 \end{cases} \tag{a}$$

式(2-91)变为

$$\begin{cases} D_0^2 x_0 + x_0 = 0 \\ D_0^2 x_1 + x_1 = -2D_0 D_1 x_0 - 2D_0 x_0 \\ D_0^2 x_2 + x_2 = -2D_0 x_1 - 2D_0 D_1 x_1 - D_1^2 x_0 - 2D_0 D_2 x_0 - 2D_1 x_0 \end{cases} \tag{b}$$

将第一式的通解写为

$$x_0 = A_0(T_1, T_2)\exp(\mathrm{i}T_0) + \bar{A}(T_1, T_2)\exp(-\mathrm{i}T_0) \tag{c}$$

A_0 是待定的函数。将 x_0 代入式(b)的第二式得

$$D_0^2 x_1 + x_1 = -2\mathrm{i}(A_0 + D_1 A_0)\exp(\mathrm{i}T_0) + 2\mathrm{i}(\bar{A}_0 + D_1\bar{A}_0)\exp(-\mathrm{i}T_0) \tag{d}$$

为了消除永年项，令

$$A_0 + D_1 A_0 = 0 \tag{e}$$

积分得

$$A_0 = a_0(T_2)\exp(-T_1) \tag{f}$$

a_0 仍是待定的函数。式(d)的解是

$$x_1 = A_1(T_1, T_2)\exp(\mathrm{i}T_0) + \bar{A}_1(T_1, T_2)\exp(-\mathrm{i}T_0) \tag{g}$$

将 x_0、x_1 代入式(b)的第三式得

$$D_0^2 x_2 + x_2 = -Q(T_1, T_2)\exp(\mathrm{i}T_0) - \bar{Q}(T_1, T_2)\exp(-\mathrm{i}T_0) \tag{h}$$

其中

$$Q(T_1, T_2) = 2\mathrm{i}A_1 + 2\mathrm{i}D_1 A_1 - a_0\exp(-T_1) + 2\mathrm{i}D_2 a_0\exp(-T_1) \tag{i}$$

式(h)右端各项又将产生永年项，因为其特解为

$$x_2 = \frac{1}{2}iQ(T_1, T_2)T_0\exp(iT_0) - \frac{1}{2}i\bar{Q}(T_1, T_2)T_0\exp(-iT_0)$$

为了消除永年项，令 $Q = 0$，即

$$D_1A_1 + A_1 = \frac{1}{2}i(-a_0 + 2iD_2a_0)\exp(-T_1) \tag{j}$$

一般来说，为了得到式(j)的解，x_2 不一定要解出，只要观察式(h)，找出其永年项并消除即可。式(j)的通解为

$$A_1 = \left[a_1(T_2) + \frac{1}{2}i(-a_0 + 2iD_2a_0)T_1\right]\exp(-T_1) \tag{k}$$

将式(k)代入式(g)得

$$x_1 = \left[a_1(T_2) + \frac{1}{2}i(-a_0 + 2iD_2a_0)T_1\right]\exp(-T_1)\exp(iT_0) + cc \tag{l}$$

其中，cc 代表前面表达式的复共轭项。但现在

$$x_0 = [a_0\exp(iT_0) + cc]\exp(-T_1) \tag{m}$$

所以，当 $t \to \infty$ 时，虽有 $x_0, x_1 \to 0$，但只要 t 增至 $O(\varepsilon^{-2})$，就使 εx_1 成为 $O(x_0)$，从而使展开式 $x_0 + \varepsilon x_1$ 失效，即式(l)中方括号内的第二项 $\frac{1}{2}i(-a_0 + 2iD_2a_0)T_1$ 为永年项，因此必须令式(l)中 T_1 的系数为零，即

$$-a_0 + 2iD_2a_0 = 0$$

求解上式得

$$a_0 = a_{00}\exp(-iT_1) \tag{n}$$

其中，a_{00} 为常数。此时式(k)成为

$$A_1 = a_1(T_2)\exp(-T_1) \tag{o}$$

解可以写为

$$x = \exp(-T)\left\{a_{00}\exp\left[i\left(T_0 - \frac{T_2}{2}\right)\right] + cc + \varepsilon[a_1(T_2)\exp(iT_0) + cc]\right\} + O(\varepsilon^2) \tag{p}$$

其中，$a_1(T_2)$ 可由展开式的第三阶确定。

2.6　分段线性刚度系统

海洋中经常采用不同的方式将浮体定位在海上，例如，油轮通过图 2-2 和图 2-3 所示的系泊系统定位于海上油田。由于波浪的作用，系泊索或系泊系统具有松弛

和拉紧两个不同的受力状态，从松弛到拉紧相当于一次弹性碰撞。因此，系泊缆索提供的恢复刚度为分段线性或分段非线性的[21]。

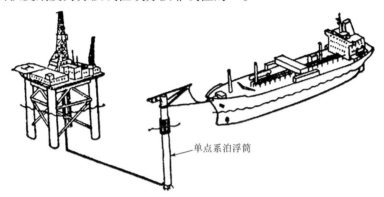

图 2-2 单点系泊与油轮系统

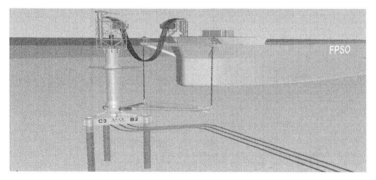

图 2-3 单锚摇臂系泊系统

对图 2-3 所示的单锚摇臂系泊系统进行了油轮纵荡过程系泊力与油轮纵荡运动关系曲线的试验，试验得到纵荡与系泊恢复力关系曲线如图 2-4[11, 22]所示。

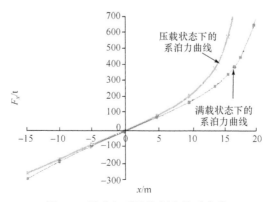

图 2-4 纵荡与系泊恢复力关系曲线

　　由图 2-4 可以看出，油轮纵荡位移与系泊恢复力关系曲线具有明显的分段特性，即 $x=(-15\sim0)$ 为第一段，$x=(0\sim10)$ 为第二段。因此，可以将系泊系统与油轮纵荡运动简化为分段线性刚度系统，如图 2-5 所示。

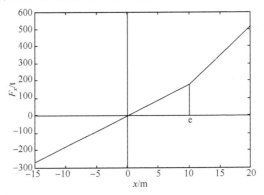

图 2-5　油轮纵荡 x 与恢复力 F_x 之间的关系

　　首先分析分段刚度非线性系统的固有动力特性。此处采用接缝法求该系统的精确解。分段线性系统可以由图 2-6 表示。

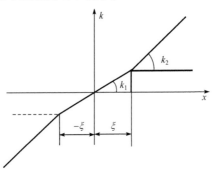

图 2-6　分段线性系统

　　在 $x\leqslant\xi$ 内，弹簧的刚度为 k_1，当 $|x|\geqslant\xi$ 时，刚度为 k_2，质量块 m 的运动方程为

$$\begin{cases} m\ddot{x}+k_1x=0, & -\xi\leqslant x\leqslant\xi \\ m\ddot{x}+k_1x+(k_2-k_1)(x-\xi)=0, & \xi\leqslant x \\ m\ddot{x}+k_1x+(k_2-k_1)(x+\xi)=0, & x\leqslant-\xi \end{cases} \tag{2-101}$$

设初始条件为

$$\begin{cases} x(0)=0 \\ \dot{x}(0)=B \end{cases} \tag{2-102}$$

从开始到达 ξ 这段时间内，位移和速度分别是

$$\begin{cases} x = \dfrac{B}{\omega_1}\sin\omega_1 t \\[3mm] \dot{x} = \dfrac{B}{\omega_1}\cos\omega_1 t \end{cases} \tag{2-103}$$

其中，$\omega_1 = \sqrt{\dfrac{k_1}{m}}$。到达位置 ξ 共需时间为

$$t_1 = \frac{1}{\omega_2}\arcsin\left(\frac{\omega_1 \xi}{B}\right) \tag{2-104}$$

到达位置 ξ 时的速度为

$$\dot{x}_1 = B\sqrt{1 - \left(\frac{\omega_1 \xi}{B}\right)^2} \tag{2-105}$$

当质量继续向右运动时，采用式(2-101)的第二个方程 $m\ddot{x} + k_2 x = (k_2 - k_1)\xi$，从 ξ 开始运动的初始条件为

$$\begin{cases} x(t_1) = \xi \\ \dot{x}(t_1) = \dot{x}_1 \end{cases} \tag{2-106}$$

对应的特解是

$$\begin{aligned} x &= \xi\cos\omega_2(t - t_1) + \frac{\dot{x}_1}{\omega_2}\sin\omega_2(t - t_1) + \frac{k_2 - k_1}{k_2}\xi[1 - \cos\omega_2(t - t_1)] \\ &= \left(1 - \frac{k_1}{k_2}\right)\xi + \frac{k_1}{k_2}\xi\cos\omega_2(t - t_1) + \frac{\dot{x}_1}{\omega_2}\sin\omega_2(t - t_1) \end{aligned} \tag{2-107}$$

相应的速度为

$$\dot{x} = -\frac{k_1}{k_2}\omega_2\xi\sin\omega_2(t - t_1) + \dot{x}_1\cos\omega_2(t - t_1) \tag{2-108}$$

其中，$\omega_2 = \sqrt{k_2/m}$；ω_1、ω_2 分别代表两段的频率。

根据式(2-107)和式(2-108)可以求出最大位移即振幅 A 和到达最大位移的时间 t_2。到达最大位移时速度为零，令式(2-108)右端项等于零，解出 t_2，再由式(2-107)解出最大位移 A：

$$\begin{cases} t_2 = t_1 + \dfrac{1}{\omega_2}\arctan\left(\dfrac{k_2\dot{x}_1}{k_1\omega_2\xi}\right) \\[4mm] A = \left(1 - \dfrac{k_1}{k_2}\right)\xi + \sqrt{\left(\dfrac{k_1}{k_2}\xi\right)^2 + \left(\dfrac{\dot{x}_1}{\omega_2}\right)^2} \end{cases} \tag{2-109}$$

因而振动的周期是

$$T = 4t_2 \tag{2-110}$$

例题 2-7　对于图 2-3 所示的单锚摇臂系泊系统，油轮的船型参数为：方形系数 $\beta = 0.85$，船宽 $B_0 = 58\text{m}$，船长 $L_0 = 285\text{m}$，吃水 $h = 17.36\text{m}$，海水密度为 $1.025\,\text{t/m}^3$，油轮质量 $m = 250000\text{t}$。根据试验数据图 2-4，将系泊系统处理为分段线性刚度系统，两段刚度值分别为 $-15\text{m} \leqslant x \leqslant 10\text{m}$ 时，$k_1 = 177\text{kN/m}$；$10\text{m} < x < 20\text{m}$ 时，$k_2 = 331.6\text{kN/m}$。只考虑油轮的纵荡运动，计算油轮运动的固有特性。

当只考虑油轮的纵荡运动时，该单点系泊系统可简化为一个单自由度系统，如图 2-7 所示。模型中质量块 m 连接一个线性弹簧，其弹性刚度为 k_1，线性黏性阻尼系数为 c；若位移 x 超出一个确定值 $e(e \geqslant 0)$，第二个弹性刚度为 k_2 的弹簧也同时作用在质量块 m 上。在该系统中，两个线性弹簧会引起不对称的分段线性恢复力。自由运动方程为[11,21-23]

$$m\ddot{x} + c\dot{x} + f(x) = 0 \tag{a}$$

其中，m 为油轮质量；$f(x) = k_1 x + G(x)$，$G(x)$ 是非线性恢复力部分，$G(x) = h_x(k_2 - k_1)(x - e)$，$h_x$ 是阶梯函数，$h_x = \begin{cases} 1, & x \geqslant e \\ 0, & x < e \end{cases}$，$k_1$、$k_2$ 为分段刚度。则式(a)可以写为

$$\ddot{x} + 2\omega\zeta\dot{x} + \omega^2 x + h_x \frac{k_2 - k_1}{m}(x - e) = 0 \tag{b}$$

其中，$\omega = \sqrt{k_1/m}$；$\zeta = \dfrac{c}{2\sqrt{mk_1}}$ 为阻尼比，取值范围为 0.05～0.1。

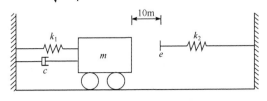

图 2-7　油轮纵荡分段线性简化模型

采用接缝法求解油轮的固有周期。设油轮纵荡运动的最大位移边界为 $a = -15\text{m}$ 和 $b = 20\text{m}$，油轮在从 a 到 b 的运动过程中，当 $x \leqslant e = 10\text{m}$ 时，系泊系统的恢复刚度为 k_1，当 $x > e$ 时，系泊系统的恢复刚度为 k_2，则系统的无阻尼自由运动方程写为

$$\begin{cases} m\ddot{x} + k_1 x = 0, & a \leqslant x \leqslant e \\ m\ddot{x} + k_2 x + k_1 e - k_2 e = 0, & e < x \leqslant b \end{cases} \tag{c}$$

设初始条件为 $x(a)=0$，$\dot{x}(a)=0.5\text{ m/s}$，$\omega_1^2=k_1/m$。由式(2-103)～式(2-110)求得第一段恢复刚度的固有频率为

$$\omega_1=\sqrt{\frac{177}{250000}}=0.0266\ (\text{rad/s})\tag{d}$$

到达 $x=10\text{ m}$ 位置需要的时间和达到时的速度分别为

$$t_1=\frac{1}{0.0266}\arcsin\left(\frac{0.0266\times10}{0.5}\right)=21.088(\text{s})$$

$$\dot{x}_1=B\sqrt{1-\left(\frac{\omega_1 e}{B}\right)^2}=0.5\sqrt{1-\left(\frac{0.0266\times10}{0.5}\right)^2}=0.423(\text{m/s})$$

从 e 开始运动的初始条件为

$$x(t_1)=10\text{m}，\quad \dot{x}_1(t_1)=0.423\text{ m/s}$$

第二阶段运动的固有频率为

$$\omega_2=\sqrt{\frac{331.6}{250000}}=0.0364(\text{rad/s})\tag{e}$$

到达最大位移时速度为零，由式(2-109)求 t_2，得

$$t_2=t_1+\frac{1}{0.0364}\arctan\left(\frac{331.6\times0.423}{177\times0.0364\times10}\right)=52.41(\text{s})$$

油轮纵荡运动的周期是

$$T=4t_2=4\times52.41=209.65\,(\text{s})\tag{f}$$

2.7 谐波平衡法[23]

振动方程为

$$\ddot{x}+f(x,\dot{x})=0\tag{2-111}$$

谐波平衡法求解的基本思路是将式(2-111)的解和函数 $f(x,\dot{x})$ 展开成傅里叶级数，其中傅里叶级数为

$$x(t)=a_0+\sum_{n=1}^{\infty}(a_n\cos\omega t+b_n\sin\omega t)\tag{2-112}$$

$$f(x,\dot{x})=c_0+\sum_{n=1}^{\infty}(c_n\cos n\omega t+d_n\sin n\omega t)\tag{2-113}$$

$$\begin{cases} c_0 = \dfrac{\omega}{2\pi} \displaystyle\int_0^{2\pi/\omega} f(x,\dot{x}) \mathrm{d}t \\[3mm] c_n = \dfrac{\omega}{\pi} \displaystyle\int_0^{2\pi/\omega} f(x,\dot{x}) \cos n\omega t \mathrm{d}t, \quad n = 1,2,\cdots \\[3mm] d_n = \dfrac{\omega}{\pi} \displaystyle\int_0^{2\pi/\omega} f(x,\dot{x}) \sin n\omega t \mathrm{d}t \end{cases} \tag{2-114}$$

由式(2-114)求出的 c_0、c_n 和 d_n，并将式(2-113)、式(2-114)代入式(2-111)，按同阶谐波进行整理后，令 $\sin n\omega t$、$\cos n\omega t$ 的系数等于零，得到关于 a_0、a_n、b_n $(n=1,2,\cdots)$ 的代数方程组，解此方程组，求得 a_0、a_n、b_n 就可求得式(2-111)的解(式(2-112))。

例题 2-8 用谐波平衡法求解立方非线性系统

$$\ddot{x} + a_1 x + a_3 x^3 = 0 \tag{a}$$

的周期解，其中 $a_1 > 0$。

设式(a)的解为

$$x(t) = A\cos\omega t \tag{b}$$

将式(b)代入式(a)，得

$$-\omega^2 A\cos\omega t + a_1 A\cos\omega t + a_3 A^3 \left(\frac{3}{4}\cos\omega t + \frac{1}{4}\cos 3\omega t \right) = 0 \tag{c}$$

由 $\cos\omega t$ 的系数等于零，得

$$(a_1 - \omega^2)A + \frac{3}{4}a_3 A^3 = 0 \tag{d}$$

解得

$$\omega = \sqrt{a_1}\left(1 + \frac{3}{4}\frac{a_3}{a_1}A^2 \right)^{\frac{1}{2}} \tag{e}$$

若 $|a_3| \ll a_1$，可得近似幅频关系为

$$\omega = \sqrt{a_1}\left(1 + \frac{3}{8}\frac{a_3}{a_1}A^2 \right) \tag{f}$$

设式(a)的解为

$$x(t) = A_1\cos\omega t + A_3\cos 3\omega t \tag{g}$$

将式(g)代入式(a)，得

$$\left[(a_1 - \omega^2)A_1 + \frac{3}{4}a_3 A_1^3 + \frac{3}{4}a_3 A_1^2 A_3 + \frac{3}{2}a_3 A_1 A_3^2 \right]\cos\omega t$$

$$+\left[\left(a_1-9\omega^2\right)A_3+\frac{3}{4}a_3A_3^3+\frac{1}{4}a_3A_1^3+\frac{3}{2}a_3A_1^2A_3\right]\cos 3\omega t$$

$$+\left[\frac{3}{4}a_3A_1^2A_3+\frac{3}{4}a_3A_1A_3^2\right]\cos 5\omega t+\frac{3}{4}a_3A_1A_3^2\cos 7\omega t \tag{h}$$

$$+\frac{1}{4}a_3A_3^3\cos 9\omega t=0$$

略去高次谐波，由 $\cos\omega t$ 和 $\cos 3\omega t$ 的系数等于 0 可得

$$\left(a_1-\omega^2\right)A_1+\frac{3}{4}a_3A_1^3+\frac{3}{4}a_3A_1^2A_3+\frac{3}{2}a_3A_1A_3^2=0 \tag{i}$$

$$\left(a_1-9\omega^2\right)A_3+\frac{3}{4}a_3A_3^3+\frac{1}{4}a_3A_1^3+\frac{3}{2}a_3A_1^2A_3=0 \tag{j}$$

这是一个非线性代数方程组，精确求解很困难。如果系统的解近似于简谐振动，即 $|A_3/A_1|\ll 1$，略去式(i)和式(j)中 A_3 一次方以上的项，可得

$$\left(a_1-\omega^2\right)A_1+\frac{3}{4}a_3A_1^2A_3+\frac{3}{4}a_3A_1^3=0 \tag{k}$$

$$\left(a_1-9\omega^2\right)A_3+\frac{3}{2}a_3A_1^2A_3+\frac{1}{4}a_3A_1^3=0 \tag{l}$$

两式联立得

$$8a_1A_1A_3+\frac{27}{4}a_3A_1^2A_3^2+\frac{21}{4}a_3A_1^3A_3-\frac{1}{4}a_3A_1^4=0 \tag{m}$$

若 $|a_3|\ll a_1$，可近似解得

$$A_3=\frac{1}{32}\frac{a_3}{a_1}A_1^3 \tag{n}$$

代入式(k)可得

$$\omega=\sqrt{a_1}\left(1+\frac{3}{4}\frac{a_3}{a_1}A_1^2+\frac{3}{128}\frac{a_3^2}{a_1^2}A_1^4\right)^{\frac{1}{2}}$$

或

$$\omega=\sqrt{a_1}\left(1+\frac{3}{8}\frac{a_3}{a_1}A_1^2-\frac{15}{256}\frac{a_3^2}{a_1^2}A_1^4\right) \tag{o}$$

于是得一次近似解为

$$x=A_1\cos\omega t+\frac{1}{32}\frac{a_3}{a_1}A_1^3\cos 3\omega t \tag{p}$$

第3章 单自由度非线性系统的强迫振动

由线性振动的理论可知，线性系统受到强迫激励振动时，振动的幅值为常数，并且与初始条件无关，强迫振动的频率等于强迫力的频率。单自由度非线性系统强迫振动的形式是怎样的，其振动频率和振动幅值变化的规律是什么，哪些因素将影响振动的频率和振动幅值？本章将采用不同的方法，分析单自由度非线性系统强迫振动的形式、频率及振动幅值的变化特点和规律，讨论非线性系统强迫振动响应的主要特点，包括解的稳定性、振动幅值跳跃和多解，强迫振动响应的求解方法等。

3.1 非线性振动系统的动力响应特性

3.1.1 振动的稳定性

首先，通过一条系泊船的例子，讨论非线性系统的一些重要特性[5]。考虑通过系缆定位于海上的船舶，仅研究其纵荡运动，承受的纵荡波浪载荷幅值为 p_0，载荷频率为 Ω，忽略阻尼，在式(2-1)的右端施加波浪力项，得

$$m\ddot{x} + k_1 x + k_3 x^3 = p_0 \cos \Omega t \tag{3-1}$$

将式(3-1)改写成

$$\ddot{x} + \omega_0^2 x + \varepsilon k_3 x^3 = \varepsilon p_0 \cos \Omega t \tag{3-2}$$

其中，$\varepsilon = 1/m$ 是个任意小量。式(3-2)的稳态解应包括和波浪激励相同的振荡频率。无论是解 $x(t)$ 本身还是其频率 ω，均要求与线性系统中($k_3=0$)它们的响应值 $x_0(t)$ 及 ω_0 相差不大。亦即

$$x = x_0(t) + \varepsilon x_1(t) \tag{3-3}$$

$$\omega^2 = \omega_0^2 + \varepsilon g(\overline{a}) \tag{3-4}$$

其中，$x_1(t)$ 是响应修正函数；$g(\overline{a})$ 是振幅函数，都是由于存在 k_3 引起的。计算 $x_1(t)$ 和 $g(\overline{a})$，采用与式(2-4)～式(2-14)相同的步骤和方法，初始条件与式(2-3)相同。要注意的是，这里用 ω 代替了前面公式中的 $\tilde{\omega}$。

求解式(3-2)的步骤为：将式(3-3)和式(3-4)代入式(3-2)，按照 ε 的幂次整理，忽略含高次 ε 的项，令 ε^0 及 ε^1 的系数各自为零，得到 $x_0(t)$ 和 $x_1(t)$ 的两个线性微

分方程。对每个方程求其稳态解，然后将其按式(3-3)进行叠加，同时应用初始条件 $x(0) = \bar{a}$ 和 $\dot{x}(0) = 0$。该解中的永年项，即 $x_1(t)$ 的一部分，由于乘以变量 t 的系数为零而消去，该方法保持了解的有界性。于是得到

$$g(\bar{a}) = \frac{3}{4} k_3 \bar{a}^2 - \frac{1}{a} p_0 \qquad (3\text{-}5)$$

将式(3-5)代入式(3-4)并注意到 $\varepsilon = 1/m$，得到系统参数之间的关系式，即

$$m\left(\Omega^2 - \omega_0^2\right)\bar{a} + p_0 = \frac{3}{4} k_3 \bar{a}^3 \qquad (3\text{-}6)$$

对于自由振荡，或者 $p_0 = 0$ 和 $\Omega = \tilde{\omega}$ 的情况，式(3-6)同式(2-5)恒等。同样，只要能够用 Ω 代替 $\tilde{\omega}$，便不难证明强迫振荡 $x(t)$ 是由式(2-13)给出的。当然，此种情况下，振幅与激励力 p_0 以及体系的频率和刚度有关。

将式(3-6)写成如下形式：

$$\bar{a}^3 - \frac{4k_1}{3k_3}\left(\frac{\gamma^2}{\omega_0^2} - 1\right)\bar{a} - \frac{4}{3}\frac{k_1}{k_3}\frac{p_0}{k_1} = 0 \qquad (3\text{-}7a)$$

$$KA^3 - \left(\gamma^2 - 1\right)A - 1 = 0 \qquad (3\text{-}7b)$$

式(3-7a)利用 $\omega_0^2 = k_1/m$ 消去了式(3-6)中的 m。式(3-7b)中的无量纲参数是

$$A = \frac{k_1}{p_0}\bar{a}, \quad K = \frac{3}{4}\frac{k_3}{k_1}\left(\frac{p_0}{k_1}\right)^2, \quad \gamma = \frac{\Omega}{\omega_0} \qquad (3\text{-}8)$$

其中，p_0/k_1 是在某个固定不变作用力 p_0 作用下引起的线性系统的静挠度；K 为非线性刚度参数；这里假定 k_1、p_0 和 ω_0 均为常数。当非线性刚度消失时，运动振幅等于无阻尼线性系统的运动振幅。

$p_0 = 0$ 和 $\Omega = \tilde{\omega}$ 为式(3-7a)或式(3-7b)的另一种极限情况，此时振幅与自由振荡频率的关系为

$$\bar{a}^2 = \frac{4}{3}\frac{k_1}{k_3}\left(\frac{\tilde{\omega}^2}{\omega_0^2} - 1\right) \qquad (3\text{-}9)$$

不难证明，式(3-9)同式(2-13)是相同的。

例题 3-1 辐射状系泊船在波高不大且近乎规则波作用下以不稳定的方式发生弛振。后来将系缆进一步拉紧，则该船舶停止弛振，运动趋于平稳，进入简谐振荡。解释系缆拉紧后船舶由不稳定运动进入稳定运动的原因[19]。

取船舶运动的非线性简化模型为式(3-1)。考虑主入射波波浪力频率为 Ω、幅值为 p_0。船舶运动响应幅值 $\bar{a}$ 与 Ω 和恢复常数之间的关系式为(3-6)。目标是研究船舶运动幅值与系统参数之间的关系。

根据微分方程的稳定性理论，就是要研究在什么样的系统参数的组合情况下，

才使式(3-6)中的 $\bar{a}$ 具有一个或多个实数根。如果在固定的参数组合下，式(3-6)对 $\bar{a}$ 来说只有一个实根，则根据 $\tilde{\omega} = \omega$ ，由式(2-14)给出的运动 $x(t)$ 将是稳定的。如果存在一个以上的实根，则运动将从一种振幅变到另一种振幅，系泊船出现不稳定运动。因此需要研究式(3-7a)中 $\bar{a}$ 的根的性质。将式(3-7a)简化为三次多项式：

$$\bar{a}^3 + \alpha\bar{a} + \beta = 0 \tag{3-10}$$

比较式(3-7a)和式(3-10)，可知 α 和 β 都是实数。定义 R ：

$$R = \frac{1}{27}\alpha^3 + \frac{1}{4}\beta^2 \tag{3-11}$$

其中，R 确定了式(3-10)根的类型。当 R 为负、零或正时，分别有 3 个不等的实根、至少两个相等的实根或一个单实根。根据式(3-7a)定义的 α 和 β 值，可以用参数表示的式(3-11)来计算 R 。相应于 R 为正、零和负的三类根概括如下。

如果

$$\frac{1}{k_3}\left(\Omega^2 - \omega_0^2\right)^3 > \frac{81}{16m^3}p_0^2 \tag{3-12}$$

则式(3-7a)具有三个不相等的实根。

如果

$$\frac{1}{k_3}\left(\Omega^2 - \omega_0^2\right)^3 = \frac{81}{16m^3}p_0^2 \tag{3-13}$$

则式(3-7a)具有至少两个相等的实根。

如果

$$\frac{1}{k_3}\left(\Omega^2 - \omega_0^2\right)^3 < \frac{81}{16m^3}p_0^2 \tag{3-14}$$

则式(3-7a)只有一个实根，此时出现稳定运动。

为了说明系泊船运动的性质，假定：①从调节系缆以前直到调节系缆之后，波浪力参数 p_0 和 Ω 保持为常数或近似为常数，由于船的质量 m 为常数，则式(3-12)~式(3-14)的右端均为常数；②在系泊线调整前，由式(3-12)表示的不等式是真实的，因此多个实根 $\bar{a}$ 导致不稳定运动。不等式(3-12)意味着 $\Omega > \omega_0$ 。需要指出的是，等式(3-13)成立的条件可能是不存在的，因为像这样严格的等式将不可能与实际海况中系泊船的情况一致。

在拉紧系缆之后，因为静约束刚度曲线 $f(x) \sim x$ 随着其斜率的增大将趋于直线，所以 k_1 无疑要增大，而 k_3 将稍微减小。随着恢复刚度曲线 $f(x)$ 与 x 初始斜率的增加，恢复刚度曲线趋向于变直。当 k_1 增大时，ω_0^2 项也增大，于是式(3-12)左边括号这一项减小。因为这一项是三次方项，它的减小远远抵消了 $1/k_3$ 的增大。

因此，不等式(3-12)变为式(3-14)，即系泊船转变为单一振幅且相当规则的运动。

3.1.2　振动响应幅值的跳跃行为

对于非线性体系，运动幅值的不稳定变化或跳跃可根据式(3-7b)中$|A|$与Ω的关系曲线预报。图 3-1 表示非线性刚度参数 K 为两个不同值时的结果。由图 3-1 可知，随着 K 值的减小，响应特性近似于无阻尼线性系统的频率响应函数$|H(\omega)|$；随着 K 值的增大，响应特性曲线更向右倾斜；当 $\gamma > \gamma_m$ 时，存在多个幅值，γ_m 是每条曲线拐点位置对应的频率比。如果线性阻尼包括在非线性模型式(3-1)中，阻尼效应由有限振幅表现出来，如图 3-1 中点 2 附近的短虚线所示，计算时取 $K = 0.001$。

考虑系泊船，承受波浪载荷幅值 p_0 为常数，对于 $K = 0.001$，假定波浪力频率从 $\Omega = 1.2\omega_0$ 逐渐减小。响应幅值按照路径为从实线的低处拐点 1 到点 2，在点 2 位置，继续减小频率，幅值在拐点 2 突变到点 3，点 3 位置的幅值几乎增大了一倍。之后，随着频率的减小，响应幅值沿着实线减小到点 4[19]。

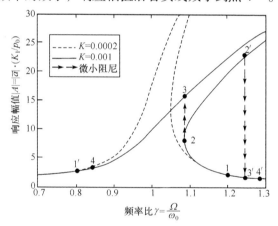

图 3-1　p_0 为常数变化激励频率时的响应幅值及其跳跃

对于图 3-1，考虑承受波浪载荷幅值 p_0 为常数，$K = 0.001$，小阻尼，初始激励频率为 $\Omega = 0.8\omega_0$。然后激励频率沿曲线点 1′ 增加到阻尼振幅曲线的拐点 2′。如果继续增大激励频率，则振幅值从点 2′ 下降到点 3′，点 3′ 的幅值为点 2′ 幅值的 $1/10$，之后，沿着振幅曲线从点 3′ 变化到点 4′。

由于系统的惯性，振幅随频率变化产生跳跃需要一定的时间才能发生。如果激励频率的周期远大于系统周期 $2\pi/\omega_0$，则振幅突变需要时间的量级是 $2\pi/\omega_0$。

例题 3-2　说明辐射状系泊船舶发生不稳定跳跃的可能性。阻尼比 $\zeta = 0.05$。假定 $k_1/k_3 = 4.645\text{m}^2$，波浪频率 Ω 为常数，波浪载荷的幅值缓慢变化。比值 p_0/k_1

的变化范围为 0.122～0.183m[19]。

图 3-2 为根据式(3-7a)作出的该船的幅值-频率变化曲线，由该曲线可以看出幅值跳跃响应。这些曲线分为两组，一组曲线对应较大的载荷，一组对应较小的载荷。根据式(3-7a)，求 $\bar{a}$ 的实根可得到这些曲线，计算时取比值 $\gamma = 0.7 \sim 1.3$，在一系列离散的比值点计算幅值 $\bar{a}$。在 $p_0 = 0$ 曲线的下方或右侧，响应幅值为负或者与 p_0 符号相反；在 $p_0 = 0$ 曲线的上方或左侧，响应幅值始终为正。每条 p_0 / k_1 曲线的两个分支通过虚线连接起来，近似说明 $\zeta = 0.05$ 时小阻尼对于响应幅值的影响。每条曲线峰值振幅大约是相应静态响应的 10 倍。

点 1 位置的初始振幅为 $|\bar{a}| = 0.4$ m，较低的载荷比值 $p_0 / k_1 = 0.122$m，并且频率比值 $\Omega / \omega_0 = 1.15$，阻尼比 $\zeta = 0.05$。在该低载荷激励下，响应振幅曲线是单值的。随着载荷增大到 $p_0 / k_1 = 0.83$m，响应幅值增大到实线拐点 2 的位置即 $\bar{a} = 0.87$ m，然而，在实线的上分支，存在 $\bar{a} = 1.646$m 的响应振幅。由此可见，随着载荷的增大，在点 2 和点 3 之间，存在响应振幅的跳跃或突变。如果载荷逐渐减小到较低的数值，则将发生从点 3 到点 2 的向下的幅值跳跃，而后平滑地过渡到点 1。不仅对于频率比 $\Omega / \omega_0 = 1.15$，而且对于波浪激励频率更大时，在图 3-2 中给出的载荷级别之间也存在响应振幅突变的可能。这里的讨论表明，在非线性海洋结构中振幅的不稳定性突变是可能存在的[19]。

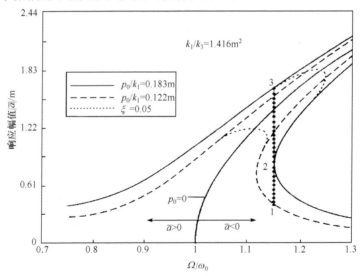

图 3-2　固定激励频率变化时的幅值跳跃响应

经过上述分析可以看出，非线性振动系统的动力特性与线性系统完全不同，在自由振动与动力响应方面差异很大。比较线性结构与非线性结构体系的响应特性，可归纳出非线性系统的动力特性主要如下[1,2]。

(1) 结构振动体系最重要的概念是固有频率，"固有"的意义就在于它与初始条件无关，也与振幅无关。对于非线性体系来说，这个概念不存在，体系自由振动的频率与振幅有关，固有频率这个概念本身就没有意义。

(2) 非线性系统强迫振动时，有时异于激励频率的振动成分很突出。

(3) 强迫振动问题中频率与响应的关系在线性系统和在非线性系统也大不相同，线性系统的频率响应曲线是单值的，而非线性系统的频率响应曲线在一个频率点可能对应若干个振幅值，即出现响应多解。

(4) 在简谐激励作用下，线性系统的振动仍然为简谐振动，响应的大小与初始条件无关，但是非线性系统的响应与初始条件密切相关，由于初始条件不同，其振动响应的发展将出现不同的结果，其一可能表现为周期振动。另外一个可能是更复杂的振动，如运动失去稳定性甚至进入混沌运动。

(5) 线性振动系统的振动作为稳定平衡附近的运动总是稳定的，而非线性振动呈现出多种稳定和不稳定运动，稳定的振动(运动)使得相近的其他运动向自己靠拢，而不稳定运动在数学上或近似解中虽然存在，却无法在物理上实现。因此，运动的求解和运动稳定性的判断对于非线性振动结构体系是十分重要的。

3.2　小　参　数　法

当非线性微分方程中出现干扰力项或者说包括显含时间 t 的项时，该方程描述的系统为强迫振动系统。此种系统也可以用小参数法求解。将非线性因素和强迫激励项视为小量，并且引入小参数 ε，得到强迫振动方程为[8]

$$\frac{\mathrm{d}x_i}{\mathrm{d}t} = F_i^{(0)}(t, x_1, x_2, \cdots, x_n) + \varepsilon F_i^{(1)}(t, x_1, x_2, \cdots, x_n)$$
$$+ \varepsilon^2 F_i^{(2)}(t, x_1, x_2, \cdots, x_n) + \cdots \quad i = 1, 2, \cdots, n \tag{3-15}$$

其中，$F_i^{(j)}$ 是 $x_1, x_2, \cdots, x_n$ 的解析函数；$x_i = x_i^{(0)} + \varepsilon x_i^{(1)} + \varepsilon^2 x_i^{(2)} + \varepsilon^3 x_i^{(3)} + \cdots$，且是 t 的周期为 2π 的连续周期函数。去掉与 ε 各次幂有关的小项，即得简化的系统：

$$\frac{\mathrm{d}x_i^{(0)}}{\mathrm{d}t} = F_i^{(0)}(t, x_1^{(0)}, x_2^{(0)}, \cdots, x_n^{(0)}), \quad i = 1, 2, \cdots, n \tag{3-16}$$

称原系统(3-15)为基本系统，称简化了的系统(3-16)为派生系统。派生系统的任一周期解为

$$x_i^{(0)} = \phi_i(t), \quad i = 1, 2, \cdots, n \tag{3-17}$$

称为派生解。下面分别讨论非共振和共振情况下非线性强迫振动系统的求解方法。

3.2.1　L-P 法求非共振情况的解

对于非共振情况，研究下列形式的方程[5,8]：

$$\ddot{x} + \omega_0^2 x + \varepsilon f(x, \dot{x}) = F\cos\Omega t \tag{3-18a}$$

其派生系统为

$$\ddot{x} + \omega_0^2 x = F\cos\Omega t \tag{3-18b}$$

将 F 并入非线性函数项中，即

$$\ddot{x} + \omega_0^2 x = \varepsilon f(\Omega t, x, \dot{x}) \tag{3-19}$$

其中，f 对于 Ωt 来说是以 2π 为周期的周期函数。

对于非共振情况，按照小参数法设解的形式为

$$\begin{cases} x = x_0(\tau) + \varepsilon x_1(\tau) + \varepsilon^2 x_2(\tau) + \cdots \\ \tau = \omega t \\ \omega = \omega_0 + \varepsilon\omega_1 + \varepsilon^2\omega_2 + \cdots \end{cases} \tag{3-20}$$

将式(3-18a)进行变换，变为对 τ 的微分方程：

$$\omega^2 \ddot{x}_\tau + \omega_0^2 x = -\varepsilon f(x, \dot{x}_\tau) + F\cos\theta \tag{3-21}$$

其中，$\theta = \Omega t$；$\ddot{x}_\tau = \dfrac{\mathrm{d}^2 x}{\mathrm{d}\tau^2}$；$\dot{x}_\tau = \dfrac{\mathrm{d}x}{\mathrm{d}\tau}$。

将式(3-20)代入式(3-21)，得

$$\begin{aligned}
&(\omega_0 + \varepsilon\omega_1 + \cdots)^2(\ddot{x}_0 + \varepsilon\ddot{x}_1 + \cdots) + \omega_0^2[x_0(\tau) + \varepsilon x_1(\tau) + \cdots] \\
&= -\varepsilon[f(x_0, \dot{x}_{0,\tau}) + \cdots] + F\cos\theta
\end{aligned} \tag{3-22}$$

展开式(3-22)，并且比较两边 ε 同次幂的系数，得

$$\begin{cases} \omega_0^2 \ddot{x}_{0,\tau} + \omega_0^2 x_{0,\tau} = F\cos\theta \\ \omega_0^2 \ddot{x}_{1,\tau} + \omega_0^2 x_{1,\tau} = -f(x_{0,\tau}, \dot{x}_{0,\tau}) - 2\omega_0\omega_1 \ddot{x}_{0,\tau} \end{cases}$$

令 $\omega_0 = 1$，上式简化为

$$\begin{cases} \ddot{x}_{0,\tau} + x_{0,\tau} = F\cos\theta \\ \ddot{x}_{1,\tau} + x_{1,\tau} = -f(x_{0,\tau}, \dot{x}_{0,\tau}) - 2\omega_1 \ddot{x}_{0,\tau} \end{cases} \tag{3-23}$$

式(3-23)中第一式的通解为

$$x_0 = a\cos\psi + \Lambda\cos\theta \tag{3-24}$$

其中，$\psi = \tau + \vartheta$；$\Lambda = \dfrac{F}{1 - \Omega^2}$。将 $f(x_{0,\tau}, \dot{x}_{0,\tau})$ 展开为傅里叶级数，得

$$f(\theta, a, \psi) = \sum_{m=0}^{m=\infty} \sum_{n=0}^{n=\infty} \left[A_{mn} \cos(m\psi + n\theta) + B_{mn} \sin(m\psi + n\theta) \right] \tag{3-25}$$

式(3-23)的第二式写成

$$\ddot{x}_{1,\tau} + x_{1,\tau} = A_{10} \cos\psi + B_{10} \sin\psi + A_{01} \cos\theta + B_{01} \sin\theta$$

$$+ \sum_{(m-1)^2 + n^2 \neq 0, \, (n-1)^2 + m^2 \neq 0}^{\infty} \sum^{\infty} \left[A_{mn} \cos(m\psi + n\theta) + B_{mn} \sin(m\psi + n\theta) \right] \tag{3-26}$$

$$- 2\omega_1 (-a\cos\psi - \Omega^2 \Lambda \cos\theta)$$

利用消除式(3-26)中的永年项的条件，得到频率与振幅的关系如下：

$$\begin{cases} A_{10} + 2\omega_1 a = 0, & B_{10} = 0 \\ A_{01} + 2\omega_1 \Omega^2 \Lambda = 0, & B_{01} = 0 \end{cases} \tag{3-27}$$

由此可以求出 x_1，代入 x 的展开式(3-20)，即得方程的近似解。

3.2.2　L-P 法求共振情况的解[1,2,8,21]

对于共振情况，解的形式仍设为式(3-20)。但有两种做法：第一种做法是，由于 Ω 和 ω_0 很接近，引入 $\varepsilon\sigma = \omega_0^2 - \Omega^2$，$\sigma$ 为调谐参数。式(3-19)可整理为

$$\ddot{x} + \Omega^2 x = \varepsilon f(x, \dot{x}, \Omega, t) - \varepsilon\sigma x \tag{3-28}$$

将式(3-20)代入式(3-28)后，派生解写为

$$x_0 = A_0 \cos\Omega t + B_0 \sin\Omega t \tag{3-29}$$

系数 A_0 和 B_0 按照消除后续计算中永年项的条件求出。

第二种做法是仿效 L-P 法的思想。但现在派生解固有频率 ω_0 和激励频率 Ω 都是确定的数值，没有待定的成分，而激励力和振动响应之间的相位差仍是待定的。

对于强迫振动系统，时间的起点与相位差之间应该满足：

$$\tau = \omega t - \psi \tag{3-30}$$

其中，相位差 ψ 为待定的量。当 $\tau = 0$ 时，

$$dx / d\tau = 0 \tag{3-31}$$

于是将解和相位差都设为小参数 ε 的幂级数形式：

$$x(\tau) = x_0(\tau) + \varepsilon x_1(\tau) + \varepsilon^2 x_2(\tau) + \cdots \tag{3-32a}$$

$$\psi = \psi_0 + \varepsilon\psi_1 + \varepsilon^2\psi_2 + \cdots \tag{3-32b}$$

所有的 $x_i(\tau)$ 仍须满足周期性条件：

$$x_i(\tau + 2\pi) = x_i(\tau) \tag{3-33}$$

由此可保证 $x(\tau)$ 的周期性，这也为消除永年项提供了依据。

例题 3-3　求解下列形式的达芬方程主共振情况的近似周期解，采用小参数法。

$$\ddot{x} + \omega_0^2 x + \varepsilon \alpha_3 x^3 = F \sin \Omega t$$

其中，ε 为小参数；α_3 为无量纲系数；F 为干扰力幅值。

引入 $\omega_0^2 = \Omega^2 + \varepsilon \sigma$。为使系统有周期解，必须限制 F 的大小，使其与 ε 同阶，即令 $F = \varepsilon f$，于是微分方程成为

$$\ddot{x} + \Omega^2 x = \varepsilon(-\alpha_3 x^3 - \sigma x + f \sin \Omega t) \tag{3-34}$$

用小参数法求解，令

$$x(t) = x_0(t) + \varepsilon x_1(t) + \varepsilon^2 x_2(t) + \cdots \tag{3-35}$$

将式(3-35)代入式(3-34)，并比较 ε 的同次幂项的系数可得

$$\begin{cases} \ddot{x}_0 + \Omega^2 x_0 = 0 \\ \ddot{x}_1 + \Omega^2 x_1 = -\alpha_3 x_0^3 - \sigma x_0 + f \sin \Omega t \end{cases} \tag{3-36}$$

从式(3-36)中的第一式解出

$$x_0 = A_0 \cos \Omega t + B_0 \sin \Omega t \tag{3-37}$$

将式(3-37)代入式(3-36)中的第二式得

$$\begin{aligned}
\ddot{x}_1 + \Omega^2 x_1 &= -\alpha_3 \left(A_0 \cos \Omega t + B_0 \sin \Omega t \right)^3 - \sigma \left(A_0 \cos \Omega t + B_0 \sin \Omega t \right) + f \sin \Omega t \\
&= \left(f - \sigma B_0 - \frac{3}{4}\alpha_3 B_0^3 - \frac{3}{4}\alpha_3 A_0^2 B_0 \right) \sin \Omega t - \left(\sigma A_0 + \frac{3}{4}\alpha_3 A_0^3 + \frac{3}{4}\alpha_3 A_0 B_0^2 \right) \cos \Omega t \\
&\quad - \left(\frac{1}{4}\alpha_3 A_0^3 - \frac{3}{4}\alpha_3 A_0 B_0^2 \right) \cos 3\Omega t + \left(\frac{1}{4}\alpha_3 B_0^3 - \frac{3}{4}\alpha_3 A_0^2 B_0 \right) \sin 3\Omega t
\end{aligned}$$

$$\tag{3-38}$$

为使该方程有周期解，由消除永年项的条件可知，必须令 $\sin \Omega t$ 和 $\cos \Omega t$ 的系数等于零，并由此可以确定 A_0 和 B_0。令 $\cos \Omega t$ 的系数等于零，得 $A_0 = 0$；令 $\sin \Omega t$ 的系数等于零得

$$f - \sigma B_0 - \frac{3}{4}\alpha_3 B_0^2 = 0$$

上式乘以 ε 并注意到 $F = \varepsilon f$，得

$$-\frac{3}{4}\varepsilon \alpha_3 B_0^2 = (\omega_0^2 - \Omega^2) B_0 - F \tag{3-39}$$

令 $y_1 = -\dfrac{3}{4}\varepsilon \alpha_3 B_0^2$ 和 $y_2 = (\omega_0^2 - \Omega^2) B_0 - F$，则可由 $B_0 - y_1$ 和 $B_0 - y_2$ 作出两条曲线，两条曲线的交点即为式(3-39)中 B_0 的根。显然频率差 $\varepsilon \sigma = \omega_0^2 - \Omega^2$ 是不同的，可以得到若干个 B_0 不同的根。B_1 由消去 x_2 中永年项的条件决定。于是得到一次近似解为

$$\begin{cases} x_0 = B_0 \sin \Omega t \\ x_1 = B_1 \sin \Omega t - \dfrac{\alpha_3 B_0^3}{32 \Omega^2} \sin 3\Omega t \end{cases} \tag{3-40}$$

根据式(3-39)，作出强迫振动的频率响应曲线，再分别讨论 $F = 0$ 和 $F \neq 0$ 两种情况下频率响应曲线的特点。

(1) 当激励力 $F = 0$ 时为自由振动，式(3-39)成为

$$\Omega^2 = \omega_0^2 + \frac{3}{4} \varepsilon \alpha_3 B_0^2 \tag{3-41}$$

对式(3-41)给出的频率响应有重要影响的参数是 α_3。考虑 $\alpha_3 < 0$，$\alpha_3 = 0$，$\alpha_3 > 0$ 三种情况，作出的频率响应曲线如图 3-3 所示，这些曲线反映了自由振动幅值和频率的关系[1,21]。

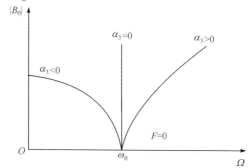

图 3-3 非线性系统自由振动的一般频率响应曲线

(2) 当激励力 $F \neq 0$ 时，固定激励力 F，取不同的干扰频率 Ω，作出频率响应曲线。考虑三种情况：① $\alpha_3 = 0$，对应线性情况，其频率响应曲线如图 3-4(a)所示；② $\alpha_3 > 0$，根据式(3-39)可以作出频率响应曲线，如图 3-4(b)所示；③ $\alpha_3 < 0$，根据式(3-39)可以作出频率响应曲线，如图 3-4(c)所示。出现图 3-4(b)所示的响应特性时，称系统恢复刚度有硬特性，而出现图 3-4(c)所示的响应特性时，称系统恢复刚度具有软特性。由于没有阻尼，曲线上口是敞开的，响应振幅峰值趋于无限大[1,21]。

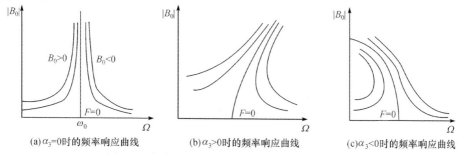

(a) $\alpha_3 = 0$ 时的频率响应曲线　　　(b) $\alpha_3 > 0$ 时的频率响应曲线　　　(c) $\alpha_3 < 0$ 时的频率响应曲线

图 3-4 非线性系统无阻尼强迫振动频率响应曲线

3.3 平 均 法

平均法的基本思想是根据弱非线性振动系统中振动的拟谐和性质，假设非线性系统与其派生系统的解具有相似的形式，并根据非线性振动系统的振幅、初相位关于时间的导数都是 $O(\varepsilon)$ 量级的周期函数的特性，将非线性振动系统的振幅、初相位关于时间的导数看成时间 t 的缓变函数，并用一个周期的平均值代替它，故称为平均法。

含有强迫力的非线性振动方程为[2,8]

$$\ddot{x} + \omega_0^2 x = \varepsilon f\left(\Omega t, x, \dot{x}\right) \tag{3-42}$$

考虑自治系统解的形式，强迫振动的近似解设为

$$x = a\cos\left(\Omega t + \vartheta\right) = a\cos\psi \tag{3-43}$$

参考自治系统平均法的推导，振幅和初相位由下列式子决定：

$$\begin{cases} \dot{a} = -\dfrac{\varepsilon}{\omega} f_0\left(\Omega t, a, \psi\right)\sin\psi \\[3mm] \dot{\vartheta} = -\dfrac{\varepsilon}{a\omega} f_0\left(\Omega t, a, \psi\right)\cos\psi \end{cases} \tag{3-44}$$

其中

$$f_0\left(\Omega t, a, \psi\right) = f\left(\Omega t, a\cos\psi, -a\omega\sin\psi\right)$$

为了采用平均法求方程的近似解，将 $f_0\left(\Omega t, a, \psi\right)$ 展开为傅里叶级数，得

$$\begin{cases} f_0\left(\Omega t, a, \psi\right)\sin\psi = \displaystyle\sum_{m}^{\infty}\sum_{n}^{\infty} A_{mn}\left(a\right)\mathrm{e}^{\mathrm{i}m\vartheta}\mathrm{e}^{\mathrm{i}(m\omega + n\Omega)t} \\[3mm] f_0\left(\Omega t, a, \psi\right)\cos\psi = \displaystyle\sum_{m}^{\infty}\sum_{n}^{\infty} B_{mn}\left(a\right)\mathrm{e}^{\mathrm{i}m\vartheta}\mathrm{e}^{\mathrm{i}(m\omega + n\Omega)t} \\[3mm] f_0\left(\Omega t, a, \psi\right) = f\left(\Omega t, a\cos\psi, -a\omega\sin\psi\right) \end{cases} \tag{3-45}$$

对于非线性系统，其非共振和共振情况的解法具有较大差异，所以需要分开讨论。

3.3.1 非共振情况

振动幅值和初相位可看成缓慢的、平均变化的分量 $\bar{a}$、$\bar{\vartheta}$。该平均分量 $\bar{a}$、$\bar{\vartheta}$ 由近似将自治系统幅值和初相位平均值看作关于时间 t 的两个周期 $\dfrac{2\pi}{\Omega}$、$\dfrac{2\pi}{\omega}$，取平均值时得到的下列方程决定：

$$\begin{cases} \dot{\overline{a}} = -\dfrac{\varepsilon}{\omega} A_{00}\left(\overline{a}\right) \\ \dot{\overline{\vartheta}} = -\dfrac{\varepsilon}{a\omega} B_{00}\left(\overline{a}\right) \end{cases} \tag{3-46}$$

由式(3-46)解出 $\overline{a}$ 、 $\overline{\vartheta}$ ，则改进的一次近似解为[8]

$$\begin{cases} a = \overline{a} - \dfrac{\varepsilon}{\omega} \displaystyle\sum_{m^2+n^2\neq 0}\sum \dfrac{A_{mn}\left(a\right)\mathrm{e}^{\mathrm{i}m\vartheta}}{\mathrm{i}\left(m\omega+n\Omega\right)}\mathrm{e}^{\mathrm{i}\left(m\omega+n\Omega\right)t} \\ \vartheta = \overline{\vartheta} - \dfrac{\varepsilon}{a\omega} \displaystyle\sum_{m^2+n^2\neq 0}\sum \dfrac{B_{mn}\left(a\right)\mathrm{e}^{\mathrm{i}m\vartheta}}{\mathrm{i}\left(m\omega+n\Omega\right)}\mathrm{e}^{\mathrm{i}\left(m\omega+n\Omega\right)t} \end{cases} \tag{3-47}$$

将非线性函数 $f_0\left(\Omega t,a,\psi\right)$ 直接展开为傅里叶级数，推导平均法的公式。非线性函数展开为傅里叶级数，得

$$f_0\left(\Omega t,a,\psi\right) = \sum_m\sum_n f_{mn}\left(a\right)\mathrm{e}^{\mathrm{i}m\vartheta}\mathrm{e}^{\mathrm{i}\left(m\omega+n\Omega\right)t}$$

$$f_0\left(\Omega t,a,\psi\right) = f\left(\Omega t,a\cos\psi,-a\omega\sin\psi\right) \tag{3-48}$$

式(3-48)中傅里叶级数的系数为 $f_{11}(a)$ ， $f_{12}(a)$ ， $f_{21}(a)$ ， $f_{22}(a)$ ，$\cdots$ ，比较式(3-45)和式(3-48)，得

$$\begin{cases} A_{mn}\left(\overline{a}\right) = \dfrac{1}{2i}\Big[f_{m-1,n}\left(\overline{a}\right) - f_{m+1,n}\left(a\right) \Big] \\ B_{mn}\left(\overline{a}\right) = \dfrac{1}{2}\Big[f_{m-1,n}\left(\overline{a}\right) + f_{m+1,n}\left(a\right) \Big]_0 \end{cases} \tag{3-49}$$

略去 $O(\varepsilon^2)$ ，可得改进的一次近似解[8]为

$$\begin{cases} x = \overline{a}\cos\left(\omega t+\vartheta\right) + \dfrac{\varepsilon}{4\omega^2}\Big[f_{-10}\left(\overline{a}\right)\mathrm{e}^{-\mathrm{i}\left(\omega t+\overline{\vartheta}\right)} + f_{10}\left(\overline{a}\right)\mathrm{e}^{\mathrm{i}\left(\omega t+\overline{\vartheta}\right)} \Big] \\ -\varepsilon \displaystyle\sum_{\left(m^2-1\right)^2+n^2\neq 0}\sum \dfrac{f_{mn}\left(\overline{a}\right)\mathrm{e}^{\mathrm{i}m\overline{\vartheta}}}{\left(m\omega+n\Omega\right)^2-\omega^2}\mathrm{e}^{\mathrm{i}\left(m\omega+n\Omega\right)t} \end{cases} \tag{3-50}$$

其中， $\overline{a}$ 、 $\overline{\vartheta}$ 由式(3-46)解出。

3.3.2 共振情况

设 r 、 s 是互质的整数。对于接近共振或者共振情况，应有下列条件存在[8]：

$$\Omega = \left(\dfrac{s}{r}\right)\omega + \varepsilon\sigma \tag{3-51}$$

σ 为调谐参数。在这种情况下， A_{mn} 和 B_{mn} 中至少有一项使 $mr+ns=0$ ，同时有

$$\begin{cases} \psi = \omega t + \vartheta = (r/s)\Omega t + \vartheta - \varepsilon(r/s)\sigma t = (r/s)\Omega t + \chi \\ \chi = \vartheta - \varepsilon(r/s)\sigma t \end{cases} \tag{3-52}$$

考虑平均方程组(3-44)和式(3-52)，得

$$\begin{cases} \dot{a} = -\dfrac{\varepsilon}{\omega} f_0(\Omega t, a, \psi)\sin\psi \\ \dot{\chi} = -\varepsilon(r/s)\sigma - \dfrac{\varepsilon}{a\omega} f_0(\Omega t, a, \psi)\cos\psi \\ f_0(\Omega t, a, \psi) = f(\Omega t, a\cos\psi, -a\omega\sin\psi) \end{cases} \tag{3-53}$$

将式(3-53)中前两式右端的函数展开为傅里叶级数，得

$$\begin{cases} \dot{a} = -\dfrac{\varepsilon}{\omega}\sum_m\sum_n A_{mn}(a)\mathrm{e}^{\mathrm{i}\omega\chi}\mathrm{e}^{\mathrm{i}[m(r/s)+n]\Omega t} \\ \dot{\chi} = -\varepsilon(r/s)\sigma - \dfrac{\varepsilon}{a\omega}\sum_m\sum_n B_{mn}(a)\mathrm{e}^{\mathrm{i}\omega\chi}\mathrm{e}^{\mathrm{i}[m(r/s)+n]\Omega t} \end{cases} \tag{3-54}$$

针对 $mr + ns = 0$ 的项，求式(3-54)的平均值，得

$$\begin{cases} \dot{\bar{a}} = -\dfrac{\varepsilon}{\omega}\sum_m\sum_n A_{mn}(\bar{a})\mathrm{e}^{\mathrm{i}\omega\bar{\chi}} \\ \dot{\bar{\chi}} = -\varepsilon(r/s)\sigma - \dfrac{\varepsilon}{a\omega}\sum_m\sum_n B_{mn}(\bar{a})\mathrm{e}^{\mathrm{i}\omega\bar{\chi}} \end{cases} \tag{3-55}$$

求出 $\bar{a}$、$\bar{\chi}$ 后，则得到第一阶近似解。更高阶的近似解如下：

$$\begin{cases} a = \bar{a} - \dfrac{\varepsilon}{\omega}\sum_{mr+ns\neq0}\sum A_{mn}(\bar{a})\mathrm{e}^{\mathrm{i}\omega\bar{\chi}} \cdot \dfrac{\mathrm{e}^{\mathrm{i}[m(r/s)+n]\Omega t}}{\mathrm{i}[m(r/s)+n]\Omega} \\ \chi = \bar{x} - \varepsilon(r/s)\sigma - \dfrac{\varepsilon}{a\omega}\sum_{mr+ns\neq0}\sum B_{mn}(\bar{a})\mathrm{e}^{\mathrm{i}\omega\bar{\chi}} \cdot \dfrac{\mathrm{e}^{\mathrm{i}[m(r/s)+n]\Omega t}}{\mathrm{i}[m(r/s)+n]\Omega} \end{cases} \tag{3-56}$$

$$x = a\cos[(r/s)\Omega t + \chi] \tag{3-57}$$

将非线性函数直接展开为傅里叶级数，略去高阶小量，得到更高阶平均法的基本公式[8]：

$$\begin{aligned} x = {} & \bar{a}\cos[(r/s)\Omega t + \bar{\chi}] \\ & + \frac{\varepsilon}{4\omega^2}\left\{ \mathrm{e}^{-\mathrm{i}(r/s)\Omega t}\sum_{(m+1)r+ns=0}\sum f_{mn}(\bar{a})\mathrm{e}^{\mathrm{i}\omega\bar{\chi}} + \mathrm{e}^{\mathrm{i}(r/s)\Omega t}\sum_{(m-1)r+ns=0}\sum f_{mn}(\bar{a})\mathrm{e}^{\mathrm{i}\omega\bar{\chi}} \right\} \\ & - \varepsilon\sum_{(m^2-1)^2+n^2\neq0}\sum \frac{f_{mn}(\bar{a})\mathrm{e}^{\mathrm{i}\omega\bar{\chi}}}{(m\omega+n\Omega)^2-\omega^2}\mathrm{e}^{\mathrm{i}[(r/s)m-n]\Omega t} \end{aligned}$$

$$\tag{3-58}$$

例题 3-4　用平均法求如下小阻尼弱非线性达芬方程的近似解。

$$\ddot{x} + x + \varepsilon c \dot{x} + \varepsilon b x^3 = \varepsilon F \cos \Omega t$$

设

$$f = \sin \psi - b a^3 \cos^3 \psi + F \cos \Omega t$$

$$f_{10} = ca / (2\mathrm{i}) - (3/8) b a^3$$

$$f_{-10} = -ca / (2\mathrm{i}) - (3/8) b a^3$$

$$f_{30} = f_{03} = b a^3 / 8$$

$$f_{0,1} = f_{0,-1} = F / 2$$

其他

$$f_{mn} = 0$$

同时，$A_{00} = ca / 2$，$B_{00} = -(3/8) b a^3$，$A_{00} = B_{00} = 0$，除了下标为 $(0,0)$，$(\pm 2,0)$，$(\pm 4,0)$，$(\pm 1,\pm 1)$ 等以外，$\Omega = 1$ 时也会发生共振。

(1) 非共振情况的近似解。

$$\Omega - 1 \geqslant 1$$

$$\dot{\bar{a}} = -\frac{1}{2} \varepsilon c a$$

$$\dot{\bar{\vartheta}} = \frac{3}{8} \varepsilon b \bar{a}^2$$

考虑振幅随时间是缓变的，$\dot{\bar{a}} = 0$，方程有稳态解：

$$x = \frac{\varepsilon F}{1 - \Omega^2} \cos \Omega t + O\left(\varepsilon^2\right)$$

(2) 共振情况的近似解。

$$\Omega = 1 + \varepsilon \sigma$$

$$\dot{\bar{a}} = -\frac{\varepsilon}{2} (c \bar{a} + F \sin \bar{\chi})$$

$$\dot{\bar{\chi}} = -\varepsilon \left(\sigma - \frac{3}{8} b \bar{a}^2 + \frac{F}{2a} \cos \chi \right)$$

幅值和相位是缓变的，$\dot{\bar{a}} = 0$、$\dot{\bar{\chi}} = 0$，由上式求出：

$$\bar{a}^2 \left[c^2 + 4 \left(\sigma - \frac{3}{8} b \bar{a}^2 \right)^2 \right] = F^2$$

由上式可求出振动幅值的三个解 $(\bar{a})$，这三个解需要通过稳定分析确定哪一个解是存在和稳定的。

例题 3-5 平均法和等效线性化方法求下列方程的近似解。

$$m\ddot{x} + kx = \varepsilon f(x,\dot{x}) + \varepsilon F \sin\Omega t$$

根据式(3-43)和式(3-44)，解的第一次近似是

$$x = a\cos(\Omega t + \vartheta) = a\cos\psi$$

$$\psi = \Omega t + \vartheta$$

$$\frac{\mathrm{d}a}{\mathrm{d}t} = -\frac{\varepsilon}{2\pi\omega_0 m}\int_0^{2\pi} f_0(a\cos\psi, -a\omega_0\sin\psi)\sin\psi\,\mathrm{d}\psi - \frac{\varepsilon F}{m(\omega_0 + \Omega)}\cos\psi \quad (3\text{-}59)$$

$$\frac{\mathrm{d}\vartheta}{\mathrm{d}t} = \omega_0 - \Omega - \frac{\varepsilon}{2\pi\omega_0 am}\int_0^{2\pi} f_0(a,\theta,\psi)\mathrm{e}^{-im\vartheta}\cos\psi\,\mathrm{d}\psi + \frac{\varepsilon F}{ma(\omega_0 + \Omega)}\sin\psi \quad (3\text{-}60)$$

其中，$\omega_0^2 = k/m$。

根据等效线性化方法的式(2-79a)和式(2-79b)，等效阻尼系数和等效刚度系数分别为

$$\omega_{\mathrm{e}}(a) = \frac{\varepsilon}{\pi a\omega_0}\int_0^{2\pi} f(a\cos\psi, -a\omega_0\sin\psi)\sin\psi\,\mathrm{d}\psi$$

$$k_{\mathrm{e}}(a) = k - \frac{\varepsilon}{\pi a}\int_0^{2\pi} f(a\cos\psi, -a\omega_0\sin\psi)\cos\psi\,\mathrm{d}\psi$$

于是式(3-59)和式(3-60)变成

$$\begin{cases} \dfrac{\mathrm{d}a}{\mathrm{d}t} = -\delta_{\mathrm{e}}(a)a - \dfrac{\varepsilon F}{m(\omega_0 + \Omega)}\cos\psi \\[3mm] \dfrac{\mathrm{d}\vartheta}{\mathrm{d}t} = p_{\mathrm{e}}(a) - \omega + \dfrac{\varepsilon F}{ma(\omega_0 + \Omega)}\sin\psi \end{cases} \quad (3\text{-}61)$$

考虑振幅和相位差不随时间变化，则式(3-61)中的 $\dfrac{\mathrm{d}a}{\mathrm{d}t} = 0, \dfrac{\mathrm{d}\vartheta}{\mathrm{d}t} = 0$，此时得到定常振动的关系式为

$$\begin{cases} 2m\Omega a\delta_{\mathrm{e}}(a) = -\varepsilon F\cos\psi \\[2mm] ma\left[p_{\mathrm{e}}^2(a) - \Omega^2\right] = -\varepsilon F\sin\psi \end{cases} \quad (3\text{-}62)$$

由式(3-62)两边分别平方后相加，消去 ψ 得频率响应方程为

$$m^2 a^2\left\{\left[p_{\mathrm{e}}^2(a) - \Omega^2\right]^2 + 4\Omega^2\delta_{\mathrm{e}}^2(a)\right\} = \varepsilon^2 F^2 \quad (3\text{-}63)$$

根据式(3-63)作出频率响应曲线如图 3-5 所示[1,21]。

从图 3-5 可以看到，在相同的 Ω 情况下，对应多个响应幅值，这是非线性系统响应的多值性。从物理背景而言，在一个频率点仅一个解是可以存在的，因此对于非线性系统必须进行稳定性分析。令 $p_e(a) = \Omega$，可以作出图 3-5 中所示的细实线，称为频率响应的骨干曲线。在此曲线的左边，a 为增函数的曲线部分响应是稳定的，a 为减函数的曲线部分响应是不稳定的；反之，在该曲线的右边，a 为增函数的部分响应是不稳定的，而 a 为减函数的部分响应是稳定的。

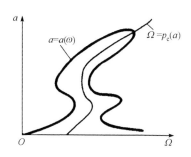

图 3-5　频率响应曲线

3.4　多尺度法[1,2,21]

强迫振动系统的非线性振动方程为

$$\ddot{x} + \omega_0^2 x = \varepsilon f(x, \dot{x}) + F \sin \Omega t \tag{3-64}$$

对于共振与非共振情况，统一设解的形式为

$$x = x_0(T_0, T_1, T_2, \cdots) + \varepsilon x(T_0, T_1, T_2, \cdots) + \cdots \tag{3-65}$$

3.4.1　非共振情况

此时 F 可以是任意水平的干扰力。将式(3-65)代入式(3-64)，第一次近似应满足的偏微分方程为

$$D_0^2 x_0 + \omega_0^2 x_0 = F \sin \Omega t \tag{3-66}$$

其通解是

$$x_0 = A(T_1) \exp(\mathrm{i}\omega_0 T_0) + \frac{1}{2} \frac{F}{\omega_0^2 - \Omega^2} \exp(\mathrm{i}\Omega T_0) + cc \tag{3-67}$$

其中，$A(T_1)$ 在后续的计算中通过消除永年项的条件确定。可以看出，这种形式的解可以研究定常振动中周期的和非周期的解。定常振动周期解对应于当 $T_1 \to \infty$ 时 $A(T_1) \to 0$。

3.4.2　共振情况

由于共振情况 Ω 和 ω_0 很接近，引入 $\varepsilon\sigma = \Omega - \omega_0$ 表示接近的程度。为了使系统有周期解，必须使干扰力与非线性项为同一量级，即需要在干扰力前加上小参数 ε。多尺度法的特点是利用原方程的派生系统，在求解过程中再把频率更改为

激励的频率 Ω。通过求下列达芬方程的近似解，说明求解方法。达芬方程为

$$\ddot{x} + \omega_0^2 x = -\varepsilon \alpha x^3 - \varepsilon 2\zeta \dot{x} + F \cos \Omega t \tag{3-68}$$

求主共振一次近似解，ζ 为阻尼比。

令

$$\Omega - \omega_0 = \varepsilon \sigma \tag{3-69}$$

为了得到周期解，令 $F = \varepsilon f$，于是原微分方程式(3-68)改写为

$$\ddot{x} + \omega_0^2 x = \varepsilon[-2\zeta \dot{x} - \alpha x^3 + f \cos(\omega_0 + \varepsilon \sigma)t] \tag{3-70}$$

求一阶近似，设解为

$$x(t, \varepsilon) = x_0(T_0, T_1) + \varepsilon x_1(T_0, T_1) \tag{3-71}$$

干扰力也用 T_0、T_1 表示，即 $\varepsilon f \cos(\omega_0 T_0 + \sigma T_1)$，将式(3-71)代入式(3-70)，令方程两边 ε 同次幂的系数相等，得

$$D_0^2 x_0 + \omega_0^2 x_0 = 0 \tag{3-72}$$

$$D_0^2 x_1 + \omega_0^2 x_1 = -2D_0 D_1 x_0 - 2\zeta D_0 x_0 - \alpha x_0^3 + f \cos(\omega_0 T_0 + \sigma T_1) \tag{3-73}$$

由线性振动的理论可知，式(3-72)的派生解可写为

$$x_0 = A(T_1)\exp(i\omega_0 T_0) + cc \tag{3-74}$$

将式(3-74)代入式(3-73)得

$$\begin{aligned} D_0^2 x_1 + \omega_0^2 x_1 = &-[2i\omega_0(D_1 A + \zeta A) + 3\alpha A^2 \overline{A}]\exp(i\omega_0 T_0) \\ &- \alpha A^3 \exp(3i\omega_0 T_0) + \frac{1}{2} f \exp[i(\omega_0 T_0 + \sigma T_1)] + cc \end{aligned} \tag{3-75}$$

为消除永年项，设

$$2i\omega_0(D_1 A + \zeta A) + 3\alpha A^2 \overline{A} - \frac{1}{2} f \exp(i\sigma T_1) = 0 \tag{3-76}$$

将 A 表示为指数函数

$$A = \frac{1}{2} a \exp(i\beta) \tag{3-77}$$

其中，a、β 都是实数，将式(3-77)代入式(3-76)，并分开实部和虚部，得

$$\begin{cases} D_1 a = -ca + \dfrac{1}{2}\dfrac{f}{\omega_0}\sin\gamma \\ a D_1 \gamma = \sigma a - \dfrac{3\alpha}{8\omega_0}a^3 - \dfrac{1}{2}\dfrac{f}{\omega_0}\cos\gamma \end{cases} \tag{3-78}$$

其中，$\gamma = \sigma T_1 - \beta$。将式(3-76)代入式(3-74)，则得到一次近似解是

$$x = a\cos(\omega_0 t + \beta) + O(\varepsilon)$$

系统的定常响应通过令 $D_1 a = 0$ 和 $D_1 \gamma = 0$ 得到，此时有定常解 $\bar{a}$:

$$\begin{cases} \zeta \bar{a} = \dfrac{1}{2} \dfrac{f}{\omega_0} \sin \gamma \\[3mm] \sigma \bar{a} - \dfrac{3\alpha}{8\omega_0} \bar{a}^3 = \dfrac{1}{2} \dfrac{f}{\omega_0} \cos \gamma \end{cases} \tag{3-79}$$

将式(3-79)两边平方后相加得

$$\left[\zeta^2 + \left(\sigma - \dfrac{3}{8} \dfrac{\alpha}{\omega_0} \bar{a}^2 \right)^2 \right] \bar{a}^2 = \dfrac{f^2}{4\omega_0^2} \tag{3-80}$$

式(3-80)确定了响应幅值 $\bar{a}$ 与频率差 σ 之间的关系，称为频率响应方程。将式(3-80)整理为

$$\sigma = \dfrac{3}{8} \dfrac{\alpha}{\omega_0} \bar{a}^2 \pm \left(\dfrac{f^2}{4\omega_0^2 \bar{a}^2} - \zeta^2 \right)^{\frac{1}{2}} \tag{3-81}$$

根据式(3-81)作出幅-频响应曲线如图 3-6 所示[1,5]。

图 3-6 中，由式(3-69)可知，横坐标 σ 的增大表示激励频率 Ω 增大。从图 3-6 可以看出，当干扰力幅值不变时，增大干扰频率 Ω ，则振幅沿 a 分支逐步增加，到达 B 点时，再增大频率 Ω ，则振幅突然下降，即从 B 点落至 C 点，此后再增大 Ω ，则振幅将逐渐减小；如果 Ω 从很大的值开始减小，则振幅将由 D 经 C 向 E 逐渐增大，增大至 E 点时，若再稍微减小 Ω ，则振幅突然增大至 F 点，而后随 Ω 减小，则振幅沿 a 分支逐渐减小。

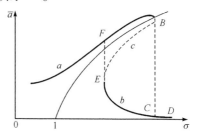

图 3-6 有阻尼非线性系统主共振幅-频响应曲线

在 Ω 变化的过程中，c 部分曲线对应的幅值是不会发生的，此处振幅随干扰频率 Ω 调整而突然变化的现象称为"幅值跳跃"现象或称为"幅值突变"，这里的结果与系泊船分析的结论一致。

产生跳跃的原因在于解的多值性，在图 3-6 的 b 曲线部分，每个频率点对应 3 个幅值，但是实际上只有其中最大和最小的振幅才是可能发生的，因此落到曲线分支 a 和 b 上的运动是稳定的，而落到 c 曲线部分的运动是不稳定的(采用强制方法使运动处于曲线 c)。当出现不稳定运动时，运动状态受到微小的扰动就会跳跃到曲线 a 或 b。

3.5　单自由度系统的异频振动分析

振动响应频率与激励频率不同，是非线性系统强迫振动的特点之一。非线性系统振动响应包括激励频率谐波、次谐波和超谐波成分。次谐波即振动频率低于激励频率的谐波，超谐波即振动频率高于激励频率的谐波。下面采用多尺度法求解非线性方程的复杂动力响应，讨论不同形式的非线性方程振动响应的特点。

3.5.1　次谐波振动

具有 n 次方的非线性恢复力的系统承受简谐干扰力时，其响应除了有与干扰力频率 Ω 相同的主谐波响应外，还可能有频率为 $(1/n)\Omega$ 的谐波响应出现，这种响应称为 $1/n$ 阶次谐波响应。其原因可解释为：非线性系统自由振动本来有多个谐波同时存在。于是，激励频率与这些谐波中的一个频率接近时，可以连带着激起这些谐波中的基频。

对于处在具有规则、简谐波分量的海况中的锚链固定的海洋结构物来说，可能发生次谐波响应。这种次谐波响应一般是发生在干扰力频率 Ω 约等于非线性系统自振频率 ω_0 的 3 倍时。下面通过一个例题来说明海洋结构系统的这种次谐波响应。

例题 3-6　对于例题 3-5 中的系泊船，假定系统受到的波浪激励力的幅值 f 和频率 Ω 为常量，忽略阻尼的影响，当波浪激励频率为系统固有频率的 3 倍时(因为系泊系统的固有频率是很低的，而波浪激励频率可能高于系泊船的固有频率，因此实际工程中会出现这种情况)，求系泊船的横荡运动响应[5]。

由前面的研究可知，系泊船横荡运动的方程为

$$m\ddot{y} + K_1 y + K_3 y^3 = f \cos \Omega t \tag{3-82}$$

方程两边同时除以 m ，式(3-82)可以进一步写为

$$\ddot{y} + \omega_0^2 y + \varepsilon k_3 y^3 = F \cos \Omega t \tag{3-83}$$

其中，$\omega_0^2 = \dfrac{k}{m}$ ；$k_3 = \dfrac{K_3}{m}$ ；$F = \dfrac{f}{m}$ ；ε 是小量。当 $\Omega \approx 3\omega_0$ 时，用多尺度方法求解。令

$$\Omega = 3\omega_0 + \varepsilon\sigma \tag{3-84}$$

其中，σ 为协调参数。设解的形式为

$$y(t) = y_0(T_0, T_1) + \varepsilon y_1(T_0, T_1) + \cdots \tag{3-85}$$

将式(3-85)代入式(3-83)，比较 ε 的同次幂系数，得

$$\begin{cases} D_0^2 y_0 + \omega_0^2 y_0 = F\cos(3\omega_0 T_0 + \sigma T_1) \\ D_0^2 y_1 + \omega_0^2 y_1 = -2D_0 D_1 y_0 - k_3 y_0^3 \end{cases} \tag{3-86}$$

第一式的通解为

$$y_0 = A(T_1)\exp(\mathrm{i}\omega_0 T_0) + G\exp[\mathrm{i}(3\omega_0 T_0 + \sigma T_1)] + cc \tag{3-87}$$

其中，$G = \dfrac{F}{2(\omega_0^2 - \Omega^2)}$。将式(3-87)代入式(3-86)，得

$$\begin{aligned} D_0^2 y_1 + \omega_0^2 y_1 = &-[2\mathrm{i}\omega_0 D_1 A + 6k_3 AG^2 + 3k_3 A^2\overline{A}]\exp(\mathrm{i}\omega_0 T_0) \\ &-k_3\{A^3\exp(3\mathrm{i}\omega_0 T_0) + G^3\exp[3\mathrm{i}(3\omega_0 T_0 + \sigma T_1)] \\ &+3A^2 G\exp[\mathrm{i}(5\omega_0 T_0 + \sigma T_1)] + 3\overline{A}^2 G\exp[\mathrm{i}(\omega_0 T_0 + \sigma T_1)] \\ &+3AG^2\exp[\mathrm{i}(7\omega_0 T_0 + 2\sigma T_1)] + 3AG^2\exp[\mathrm{i}(-5\omega_0 T_0 - 2\sigma T_1)]\} \\ &-G(3k_3 G^2 + 6k_3 A\overline{A})\exp[\mathrm{i}(\omega_0 T_0 + \sigma T_1)] + cc \end{aligned} \tag{3-88}$$

为消除 y_1 中的永年项，令式(3-88)中一次谐波项的系数等于零，得

$$2\mathrm{i}\omega_0 D_1 A + 6k_3 AG^2 + 3k_3 A^2\overline{A} + 3k_3\overline{A}^2 G\exp(\mathrm{i}\sigma T_1) = 0 \tag{3-89}$$

　　记

$$A = \frac{1}{2}a\exp(\mathrm{i}\beta) \tag{3-90}$$

其中，a、β 均为实函数。将式(3-90)代入式(3-89)分离实部和虚部，得

$$\begin{cases} D_1 a = -\dfrac{3k_3 G}{4\omega_0}a^2\sin\gamma \\ aD_1\gamma = \left(\sigma - \dfrac{9k_3 G^2}{\omega_0}\right)a - \dfrac{9k_3}{8\omega_0}a^3 - \dfrac{3k_3 G}{4\omega_0}a^2\cos\gamma \end{cases} \tag{3-91}$$

其中，$\gamma = \sigma T_1 - 3\beta$。

　　一次近似解为

$$y = a\cos\left[\frac{1}{3}(\Omega t - \gamma)\right] + \frac{F}{\omega_0^2 - \Omega^2}\cos\Omega t + O(\varepsilon) \tag{3-92}$$

其中，a、γ 由式(3-91)确定。

　　定常运动相应于式(3-91)的奇点，满足

$$\begin{cases} 0 = -\dfrac{3k_3 G}{4\omega_0}a^2\sin\gamma \\ 0 = \left(\sigma - \dfrac{9k_3 G^2}{\omega_0}\right)a - \dfrac{9k_3}{8\omega_0}a^3 - \dfrac{3k_3 G}{4\omega_0}a^2\cos\gamma \end{cases} \tag{3-93}$$

消去 γ，排除平凡解 $a=0$ 的情况，得到次谐波响应的振幅 a 和振动频率对应的关系为

$$\left(\sigma - \frac{9k_3 G^2}{\omega_0} - \frac{9k_3}{8\omega_0}a^2\right)^2 = \frac{81k_3^2 G^2}{16\omega_0^2}a^2 \tag{3-94}$$

由式(3-92)可以看出，由于非线性因素的影响，响应中除了与激励频率相同的响应外，还存在着频率为 $\frac{1}{3}\Omega$ 的次谐波响应。下面用数值方法验证系泊船横荡运动的谐波响应。系统参数为 $m=8.8\times10^7\,\text{kg}$，$k_1=1.855725\times10^5\,\text{N/m}$，$k_3=1.49418\times10^5\,\text{N/m}^3$，代入式(3-82)，取波浪激励幅值 $f=3.394\times10^4\,\text{N}$，波浪频率 $\Omega=3\omega_0$。用数值方法求解式(3-82)，得到系泊船的横荡运动时间历程如图 3-7 所示，图中含有频率为 $\frac{1}{3}\Omega$ 的次谐波响应。

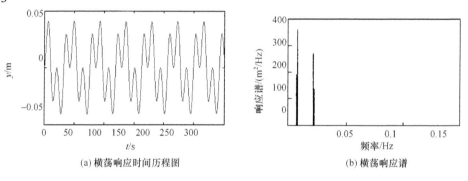

(a) 横荡响应时间历程图　　　　　　　　(b) 横荡响应谱

图 3-7　包括次谐波的系泊船横荡响应

3.5.2　高次谐波振动

对于恢复刚度为三次的非线性振动系统，当干扰力频率 Ω 与派生系统的固有频率 ω_0 的关系为 $\Omega=\omega_0/3$ 时，振动响应中出现高次谐波振动响应，即振动历程响应中包括频率为 3Ω 的谐波。下面通过系泊船的横荡运动分析，说明高次谐波振动的存在。

例题 3-7　系统船型参数与例题 3-6 相同，波浪激励频率 $\Omega=\frac{1}{3}\omega_0$，求系泊船的横荡运动响应。

系泊系统的刚度提高(如采用更大的链径或者通过拉紧系缆都可以提高恢复刚度)，使 ω_0 增大；或者系泊系统的刚度不变，系泊船遭遇长峰波，其频率是低的或者说周期是长的，也可以导致波浪激励频率 $\Omega=\frac{1}{3}\omega_0$，求系泊船的横荡运动

响应[5]。

波浪激励频率 $\Omega = \dfrac{1}{3}\omega_0$ 时，可能产生频率为 3Ω 的高次谐波。仍然用多尺度法求解。令

$$3\Omega = \omega_0 + \varepsilon\sigma \tag{3-95}$$

设解的形式为

$$y(t) = y_0(T_0, T_1) + \varepsilon y_1(T_0, T_1) + \cdots \tag{3-96}$$

计算得到解的一次近似为

$$y = a\cos(3\Omega t - \gamma) + \frac{F}{\lambda_0^2 - \omega^2}\cos\Omega t + O(\varepsilon) \tag{3-97}$$

其中，a 的意义同例题 3-6；$\gamma = \sigma T_1 - \beta$。

定常运动时，系统振幅 a 和振动频率对应的关系为

$$\left(\sigma - \frac{3k_3 G^2}{\omega_0} - \frac{3k_3}{8\omega_0}a^2\right)^2 a^2 = \frac{k_3^2 G^6}{\omega_0^2} \tag{3-98}$$

高次谐波和次谐波振动一样，在式(3-97)中是以自由振动形式出现的。高次谐波振动的出现不影响基波频率等于激励频率。

下面用数值方法验证系泊船横荡运动的高次谐波响应。系统参数和波浪力幅值与例题 3-6 相同，波浪频率 $\Omega = \dfrac{1}{3}\omega_0$。用数值方法求解式(3-82)，求得系泊船的横荡时间历程如图 3-8 所示。

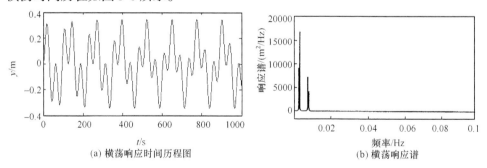

(a) 横荡响应时间历程图　　　　(b) 横荡响应谱

图 3-8　包括高次谐波的系泊船横荡响应

图 3-8 中包含高次谐波响应，高次谐波的频率为激励谐波频率的 3 倍。

以上分析了系泊船的次谐波和高次谐波运动响应，这在实际系泊浮体的运动过程中经常观察到。系泊船在波浪作用下的次谐波和高次谐波运动是系泊船大幅运动和系泊缆载荷增大以至于绷断的主要原因。

3.5.3 组合谐波振动

线性系统如果在几个具有不同频率的谐波干扰力共同作用下发生振动，其振动响应为各干扰力分别作用时产生的振动响应之和，即可以用线性叠加的原理来求解。对于非线性系统，叠加原理不适用。下面以一个非线性系统受两个不同频率的干扰力作用为例，说明组合谐波振动的情况。

例题 3-8 对于例题 3-6 中的系泊船，遭遇两个不同频率入射波作用，频率分别为 Ω_1 和 Ω_2，且满足 $2\Omega_1 + \Omega_2 \approx \omega_0$，求系泊船的横荡运动响应[5]。

船舶横荡运动方程为

$$m\ddot{y} + K_1 y + K_3 y^3 = f_1 \cos(\Omega_1 t + \theta_1) + f_2 \cos(\Omega_2 t + \theta_2) \tag{3-99}$$

式(3-99)两边同时除以 m，写为

$$\ddot{y} + \omega_0^2 y + \varepsilon k_3 y^3 = F_1 \cos(\Omega_1 t + \theta_1) + F_2 \cos(\Omega_2 t + \theta_2) \tag{3-100}$$

其中，$F_1 = \dfrac{f_1}{m}$；$F_2 = \dfrac{f_2}{m}$；ε 是小量。对于 $2\Omega_1 + \Omega_2 \approx \omega_0$ 的组合共振情况，采用多尺度法求解。令

$$\omega_0 = 2\Omega_1 + \Omega_2 - \varepsilon\sigma \tag{3-101}$$

其中，设解的形式为

$$y(t) = y_0(T_0, T_1) + \varepsilon y_1(T_0, T_1) + \cdots \tag{3-102}$$

将式(3-102)代入式(3-100)，比较 ε 的同次幂系数，得

$$\begin{cases} D_0^2 y_0 + \omega_0^2 y_0 = F_1 \cos(\Omega_1 T_0 + \theta_1) + F_2 \cos(\Omega_2 T_0 + \theta_2) \\ D_0^2 y_1 + \omega_0^2 y_1 = -2D_0 D_1 y_0 - k_3 y_0^3 \end{cases} \tag{3-103}$$

第一式的通解为

$$y_0 = A(T_1)\exp(\mathrm{i}\omega_0 T_0) + G_1 \exp(\mathrm{i}\Omega_1 T_0) + G_2 \exp(\mathrm{i}\Omega_2 T_0) + cc \tag{3-104}$$

其中

$$G_j = \frac{F_j}{2(\omega_0^2 - \Omega_j^2)} \exp(\mathrm{i}\theta_j), \quad j = 1, 2 \tag{3-105}$$

将式(3-105)代入式(3-104)，得

$$\begin{aligned} D_0^2 y_1 + \omega_0^2 y_1 = &-3k_3 G_1^2 G_2 \exp[\mathrm{i}(2\Omega_1 + \Omega_2)T_0] \\ &- [2\mathrm{i}\omega_0 D_1 A + 3k_3(A\bar{A} + 2G_1\bar{G}_1 + 2G_2\bar{G}_2)A]\exp[\mathrm{i}(\omega_0 T_0)] + cc \end{aligned} \tag{3-106}$$

式(3-106)中省略了不引起永年项的项。由式(3-101)得

$$(2\Omega_1 + \Omega_2)T_0 = \omega_0 T_0 + \sigma T_1 \tag{3-107}$$

为永年项。消除 y_1 中永年项的条件是令式(3-106)中一次谐波项的系数等于零，得

$$2\mathrm{i}\omega_0 D_1 A + 3k_3(A\overline{A} + 2G_1\overline{G}_1 + 2G_2\overline{G}_2)A + 3k_3 G_1^2 G_2 \exp(\mathrm{i}\sigma T_1) = 0 \quad (3\text{-}108)$$

令

$$A = \frac{1}{2}a\exp(\mathrm{i}\beta) \quad (3\text{-}109)$$

其中，a、β 均为实函数。将式(3-106)代入式(3-108)，分离实部和虚部，计算得到一次近似解为

$$y = a\cos\left[(2\Omega_1 + \Omega_2)t - \gamma + 2\theta_1 + \theta_2\right] + \frac{F_1}{\omega_0^2 - \Omega_1^2}\cos(\Omega_1 t + \theta_1)$$
$$+ \frac{F_2}{\omega_0^2 - \Omega_2^2}\cos(\Omega_2 t + \theta_2) + O(\varepsilon) \quad (3\text{-}110)$$

其中，$\gamma = \sigma T_1 - \beta + 2\theta_1 + \theta_2$。

式(3-110)表明，除非有关系 $m\Omega_1 + n\Omega_2 = 0$（$m$ 和 n 是整数），否则运动不是周期性的。对于定常运动的情况，次谐波响应的振幅 a 和振动频率 Ω_1、Ω_2 对应的关系为

$$\left[\left(\sigma - k_3 H_2 - \frac{3k_3}{8\omega_0}a^2\right)^2\right]a^2 = k_3^2 H_1^2 \quad (3\text{-}111)$$

其中

$$H_1 = \frac{3}{8\omega_0}\frac{F_1^2}{\left(\omega_0^2 - \Omega_1^2\right)^2}\frac{F_2}{\omega_0^2 - \Omega_2^2} \quad (3\text{-}112)$$

$$H_2 = \frac{3}{4\omega_0}\left[\frac{F_1^2}{(\omega_0^2 - \Omega_1^2)^2} + \frac{F_2}{(\omega_0^2 - \Omega_2^2)^2}\right] \quad (3\text{-}113)$$

图 3-9 为固定 H_1 时，取不同的 H_2 值，由式(3-111)计算得到的幅-频响应曲线。图 3-9 中曲线的特点是 a 的高度与 H_2 无关，而它所处的 σ 却与 H_2 有关。图 3-9 中 a 的多值现象意味着有跳跃现象发生。

式(3-111)中，若左端 $k_3 H_1 \neq 0$，则 $a \neq 0$。这说明自由振动项在任何条件下都作为定常振动的一部分存在，这一点是与次谐波振动不同的。非线性因素使自由振动项的频率为激励频率的组合

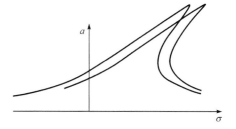

图 3-9　组合共振幅-频响应曲线

$2\Omega_1 + \Omega_2$，即自由振动体现为组合谐波振动。

　　下面用数值方法验证系泊船横荡运动的组合谐波响应。系统参数与例题 3-5 相同，计算结果如图 3-10 所示。振动响应历程曲线包含组合谐波 $2\Omega_1 + \Omega_2 \approx \omega_0$。

　　另外，当组合频率为 $\omega_0 \approx 1 \pm 2\Omega_i \pm \Omega_j\ (i,j=1,2)$ 和 $\omega_0 \approx \dfrac{1}{2}(\Omega_i + \Omega_j)\ (i,j=1,2)$ 时，非线性系统也将发生相应的组合谐波共振响应。

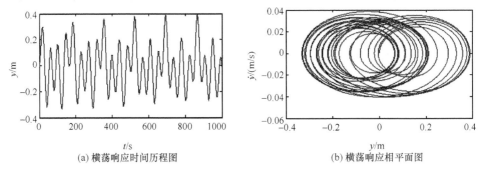

(a) 横荡响应时间历程图　　　　　　　　　　　　　　(b) 横荡响应相平面图

图 3-10　系泊船横荡响应

$$f_1 = f_2 = 1.6969 \times 10^4\ \mathrm{N},\quad \Omega_1 = 1/4\omega_0, \Omega_2 = 1/2\omega_0$$

3.5.4　分段线性刚度系统

　　在 2.6 节讨论了分段线性刚度系统的自由振动特性，分析了单锚摇臂系泊系统的固有运动周期，现分析非自治分段线性系统的强迫振动响应[10,11,22-25]。

　　非自治分段线性系统的振动方程为

$$\ddot{x} + g(x) = \varepsilon h(\dot{x}) + \varepsilon F \sin \Omega t \tag{3-114}$$

其中，$g(x)$ 是描述非线性恢复力 x 的奇函数：

$$g(x) = k_2 + \varepsilon f(x) \tag{3-115}$$

$\varepsilon h(\dot{x})$ 代表阻尼作用。于是式(3-114)成为

$$\ddot{x} + k_2(x) = -\varepsilon f(x) + \varepsilon h(\dot{x}) + \varepsilon F \sin \Omega t \tag{3-116}$$

按平均法求一阶近似解。

$$\begin{cases} x = a\cos\psi \\ \psi = \omega t + \vartheta \end{cases} \tag{3-117}$$

$$\begin{cases} \dfrac{\mathrm{d}a}{\mathrm{d}t} = -\dfrac{\varepsilon}{2\pi\omega_0} \displaystyle\int_0^{2\pi} h(-a\omega_0 \sin\psi)\sin\psi\,\mathrm{d}\psi - \dfrac{\varepsilon F}{\omega_0 + \Omega}\cos\vartheta \\[4mm] \dfrac{\mathrm{d}\vartheta}{\mathrm{d}t} = \omega_0 - \Omega + \dfrac{\varepsilon}{2\pi\omega_0 a} \displaystyle\int_0^{2\pi} f(ac\cos\psi)\cos\psi\,\mathrm{d}\psi + \dfrac{\varepsilon F}{\omega_0 + \Omega}\sin\vartheta \end{cases} \tag{3-118}$$

其中，$\omega_0 = \sqrt{k_2}$。由式 (3-117) 和式 (3-115)，可写成 $g(a\cos\psi) = \omega_0^2 a\cos\psi + \varepsilon f(a\cos\psi)$。两边进行傅里叶展开得

$$\omega_0^2 + \frac{\varepsilon}{\pi a}\int_0^{2\pi} f(ac\cos\psi)\cos\psi \, \mathrm{d}\psi = \frac{1}{\pi a}\int_0^{2\pi} g(ac\cos\psi)\cos\psi \, \mathrm{d}\psi \qquad (3\text{-}119)$$

则式 (3-118) 成为

$$\frac{\mathrm{d}a}{\mathrm{d}t} = -\delta_e(a)a - \frac{\varepsilon F}{\omega_0 + \Omega}\cos\vartheta \qquad (3\text{-}120)$$

$$\frac{\mathrm{d}\vartheta}{\mathrm{d}t} = p_e(a) - \Omega + \frac{\varepsilon F}{\omega_0 + \Omega}\sin\vartheta \qquad (3\text{-}121)$$

其中

$$\begin{cases} \delta_e(a) = \dfrac{\varepsilon}{2\pi\omega_0 a}\displaystyle\int_0^{2\pi} h(-a\omega_0\sin\psi)\sin\psi \, \mathrm{d}\psi \\[3mm] p_e^2(a) = \dfrac{\varepsilon}{\pi a}\displaystyle\int_0^{2\pi} g(ac\cos\psi)\cos\psi \, \mathrm{d}\psi \end{cases} \qquad (3\text{-}122)$$

为求定常响应，令式 (3-120) 和式 (3-121) 右端等于零，消去 ϑ 可得定常运动频率响应方程为

$$a^2[(p_e^2(a) - \Omega^2)^2 + 4\Omega^2\delta_e^2(a)] = \varepsilon^2 F^2 \qquad (3\text{-}123)$$

如果不计阻尼，则频率响应方程为

$$a[p_e^2(a) - \Omega^2] = \pm\varepsilon F \qquad (3\text{-}124)$$

恢复力的解析表达式为

$$g(x) = \begin{cases} k_1 x, & -\xi \leqslant x \leqslant \xi \\ k_2 x + (k_1 - k_2)\xi, & \xi \leqslant x \leqslant a \\ k_2 x - (k_1 - k_2)\xi, & -a \leqslant x \leqslant -\xi \end{cases} \qquad (3\text{-}125)$$

以下研究振幅 $a > \xi$ 的情况。令 $\xi = a\cos\psi$ 的最小根为 ψ_0，则恢复力中非线性部分的表达式为

$$\varepsilon f(a\cos\psi) = \begin{cases} (k_1 - k_2)a\cos\psi, & -\psi_0 \leqslant \psi \leqslant \pi - \psi_0 \\ (k_1 - k_2)a\cos\psi_0, & \xi \leqslant \psi \leqslant \psi_0 \\ -(k_1 - k_2)a\cos\psi_0, & \pi - \psi_0 \leqslant \psi \leqslant \pi \end{cases} \qquad (3\text{-}126)$$

由式 (2-80) 计算等效刚度 $p_e^2(a)$，按式 (3-126) 积分，分三段进行，积分结果为

$$\frac{1}{\pi}\int_0^{2\pi} g(ac\cos\psi)\cos\psi \, \mathrm{d}\psi = k_2 a + \frac{2}{\pi}(k_1 - k_2)\left[a\arcsin\frac{\xi}{a} + \xi\sqrt{1 - \left(\frac{\xi}{a}\right)^2}\right] \qquad (3\text{-}127)$$

例题 3-9　考虑油轮遭受简谐波浪力作用，发生纵荡运动，取线性黏滞阻尼

$\varepsilon h(\dot{x}) = -2\delta\dot{x}$，$\delta / k_2 = 0.1$，按照式(3-124)计算油轮的幅-频响应曲线[22]。

按照式(3-124)计算，改变 k_1 / k_2 的比值，直到 $k_1 / k_2 \to \infty$，得到幅频曲线如图 3-11 所示。

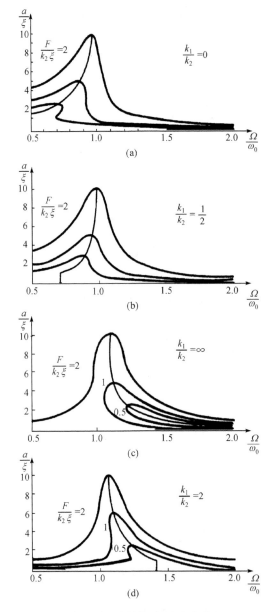

图 3-11　油轮幅-频响应曲线

一般地，$k_1 / k_2 = 10$ 即可以认为趋于无限大。从图 3-11 看出，k_1 / k_2 的比值越小，曲线的峰值越小，这表明第二段系泊刚度增加时，运动响应幅值会减小；而且随着刚度比 k_1 / k_2 的减小，幅值跳跃现象越来越明显。因此，两段刚度的比值对油轮运动具有重要影响，调整该刚度比，可以改变系统的动力响应特性。

3.6　非自治系统的简谐平衡法

3.6.1　简谐平衡法[2,8,26]

应用谐波平衡法研究非线性微分方程：

$$\ddot{x} + \omega_0^2 x - \varepsilon f(x, \dot{x}) = h \cos \Omega t \tag{3-128}$$

假定它有周期为 $\dfrac{2\pi}{\omega}$ 的周期解 $x(t)$，则 $x(t)$ 对所有的 t 可以展开为傅里叶级数：

$$x(t) = A_0 + A_1 \cos \omega t + B_1 \sin \omega t + A_2 \cos 2\omega t + \cdots \tag{3-129}$$

若将式(3-129)代入式(3-128)中，非线性项 $\varepsilon f(x, \dot{x})$ 也是周期性的，并能形成类似形式的级数，则式(3-128)最终能整理成以下形式：

$$E_0 + E_1 \cos \omega t + F_1 \sin \omega t + E_2 \cos 2\omega t + \cdots = h \cos \Omega t \tag{3-130}$$

对于所有 t 的系数是 $A_0, A_1, B_1, \cdots$ 的函数。使等式两端同阶谐波的系数相等，原则上能给出有限个关于 $A_0, A_1, B_1, \cdots$ 的方程组，并能确定 ω。例如，对于式(3-128)，明显地有

$$\omega = \Omega, \quad E_1 = h, \quad E_0 = F_1 = E_2 = \cdots = 0$$

有些情况下还可能明显地出现以下"平衡"形式：

$$\omega = \Omega / n, \quad n\text{为某一正数,}$$
$$E_n = h, \quad E_i = 0, \quad i \neq n$$
$$F_i = 0, \quad \text{对所有的}i$$

如果这种组合的解存在，系统将出现频率为 Ω / n 的亚谐共振。对于一个具体的系统，并不是对任意的 n 都能发生这种情况。

虽然在式(3-129)中高次谐波经常出现，并且可能有一定的幅值，但这绝不是单纯的"超谐共振"。

还应注意，式(3-129)中的高次谐波项常能"反馈"形成式(3-130)中的低次谐波项，理解这种现象对我们认识式(3-130)中各个谐波项的来源是重要的。例如，在立方非线性系统中

$$x^3(t) = (A_0 + \cdots + A_{11} \cos 11\omega t + \cdots + A_{21} \cos 21\omega t + \cdots)^3$$

其中有一项

$$3A_{11}^2 A_{21} \cos^2 11\omega t \cos 21\omega t = 3A_{11}^2 A_{21} \left(\frac{1}{21} \cos 21\omega t + \frac{1}{4} \cos 43\omega t + \frac{1}{4} \cos \omega t \right)$$

它包含了低次谐波项 $\cos \omega t$。

通常假设在式(3-129)中某一小阶数以上的高次谐波项可以略去，那是假设它们的系数是微小的，经过"反馈"以后，由它们组合而来的项的系数也是微小的。与在自治系统中一样，在有些情况下我们采用最简单的截断傅里叶级数：

$$x(t) = A_1 \cos \omega t + B_1 \sin \omega t$$

取代式(3-129)，就能导出系统对激励频率 Ω 的谐波响应的基本关系。

例题 3-10　用谐波平衡法求非自治达芬方程

$$\ddot{x} + \omega_0^2 x + \beta x^3 = h \cos \Omega t \tag{3-131}$$

的近似解。

设式(3-131)的近似解为

$$x(t) = A \cos \omega t + B \sin \omega t \tag{3-132}$$

$$\begin{aligned}
x^3 &= (A \cos \omega t + B \sin \omega t)^3 \\
&= \frac{3}{4} A(A^2 + B^2) \cos \omega t + \frac{3}{4} B(A^2 + B^2) \sin \omega t + \frac{1}{4} A(A^2 \\
&\quad - 3B^2) \cos 3\omega t + \frac{1}{4} B(3A^2 - B^2) \sin 3\omega t
\end{aligned} \tag{3-133}$$

将式(3-132)、式(3-133)代入式(3-131)，整理后得

$$\begin{aligned}
&\left[B(\omega^2 - \omega_0^2) - \frac{3}{4} \beta B(A^2 + B^2) \right] \sin \omega t - [A(\omega^2 - \omega_0^2) \\
&- \frac{3}{4} \beta A(A^2 + B^2)] \cos \omega t + \frac{1}{4} \beta A(A^2 - 3B^2) \cos 3\omega t \\
&+ \frac{1}{4} \beta B(3A^2 - B^2) \sin 3\omega t = h \cos \Omega t
\end{aligned} \tag{3-134}$$

考虑 $\omega = \Omega$，由各主谐波项系数相等可得

$$\begin{cases} B\left[(\omega^2 - \omega_0^2) - \dfrac{3}{4} \beta(A^2 + B^2) \right] = 0 \\ A\left[(\omega^2 - \omega_0^2) - \dfrac{3}{4} \beta(A^2 + B^2) \right] = -h \end{cases} \tag{3-135}$$

对应式(3-135)唯一可能的解，有 $B = 0$。因此，相应的 A 值由方程

$$\frac{3}{4} \beta A^2 - (\Omega^2 - \omega_0^2)A - h = 0 \tag{3-136}$$

决定。如果考虑系统有黏性阻尼，运动微分方程为

$$\ddot{x} + \omega_0^2 x + \mu \dot{x} + \beta x^3 = h \cos \Omega t \tag{3-137}$$

按同样的步骤可得相应的方程为

$$\begin{cases} B\left[(\omega^2 - \omega_0^2) - \dfrac{3}{4}\beta(A^2 + B^2)\right] + \mu\omega A = 0 \\[3mm] A\left[(\omega^2 - \omega_0^2) - \dfrac{3}{4}\beta(A^2 + B^2)\right] + \mu\omega B = -h \end{cases} \tag{3-138}$$

令

$$A = a\cos\psi, \quad B = -a\sin\psi$$

可得

$$a^2\left[(\omega_0^2 - \Omega^2) + \frac{3}{4}\beta a^2\right]^2 + \mu^2\omega^2 a^2 = h^2 \tag{3-139}$$

$$\tan\psi = \frac{-\mu\omega}{(\omega_0^2 - \Omega^2) + \dfrac{3}{4}\beta a^2} \tag{3-140}$$

例题 3-11　图 3-12 所示为铰接塔-油轮分析模型。运动过程中，系泊系统具有分段线性恢复刚度，系泊系统恢复力曲线见图 3-13。可以看出，该系统的刚度分为两端，$y \geq 0$ 时，刚度处理为线性刚度；而当 $y \in (-0.2, 0)$ 时，刚度表现出明显的非线性特性。总体而言，系统刚度表现为较弱的非连续性，需要采用近似解析方法和数值方法求解运动响应。当油轮的质量远大于铰接塔的质量时，油轮的运动与铰接塔的运动是不耦合的，应单独研究二者的运动。将系泊力处理为分段非线性，铰接塔-油轮的等效力学模型如图 3-14[10,23] 所示。

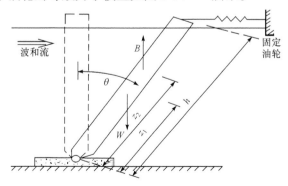

图 3-12　铰接塔-油轮分析模型

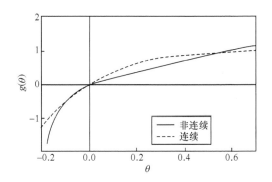

图 3-13　系泊系统恢复力曲线

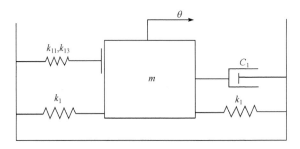

图 3-14　铰接塔-油轮等效力学模型

不考虑海流力的作用，应用莫里森方程计算作用在铰接塔上的波浪力，则铰接塔的摇摆运动方程为

$$I_\theta \ddot{\theta} + C\dot{\theta} + \tilde{g}(\theta) = M_D + M_I \tag{3-141}$$

其中，θ、$\dot{\theta}$、$\ddot{\theta}$ 分别为铰接塔的摇摆角度、摇摆角速度和摇摆角加速度；I_θ 为包括附连水在内的有效惯性矩；令一个周期内线性和非线性阻尼做的功相等，得到等效线性化的波浪阻尼系数 C；$\tilde{g}(\theta)$ 为恢复力矩；M_D 为波浪力引起的拖曳力矩；M_I 为波浪力引起的惯性力矩。各自的表达式分别为

$$\tilde{g}(\theta) = \begin{cases} k_1 \sin\theta, & \theta \geqslant 0 \\ k_1 \sin\theta + k_{11}(h\cos\theta)(h\sin\theta) + k_{13}(h\cos\theta)(h\sin\theta)^3, & \theta < 0 \end{cases} \tag{3-142}$$

$$M_D = \frac{1}{2}\int_0^T C_D \rho D(U - z\dot{\theta})\left|U - z\dot{\theta}\right|z\mathrm{d}z \tag{3-143}$$

$$M_I = \frac{1}{2}\int_0^T (C_M \dot{U} - C_A z\ddot{\theta})\rho \frac{\pi D^2}{4}z\mathrm{d}z \tag{3-144}$$

其中，T 为水深；k_1 为由于重力和浮力引起的恢复力矩系数；k_{11} 和 k_{13} 分别为由于系缆引起的线性和非线性恢复刚度系数；C_A 为附连水质量系数。

将式(3-141)中的非线性项展成幂级数的形式，保留前两项，式(3-141)可以写为

$$I_\theta \ddot{\theta} + C\dot{\theta} + \tilde{g}(\theta) = M_0 \cos \Omega t \tag{3-145}$$

其中

$$\tilde{g}(\theta) = \begin{cases} k_1(\theta - \theta^3/6), & \theta \geqslant 0 \\ k_2\theta + k_3\theta^3, & \theta < 0 \end{cases} \tag{3-146}$$

$\tilde{g}$ 为非连续恢复力函数；k_1、k_2、k_3 为常数；Ω 为波浪频率。另外，本系统中，惯性力在波浪力中起主要作用，将拖曳力矩和惯性力矩统一写成幅值为 M_0 的简谐力。

对于分段刚度系统，也可以应用最小二乘法，将非连续恢复力函数 $\tilde{g}(\theta)$ 模拟为连续的恢复力函数 $g(\theta)$，如图 3-13 中的虚线所示。对式(3-145)进行无量纲化处理，得到如下的达芬方程：

$$\ddot{\theta} + 2\xi\omega_0\dot{\theta} + g(\theta) = B\cos \Omega t \tag{3-147}$$

其中

$$g(\theta) = c_1\theta + c_2\theta^2 + c_3\theta^3 \tag{3-148}$$

ξ 为无量纲阻尼系数；ω_0 为相应的线性系统的固有频率；c_1、c_2、c_3 为常数。

令 $u = \theta + c_2/3c_3$，则式(3-147)变为

$$\ddot{u} + 2\delta\dot{u} + f(u) = B\cos \Omega t + B_0 \tag{3-149}$$

其中

$$\begin{cases} f(u) = a_1 u + a_3 u^3 \\ a_1 = c_1 - \dfrac{c_2^2}{3c_3} \\ a_3 = c_3 \\ \delta = \xi\omega_0 \\ B_0 = \dfrac{c_1 c_2}{3c_3} - \dfrac{2c_2^3}{27c_3^2} \end{cases} \tag{3-150}$$

求解式(3-149)得到铰接塔的非线性振动响应。

发生简谐振动时，响应频率等于外激励频率，应用简谐平衡法求解。设

$$u = z + x\sin \Omega t + y\cos \Omega t \tag{3-151}$$

其中，z 为运动常数。将式(3-151)代入式(3-149)，并令 $\sin \Omega t$ 和 $\cos \Omega t$ 的系数为常数，有

$$\begin{cases} -x\omega^2 - 2\delta\omega y + a_1 x + a_3\left(3xz^2 + \dfrac{3}{4}x^3 + \dfrac{3}{4}xy^2\right) = 0 \\ -y\omega^2 + 2\delta\omega x + a_1 y + a_3\left(3yz^2 + \dfrac{3}{4}y^3 + \dfrac{3}{4}x^2 y\right) = B \\ a_3\left(z^2 + \dfrac{3}{2}zx^2 + \dfrac{3}{2}zy^2\right) + a_1 z = B_0 \end{cases} \qquad (3\text{-}152)$$

由式(3-152)的第一和第二式中消去 x、y 有

$$\begin{cases} [A^2 + (2\delta\Omega)^2]r^2 = B^2 \\ a_3\left(z^3 + \dfrac{3}{2}zr^2\right) + a_1 z = B_0 \end{cases} \qquad (3\text{-}153)$$

其中

$$\begin{cases} r^2 = x^2 + y^2 \\ A = -\omega^2 + a_1 + a_3\left(z^2 + \dfrac{3}{4}x^2\right) \end{cases} \qquad (3\text{-}154)$$

由式(3-153)即可求得铰接塔运动的响应。图 3-15 给出了不同阻尼比时振动幅值 r^2 和激励幅值 B 之间的关系曲线。图 3-16 给出了振动幅值(r_2, z_2)与频率比(激励频率与固有频率的比值 $\gamma = \Omega/\omega_0$)的关系曲线。其中实线为稳定解,虚线为不稳定解。图 3-16 中的点为数值模拟结果。

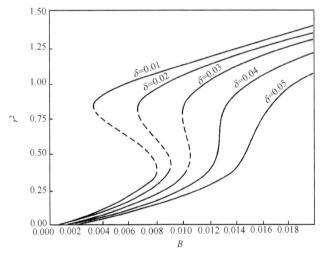

图 3-15　振动幅值-激励幅值曲线

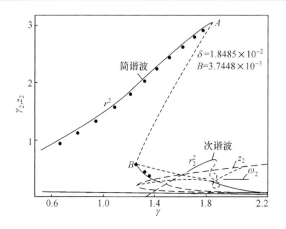

图 3-16　振动幅值-频率比曲线

因系统具有非对称性，铰接塔运动会出现次谐波响应。令

$$u = z_2 + x_2 \sin\frac{1}{2}\Omega t + y_2 \cos\frac{1}{2}\Omega t + w_2 \cos\Omega t \tag{3-155}$$

其中，z_2 为常数项；$x_2\sin(\Omega/2)t + y_2\cos(\Omega/2)t$ 为次谐波项；$w_2\cos\Omega$ 为简谐激励项，w_2 为无量纲激励幅值。对于小阻尼系统，忽略简谐项的相位影响。将式(3-155)代入式(3-149)，并令 $\sin(\Omega/2)t$ 和 $\cos(\Omega/2)t$ 的系数为常数，$\cos\Omega t$ 的系数为零，则有

$$\begin{cases} -\dfrac{\omega^2}{4}x_2 - \omega\delta y_2 + a_1 x_2 + a_3\left(3x_2 z_2^2 + \dfrac{3}{4}x_2 r_2^2 - 3x_2 z_2 w_2 + \dfrac{3}{2}x_2 w_2^2\right) = 0 \\[2mm] -\dfrac{\omega^2}{4}y_2 - \omega\delta x_2 + a_1 y_2 + a_3\left(3y_2 z_2^2 + \dfrac{3}{4}y_2 r_2^2 + 3y_2 z_2 w_2 + \dfrac{3}{2}y_2 w_2^2\right) = 0 \\[2mm] a_3\left[z_2^3 + \dfrac{3}{2}z_2 r_2^2 - \dfrac{3}{4}w_2(x_2^2 - y_2^2) + \dfrac{3}{2}z_2 w_2^2\right] + a_1 z_2 = B_0 \\[2mm] -\omega^2 w_2 + a_1 w_2 + a_3\left[-\dfrac{3}{2}z_2(x_2^2 - y_2^2) + \dfrac{3}{2}w_2 r_2^2 + 3z_2^2 w_2 + \dfrac{3}{4}w_2^3\right] = B \end{cases} \tag{3-156}$$

从上方程组的第一式和第二式中消去 x_2、y_2 得到

$$\begin{cases} A_2^2 + (\Omega\delta)^2 = (3a_3 z_2 w_2)^2 \\[2mm] a_3\left[z_2^3 + \dfrac{3}{2}z_2 r_2^2 - \dfrac{3}{4}w_2(x_2^2 - y_2^2) + \dfrac{3}{2}z_2 w_2^2\right] + a_1 z_2 = B_0 \\[2mm] -\omega^2 w_2 + a_1 w_2 + a_3\left[-\dfrac{3}{2}z_2(x_2^2 - y_2^2) + \dfrac{3}{2}w_2 r_2^2 + 3z_2^2 w_2 + \dfrac{3}{4}w_2^3\right] = B \end{cases} \tag{3-157}$$

其中

$$\begin{cases} r^2 = x_2^2 + y_2^2 \\ A = -\omega^2 + a_1 + a_3\left(z^2 + \dfrac{3}{4}r^2\right) \end{cases} \tag{3-158}$$

由式(3-157)即可求得系统的响应。图 3-17 给出了数值方法计算得到的次谐波响应幅值(r_2, z_2)与频率比 γ 的关系曲线。

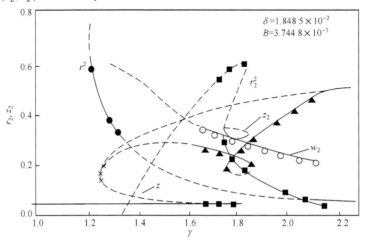

图 3-17　次谐响应幅频曲线

图 3-17 中，带有●的曲线为简谐幅频响应结果；带有×、■、▲、○的曲线为次谐幅频响应结果。

3.6.2　增量谐波平衡法[26]

谐波平衡法是求解非线性振动幅频响应的解析法，其求解效率较低。增量谐波平衡(increnemtal harmonic balance, IHB)法改进了谐波平衡法，其特点是将数值分析中的增量法和传统的谐波平衡法有机地结合起来，该方法对系统非线性的强、弱没有限制，求解计算效率大幅提高。IHB 法是计算非线性振动，尤其是强非线性振动的有效方法。

现以达芬方程为例，说明 IHB 法的求解过程。

$$m\ddot{x} + k_1 x + k_3 x^3 = f\cos\Omega t \tag{3-159}$$

令

$$\tau = \Omega t \tag{3-160}$$

则式(3-159)成为

$$m\Omega^2 x'' + k_1 x + k_3 x^3 = f\cos\tau \tag{3-161}$$

所以 IHB 法的第一步是增量过程。设 x_0、ω_0 是式(3-159)的解，则其邻近点可表示为

$$x = x_0 + \Delta x, \quad \Omega = \Omega_0 + \Delta \Omega \tag{3-162}$$

其中，Δx 和 $\Delta \Omega$ 是增量。将式(3-162)代入式(3-161)，并略去高阶小量后可得以 Δx、$\Delta \Omega$ 为未知量的增量方程：

$$m\Omega_0^2 \Delta x'' + (k_1 + 3k_3 x_0^2)\Delta x = R - 2m\Omega_0 x_0'' \Delta \Omega \tag{3-163}$$

其中

$$R = f \cos \tau - (m\Omega_0^2 x_0'' + k_1 x_0 + k_3 x_0^3) \tag{3-164}$$

R 称为不平衡力。如果 x_0、Ω_0 是准确解的，则 $R = 0$。

IHB 法的第二步是谐波平衡过程。达芬方程的解只含余弦的奇次谐波项，故可设

$$x_0 = a_1 \cos \tau + a_3 \cos 3\tau + \cdots \tag{3-165}$$

$$\Delta x = \Delta a_1 \cos \tau + \Delta a_3 \cos 3\tau + \cdots \tag{3-166}$$

将式(3-165)、式(3-166)代入式(3-163)，并令两边相同谐波项的系数相等，可得如下矩阵方程：

$$\boldsymbol{K}_m \Delta \boldsymbol{A} = \boldsymbol{R} + \boldsymbol{R}_m \Delta \Omega \tag{3-167}$$

其中

$$\boldsymbol{K}_m = \boldsymbol{K} - \Omega_0^2 \boldsymbol{M}, \quad \Delta \boldsymbol{A} = \begin{bmatrix} \Delta a_1, \Delta a_3 \end{bmatrix}^{\mathrm{T}}$$

$\boldsymbol{K}$、$\boldsymbol{M}$ 为 2×2 的矩阵，其元素为

$$K_{11} = k_1 + \frac{3}{2} k_3 \left(\frac{3}{2} a_1^2 + a_1 a_3 + a_3^2 \right)$$

$$K_{12} = \frac{3}{2} k_3 \left(\frac{1}{2} a_1^2 + 2 a_1 a_3 \right)$$

$$K_{21} = K_{22}$$

$$K_{22} = k_1 + \frac{3}{2} k_3 \left(a_1^2 + \frac{3}{2} a_3^2 \right)$$

$$M_{11} = m, \quad M_{12} = M_{21} = 0, \quad M_{22} = 9m$$

$\boldsymbol{R}$、$\boldsymbol{R}_m$ 为 2×1 的列阵，其元素为

$$R_1 = f + \left[m\Omega_0^2 - k_1 - k_3 \left(\frac{3}{4} a_1^2 + \frac{3}{4} a_1 a_3 + \frac{3}{2} a_3^2 \right) \right] a_1 \tag{3-168}$$

$$R_2 = \left[9m\omega_0^2 - k_1 - k_3 \left(\frac{3}{2}a_1^2 + \frac{3}{4}a_3^2 \right) \right] a_3 - \frac{1}{4}k_3 a_1^3 \tag{3-169}$$

$$R_{m1} = 2m\Omega_0 a_1, \quad R_{m2} = 18m\Omega_0 a_3 \tag{3-170}$$

式(3-167)有三个未知量 Δa_1、Δa_3 和 $\Delta\Omega$，但只有两个方程。求解时必须指定其中之一(如 $\Delta\Omega$)为预先给定值，其余的两个增量(如 Δa_1、Δa_3)就可以唯一确定了。

实际求解时，可先指定某一增量，如 $\Delta\Omega$ 为指定增量，于是由式(3-167)求得其余两个增量值(Δa_1、Δa_3)。然后，以 $a_1 + \Delta a_1$、$a_3 + \Delta a_3$ 代替原先的 a_1 和 a_3，代入式(3-167)求得新的 Δa_1 和 Δa_3，之后循环迭代，直至求得的 a_1 和 a_3 满足不平衡力 $\boldsymbol{R} = 0$。随后的求解是，给 Ω_0 一个新的增量 $\Delta\Omega$，以 $\Omega_0 + \Delta\Omega$ 代替原先的 Ω_0，以新的 Ω_0 和上一次迭代求得的 a_1 和 a_3 为初值，又重新进入谐波平衡过程。求得对应于新的 Ω_0 的 a_1 和 a_3 后，进入下一个增量过程。

以上通过两个谐波项为例，阐述 IHB 法的求解过程。实际计算时，谐波项取得越多，不平衡力 $\boldsymbol{R}$ 越容易趋于零，即迭代越容易收敛，但式(3-167)所含方程的数目就越多，每次迭代求解时花的时间也就越长。若谐波项的数目太少，有时会造成不收敛，不平衡力 $\boldsymbol{R}$ 很难趋于零。

例题 3-12 采用 IHB 方法求解如下：

$$\ddot{x} + (1 + 2\delta\cos 2\Omega t)x = 0 \tag{3-171}$$

马休方程。

引入变换式(3-160)，则式(3-171)成为

$$\Omega^2 x'' + (1 + 2\delta\cos 2\tau)x = 0 \tag{3-172}$$

首先进行增量过程。设 δ_0、Ω_0 是对应的周期解的参数，则其临近的状态可以用增量形式表示为

$$\begin{cases} \delta = \delta_0 + \Delta\delta \\ \Omega = \Omega_0 + \Delta\Omega \\ x(\tau) = x_0(\tau) + \Delta x(\tau) \end{cases} \tag{3-173}$$

将式(3-173)代入式(3-172)，略去高阶小量，得

$$\Omega_0^2 \Delta x'' + (1 + 2\delta_0\cos 2\tau)\Delta x = R - 2\Delta\delta x_0\cos 2\tau - 2\Omega_0 x_0'' \Delta\Omega \tag{3-174}$$

其中，不平衡力为

$$R = -\left[\Omega_0^2 x_0'' + (1 + 2\delta_0\cos 2\tau)x_0 \right] \tag{3-175}$$

进行谐波平衡过程，将式(3-171)表示为

$$x_0 = \sum_{k=1,3,5}^{2N-1} (a_k \cos k\tau + b_k \sin k\tau) \tag{3-176}$$

则

$$\Delta x_0 = \sum_{k=1,3,5}^{2N-1} (\Delta a_k \cos k\tau + \Delta b_k \sin k\tau) \tag{3-177}$$

将上述 x_0 和 Δx_0 展开式代入式(3-174)和不平衡力公式(3-175)，并应用伽辽金(Galerkin)平均过程：

$$\int_0^{2\pi} [\Omega_0^2 \Delta x'' + (1 + 2\delta_0 \cos 2\tau) \Delta x] \delta(\Delta x) \mathrm{d}\tau = \int_0^{2\pi} [R - 2\Delta\delta x_0 \cos 2\tau - 2\Omega_0 x_0'' \Delta\Omega] \delta(\Delta x) \mathrm{d}\tau$$

$$\tag{3-178}$$

积分式(3-178)并化简为代数方程组，以矩阵形式表示为

$$\boldsymbol{K}\Delta\boldsymbol{A} = \boldsymbol{R} + \boldsymbol{R}_\delta \Delta\boldsymbol{\delta} + \boldsymbol{R}_\Omega \Delta\Omega \tag{3-179}$$

其中

$$\Delta \boldsymbol{A} = [\Delta a_1, \Delta a_3, \Delta a_5, \cdots, \Delta a_{2N-1}, \Delta b_1, \Delta b_3, \cdots, \Delta b_{2N-1}]^{\mathrm{T}}$$

$$\boldsymbol{K} = \begin{bmatrix} 1 + \delta_0 - \Omega_0^2 & & \text{对} & \\ -\delta_0 & 1 - 9\Omega_0^2 & & \text{称} \\ \vdots & & & \end{bmatrix}$$

其中，$\boldsymbol{R}$、$\boldsymbol{R}_\delta$、$\boldsymbol{R}_\Omega$ 分别是由式(3-178)右边第一项、第二项和第三项推导而得。

式(3-179)中所含未知量的数目比方程的数目多两个，因此求解时，必须先选定一个增量为主动增量(如 $\Delta\delta$)，再选定式(3-176)中某一谐波项的系数为参考量，如 $a_1 = 1$，则该参考量的增量为零，即 $\Delta a_1 = 0$。这样，式(3-179)即可唯一求解了。

关于多自由度系统的 IHB 法，将在第 7 章介绍。

第4章　单自由度参数激励振动

1.2.3 节给出了海洋工程中参数激励振动的若干实例，包括船舶参数激励运动，系泊缆由于船舶运动引起的参数激励振动，平台垂荡引起的立管参数激励振动以及深海平台垂荡-纵摇耦合参数激励运动。参数激励振动引起海洋工程结构损伤，导致海洋结构不能正常工作，系泊缆断裂，船舶大幅运动以致倾覆等。本章讨论海洋工程结构参数激励振动响应求解的平均法和多尺度法，讨论参数激励振动稳定性的分析理论。

4.1　参数激励振动的马休方程

4.1.1　垂直系泊缆的参数激励振动[1,19]

考虑垂直系泊缆的参数激励振动，如图 1-10 所示。系泊缆上部端点与船舶(任意浮体)相连，船舶垂荡运动使系泊缆发生参数激励振动，其参激振动方程为式(1-26)。式(1-26)中，$P_1\cos\Omega t$ 项称为参数激励项，反映了浮体垂荡运动对于锚缆水平横向振动的影响。为了仅研究参数激励对横向运动的影响，在锚缆的每一端抑制所有的横向运动，即取锚缆上下端水平位移为零：

$$y(0,\ t)=y(l,\ t)=0 \tag{4-1}$$

其中，y 表示缆绳的横向振动。假定式(1-26)解的形式为式(4-2)，满足缆上下端的两个边界条件(式(4-1))。

$$y(x,\ t)=\sum_{n=1}^{\infty}q_n(t)\sin\frac{n\pi x}{l} \tag{4-2}$$

其中，$q_n(t)$ 表示广义坐标，$n=1,2,\cdots$。将式(4-2)代入式(4-1)，得

$$\sum_{n=1}^{\infty}\left[(P_0+P_1\cos\Omega t)\left(\frac{n\pi}{l}\right)^2 q_n(t)+\bar{m}\frac{\mathrm{d}^2 q_n}{\mathrm{d}t^2}\right]\sin\frac{n\pi x}{l}=0 \tag{4-3}$$

由于式(4-3)中的正弦项对所有的 x 值都不等于零，所以其系数必须等于零，即

$$\bar{m}\frac{\mathrm{d}^2 q_n(t)}{\mathrm{d}t^2}+\left(\frac{n\pi}{l}\right)^2(P_0+P_1\cos\Omega t)q_n(t)=0 \tag{4-4}$$

为使式(4-4)可变为标准形式，引入下列参数：

$$\tau = \Omega t , \qquad \bar{\alpha}_n = \frac{\omega_n^2}{\Omega^2} \tag{4-5}$$

$$\bar{\beta}_n = \frac{P_1}{P_0}\frac{\omega_n^2}{\Omega^2} , \qquad \omega_n = \frac{n\pi}{l}\sqrt{\frac{P_0}{m}} \tag{4-6}$$

得到著名的马休(Mathieu)方程[1,2,19]：

$$\frac{\mathrm{d}^2 q_n(\tau)}{\mathrm{d}\tau^2} + (\bar{\alpha}_n + \bar{\beta}_n \cos\tau)q_n(\tau) = 0 \tag{4-7}$$

式(4-7)形式上可以代表单位质量、变刚度系统的振动。该系统动力学参数之一的刚度以 $\bar{\alpha}_n + \bar{\beta}_n \cos\tau$ 的规律作周期性变动，作周期性变动的参数形成对系统的激励，称为参数激励。

研究参数激励的目的，是要确定解即振动响应的稳定区域，寻找系数 $\bar{\alpha}_n$ 和 $\bar{\beta}_n$ 的哪一种组合使得解是稳定的，使稳定解存在的系数($\bar{\alpha}_n$, $\bar{\beta}_n$)的集合构成解的稳定域。如果 $q_n(\tau)$ 对于所有的 $n=1, 2, \cdots$ 是稳定的，那么式(4-2)意味着水平横向位移响应 $y(x,t)$ 也是稳定的，而且是有界的，如图 4-1(a)所示。然而，如果 $q_n(\tau)$ 是无界的，那么 $y(x,t)$ 也是无界的，并且呈现出如图 4-1(b)所示的响应无限增长历程。

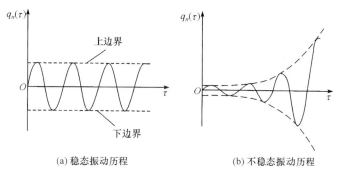

(a) 稳态振动历程　　　　　　　　　(b) 不稳态振动历程

图 4-1　参数激励振动历程响应

图 4-2 中，海涅-斯瑞特(Heines-Strett)描述了参数激励振动的稳定区域。如果一对参数取值($\bar{\alpha}_n$, $\bar{\beta}_n$)落在了阴影区，则 $q_n(\tau)$ 是稳定的；如果参数值($\bar{\alpha}_n$, $\bar{\beta}_n$)落在了其余部分，那么相应的振动响应就是不稳定的。如果考虑阻尼的影响，就可以把稳定参数域扩大到图 4-2 所示的虚线部分[1,19]。

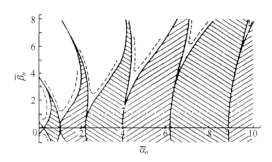

图 4-2　参数激励振动稳定域

4.1.2　倾斜系泊缆的参数激励振动

图 4-3 所示为船舶与海洋工程中使用的倾斜系泊缆索[1]。

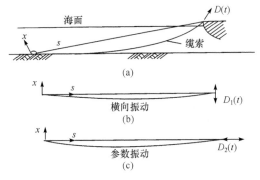

图 4-3　倾斜系泊缆索

在船体与缆索的连接点，由于波浪的作用，缆索顶端承受着随时间变化的力 $D(t)$，该力可以分解为索端的横向力 $D_1(t)$ 和纵向力 $D_2(t)$。在纵向力 $D_2(t)$ 作用下，缆索将产生横向振动，此振动属于参数激励振动。

如果波浪为简谐波，则缆索断面上的作用力 F_0 为简谐力的平均值，以 F_1 表示按简谐变化的动拉力幅值，Ω 为动拉力的频率，则任一时刻缆索中的拉力为

$$F = F_0 + F_1 \cos \Omega t \tag{4-8}$$

若不计阻尼的作用，则缆索中的横向荷载为零。从缆索中取出微元体，如图 4-4 所示。

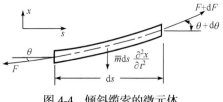

图 4-4　倾斜缆索的微元体

根据图 4-4 列出微元体考虑惯性力在内的垂向力的平衡方程，得

$$-F\sin\theta + (F + \mathrm{d}F)\sin(\theta + \mathrm{d}\theta) - m\mathrm{d}s\frac{\partial^2 x}{\partial t^2} = 0 \tag{4-9}$$

在角度 θ 很小的情况下有 $\sin\theta \approx \theta$，式(4-9)可以改写为

$$-F\theta + (F + \mathrm{d}F)(\theta + \mathrm{d}\theta) - m\mathrm{d}s\frac{\partial^2 x}{\partial t^2} = 0 \tag{4-10}$$

对于小位移问题，可以近似取 $\theta = \dfrac{\partial x}{\partial s}$，$\mathrm{d}\theta = \dfrac{\partial^2 x}{\partial s^2}\mathrm{d}s$，$\mathrm{d}F = \dfrac{\partial F}{\partial s}\mathrm{d}s$，将此式代入式(4-10)，并忽略二阶小量，得

$$\frac{\partial}{\partial s}\left(F\frac{\partial x}{\partial s}\right) - \frac{\partial^2 x}{\partial t^2} = 0 \tag{4-11}$$

将式(4-8)代入式(4-11)，得

$$(F_0 + F_1\cos\varOmega t)\frac{\partial^2 x}{\partial s^2} - m\frac{\partial^2 x}{\partial t^2} = 0 \tag{4-12}$$

取缆索横向振动的边界条件为 $x(0,t) = 0, x(l,t) = 0$。由此边界条件可设式(4-12)的解为

$$x(s,t) = \sum_{n=1}^{\infty}\eta_n(t)\sin\frac{n\pi s}{l} \tag{4-13}$$

将式(4-13)代入式(4-12)，得

$$\sum_{n=1}^{\infty}\left[(F_0 + F_1\cos\varOmega t)\left(\frac{n\pi}{l}\right)^2\eta_n(t) + m\frac{\mathrm{d}^2\eta_n(t)}{\mathrm{d}t^2}\right]\sin\frac{n\pi s}{l} = 0$$

其中，$\sin\dfrac{n\pi s}{l}$ 不恒等于零。若使上式成立，则必须有

$$m\frac{\mathrm{d}^2\eta_n(t)}{\mathrm{d}t^2} + \left(\frac{n\pi}{l}\right)^2(F_0 + F_1\cos\varOmega t)\eta_n(t) = 0 \tag{4-14}$$

式(4-14)又可写作

$$\frac{\mathrm{d}^2\eta_n(\tau)}{\mathrm{d}\tau^2} + (\alpha_n + \beta_n\cos\tau)\eta_n(\tau) = 0 \tag{4-15}$$

其中，$\tau = \varOmega t; \alpha_n = \left(\dfrac{\omega_n}{\varOmega}\right)^2, \beta_n = \dfrac{F_1}{F_0}\left(\dfrac{\omega_n}{\varOmega}\right)^2$，$\omega_n = \dfrac{n\pi}{l}\sqrt{\dfrac{F_0}{m}}$，$\omega_n$ 为缆索的横向振动频率。

式(4-15)在形式上与式(4-7)是相同的，即缆索的振动问题可以由马休方程来描述。

4.1.3　受轴向激励简支梁的参数激励振动[1]

考虑图 4-5 所示的简支梁受轴向激励的振动。梁受到轴向随时间变化的周期力 $F(t)$ 作用时，发生动力稳定问题。此类问题中，轴向周期力的频率对梁的动力稳定性起重要作用。

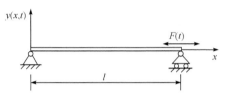

图 4-5　受轴向激励的简支梁

图 4-5 中的简支梁的振动方程为

$$EI\frac{\partial^4 y}{\partial x^4} + F(t)\frac{\partial^2 y}{\partial x^2} + \bar{m}\frac{\partial^2 y}{\partial t^2} = 0 \tag{4-16}$$

其中，E 是抗弯弹性模量；I 为弯曲惯性矩；$\bar{m}$ 是单位长度的质量。

如果没有轴向激励，梁的振动形式为

$$y(x,t) = A_n(t)\sin\frac{n\pi x}{l} \tag{4-17}$$

其中，n 是一个整数，即振型的阶数；$A_n(t)$ 为与时间有关的运动幅值，将此式代入振动方程式(4-16)，得

$$\left[\bar{m}\frac{\mathrm{d}^2 A_n(t)}{\mathrm{d}t^2} + EI\frac{n^4\pi^4}{l^4}A_n(t) - F(t)\frac{n^2\pi^2}{l^2}A_n(t)\right]\sin\frac{n\pi x}{l} = 0 \tag{4-18}$$

由式(4-18)可得

$$\frac{\mathrm{d}^2 A_n(t)}{\mathrm{d}t^2} + \omega_{0n}^2\left[1 - \frac{F(t)}{F_n}\right]A_n(t) = 0 , \quad n = 1, 2, \cdots \tag{4-19}$$

其中，$\omega_{0n}^2 = \frac{n^2\pi^2}{l^2}\sqrt{\frac{EI}{\bar{m}}}$ 和 $F_n = \frac{n^2\pi^2 EI}{l^2}$ 分别是简支梁第 n 阶固有频率和第 n 阶静力失稳临界力。若 $F(t) = F\cos\Omega t$，则式(4-19)成为

$$\frac{\mathrm{d}^2 A_n}{\mathrm{d}t^2} + \omega_{0n}^2\left(1 - \frac{F}{F_n}\cos\omega t\right)A_n = 0 , \quad n = 1, 2, \cdots \tag{4-20}$$

其中，$A_n(t)$ 的系数为显含时间的变系数，因此式(4-20)反映的系统为参数激励系统。

4.1.4　疏浚吸泥管参数激励振动[1,19]

连接到疏浚挖泥船船底的吸泥管分析模型如图 4-6 所示。

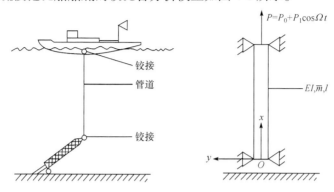

图 4-6　疏浚吸泥管分析模型

吸泥管上端与船底铰接在一起，下端与挖泥装置的连接形式同样为铰接，吸泥管简化为上下端铰接的梁。船舶在波浪中垂荡运动时，引起吸泥管受到轴向的拉伸载荷。假设轴向拉伸载荷为如下形式：

$$P = P_0 + P_1 \cos \Omega t \tag{4-21}$$

其中，P_0 近似处理为作用在下端坐标原点位置的压载重量与 1/2 水中管道重量之和，实际工程中，管道悬挂在船底铰接位置，坐标原点位置铰接头不承担管道的重量；Ω 是船舶运动的频率或者是波浪频率。

图 4-6 中，分析模型的轴向振动固有频率 ω_1 显著大于波浪频率 Ω。如果 $\omega_1 \geqslant \Omega$，则运动的任何时刻，管道上端与下端的轴向载荷相同。对于没有固定约束的弹性梁，其轴向一阶固有振动频率为

$$\omega_1 = \frac{\pi}{l} \sqrt{\frac{E}{\rho_p}} \tag{4-22}$$

其中，E 和 ρ_p 分别是管道材料的弹性模量和质量密度。考虑管道长度 $l = 914.4\text{m}$，$\omega_1 = \frac{3.14}{914.4} \sqrt{\frac{2.1 \times 10^{11}}{7850}} = 17.76(\text{rad/s})$，该数值大约是波浪激起的船舶运动频率的 10 倍。

但是，对于工程塑料制造的管道，其比值 $\sqrt{E / \rho_p}$ 远小于钢管，管道的固有频率会显著降低，发生参数共振的可能性增大。

考虑图 4-6 所示的分析模型，基于受轴向激励梁的振动方程，其参数激励振动方程为

$$EI \frac{\partial^4 y}{\partial x^4} - (P_0 + P_1 \cos \Omega t) \frac{\partial^2 y}{\partial x^2} + \overline{m} \frac{\partial^2 y}{\partial t^2} = 0 \tag{4-23}$$

管道上、下端的边界条件分别为

$$y(0, t) = \frac{\partial^2 y(0, t)}{\partial x^2} = 0, \quad y(l, t) = \frac{\partial^2 y(l, t)}{\partial x^2} = 0 \tag{4-24}$$

设解的形式为(4-25)，满足式(4-24)的四个边界条件：

$$y(x, t) = \sum_{n=1}^{\infty} q_n(t) \sin \frac{n\pi x}{l} \tag{4-25}$$

将式(4-25)代入式(4-23)，用求单根缆绳参数激励的步骤，引入记号：

$$\tau = \Omega t \tag{4-26}$$

$$\begin{cases} \overline{\alpha}_n = \dfrac{\omega_n^2}{\Omega^2} + \dfrac{P_0}{\overline{m}\Omega^2} \left(\dfrac{n\pi}{l}\right)^2 \\[3mm] \overline{\beta}_n = \dfrac{P_1}{\overline{m}\Omega^2} \left(\dfrac{n\pi}{l}\right)^2 \end{cases} \tag{4-27}$$

$$\omega_n = \frac{n^2 \pi^2}{l^2} \sqrt{\frac{EI}{\overline{m}}}, \quad n = 1, 2, \cdots \tag{4-28}$$

得到与马休方程(式(4-7))相同的形式：

$$\frac{\mathrm{d}^2 q_n(\tau)}{\mathrm{d}\tau^2} + (\overline{\alpha}_n + \overline{\beta}_n \cos \tau) q_n(\tau) = 0 \tag{4-29}$$

但是式(4-7)与式(4-29)中的参数不同。对于管道的稳定性，由一对参数 $(\overline{\alpha}_n, \overline{\beta}_n)$ 在图 4-6 中的位置决定。

例题 4-1　分析图 4-6 中钢管在参数激励下的动力稳定性，参数激励来自驳船的升沉，驳船的升沉运动频率为 Ω。假定 $P_1 \leqslant P_0 / 2$ 并且假定 n 取值的上限是 5。

按照式(4-27)计算参数并考虑第一项远小于第二项，得

$$\overline{\alpha}_n \approx \frac{P_0}{\overline{m}\Omega^2} \left(\frac{n\pi}{l}\right)^2, \quad \overline{\beta}_n \leqslant \frac{\overline{\alpha}_n}{2} \tag{4-30}$$

由图 4-2 可以得出钢管的失稳发生在 $\overline{\alpha}_n = 0.25$ 和 1.0 附近。由式(4-30)可知，驳船在发生失稳时对应的升沉频率近似为

$$\Omega \approx \frac{n\pi}{l} \left(\frac{P_0}{\overline{m}\overline{\alpha}_n}\right)^{1/2}, \quad \overline{\alpha}_n \approx 0.25 \quad \text{或} \quad 1 \tag{4-31}$$

其中，$\Omega \geqslant \omega_n$。如果 $\Omega \approx \omega_n$ 并且 $0 \leqslant P_1 \leqslant P_0 / 2$，可得

$$\bar{\alpha}_n = 1 + \frac{P_0}{\bar{m}\Omega^2}\left(\frac{n\pi}{l}\right)^2 = 1 + D_0, \quad \bar{\beta}_n = \frac{P_1}{P_0}D_0 \leqslant \frac{D_0}{2} \tag{4-32}$$

在这种情况下，这一对坐标永远落在图 4-2 中的虚线下。如果不考虑阻尼，失稳将会发生在 $\bar{\alpha}_n = 2.2, 4.0, 6.2, \cdots$ 处。然而，实际工程中存在阻尼，因此该钢管在参数激励下，即使 $\Omega \approx \omega_n$ 也不会失去稳定性，但是振动的幅值将会大幅增加。后面将进一步讨论参数激励振动稳定性的分析方法，以及如何确定稳定与不稳定边界。

综上讨论，得到了两种不同形式的马休方程：

$$\begin{cases} \dfrac{\mathrm{d}^2 q_n(\tau)}{\mathrm{d}\tau^2} + (\alpha_n + \beta_n \cos\tau)q_n(\tau) = 0, & n = 1, 2, \cdots \\[3mm] \dfrac{\mathrm{d}^2 A_n}{\mathrm{d}t^2} + \omega_{0n}^2\left(1 - \dfrac{F}{F_n}\cos\Omega t\right)A_n = 0, & n = 1, 2, \cdots \end{cases} \tag{4-33}$$

一般参数激励振动方程可以写作

$$\ddot{x}(t) + p(t)\dot{x}(t) + q(t)x(t) = 0 \tag{4-34a}$$

其中，$p(t)$ 和 $q(t)$ 是与时间有关的变参数。如果参数激励项随时间的变化规律是简谐的，则称为马休方程。根据式(4-33)，一般可以写为

$$\ddot{x}(t) + x(\omega^2 + h\cos\Omega t) = 0 \tag{4-34b}$$

$$\ddot{x}(t) + x(\omega^2 - h\cos\Omega t) = 0 \tag{4-34c}$$

如果 $\omega \approx \Omega$，则称为基本参数共振；如果 $\omega = \Omega / 2$，则称为主参数共振。这两种情况的参数激励共振是振动系统最危险的情况。

如果 $p(t)$ 和 $q(t)$ 是非简谐的一般周期函数，则运动微分方程称为希尔(Hill)方程，关于希尔方程将在第 6 章讨论。

本节主要讨论马休方程的求解方法及解的稳定性。把参数振动问题纳入非线性振动范围，基于两点考虑：一是二者使用的求解方法基本上是相同的；二是当参数激励形成大幅振动时，系统的振动响应特征将是非线性的，如系泊索中的 $\sin\theta$ 不能由 θ 代替，而需要考虑 θ 的高次项，这都引起非线性因素。对于参数振动研究，除了研究响应外，还要研究解的稳定区，即参数在哪些范围内解是稳定的，在哪些范围内解是不稳定的。在解出现不稳定的范围内，解是无限增长的，因而讨论大幅振动在参数振动的实际问题中是必要的。

4.2　稳定性分析的弗洛凯理论[1,2,8]

对于参数激励振动的稳定性分析可以采用弗洛凯(Floquet)理论。二阶线性齐

次微分方程式(4-33)的朗斯基(Wronsky)行列式不等于零, 其有基本解组 $x_1(t)$ 、
$x_2(t)$ 。方程的任何解 $x(t)$ 都可表示为基本解组的线性组合：

$$x(t) = C_1 x_1(t) + C_2 x_2(t) \tag{4-35}$$

其中, C_1 、 C_2 是常数。此外, 由于 $p(t)$ 和 $q(t)$ 的周期性, 时间 t 每增长一个周期 T ,
式(4-34a)没有任何改变。弗洛凯理论即利用这一特点, 指出 $x_1(t+T)$ 和 $x_2(t+T)$ 也
是式(4-34a)的解, 即解可以表示为

$$\begin{cases} x_1(t+T) = a_{11}x_1(t) + a_{12}x_2(t) \\ x_2(t+T) = a_{21}x_1(t) + a_{22}x_2(t) \end{cases} \tag{4-36}$$

其中, a_{11} 、 a_{12} 、 a_{21} 、 a_{22} 是常数, 这一组常数将因基本解组选择的不同而不同。
式(4-36)的意义是, 时间 t 每增长一个周期 T , 解就成为 t 时刻解组的线性变换。
由线性变换理论可知, 式(4-36)的解也可以表示为下列形式, 即

$$\begin{cases} x_1(t+T) = \mu_1 x_1(t) \\ x_2(t+T) = \mu_2 x_2(t) \end{cases} \tag{4-37}$$

其中, μ_1 、 μ_2 是特征方程

$$\begin{vmatrix} a_{11} - \sigma & a_{12} \\ a_{21} & a_{22} - \sigma \end{vmatrix} = 0 \tag{4-38}$$

的两个根, 这两个根也称为特征乘子。如果特征方程无重根, 则存在一对线性无
关的解。

根据解的周期特性可知, 这里的解组可以表示为一个指数函数和一个以 T 为
周期的周期函数的乘积。对于二阶微分方程, 有

$$\exp[-h_i(t+T)]x_i(t+T) = \mu_1 \exp[-h_i T]\exp(-h_i t)x_i(t), \quad i = 1, 2 \tag{4-39}$$

按 $\exp(h_i T) = \mu_i$ 来确定 h_i , 则式(4-39)成为

$$\exp[-h_i(t+T)]x_i(t+T) = \exp(-h_i t)x_i(t) \tag{4-40}$$

或者说

$$\phi_i(t) = \exp(-h_i t)x_i(t) \tag{4-41}$$

式(4-41)为周期函数。这说明解组 $x_1(t)$ 、 $x_2(t)$ 可表示为

$$\begin{cases} x_1(t) = \exp(h_1 t)\phi_1(t) \\ x_2(t) = \exp(h_2 t)\phi_2(t) \end{cases} \tag{4-42}$$

其中, ϕ_1 和 ϕ_2 以 T 为周期; h_i 称为特征指数。

如果特征方程式(4-38)有重根 $\mu_1 = \mu_2 = \mu$, 则解组表示为

$$\begin{cases} x_1(t) = \exp(h_1 t)\phi_1(t) \\ x_2(t) = \exp(h_2 t)\left[\phi_2(t) + \dfrac{t}{\mu T}\phi_1(t) \right] \\ \mu = \exp(hT) \end{cases} \tag{4-43}$$

式(4-43)揭示了解的重要性质：当解以式(4-43)的形式表示时，如果 h_1 和 h_2 的实部不取正值，则解对所有的 t 都是有界的；当解以式(4-43)的形式表达时，如果 h 有负实部，则解是有界的。

有重要意义的是特征乘子 μ_1、μ_2 等于 ± 1 的情况。从式(4-37)可以看出，$\mu_i = +1$ 对应于 q_i 以 T 为周期，$\mu_i = -1$ 对应于 q_i 以 $2T$ 为周期。后面将指出这两种特征解正是某种稳定区与不稳定区的交界，一旦该交界确定后，则可得到振动的稳定和不稳定域。为此，设初始条件为

$$\begin{cases} x_1(0) = 1 \\ \dot{x}_1(0) = 0 \\ x_2(0) = 0 \\ \dot{x}_2(0) = 1 \end{cases} \tag{4-44}$$

根据式(4-44)求基本解组。在式(4-36)中令 $t = 0$，由式(4-44)即给出：

$$\begin{cases} a_{11} = x_1(T) \\ a_{12} = \dot{x}_1(T) \\ a_{21} = x_2(T) \\ a_{22} = \dot{x}_2(T) \end{cases} \tag{4-45}$$

特征方程式(4-38)成为

$$\mu^2 - 2a\mu + \Delta = 0 \tag{4-46}$$

其中

$$\begin{cases} a = \dfrac{1}{2}[x_1(T) + x_2(T)] \\ \Delta = x_1(T)\dot{x}_2(T) - \dot{x}_1(T)x_2(T) \end{cases} \tag{4-47}$$

所求解组 $x_1(t)$、$x_2(t)$ 满足：

$$\begin{cases} \ddot{x}_1 + r(t)x_1 = 0 \\ \ddot{x}_2 + r(t)x_2 = 0 \end{cases} \tag{4-48}$$

以 $x_1(t)$、$x_2(t)$ 分别乘式(4-48)的第一和第二式并相减，得

$$x_2[\ddot{x}_1 + r(t)x_1] - x_1[\ddot{x}_2 + r(t)x_2] = x_1\ddot{x}_2 - \ddot{x}_1 x_2 = 0$$

积分此式，得

$$x_1(t)\dot{x}_2(t) - \dot{x}_1(t)x_2(t) = \Delta(t) = \text{const} \tag{4-49}$$

而由于 $\Delta(0) = 1$，且 $\Delta(t)$ 为常数，故 $\Delta(t) \equiv 1$，于是式(4-46)的根是

$$\mu_{1,2} = a \pm \sqrt{a^2 - 1} \tag{4-50}$$

由式(4-50)可得

$$\mu_1 \cdot \mu_2 = 1 \tag{4-51}$$

当 $|a| > 1$ 时，必有一个根的绝对值大于 1，而另一个小于 1，从而解是无界的；反之，若 $|a| < 1$，则两个根是复共轭的。又由式(4-51)可知，二者的模必等于 1，从而解是有界的。因而 $|a| = 1$ 是稳定解与不稳定解的分界点，其对应于重根 $\mu_1 = \mu_2 = \pm 1$。

为求出稳定和不稳定的区域，考虑式(4-33)，马休方程可写为下面的形式：

$$\ddot{x} + [\delta + \varepsilon s(t)]x = 0 \tag{4-52}$$

其中，$s(t)$ 以 T 为周期且在周期内均值为零；两个参数 δ 和 ε 决定解的稳定性，稳定解对应的 δ 和 ε 称为 δ 和 ε 的稳定值，不稳定解对应的 δ 和 ε 称为 δ 和 ε 的不稳定值；而 $\mu = \pm 1$ 对应的值称为 δ 和 ε 的分界值。在 δ-ε 平面上，分界值把稳定区域和不稳定区域隔开。如果取横坐标轴为 δ 轴，则在该轴上存在着无穷个孤立的 $\delta^{(i)}$ 值满足 $\mu = \pm 1$；若 $\delta^{(i)}$ 左侧的 δ 值是稳定值，则 $\delta^{(i)}$ 右侧的 δ 值是不稳定值。因此对于固定的 ε 值，δ 的稳定和不稳定区域相间出现。

要求出这些稳定的分界值需要进行大量计算。但是对于马休方程的稳定区域，已经进行了大量研究。对于形如 $\ddot{x} + [\delta + \varepsilon s(t)]x = 0$ 形式的微分方程，在 δ-ε 平面上画出了稳定和不稳定区域如图 4-7 所示。

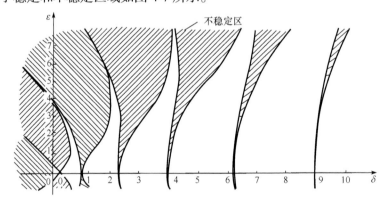

图 4-7　马休方程稳定图

图 4-7 中，阴影区域为解的不稳定区域，而非阴影区域解是稳定的。

4.3　小参数法求马休方程弱激励情况的稳定图

考虑下列形式的马休参数激励方程[1,21]：

$$\ddot{x} + (\delta + 2\varepsilon \cos 2t)x = 0 \tag{4-53}$$

其中，ε 代表激励的强弱，ε 是小参数，表示马休方程为弱激励的情况。对于式 (4-53)所示的系统，参照上述稳定区与不稳定区分界线与周期解的关系，可以用小参数法方便地求出以 π 和 2π 为周期的周期解，从而确定分界线和稳定区的分布，即得到稳定图。

要研究的问题是用小参数法将图 4-7 上距离横向坐标轴即 δ 轴不远的狭长地带的分界线定量地表示出来，也就是要确定曲线 $\delta(\varepsilon)$ 即确定交界方程，使式(4-53)在交界上有以 π 和 2π 为周期的相间的周期解。L-P 小参数法的基本原则就是把解 $x(t)$ 和响应频率以小参数 ε 的幂级数表示，此处的响应频率为 $\delta(\varepsilon)$。根据 L-P 法设解和响应频率分别为

$$\begin{cases} x = x_0(t) + \varepsilon x_1(t) + \varepsilon^2 x_2(t) + \cdots \\ \delta = \delta_0 + \varepsilon\delta_1 + \varepsilon^2\delta_2 + \cdots \end{cases} \tag{4-54}$$

将式(4-54)代入式(4-53)，比较 ε 同幂次项系数，得

$$\begin{cases} \ddot{x}_0 + \delta_0 x_0 = 0 \\ \ddot{x}_1 + \delta_0 x_1 = -\delta_1 x_0 - 2x_0 \cos 2t \\ \ddot{x}_2 + \delta_0 x_2 = -\delta_2 x_0 - \delta_1 x_1 - 2x_1 \cos 2t \\ \quad\vdots \end{cases} \tag{4-55}$$

式(4-55)第一式以 π 为周期的周期解的形式是

$$x_0 = a \cos 2nt + b \sin 2nt, \quad n = 1, 2, \cdots \tag{4-56}$$

式(4-55)第一式以 2π 为周期的周期解的形式是

$$x_0 = a \cos(2n-1)t + b \sin(2n-1)t, \quad n = 1, 2, \cdots \tag{4-57}$$

其中，a、b 是任意常数。以下分别按 $\delta_0 = 0, 1, 4$ 等情况做进一步的讨论。

当 $\delta_0 = 0$ 时，$x_0 = a$，式(4-55)的第二式成为

$$\ddot{x}_1 = -a\delta_1 - 2a \cos 2t \tag{4-58}$$

按 x_1 的周期性条件确定 $\delta_1 = 0$，得

$$x_1 = \frac{1}{2}a \cos 2t \tag{4-59}$$

把 x_0、x_1 代入式(4-55)的第三式得

$$\ddot{x}_2 = -\delta_2 a - \frac{1}{2}a(1 + \cos 4t) \tag{4-60}$$

由 x_2 的周期性条件确定 $\delta_2 = -\dfrac{1}{2}$，从而近似解为

$$x = a\left(1 + \frac{1}{2}\varepsilon\cos 2t + \frac{1}{32}\varepsilon^2\cos 4t\right) \tag{4-61}$$

属于式(4-56)的形式。由式(4-54)的第二式，这个以 π 为周期的周期解处于 δ - ε 平面的

$$\delta = -\frac{1}{2}\varepsilon^2 \tag{4-62}$$

曲线上。

当 $\delta_0 = 1$ 时，

$$x_0 = a\cos t + b\sin t \tag{4-63}$$

式(4-55)的第二式成为

$$\ddot{x}_1 + x_1 = -a(\delta_1 + 1)\cos t - b(\delta_1 - 1)\sin t - a\cos 3t - b\sin 3t \tag{4-64}$$

根据 x_1 的周期性条件，式(4-64)中引起永年项的系数应为零，即

$$\begin{cases} a(\delta_1 + 1) = 0 \\ b(\delta_1 - 1) = 0 \end{cases} \tag{4-65}$$

即

$$\begin{cases} \delta_1 = -1, \quad b = 0 \\ \delta_1 = 1, \quad a = 0 \end{cases} \tag{4-66}$$

式(4-66)的前两式对应的式(4-64)的解是

$$x_1 = \frac{1}{8}a\cos 3t \tag{4-67}$$

将 x_0 和 x_1 的表达式代入式(4-55)的第三式得

$$\ddot{x}_2 + x_2 = -a\left(\delta_2 + \frac{1}{8}\right)\cos t + \frac{1}{8}a\cos 3t - \frac{1}{8}a\cos 5t \tag{4-68}$$

为了消除永年项，要求式(4-68)一次谐波项的系数等于零，即

$$\delta_2 = -\frac{1}{8} \tag{4-69}$$

解出 x_2 后，近似解是

$$x = a\left[\cos t + \frac{1}{8}\varepsilon\cos 3t + \varepsilon^2\left(-\frac{1}{64}\cos 3t + \frac{1}{192}\cos 5t\right)\right] \tag{4-70}$$

属于式(4-57)的形式。这个以 2π 为周期的周期解处于 δ - ε 平面

$$\delta = 1 + \varepsilon - \frac{1}{8}\varepsilon^2 \tag{4-71}$$

的曲线上。

进一步分析式(4-66)的后两式，它对应于式(4-64)的解为

$$x_1 = \frac{1}{8}b\sin 3t \tag{4-72}$$

代入式(4-55)的第三式得

$$\ddot{x}_2 + x_2 = -b\left(\delta_2 + \frac{1}{8}\right)\sin t - \frac{1}{8}b\cos 3t - \frac{1}{8}b\sin 5t \tag{4-73}$$

消除永年项要求式(4-73)的一次谐波项的系数等于零，即

$$\delta_2 = -\frac{1}{8}$$

解出 x_2 后，近似解是

$$x = b\left[\sin t + \frac{1}{8}\varepsilon\sin 3t + \varepsilon^2\left(\frac{1}{64}\sin 3t + \frac{1}{192}\sin 5t\right)\right] \tag{4-74}$$

同样属于式(4-57)的形式，该解处于 δ - ε 平面的

$$\delta = 1 + \varepsilon - \frac{1}{8}\varepsilon^2 \tag{4-75}$$

曲线上。

进一步分析 $\delta_0 = 4$，可得另一对式(4-56)形式的周期解，它处于 δ - ε 平面的

$$\begin{cases} \delta = 4 + \dfrac{5}{12}\varepsilon^2 \\[2mm] \delta = 4 - \dfrac{1}{12}\varepsilon^2 \end{cases} \tag{4-76}$$

两条曲线上。

根据式(4-62)、式(4-71)、式(4-75)、式(4-76)在 δ-ε 平面上作图，可得马休方程的稳定图如图 4-8 所示。

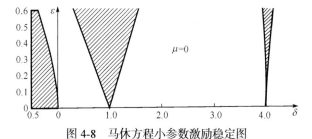

图 4-8　马休方程小参数激励稳定图

图 4-8 中，阴影区域代表不稳定振动，无阴影区域代表稳定振动。如果求更高次的近似解，可以求得多个不稳定区。趋势是，对应的 δ 值越大，则不稳定区越窄。这可以理解为 δ 增大时，振动系统的线性刚度增大，相当于参数激励影响减小。系统的响应主要由线性参数控制，所以稳定区域增大。

4.4　线性阻尼对稳定图的影响[1,2]

由第 2 章的内容可知，在线性系统的强迫振动中，阻尼使强迫振动的幅值减小。在参数激励振动系统中，如果发生参数共振，即处于不稳定区时，线性阻尼并不能起抑制振幅的作用，其作用是缩小不稳定区域。

考虑加入线性阻尼的马休方程：

$$\ddot{x} + 2\mu\dot{x} + (\delta + 2\varepsilon\cos 2t)x = 0 \tag{4-77}$$

其中，ε 仍是小参数；μ 是阻尼系数，属于 $O(\varepsilon)$ 量级，表示为 $\mu = \varepsilon\bar{\mu}$。按前面的方法求周期解，设解为

$$\begin{cases} x = x_0(t) + \varepsilon x_1(t) + \cdots \\ \delta = \delta_0 + \varepsilon\delta_1 + \cdots \end{cases} \tag{4-78}$$

将式(4-78)代入式(4-77)并比较 ε 同幂次项系数，得

$$\begin{cases} \ddot{x}_0 + \delta_0 x_0 = 0 \\ \ddot{x}_1 + \delta_0 x_1 = -\delta_1 x_0 - 2x_0\cos 2t - 2\bar{\mu}\dot{x}_0 \end{cases} \tag{4-79}$$

第一式的解为

$$x_0 = a\cos nt + b\sin nt \tag{4-80}$$

其中，$n = \sqrt{\delta_0}$。式(4-79)的第二式成为

$$\ddot{x}_1 + n^2 x_1 = -[(\delta_1 + 1)a + 2\bar{\mu}nb]\cos nt - [(\delta_1 - 1)b - 2\bar{\mu}na]\sin nt + \cdots \tag{4-81}$$

式中省略的是不会引起永年项的项。由消去永年项的条件，得

$$\begin{cases} (\delta_1 + 1)a + 2\bar{\mu}nb = 0 \\ (\delta_1 - 1)b - 2\bar{\mu}na = 0 \end{cases} \tag{4-82}$$

即

$$\delta_1^2 = 1 - 4\bar{\mu}^2 n^2 \tag{4-83}$$

注意符号 $\varepsilon\bar{\mu}$ 并不表示阻尼系数和激励存在正比关系。将关系式 $\mu = \varepsilon\bar{\mu}$ 代入式(4-83)，即得到分界线方程为

$$\delta = n^2 \pm \sqrt{\varepsilon^2 - 4\mu^2 n^2} \tag{4-84}$$

因此，在第一次近似范围内，当阻尼系数

$$\mu \geqslant \frac{1}{2n}\varepsilon \tag{4-85}$$

时，不稳定区消失；当阻尼系数小于此临界值时，出现不稳定区。由于 $n=0$ 时，式(4-79)的第二式与式(4-55)的第二式相同，分界线仍为式(4-62)。对于 $n=1,2$，分界线分别为

$$\begin{cases} \delta = 1 \pm \sqrt{\varepsilon^2 - 4\mu^2} - \frac{1}{8}\varepsilon^2 + \cdots \\ \delta = 4 + \frac{1}{6}\varepsilon^2 \pm \sqrt{\frac{1}{16}\varepsilon^4 - 16\mu^2} + \cdots \end{cases} \tag{4-86}$$

与式(4-62)、式(4-71)、式(4-75)、式(4-76)比较，可以看出线性阻尼的作用是将不稳定区位置提升一个距离，使不稳定区离开 δ 轴，因为满足式(4-85)的 ε 值都使式(4-86)的 δ 得不到实数解；阻尼还使不稳定区变窄，如图 4-9 所示。当然，通过原点的分界线不受线性阻尼的影响。

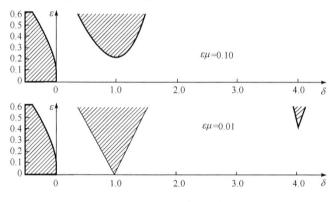

图 4-9　阻尼对稳定图的影响

4.5　采用谐波平衡法求稳定边界[2]

本节讨论线性马休方程

$$\ddot{x} + \omega^2(1 - 2\mu\cos\Omega t)x = 0 \tag{4-87}$$

对应周期解的稳定边界的方程。

对以 $T = \dfrac{2\pi}{\Omega}$ 为周期的解，因

$$\sin k\frac{\Omega t}{2} = \sin k\frac{\Omega}{2}(t+T) = \sin\left(\frac{k\Omega t}{2} + \frac{k\Omega T}{2}\right) = \sin\left(\frac{k\Omega t}{2} + \frac{2\pi k}{2}\right) \tag{4-88}$$

对 $k = 0, 2, 4, 6, \cdots$ 成立。而

$$\cos\frac{k\Omega t}{2} = \cos k\frac{\Omega}{2}(t + T) = \cos\left(\frac{k\Omega t}{2} + k\pi\right) \tag{4-89}$$

也只对 $k = 0, 2, 4, 6, \cdots$ 成立。故可设式(4-87)的解为

$$x(t) = b_0 + \sum_{k=\text{偶数}}^{\infty}\left(a_k\sin\frac{k\Omega t}{2} + b_k\cos\frac{k\Omega t}{2}\right) \tag{4-90}$$

将式(4-90)对时间求两阶导数 $\ddot{x}(t)$，将式(4-90)和两阶导数 $\ddot{x}(t)$ 代入式(4-87)，并按 $\sin\Omega t$，$\cos\Omega t$，$\sin\dfrac{k\Omega t}{2}$ 和 $\cos\dfrac{k\Omega t}{2}$ 进行整理，则得

$$(\omega^2 - \Omega^2)a_2\sin\Omega t - \omega^2\mu a_k\sin\Omega t + (\omega^2 - \Omega^2)b_2\cos\Omega t - \omega_2^2\mu b_0\cos\Omega t$$

$$+\omega^2\mu b_4\cos\Omega t\left[\omega^2 - \frac{(k\Omega)^2}{4}\right]a_k\sin\frac{k\Omega t}{2} - \omega^2\mu\left(a_{k-2}\sin\frac{k\Omega t}{2} + a_{k+2}\sin\frac{k\Omega t}{2}\right)$$

$$\times\left[\omega^2 - \frac{(k\Omega)^2}{4}\right]b_k\cos\frac{k\Omega t}{2} - \omega^2\mu\left(b_{k-2}\cos\frac{k\Omega t}{2} + b_{k+2}\cos\frac{k\Omega t}{2}\right) + b_0\omega^2 - \mu b_2 = 0$$

由谐波平衡原理可得

$$\left(1 - \frac{\Omega^2}{\omega^2}\right)a_2 - \mu a_4 = 0, \quad k = 2$$

$$\left[1 - \frac{(k\Omega)^2}{4\omega^2}\right]a_k - \mu(a_{k-2} + a_{k+2}) = 0, \quad k = 4,6$$

常数项

$$b_0 - \mu b_2 = 0$$

$$\left(1 - \frac{\Omega^2}{\omega^2}\right)b_2 - \mu(2b_0 + b_4) = 0, \quad k = 2$$

和

$$\left[1 - \frac{(k\Omega)^2}{4\omega^2}\right]b_k - \mu(b_{k-2} + b_{k+2}) = 0, \quad k = 4,6$$

将以上方程写成矩阵的形式，则有

$$\begin{bmatrix} 1-\dfrac{\Omega^2}{\omega^2} & -\mu & 0 & 0 \\[2mm] -\mu & 1-\dfrac{4\Omega^2}{\omega^2} & -\mu & 0 \\[2mm] 0 & -\mu & 1-\dfrac{9\Omega^2}{\omega^2} & -\mu \\[2mm] \vdots & \vdots & \vdots & \vdots \end{bmatrix} \begin{bmatrix} a_2 \\ a_4 \\ a_6 \\ \vdots \end{bmatrix} = 0 \tag{4-91}$$

和

$$\begin{bmatrix} 1 & -\mu & 0 & 0 & 0 & \cdots \\[2mm] -2\mu & 1-\dfrac{\Omega^2}{\omega^2} & -\mu & 0 & 0 & \cdots \\[2mm] 0 & -\mu & 1-\dfrac{4\Omega^2}{\omega^2} & -\mu & 0 & \cdots \\[2mm] 0 & 0 & -\mu & 1-\dfrac{9\Omega^2}{\omega^2} & -\mu & \cdots \\[2mm] \vdots & \vdots & \vdots & \vdots & \vdots & \end{bmatrix} \begin{bmatrix} b_0 \\ b_2 \\ b_4 \\ b_6 \\ \vdots \end{bmatrix} = 0 \tag{4-92}$$

对于以 $2T$ 为周期的解，可设其形式为

$$x(t) = \sum_{k=奇数}^{\infty} \left(a_k \sin\frac{k\Omega t}{2} + b_k \cos\frac{k\Omega t}{2} \right) \tag{4-93}$$

将式(4-93)代入式(4-87)，利用和前面同样的方法可得确定系数的矩阵方程为

$$\begin{bmatrix} 1+\mu-\dfrac{\Omega^2}{4\omega^2} & -\mu & \cdots & \cdots & \cdots \\[2mm] -\mu & 1-\dfrac{9\Omega^2}{4\omega^2} & -\mu & \cdots & \cdots \\[2mm] 0 & -\mu & 1-\dfrac{25\Omega^2}{4\omega^2} & -\mu & \cdots \\[2mm] \vdots & \vdots & \vdots & \vdots & \end{bmatrix} \begin{bmatrix} a_1 \\ a_3 \\ a_5 \\ \vdots \end{bmatrix} = 0 \tag{4-94}$$

和

$$\begin{bmatrix} 1-\mu-\dfrac{\Omega^2}{4\omega^2} & -\mu & \cdots & \cdots & \cdots \\[2mm] -\mu & 1-\dfrac{9\Omega^2}{4\omega^2} & -\mu & \cdots & \cdots \\[2mm] 0 & -\mu & 1-\dfrac{25\Omega^2}{4\omega^2} & -\mu & \cdots \\[2mm] \vdots & \vdots & \vdots & \vdots & \end{bmatrix} \begin{bmatrix} b_1 \\ b_3 \\ b_5 \\ \vdots \end{bmatrix} = 0 \tag{4-95}$$

虽然矩阵方程式(4-91)、式(4-92)、式(4-94)和式(4-95)的行列式的秩为无穷大，但不难证明它们是收敛的。也可证明，当 μ 为小参数时有

$$\Omega^* = \frac{2\omega}{k}, \quad k = 1, 2, 3, \cdots$$

下面分别分析 $k = 1, 2, 3, \cdots$ 时的不稳定域。

1. 第一个域

此时 $k = 1$，对应解的周期为 $2T$，从式(4-94)和式(4-95)可得第一次近似为

$$1 \pm \mu - \frac{\Omega^2}{4\omega^2} = 0$$

或

$$\frac{\Omega}{\omega} = 2\left(1 \pm \frac{1}{2}\mu\right) \tag{4-96}$$

第二次近似为

$$\begin{vmatrix} 1 \pm \mu - \dfrac{\Omega^2}{4\omega^2} & -\mu \\ -\mu & 1 - \dfrac{9\Omega^2}{4\omega^2} \end{vmatrix} = 0$$

将第一次近似式(4-96)代入后，则

$$\begin{aligned} \frac{\Omega}{\omega} &= 2\left[1 + \frac{1}{2}\left(\pm\mu + \frac{\mu^2}{8 \pm 9\mu}\right) - \frac{1}{8}\left(\pm\mu + \frac{\mu^2}{8 \pm 9\mu}\right)^2\right] \\ &= 2\left(1 \mp \frac{1}{2}\mu + \frac{1}{16}\mu^2 - \frac{1}{8}\mu^2\right) = 2\left(1 \pm \frac{1}{2}\mu - \frac{1}{16}\mu^2\right) \end{aligned} \tag{4-97}$$

对于 $k = 1$ 来说，式(4-97)是比式(4-96)更精确的表达式。

2. 第二个域

此时 $k = 2$，对应解的周期为 T，由式(4-91)和式(4-92)可得第一次近似为

$$1 - \frac{\Omega^2}{\omega^2} = 0$$

$$\frac{\Omega}{\omega} = 1$$

第二次近似为

$$1 - \frac{\Omega^2}{\omega^2} = \frac{\mu^2}{1 - 4\frac{\Omega^2}{\omega^2}}$$

将第一次近似表达式代入上式，并按二项式定理展开，可得

$$\frac{\Omega}{\omega} \approx 1 + \frac{1}{6}\mu^2 \tag{4-98}$$

和

$$\frac{\Omega^2}{\omega^2} = 1 - 2\mu^2$$

或

$$\frac{\Omega}{\omega} = 1 - \mu^2 \tag{4-99}$$

3. 第三个域

此时 $k = 3$，对应解的周期为 $2T$，基于式(4-94)和式(4-95)，可以求在 $\Omega = \dfrac{2\omega}{3}$ 邻域上的解

$$\begin{vmatrix} 1 \pm \mu - \dfrac{\Omega^2}{4\omega^2} & -\mu \\[3mm] -\mu & 1 - \dfrac{9\Omega^2}{4\omega^2} \end{vmatrix} = 0$$

或

$$1 - \frac{9}{4}\frac{\Omega^2}{\omega^2} = \frac{\mu^2}{1 \pm \mu - \dfrac{\Omega^2}{4\omega^2}}$$

将 $\Omega = \dfrac{2\omega}{3}$ 代入上式方程的右端，则有

$$1 - \frac{9}{4}\frac{\Omega^2}{\omega^2} = \frac{9\mu^2}{8 \pm 9\mu}$$

或

$$\frac{\Omega}{\omega} \approx \frac{2}{3}\left\{ 1 - \left[\frac{9}{8}\mu^2 \pm \left(\frac{9}{8}\right)^2 \mu^3 \right] \right\}^{\frac{1}{2}} \approx \frac{2}{3}\left(1 - \frac{9}{16}\mu^2 \pm \frac{81}{128}\mu^3 \right) \tag{4-100}$$

根据式(4-96)～式(4-100)，可在 μ-$\dfrac{\Omega}{2\omega}$ 的平面上画出其稳定域，如图 4-10 所示。

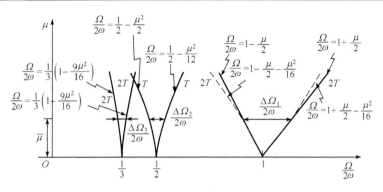

图 4-10　稳定域图

在图 4-10 中，有 $\dfrac{\Delta\Omega_1}{2\omega}=\bar{\mu}$，$\dfrac{\Delta\Omega_2}{2\omega}=\dfrac{7}{12}\bar{\mu}^2$，$\dfrac{\Delta\Omega_3}{2\omega}=\dfrac{27}{64}\bar{\mu}^3$，很显然，$\dfrac{\Delta\Omega k}{2\omega}$ 对应 $\dfrac{\Omega}{2\omega}=1$，即 $\Omega=2\omega$ 时不稳定域最大，即主参数共振情况不稳定振动加大。

4.6　多尺度法求线性马休方程的近似解

用多尺度法求解式(4-53)，引入 $T_0=t,T_1=\varepsilon t,T_2=\varepsilon^2 t$。设解为

$$x=x_0(T_0,T_1,T_2)+\varepsilon x_1(T_0,T_1,T_2)+\varepsilon^2 x_2(T_0,T_1,T_2) \tag{4-101}$$

把式(4-101)代入式(4-53)，并比较 ε 同次幂项的系数，得到

$$\begin{cases} D_0^2 x_0 + \delta x_0 = 0 \\ D_0^2 x_1 + \delta x_1 = -2D_0 D_1 x_0 - 2x_0\cos 2T_0 \\ D_0^2 x_2 + \delta x_2 = -2D_0 D_1 x_0 - D_1^2 x_0 - 2D_0 D_1 x_1 - 2x_1\cos 2T_0 \end{cases} \tag{4-102}$$

其中，$D_n=\dfrac{\partial}{\partial T_n}$。式(4-102)中第一式解的形式为

$$x_0=A(T_1,T_2)\exp(ip_0 T_0)+\bar{A}(T_1,T_2)\exp(-ip_0 T_0) \tag{4-103}$$

令，$\delta=\omega_0^2$。于是式(4-102)的第二式为

$$D_0^2 x_1+\omega_0^2 x_1=-2i\omega_0 D_1 A\exp(i\omega_0 T_0)-A\exp[i(2+\omega_0)T_0]-\bar{A}\exp[i(2-\omega_0)T_0]+cc$$

$$\tag{4-104}$$

其中，cc 表示前面诸项的复共轭。式(4-104)的第一项为永年项，此外，当 $\omega_0\approx 1$ 时第三项也引起永年项。因此要分别讨论 $\omega_0\approx 1$ 和 ω_0 远离 1 两种情况。

1. ω_0 远离 1 的情况

消除式(4-104)中的永年项要求 $D_1A = 0$，即 $A = A(T_2)$，于是式(4-104)的特解是

$$x_1 = \frac{A}{4(\omega_0+1)}\exp[i(2+\omega_0)T_0] - \frac{\overline{A}}{4(\omega_0-1)}[i(2-\omega_0)T_0] + cc \qquad (4\text{-}105)$$

将式(4-105)代入式(4-102)的第三式，得

$$D_0^2 x_2 + \omega_0^2 x_2 = \left[-2i\omega_0 D_2 A + \frac{A}{2(\omega_0^2-1)}\right]\exp(i\omega_0 T_0)$$

$$-\frac{A}{4(\omega_0+1)}\exp[i(4+\omega_0)T_0] + \frac{\overline{A}}{4(\omega_0-1)}\exp[i(4-\omega_0)T_0] + cc \quad (4\text{-}106)$$

右端第一项将引起永年项，令第一项为零，可得式(4-106)的特解形式为

$$x_2 = -\frac{A}{32(\omega_0+1)(\omega_0+2)}\exp[i(4+\omega_0)T_0] + \frac{\overline{A}}{32(\omega_0+1)(\omega_0-2)}\exp[i(4-\omega_0)T_0]$$

$$(4\text{-}107)$$

由式(4-107)中等号右边的第二项可知，$\omega_0 \approx 2$ 时系统出现共振，因此需要分别讨论 $\omega_0 \approx 2$ 和 ω_0 远离 2 两种情况。

当 ω_0 远离 2 时，式(4-106)右端第一项等于零，要求

$$A = \frac{1}{2}a\exp\left[-\frac{i}{4\omega_0(\omega_0^2-1)}T_2 + i\beta\right] \qquad (4\text{-}108)$$

其中，a 和 β 是常数。在此情况下，近似解为

$$x = a\cos(\omega t + \beta) + \frac{1}{4}\varepsilon a\left\{\frac{1}{\omega_0+1}\cos[(2+\omega)t+\beta]\right.$$

$$\left. -\frac{1}{\omega_0^2-1}\cos[(2-\omega)t+\beta]\right\} + O(\varepsilon^2) \qquad (4\text{-}109)$$

其中

$$\omega = \omega_0 - \varepsilon^2 \frac{1}{4\omega_0(\omega_0^2-1)} \qquad (4\text{-}110)$$

当 $\omega_0 \approx 2$ 时，$\delta \approx 4$，可以得到与式(4-76)完全相同的结论，即 δ 处于这两条曲线之间时，对应的解是不稳定的，在该两条曲线两侧时对应的解是稳定的。

2. $\omega_0 \approx 1$ 的情况

此时 $\delta \approx 1$，计算结果也与式(4-71)和式(4-75)完全相同，从而得到 $\delta = 1$ 附近

的稳定图。

4.7 多尺度法求船舶参数横摇马休方程[2,27-30]

式(1-18)给出了船舶在纵浪航行中的参数激励大幅运动方程。方程中,包括简谐参数激励项以及非线性刚度项,式(1-18)为非线性马休方程。这里采用多尺度方法求解参数激励横摇非线性马休方程。考虑弱阻尼和弱非线性项,引入小参数 ε,将式(1-18)改写为

$$\ddot{\phi} + \phi + \varepsilon\left(2\mu\dot{\phi} + \mu_3\dot{\phi}^3 + b_1\phi + b_2\phi^2 + b_3\phi^3 + b_4\phi^4 + b_5\phi^5 + h\phi\cos\Omega t\right) = 0$$

(4-111)

这里求基本参数共振近似解,关于主参数共振见 10.2 节。

引入调谐因子 σ_1,其表示 ω 与 Ω 的接近程度。式中,$\omega=1$,基本参数共振时,Ω 接近 ω,取

$$\Omega^2 = 1 + \varepsilon\sigma_1$$

(4-112)

根据式(4-112),可将式(4-111)的线性固有频率化为以 Ω 表达的形式:

$$\ddot{\phi} + \Omega^2\phi = -\varepsilon[-\sigma_1\phi + 2\mu\dot{\phi} + \mu_3\dot{\phi}^3 + b_1\phi + b_2\phi^2 + b_3\phi^3 + b_4\phi^4 + b_5\phi^5 + h\phi\cos(\Omega t)]$$

(4-113)

令

$$\phi(t;\varepsilon) = \phi_0(T_0,T_1,T_2) + \varepsilon\phi_1(T_0,T_1,T_2) + \varepsilon^2\phi_2(T_0,T_1,T_2) + \cdots$$

(4-114)

其中,$T_0 = t$ 是快尺度,用来描述在频率比 Ω 下发生的运动,而 $T_1 = \varepsilon t$ 和 $T_2 = \varepsilon^2 t$ 为慢尺度,用来描述由于非线性因素、阻尼和共振等造成的幅值及相应的改变值。这样,时间导数变为

$$\frac{\mathrm{d}}{\mathrm{d}t} = D_0 + \varepsilon D_1 + \varepsilon^2 D_2 + \cdots$$

(4-115)

$$\frac{\mathrm{d}^2}{\mathrm{d}t^2} = D_0^2 + 2\varepsilon D_0 D_1 + \varepsilon^2(2D_0 D_2 + D_1^2) + \cdots$$

(4-116)

其中,$D_n = \dfrac{\partial}{\partial T_n}$。将式(4-114)~式(4-116)代入式(4-113)中并按照同量级 ε 系数相等的原则展开得到

$$D_0^2\phi_0 + \Omega^2\phi_0 = 0$$

(4-117)

$$D_0^2\phi_1 + \Omega^2\phi_1 = -2D_0 D_1\phi_0 + \sigma_1\phi_0 - 2\mu D_0\phi_0 - \mu_3(D_0\phi_0)^3 - b_1\phi_0 - b_2\phi_0^2$$
$$- b_3\phi_0^3 - b_4\phi_0^4 - b_5\phi_0^5 - h\phi_0\cos(\Omega T_0)$$

(4-118)

$$D_0^2 \phi_2 + \Omega^2 \phi_2 = -2D_0 D_2 \phi_0 - 2D_0 D_1 \phi_1 - D_1^2 \phi_0 + \sigma_1 \phi_1 - 2\mu D_0 \phi_1 - 2\mu D_1 \phi_0$$
$$- 3\mu_3 (D_0 \phi_0)^2 D_0 \phi_1 - 3\mu_3 (D_0 \phi_0)^2 D_1 \phi_0 - b_1 \phi_1 - 2b_2 \phi_0 \phi_1 \qquad (4\text{-}119)$$
$$- 3b_3 \phi_0^2 \phi_1 - 4b_4 \phi_0^3 \phi_1 - 5b_5 \phi_0^4 \phi_1 - h\phi_1 \cos(\Omega T_0)$$

为了方便起见，将式(4-117)的解写成如下的复数解形式：

$$\phi_0(T_0, T_1, T_2) = A(T_1, T_2)\mathrm{e}^{\mathrm{i}\Omega T_0} + \overline{A}(T_1, T_2)\mathrm{e}^{-\mathrm{i}\Omega T_0} \qquad (4\text{-}120)$$

其中，A 和 $\overline{A}$ 为此阶近似下时间尺度 T_1 和 T_2 的复函数，其中 $\overline{A}$ 为 A 的复共轭，二者由下一阶近似的可求解条件决定(消除永年项条件)。

为了求 A ，将式(4-120)代入式(4-118)中得

$$D_0^2 \phi_1 + \Omega^2 \phi_1 = \mathrm{e}^{\mathrm{i}\Omega T_0} (\sigma_1 A - 2\mathrm{i}\Omega D_1 A - 2\mathrm{i}\mu\Omega A - 3\mathrm{i}\mu_3 \Omega^3 A^2 \overline{A} - b_1 A$$
$$- 3b_3 A^2 \overline{A} - 10b_5 A^3 \overline{A}^2) - \mathrm{e}^{2\mathrm{i}\Omega T_0}\left(+b_2 A^2 + 4b_4 A^3 \overline{A} + \frac{1}{2}hA \right)$$
$$+ \mathrm{e}^{3\mathrm{i}\Omega T_0} (\mathrm{i}\mu_3 \Omega^3 A^3 - b_3 A^3 - 5b_5 A^4 \overline{A}) - \mathrm{e}^{4\mathrm{i}\Omega T_0} b_4 A^4 - \mathrm{e}^{5\mathrm{i}\Omega T_0} b_5 A^5 \qquad (4\text{-}121)$$
$$- b_2 A\overline{A} - 3b_4 A^2 \overline{A}^2 - \frac{1}{4}h(A + \overline{A}) + cc$$

其中，cc 代表前面多项式的复共轭。由消除式(4-121)中永年项的条件可得

$$\sigma_1 A - 2\mathrm{i}\Omega D_1 A - 2\mathrm{i}\mu\Omega A - 3\mathrm{i}\mu_3 \Omega^3 A^2 \overline{A} - b_1 A - 3b_3 A^2 \overline{A} - 10b_5 A^3 \overline{A}^2 = 0 \qquad (4\text{-}122)$$

可求得式(4-121)的特解为

$$\phi_1 = -\frac{b_2}{\Omega^2} A\overline{A} - \frac{h}{4\Omega^2}(A + \overline{A}) - \frac{3b_4}{\Omega^2} A^2 \overline{A}^2 + \mathrm{e}^{2\mathrm{i}\Omega T_0}\left(\frac{h}{6\Omega^2} A + \frac{b_2}{3\Omega^2} A^2 + \frac{4b_4}{3\Omega^2} A^3 \overline{A} \right)$$
$$+ \mathrm{e}^{3\mathrm{i}\Omega T_0}\left(\frac{b_3}{8\Omega^2} A^3 - \frac{\mathrm{i}\mu_3 \Omega}{8} A^3 + \frac{5b_5}{8\Omega^2} A^4 \overline{A} \right)$$
$$+ \mathrm{e}^{4\mathrm{i}\Omega T_0} \frac{b_4}{15\Omega^2} A^4 + \mathrm{e}^{5\mathrm{i}\Omega T_0} \frac{b_5}{24\Omega^2} A^5 + cc$$

$$(4\text{-}123)$$

其中，cc 表示前面项的共轭项。将式(4-120)和式(4-123)代入式(4-119)中，得

$$D_0^2 \phi_2 + \Omega^2 \phi_2 = \mathrm{e}^{\mathrm{i}\Omega T_0}\left[-2\mathrm{i}\Omega D_2 A - D_1^2 A - 2\mu D_1 A + 3\mu_3 \Omega^2 A^2 D_1 \overline{A} - 6\mu_3 \Omega^2 A\overline{A} D_1 A \right.$$
$$+ \frac{h^2}{6\Omega^2} A + \frac{h^2}{4\Omega^2} \overline{A} + \frac{5hb_2}{3\Omega^2} A\overline{A} + \frac{5hb_2}{6\Omega^2} A^2 + \frac{10b_2^2}{3\Omega^2} A^2 \overline{A} + \frac{7b_4 h}{\Omega^2} A^2 \overline{A}^2$$
$$+ \frac{14b_4 h}{3\Omega^2} A^3 \overline{A} + \left(\frac{9}{8}\mu_3^2 \Omega^4 - \frac{3b_3^2}{8\Omega^2} + \frac{28}{\Omega^2} b_2 b_4 + \mathrm{i}\frac{3}{2}\mu_3 b_3 \Omega \right) A^3 \overline{A}^2$$

$$+\left(\frac{252b_4^2}{5\Omega^2}-\frac{5b_3b_5}{\Omega^2}+\mathrm{i}\frac{15}{2}\mu_3b_5\Omega\right)A^4\overline{A}^3-\frac{95b_5^2}{6\Omega^2}A^5\overline{A}^4\right]+\mathrm{NST}+cc \quad (4\text{-}124)$$

其中，NST 代表不产生永年项的部分；cc 表示前面项的共轭项。

由消除式(4-124)中的永年项条件，得

$$-2\mathrm{i}\Omega D_2 A-D_1^2 A-2\mu D_1 A+3\mu_3\Omega^2 A^2 D_1\overline{A}-6\mu_3\Omega^2 A\overline{A}D_1 A$$

$$+\frac{h^2}{6\Omega^2}A+\frac{h^2}{4\Omega^2}\overline{A}+\frac{5hb_2}{3\Omega^2}A\overline{A}+\frac{5hb_2}{6\Omega^2}A^2+\frac{10b_2^2}{3\Omega^2}A^2\overline{A}+\frac{7b_4h}{\Omega^2}A^2\overline{A}^2$$

$$+\frac{14b_4h}{3\Omega^2}A^3\overline{A}+\left(\frac{9}{8}\mu_3^2\Omega^4-\frac{3b_3^2}{8\Omega^2}+\frac{28}{\Omega^2}b_2b_4+\mathrm{i}\frac{3}{2}\mu_3b_3\Omega\right)A^3\overline{A}^2 \quad (4\text{-}125)$$

$$+\left(\frac{252b_4^2}{5\Omega^2}-\frac{5b_3b_5}{\Omega^2}+\mathrm{i}\frac{15}{2}\mu_3b_5\Omega\right)A^4\overline{A}^4-\frac{95b_5^2}{6\Omega^2}A^5\overline{A}^2=0$$

为了求解式(4-122)和式(4-125)，可将二者合并为单一的一阶微分方程的形式：

$$2\mathrm{i}\Omega\dot{A}+\varepsilon[(-\sigma_1+2\mathrm{i}\mu\Omega+b_1)A+(3b_3+3\mathrm{i}\mu_3\Omega^3)A^2\overline{A}+10b_5A^3\overline{A}^2]+\varepsilon^2\left[\left(-\mu^2-\frac{b_1^2}{4\Omega^2}\right.\right.$$

$$\left.-\frac{\sigma_1^2}{4\Omega^2}+\frac{b_1\sigma_1}{2\Omega^2}-\frac{h^2}{6\Omega^2}\right)A-\frac{h^2}{4\Omega^2}\overline{A}-\frac{5hb_2}{3\Omega^2}A\overline{A}-\frac{5hb_2}{6\Omega^2}A^2+\left(\frac{3\sigma_1b_3}{2\Omega^2}-\frac{3b_1b_3}{2\Omega^2}\right.$$

$$\left.-\frac{10b_2^2}{3\Omega^2}-\mathrm{i}\frac{3\mu b_3}{\Omega}-3\mathrm{i}\mu_3\sigma_1\Omega+3\mathrm{i}\mu_3b_1\Omega\right)A^2\overline{A}-\frac{7b_4h}{\Omega^2}A^2\overline{A}^2-\frac{14b_4h}{3\Omega^2}A^3\overline{A}$$

$$+\left(\frac{5\sigma_1b_5}{\Omega^2}-\frac{5b_1b_5}{\Omega^2}+\frac{9}{8}\mu_3^2\Omega^4-\mathrm{i}\frac{20\mu b_5}{\Omega}-\frac{15b_3^2}{8\Omega^2}-\frac{28b_2b_4}{\Omega^2}+3\mathrm{i}\mu_3b_3\Omega\right)A^3\overline{A}^2$$

$$+\left(-\frac{10b_3b_5}{\Omega^2}-\frac{252b_4^2}{5\Omega^2}-\mathrm{i}\frac{15}{2}\mu_3b_5\Omega\right)A^4\overline{A}^3-\frac{55b_5^2}{6\Omega^2}A^5\overline{A}^4\right]=0$$

$$(4\text{-}126)$$

下面将函数 A 写成指数形式：

$$A=\frac{1}{2}a\mathrm{e}^{\mathrm{i}\beta} \quad (4\text{-}127)$$

其中，a、β 分别表示响应幅值和相位的基本组成部分。将式(4-127)代入式(4-126)中，分离实部和虚部后得

$$\dot{a}=\varepsilon\left(-\mu a-\frac{3}{8}\mu_3\Omega^2 a^3\right)+\varepsilon^2\left[\left(\frac{3\mu b_3}{8\Omega^2}-\frac{3}{8}\mu_3 b_0\right)a^3+\left(\frac{5\mu b_5}{8\Omega^2}-\frac{3}{32}\mu_3 b_3\right)a^5\right.$$

$$\left.+\frac{15\mu_3b_5}{256}a^7-\left(\frac{5hb_2}{24\Omega^3}a^2+\frac{7b_4h}{48\Omega^3}a^4\right)\sin\beta-\frac{h^2}{8\Omega^3}a\sin(2\beta)\right] \quad (4\text{-}128)$$

$$a\dot{\beta} = \varepsilon\left(\frac{b_0}{2\Omega}a + \frac{3b_3}{8\Omega}a^3 + \frac{5b_5}{16\Omega}a^5\right) + \varepsilon^2\left[\left(-\frac{\mu^2}{2\Omega} - \frac{b_0^2}{8\Omega^3} - \frac{h^2}{12\Omega^3}\right)a - \left(\frac{3b_3b_0}{16\Omega^3} + \frac{5b_2^2}{12\Omega^3}\right)a^3\right.$$

$$-\left(\frac{5b_5b_0}{32\Omega^3} - \frac{9}{256}\mu_3^2\Omega^3 + \frac{15b_3^2}{256\Omega^3} + \frac{7b_2b_4}{8\Omega^3}\right)a^5 - \left(\frac{5b_3b_5}{64\Omega^3} + \frac{63b_4^2}{160\Omega^3}\right)a^7 - \frac{55b_5^2}{3072\Omega^3}a^9$$

$$\left. -\left(\frac{15hb_2}{24\Omega^3}a^2 + \frac{35b_4h}{48\Omega^3}a^4\right)\cos\beta - \frac{h^2}{8\Omega^3}a\cos(2\beta)\right]$$

(4-129)

其中，$b_0 = b_1 - \sigma_1$。将式(4-122)、式(4-125)、式(4-129)代入式(4-116)中，可求得式(4-111)对应于基本参数共振$(\Omega \cong 1)$的一阶近似解为

$$\phi_f(t) = a\cos(\Omega t) - \varepsilon\left[\frac{h}{2\Omega^2}a\cos\beta - \frac{h}{6\Omega^2}a\cos(2\Omega t + \beta)\right.$$

$$-\frac{\alpha_3}{32\Omega^2}a^3\cos(3\Omega t + 3\beta) + \frac{\mu_3\Omega}{32}a^3\sin(3\Omega t + 3\beta) \qquad (4\text{-}130)$$

$$\left. +\frac{5b_5}{128\Omega^2}a^5\cos(3\Omega t + 3\beta) + \frac{b_5}{384\Omega^2}\cos(5\Omega t + 5\beta)\right] + \cdots$$

其中，a 和 β 由式(4-128)式(4-129)决定。对于稳态周期响应，有条件 $\dot{a} = 0$ 和 $\dot{\beta} = 0$，这样，式(4-128)和式(4-129)变为一组代数方程，可由数值法求出 a 和 β。

第5章 非线性多自由度系统的多尺度法

大量海洋工程结构系统都属于非线性多自由度力学问题，例如，系泊船在任意浪向下的运动，属于6个自由度的非线性运动，铰接塔-油轮的耦合运动、深海平台的垂荡-纵摇耦合运动、海洋立管涡激引起的大挠度振动等，属于非线性多自由度振动问题。对于多自由度非线性振动系统而言，模态之间存在内共振、组合共振，各个模态之间的能量不再保持独立而是相互传递。此外，由于模态之间的相互作用，多自由度系统中还出现参数振动或称为参数激励振动。本章介绍多自由度非线性系统近似解的求解方法，针对结构系统频率比满足内共振频率关系和参数激励振动的情况，讨论非线性多自由度系统简谐载荷作用下模态之间的内共振、组合共振和模态之间能量的渗透问题。

5.1 多自由度系统自由振动分析[1,2,8,21,31]

对于多自由度非线性系统的自由振动方程，去掉其非线性项后的系统称为原系统的派生系统。根据线性振动的理论，可以求出该系统的 n 个固有频率，称为派生系统的固有频率，相应地可以求出该系统的 n 个固有模态。对于非线性系统，当两个或更多个频率的比值为有理数或近似为有理数时是一种重要的情况，例如，当系统的固有频率满足关系 $\omega_2 \approx 2\omega_1$、$\omega_2 \approx 3\omega_1$、 $\omega_3 \approx \omega_2 \pm \omega_1$、$\omega_3 \approx 2\omega_2 \pm \omega_1$、$\omega_4 \approx \omega_3 \pm \omega_2 \pm \omega_1$ 时，非线性因素的影响使得可通约关系式中相应模态之间产生强烈耦合，这称为非线性系统内共振。例如，振动方程存在坐标的平方项，即平方非线性时，如果 $\omega_i = 2\omega_j$ 或 $\omega_i = \omega_j \pm \omega_k$，则出现内共振；如果非线性因素以三次方的形式出现，则当 $\omega_i = 3\omega_j$、$\omega_i = 2\omega_j \pm \omega_k$ 或者 $\omega_i \approx \omega_j \pm \omega_k \pm \omega_l$ 时，出现内共振。当自由振动系统中存在内共振时，初始时给任一参与内共振的模态施加一定的能量(按该模态形状给初位移)，则系统进入振动状态。振动过程中，振动能量将在涉及内共振的全部模态之间不断地进行交换与传递。

带平方非线性的运动方程可以描述弹簧摆的运动、船舶的横摇运动、壳和复合板的振动、结构在受载静平衡位形附近的振动等。两个自由度非线性系统的自由振动方程为

$$\begin{cases} \ddot{x}_1 + \omega_1^2 x_1 = -2\hat{\mu}_1 \dot{x}_1 + \alpha_1 x_1 x_2 \\ \ddot{x}_2 + \omega_2^2 x_2 = -2\hat{\mu}_2 \dot{x}_2 + \alpha_2 x_1^2 \end{cases} \tag{5-1}$$

其中，x_1 和 x_2 分别为系统的自由度；$\hat{\mu}_1$、$\hat{\mu}_2$ 分别为与阻尼有关的系数；α_1 和 α_2 分别为符号相同的常数。设运动是微幅的，用多尺度法求解。设解的形式为

$$\begin{cases} x_1 = \varepsilon\, x_{11}(T_0, T_1) + \varepsilon^2 x_{12}(T_0, T_1) + \cdots \\ x_2 = \varepsilon\, x_{21}(T_0, T_1) + \varepsilon^2 x_{22}(T_0, T_1) + \cdots \end{cases} \tag{5-2}$$

其中，ε 为与振幅同量级的小参数，而 $T_n = \varepsilon^n t$。为了使阻尼和非线性项在同一摄动方程中出现，令 $\hat{\mu}_j = \varepsilon\mu_j$，以调节阻尼系数的量级，把式(5-2)代入式(5-1)并使 ε 同阶的系数相等，得到

$$\begin{cases} D_0^2 x_{11} + \omega_1^2 x_{11} = 0 \\ D_0^2 x_{21} + \omega_2^2 x_{21} = 0 \end{cases} \tag{5-3}$$

$$\begin{cases} D_0^2 x_{12} + \omega_1^2 x_{12} = -2D_0(D_1 x_{11} + \mu_1 x_{11}) + \alpha_1 x_{11} x_{21} \\ D_0^2 x_{22} + \omega_2^2 x_{22} = -2D_0(D_1 x_{21} + \mu_2 x_{21}) + \alpha_2 x_{11}^2 \end{cases} \tag{5-4}$$

其中，$D_n = \partial/\partial T_n$。将式(5-3)的解写成

$$\begin{cases} x_{11} = A_1(T_1)\exp(\mathrm{i}\omega_1 T_0) + cc \\ x_{21} = A_2(T_1)\exp(\mathrm{i}\omega_2 T_0) + cc \end{cases} \tag{5-5}$$

将式(5-5)代入式(5-4)，得

$$\begin{cases} D_0^2 x_{12} + \omega_1^2 x_{12} = -2\mathrm{i}\omega_1(D_1 A_1 \mu_1 A_1)\exp(\mathrm{i}\omega_1 T_0) \\ \qquad\qquad + \alpha_1\{A_1 A_2 \exp[\mathrm{i}(\omega_1 + \omega_2)T_0] + A_2 \overline{A}_1 \exp[\mathrm{i}(\omega_2 - \omega_1)T_0]\} + cc \\ D_0^2 x_{22} + \omega_2^2 x_{22} = -2\mathrm{i}\omega_2(D_1 A_2 + \mu_2 A_2)\exp(\mathrm{i}\omega_2 T_0) \\ \qquad\qquad + \alpha_2[A_1^2 \exp(2\mathrm{i}\omega_1 T_0) + A_1 \overline{A}_1] + cc \end{cases} \tag{5-6}$$

下面分别考虑系统有、无内共振两种情况。

5.1.1　系统不存在内共振

ω_2 和 ω_1 不满足内共振关系时，系统没有内共振。

消除式(5-6)中的永年项，得

$$D_1 A_1 + \mu_1 A_1 = 0 \quad 和 \quad D_1 A_2 + \mu_2 A_2 = 0 \tag{5-7}$$

由此得出

$$\begin{cases} A_1 = a_1 \exp(-\mu_1 T_1) \\ A_2 = a_2 \exp(-\mu_2 T_1) \end{cases} \tag{5-8}$$

其中，a_1 和 a_2 是复常数，因此

$$\begin{cases} x_1 = \varepsilon \exp(-\varepsilon \mu_1 t)[a_1 \exp(\mathrm{i}\omega_1 t) + cc] + O(\varepsilon^2) \\ x_2 = \varepsilon \exp(-\varepsilon \mu_2 t)[a_2 \exp(\mathrm{i}\omega_2 t) + cc] + O(\varepsilon^2) \end{cases} \tag{5-9}$$

其中，cc 表示复共轭项。以上两式均表示有阻尼衰减振动，该振动随时间衰减直至静止，因而稳态解是 $x_1 = x_2 = 0$。

5.1.2 系统存在内共振

因为非线性项为平方项，存在内共振的关系为 $\omega_2 \approx 2\omega_1$（第二阶频率为基频的两倍），即

$$\omega_2 = 2\omega_1 + \varepsilon\sigma \tag{5-10}$$

其中，σ 为调谐参数，其表示 ω_2 与 $2\omega_1$ 的接近程度。

$$\begin{cases} 2\omega_1 T_0 = \omega_2 T_0 - \varepsilon\sigma T_0 = \omega_2 T_0 - \sigma T_1 \\ (\omega_2 - \omega_1)T_0 = \omega_1 T_0 + \varepsilon\sigma T_0 = \omega_1 T_0 + \sigma T_1 \end{cases}$$

根据上式和式(5-6)并由消去永年项的条件，得到

$$\begin{cases} -2\mathrm{i}\omega_1(D_1 A_1 + \mu_1 A_1) + \alpha_1 A_2 \overline{A}_1 \exp(\mathrm{i}\sigma T_1) = 0 \\ -2\mathrm{i}\omega_2(D_1 A_2 + \mu_2 A_2) + \alpha_2 A_1^2 \exp(-\mathrm{i}\sigma T_1) = 0 \end{cases} \tag{5-11}$$

引入极坐标形式，令

$$A_m = \frac{1}{2} a_m \exp(\mathrm{i}\beta_m), \qquad m = 1, 2 \tag{5-12}$$

其中，a_m 和 β_m 分别是 T_1 的实函数。将式(5-12)代入式(5-11)，并将所得结果分为实部和虚部，得

$$\begin{cases} D_1 a_1 = -\mu_1 a_1 + \dfrac{\alpha_1}{4\omega_1} a_1 a_2 \sin\gamma \\ D_1 a_2 = -\mu_2 a_2 + \dfrac{\alpha_2}{4\omega_2} a_1^2 \sin\gamma \end{cases} \tag{5-13}$$

$$\begin{cases} a_1 D_1 \beta_1 = -\dfrac{\alpha_1}{4\omega_1} a_1 a_2 \cos\gamma \\ a_2 D_1 \beta_2 = -\dfrac{\alpha_2}{4\omega_2} a_1^2 \cos\gamma \end{cases} \tag{5-14}$$

并且 γ 为

$$\gamma = \beta_2 - 2\beta_1 + \sigma T_1 \tag{5-15}$$

从式(5-14)中消去 β_1 和 β_2 可得

$$a_2 D_1 \gamma = \sigma a_2 + \left(\frac{\alpha_1 a_2^2}{2\omega_1} - \frac{\alpha_2 a_1^2}{4\omega_2} \right) \cos \gamma \qquad (5\text{-}16)$$

联立求解式(5-13)和式(5-16)，可以求得系统的振动响应。如果不考虑振动系统的阻尼，根据式(5-13)式(5-16)，选取两组不同的初始条件 $a_1(0)=1$、$a_2(0)=0$ 及 $a_1(0)=1$、$a_2(0)=1$，计算得到的自由振动响应分别如图 5-1(a)和(b)所示。

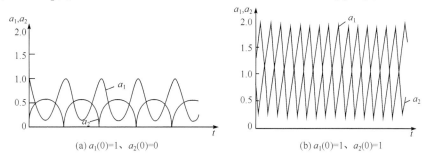

$$(a)\ a_1(0)=1、a_2(0)=0 \qquad\qquad (b)\ a_1(0)=1、a_2(0)=1$$

图 5-1　无阻尼振动响应历程

从图 5-1 可以看出，振动过程中，能量在两个坐标之间传递，此长彼消，但由于没有能量的耗散，系统的能量保持为常数，所以振动将持续下去。

如果两个自由度系统的非线性因素以三次方项出现，则内共振发生的条件是两个频率之间满足 $\omega_2 \approx 3\omega_1$。通过数值计算也可以看到与平方非线性同样的现象，振动能量仍然是在两个坐标之间传递。

5.2　带有平方项的非线性振动系统

如果在多自由度系统上作用一个频率为 Ω 的简谐外激励，则为强迫振动系统，式(5-17)为强迫振动方程：

$$\begin{cases} \ddot{x}_1 + \omega_1^2 x_1 = -2\hat{\mu}_1 \dot{x}_1 + \alpha_1 x_1 x_2 + F_1 \cos(\Omega t + \theta_1) \\ \ddot{x}_2 + \omega_2^2 x_2 = -2\hat{\mu}_2 \dot{x}_2 + \alpha_2 x_1^2 + F_2 \cos(\Omega t + \theta_2) \end{cases} \qquad (5\text{-}17)$$

对于带有平方项的非线性系统，产生内共振的频率关系是 $\omega_2 \approx 2\omega_1$。考虑干扰频率接近派生系统的基频即 $\Omega \approx \omega_1$。为研究此种情况，必须限定激励力幅值为 $F_1 = \varepsilon^2 f_1, F_2 = \varepsilon^2 f_2$。

令

$$\Omega = \omega_1 + \varepsilon \sigma_1 \qquad (5\text{-}18)$$

其中，σ_1 为调谐参数。采用多尺度方法求解，由式(5-2)并考虑式(5-12)，引入消除永年项的条件，得

$$\begin{cases} D_1 a_1 = -\mu_1 a_1 + \dfrac{\alpha_1}{4\omega_1} a_1 a_2 \sin\gamma_2 + \dfrac{1}{2\omega_1} f_1 \gamma_1 \\ D_1 a_2 = -\mu_2 a_2 - \dfrac{1}{4\omega_2} a_1^2 \sin\gamma_2 \\ \alpha_1 D_1 \beta_1 = -\dfrac{1}{4\omega_1} a_1 a_2 \cos\gamma_2 - \dfrac{1}{2\omega_1} f_1 \cos\gamma_1 \\ \alpha_2 D_1 \beta_2 = -\dfrac{1}{4\omega_2} a_1^2 \cos\gamma_2 \end{cases} \tag{5-19}$$

根据求 a_1、a_2 的定常解条件，令式(5-19)等于零，可以作出频率响应曲线。该频率响应曲线存在稳定和不稳定区域。在稳定区域内的时间历程响应为

$$\begin{cases} x_1 = 2\varepsilon\sqrt{\omega_2 a_2 / G}\cos(\Omega t - \gamma_1 + \theta_1) + O(\varepsilon^2) \\ x_2 = \dfrac{F_1}{\omega_2^2 - \Omega^2}\cos(\Omega t + \theta_2) + \varepsilon a_2\cos(2\Omega t + 2\theta_1 + \gamma_2 - 2\gamma_1) + O(\varepsilon^2) \end{cases} \tag{5-20}$$

在不稳定区域内直接对式(5-17)进行数值积分，在计算时间很长时，截取的时间历程响应如图 5-2 所示。

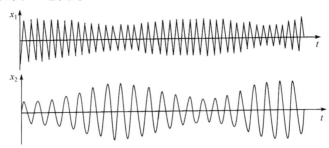

图 5-2 内共振时的调幅调相振动历程

从图 5-2 可以看出，振动的能量在两个自由度之间来回传递，此消彼长，两个模态的振动均无周期性，这种现象称为调幅运动，进一步的分析表明，两个自由度振动的相位变化也没有周期性，称为调相运动。调幅和调相运动统称为无周期响应。

如果系统存在内共振关系，即 $\omega_2 \approx 2\omega_1$，并且 $\Omega \approx \omega_2$，即干扰频率接近派生系统的第二阶频率，则系统发生振动能量渗透现象。出现能量渗透现象时，较高阶模态的能量首先达到饱和，此时对应该模态的振动响应幅值不再增长，但是外激励作用使系统振动能量不断增加，系统的能量更多地向低阶传递，从而使低阶模态响应大幅增加，这就是所谓的能量渗透现象。大量实船统计表明，船舶升沉(纵摇)频率一般为横摇频率的两倍，即满足内共振关系。纵浪上航行的船舶在波浪激

励下，升沉(纵摇)运动能量将率先达到饱和，此后随着波浪干扰力的增加，升沉(纵摇)能量将传递到横摇，导致船舶横摇加剧甚至倾覆。

5.3　带有立方项的非线性系统[2,31]

讨论具有立方非线性项的两自由度受迫振动系统：

$$\ddot{x}_1 + \omega_1^2 x_1 = -2\hat{\mu}_1 \dot{x}_1 + \alpha_1 x_1^3 + \alpha_2 x_1^2 x_2 + \alpha_3 x_1 x_2^2$$
$$+ \alpha_4 x_2^3 + F_1 \cos(\Omega t + \theta_1) \tag{5-21}$$

$$\ddot{x}_2 + \omega_2^2 x_2 = -2\hat{\mu}_2 \dot{x}_2 + \alpha_5 x_1^3 + \alpha_6 x_1^2 x_2 + \alpha_7 x_1 x_2^2$$
$$+ \alpha_8 x_2^3 + F_2 \cos(\Omega t + \theta_2) \tag{5-22}$$

假设 $\omega_2 > \omega_1$，研究主共振 $\omega_1 \approx \Omega$ 或 $\omega_2 \approx \Omega$ 情况下的解。为此，设解的形式为

$$\begin{cases} x_1 = \varepsilon x_{11}(T_0, T_2) + \varepsilon^3 x_{13}(T_0, T_2) + \cdots \\ x_2 = \varepsilon x_{21}(T_0, T_2) + \varepsilon^3 x_{23}(T_0, T_2) + \cdots \end{cases} \tag{5-23}$$

因非线性是立方的，所以在解中将不会出现 T_1。此外，为了使阻尼、非线性和激励等因素同时出现在摄动方程中，设 $\hat{\mu}_n = \varepsilon^2 \mu_n$ 和 $F_n = \varepsilon^2 f_n$。将式(5-23)代入式(5-21)和式(5-22)，并令等式两端 ε 同阶的系数相等，则有 ε 阶方程

$$\begin{cases} D_0^2 x_{11} + \omega_1^2 x_{11} = 0 \\ D_0^2 x_{21} + \omega_2^2 x_{21} = 0 \end{cases} \tag{5-24}$$

ε^3 阶方程

$$D_0^2 x_{13} + \omega_1^2 x_{13} = -2D_0(D_1 x_{11} + \mu_1 x_{11}) + \alpha_1 x_{11}^3 + \alpha_2 x_{11}^2 x_{21}$$
$$+ \alpha_3 x_{11} x_{21}^2 + \alpha_4 x_{21}^3 + f_1 \cos(\Omega T_0 + \theta_1) \tag{5-25}$$

$$D_0^2 x_{23} + \omega_2^2 x_{23} = -2D_0(D_1 x_{21} + \mu_2 x_{21}) + \alpha_5 x_{11}^3 + \alpha_6 x_{11}^2 x_{21}$$
$$+ \alpha_7 x_{11} x_{21}^2 + \alpha_8 x_{21}^3 + f_2 \cos(\Omega T_0 + \theta_2) \tag{5-26}$$

设式(5-24)的解为

$$\begin{cases} x_{11} = A_1(T_2) \exp(\mathrm{i}\omega_1 T_0) + cc \\ x_{21} = A_2(T_2) \exp(\mathrm{i}\omega_2 T_0) + cc \end{cases} \tag{5-27}$$

如果在系统中存在内共振关系，$\omega_2 \approx 3\omega_1$，并引入调谐参数 σ_1，则有

$$\omega_2 = 3\omega_1 + \varepsilon^2 \sigma_1 \tag{5-28}$$

下面分别讨论 $\omega_1 \approx \Omega$ 和 $\omega_2 \approx \Omega$ 时的渐近解。

5.3.1　$\Omega \approx \omega_1$ 的情况

引入第二个调谐参数 σ_2，设

$$\Omega = \omega_1 + \varepsilon^2 \sigma_2 \tag{5-29}$$

将式(5-27)代入式(5-25)和式(5-26)，考虑式(5-28)和式(5-29)后可解条件为

$$\begin{cases} -2i\omega_1(D_1 A_1 + \mu_1 A_1) + 3\alpha_1 A_1^2 \overline{A_1} + 2\alpha_3 A_2 \overline{A_2} A_1 \\ \quad + \alpha_2 A_2 \overline{A_1}^2 \exp(i\sigma T_2) + \dfrac{1}{2} f_1 \exp(i\sigma_2 T_2 + \tau_1) = 0 \\ -2i\omega_2(D_1 A_2 + \mu_2 A_2) + \alpha_5 A_1^3 \exp(-i\sigma T_2) \\ \quad + 3\alpha_8 A_2^2 \overline{A_2} + 2 + 2\alpha_6 A_1 \overline{A_1} A_2 = 0 \end{cases} \tag{5-30}$$

设 $A_n = \dfrac{1}{2} a_n \exp(i\theta_n)$（其中，$a_n$ 和 θ_n 都为实数），代入式(5-30)，将实部和虚部分开后得

$$8\omega_1(D_1 a_1 + \mu_1 a_1) = \alpha_2 a_1^2 a_2 \sin\gamma_1 + 4 f_1 \sin\gamma_2 \tag{5-31}$$

$$8\omega_2(D_1 a_2 + \mu_2 a_2) = -\alpha_5 a_1^3 \sin\gamma_1 \tag{5-32}$$

$$8\omega_1 a_1 D_1 \theta_1 = -(3\alpha_1 a_1^2 + 2\alpha_3 a_2^2)a_1 - \alpha_2 a_1^2 a_2 \cos\gamma_1 - 4 f_1 \cos\gamma_2 \tag{5-33}$$

$$8\omega_2 a_2 D_1 \theta_2 = -(3\alpha_8 a_2^2 + 2\alpha_6 a_1^2)a_2 - \alpha_5 a_1^3 \cos\gamma_1 \tag{5-34}$$

其中

$$\begin{cases} \gamma_1 = \sigma_1 T_2 + \theta_2 - 3\theta_1 \\ \gamma_2 = \sigma_2 T_2 - \theta_1 + \tau_1 \end{cases} \tag{5-35}$$

令 $D_1 a_n = D_1 \theta_n = 0$，则可得到求定常解的方程

$$8\omega_1 \mu_1 a_1 - \alpha_2 a_1^2 a_2 \sin\gamma_1 - 4 f_1 \sin\gamma_2 = 0 \tag{5-36}$$

$$8\omega_2 \mu_2 a_2 + \alpha_5 a_1^3 \sin\gamma_1 = 0 \tag{5-37}$$

$$8\omega_1 a_1 a_2 + (3\alpha_1 a_1^2 + 2\alpha_3 a_2^2)a_1 + \alpha_2 a_1^2 a_2 \cos\gamma_1 + 4 f_1 \cos\gamma_2 = 0 \tag{5-38}$$

$$8\omega_2 a_2(3\sigma_2 - \sigma_1) + (3\alpha_8 a_2^2 + 2\alpha_6 a_1^2)a_2 + \alpha_5 a_1^3 \cos\gamma_1 = 0 \tag{5-39}$$

图 5-3 和图 5-4 给出了当 $\Omega \approx \omega_1$ 时对应于不同激励幅值的共振曲线。图 5-3 中 a_1 的形式与单自由度的幅频共振曲线相似。对式(5-21)和式(5-22)进行数值积分，其结果在图上用小圆圈表示。由图 5-4 可知，a_2 虽然不为零，但 a_2 与 a_1 相比较小，故系统的响应实际上是由其第一阶模态组成。这个特性在多自由度系统中是一种典型的现象，即在多自由度系统中，当激励的频率只与第一阶模态的频率重合时，虽然各阶模态是耦合的，甚至有内共振存在，但对其他高阶模态的相互

影响也可忽略。此外，当某高阶模态与低阶模态有内共振关系时，载荷频率与高阶模态频率一致，低阶模态的响应将会受到显著的影响。

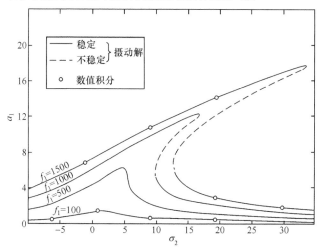

图 5-3　$\omega_2 \approx 3\omega_1$，$\Omega \approx \omega_1$ 时，a_1 共振曲线

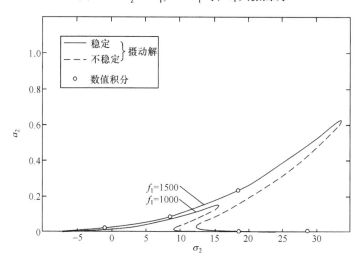

图 5-4　$\omega_2 \approx 3\omega_1$，$\Omega \approx \omega_1$ 时，a_2 共振曲线

5.3.2　$\Omega \approx \omega_2$ 的情况

在此引入第二个调谐参数 σ_2，则

$$\Omega = \omega_2 + \varepsilon^2 \sigma_2 \tag{5-40}$$

仍用式(5-28)的定义，则从式(5-25)和式(5-26)得到消去永年项的条件是

$$-2\mathrm{i}\omega_1(D_1A_1+\mu_1A_1)+3\alpha_1A_1^2\overline{A}_1+2\alpha_3A_1\overline{A}_2A_2+\alpha_2A_2\overline{A}_1^2\exp(\mathrm{i}\sigma T_2)=0 \tag{5-41}$$

$$-2\mathrm{i}\omega_2(D_1A_2+\mu_2A_2)+3\alpha_8A_2^2\overline{A}_2+2\alpha_6A_2A_1\overline{A}_1$$
$$+a_5A_1^3\exp(-\mathrm{i}\sigma_1T_2)+\frac{1}{2}f_2\exp(\mathrm{i}\sigma_2T_2+\tau_2)=0 \tag{5-42}$$

设 $A_m=a_m\exp(\mathrm{i}\theta_m)$ 并代入上式，将实部和虚部分开，则得

$$8\omega_1(D_1a_1+\mu_1a_1)-\alpha_2a_2a_1^2\sin\gamma_1=0 \tag{5-43}$$

$$8\omega_1a_1D_1\theta_1+3\alpha_1a_1^3+2\alpha_3a_1a_2^2+\alpha_2a_2a_1^2\cos\gamma_1=0 \tag{5-44}$$

$$8\omega_2(D_1a_2+\mu_2a_2)+\alpha_5a_1^3\sin\gamma_1-4f_2\sin\gamma_2=0 \tag{5-45}$$

$$8\omega_2a_2D_1\theta_2+3\alpha_8a_2^3+2\alpha_6a_2a_1^2+\alpha_5a_1^3\cos\gamma_1+4f_2\cos\gamma_2=0 \tag{5-46}$$

其中

$$\begin{cases}\gamma_1=\sigma_1T_2-3\theta_1+\theta_2\\ \gamma_2=\sigma_2T_2-\theta_2+\tau_2\end{cases} \tag{5-47}$$

令 $D_1a_n=0$ 和 $D_1\theta_n=0$ ，则可依之求得定常解。与前面不同的是，当 a_2 不是零时，a_1 可能是零也可能不是零。当 a_1 为零时，a_2 的变化也和单自由度的响应类似，如图 5-5 和图 5-6 所示。当 a_1 不为零时，它有可能比 a_2 大很多，这意味着内共振关系是能量从高阶模态向低阶模态传递的一种机制。

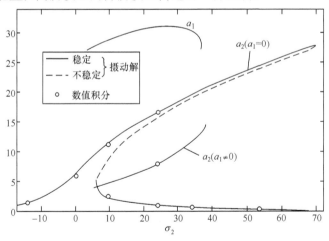

图 5-5　$\omega_2\approx3\omega_1,\Omega\approx\omega_2$ 部分稳定的共振幅值

由图 5-6 可知，当 $\Omega\approx\omega_2$ 时，即对应高阶模态激励时，解是十分复杂的。共振曲线的很多部分(虚线部分)对应不稳定解，因此，实际工程中是不可能实现的。图 5-5 上只画出了稳定的(可能实现的)一部分响应曲线。由图 5-5 可知，尽管是

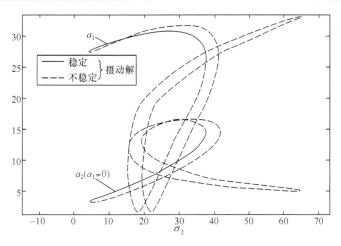

图 5-6　$\omega_2 \approx 3\omega_1$，$\Omega \approx \omega_2$ 不稳定的共振幅值

对第二阶模态激励，但基本模态的振幅在某些调谐值上可能达到激励振幅的 5 倍还要多，与具有平方非线性不同的是，在立方非线性系统中没有发现饱和现象。

　　在多自由度系统中，系统参数(如阻尼、激励振幅和频率以及非线性的强度)如何影响运动的解，分析起来有很大的困难。特别是，系统的响应能否在足够大的扰动下从一个定常解转移到另一个定常解呢？要解决这个问题，应建立解相对于扰动的稳定域，即需要建立解的稳定裕度。尽管相平面法对两个以上的自由度系统已不适用，但是人们一般仍将积分曲线向适合的两坐标平面上进行投影来研究其动力学行为。

　　对于带立方非线性的系统，存在内共振的频率关系为 $\omega_2 \approx 3\omega_1$，虽然对涉及内共振的模态，能量从较高阶模态传递到较低阶模态中，但不存在参与内共振的高阶模态的能量饱和现象。

5.4　组　合　共　振

　　在多自由度非线性系统响应中，除了出现各个派生频率的全部主共振、超谐共振、亚谐共振和分数共振($p\Omega \approx Q\omega_N$，$p$ 和 Q 是整数)以外，这些频率还可以存在其他共振组合，称为组合共振。其形式为

$$p\Omega = a_1\omega_1 + a_2\omega_2 + \cdots + a_N\omega_N$$

其中，p 和 a_N 是整数，并且有 $p + \sum_{n=1}^{N} |a_n| = M$，$M$ 是系统的非线性阶数加 1，而 N 是自由度数，这种组合共振的类型依赖于系统的非线性阶数。对于带平方非线

性的振动系统，可能存在的一阶组合共振为 $\Omega \approx \omega_m + \omega_k$ 或 $\Omega \approx \omega_m - \omega_k$，前者称为和型组合共振，后者称为差型组合共振。在组合共振情况下，不论是否存在内共振，两个模态是相互耦合的。这里仅以和型组合共振并且存在内共振关系为例，说明组合共振的分析方法及其动力学特点。

考虑两个自由度的振动方程为

$$\ddot{x}_1 + \omega_1^2 x_1 = -2\hat{\mu}_1 \dot{x}_1 + x_1 x_2 + F_1 \cos(\Omega t + \theta_1) \tag{5-48}$$

$$\ddot{x}_2 + \omega_2^2 x_2 = -2\hat{\mu}_2 \dot{x}_2 + x_1^2 + F_2 \cos(\Omega t + \theta_2) \tag{5-49}$$

此种情况设 $F_n = \varepsilon f_n$，$\hat{\mu}_n = \varepsilon \mu_n$。采用多尺度方法求解，得到如下方程组：

$$\begin{cases} D_0^2 x_{11} + \omega_1^2 x_{11} = f_1 \cos(\Omega T_0 + \theta_1) \\ D_0^2 x_{21} + \omega_2^2 x_{21} = f_2 \cos(\Omega T_0 + \theta_2) \end{cases} \tag{5-50}$$

$$\begin{cases} D_0^2 x_{12} + \omega_1^2 x_{12} = -2D_0(D_1 x_{11} + \mu_1 x_{11}) + x_{11} x_{21} \\ D_0^2 x_{22} + \omega_2^2 p_{22} = -2D_0(D_1 x_{21} + \mu_2 p_{21}) + x_{11}^2 \end{cases} \tag{5-51}$$

引入 $\varLambda_n = (f_n / 2(\omega_n^2 - \Omega^2)) \exp(\mathrm{i}\tau_n)$，并根据式(5-8)，式(5-51)可写为

$$\begin{aligned}
D_0^2 x_{12} + \omega_1^2 x_{12} = & -2\mathrm{i}\omega_1(D_1 A_1 + \mu_1 A_1)\exp(\mathrm{i}\omega_1 T_0) - 2\mathrm{i}\omega_1 \mu_1 \varLambda_1 \exp(\mathrm{i}\Omega T_0) \\
& + A_2 A_1 \exp[\mathrm{i}(\omega_1 + \omega_2)T_0] + A_2 \varLambda_1 \exp[\mathrm{i}(\omega_2 + \Omega)T_0] \\
& + A_2 \bar{A}_1 \exp[\mathrm{i}(\omega_2 - \omega_1)T_0] + A_2 \varLambda_1 \exp[\mathrm{i}(\omega_2 - \Omega)T_0] \\
& + A_1 \bar{\varLambda}_2 \exp[\mathrm{i}(\omega_1 + \Omega)T_0] + \varLambda_1 A_2 \exp(2\mathrm{i}\Omega T_0) \\
& + \varLambda_2 A_1 \exp[\mathrm{i}(\Omega - \omega_1)T_0] + \varLambda_2 \varLambda_1 + cc
\end{aligned} \tag{5-52}$$

$$\begin{aligned}
D_0^2 x_{22} + \omega_2^2 x_{22} = & -2\mathrm{i}\omega_2(D_1 A_2 + \mu_2 A_2)\exp(\mathrm{i}\omega_2 T_0) + A_1^2 \exp(2\mathrm{i}\omega_1 T_0) \\
& - 2\mathrm{i}\omega_2 \mu_2 \varLambda_2 \exp(\mathrm{i}\Omega T_0) + A_1^2 \exp(2\mathrm{i}\omega_1 T_0) + 2A_1 \varLambda_1 \exp[\mathrm{i}(\omega_1 + \Omega)T_0] \\
& + 2A_1 \bar{\varLambda}_1 \exp[\mathrm{i}(\omega_1 - \Omega)T_0] + \varLambda_1^2 \exp(2\mathrm{i}\Omega T_0) + A_1 \bar{A}_1 + \varLambda_1 \bar{\varLambda}_1 + cc
\end{aligned} \tag{5-53}$$

讨论和型组合共振，并且存在内共振，即有下列频率关系：

$$\Omega = \omega_1 + \omega_2 + \varepsilon\sigma_1, \qquad \omega_2 = 2\omega_1 - \varepsilon\sigma_2 \tag{5-54}$$

将式(5-54)分别代入式(5-52)和式(5-53)，令永年项为零得到可解条件，即

$$\begin{cases} -2\mathrm{i}\omega_1(D_1 A_1 + \mu_1 A_1) + A_2 \bar{A}_1 \exp(-\mathrm{i}\sigma_2 T_1) + A_2 \varLambda_1 \exp(\mathrm{i}\sigma_1 T_1) = 0 \\ -2\mathrm{i}\omega_2(D_1 A_2 + \mu_2 A_2) + A_1^2 \exp(\mathrm{i}\sigma_2 T_1) + 2\bar{A}_1 \varLambda_1 \exp(\mathrm{i}\sigma_1 T_1) = 0 \end{cases} \tag{5-55}$$

设 A_n（$n = 1,2$）的形式为式(5-12)，则式(5-55)也可写成

$$D_1 a_1 = -\mu_1 a_1 + \frac{1}{4}\omega_1^{-1} a_1 a_2 \sin\gamma_2 + \frac{1}{2}\omega_1^{-1}|\varLambda_1|\Gamma \sin\gamma_1 \tag{5-56}$$

$$D_1 a_2 = -\mu_2 a_2 - \frac{1}{4}\omega_2^{-1} a_1^2 \sin\gamma_2 + \omega_2^{-1} a_1 |\varLambda_1| \sin\gamma_1 \tag{5-57}$$

$$a_1 D_1 \beta_1 = -\frac{1}{4} \omega_1^{-1} a_1 a_2 \cos \gamma_2 - \frac{1}{2} \omega_1^{-1} \Gamma |A_1| \cos \gamma_1 \tag{5-58}$$

$$a_2 D_1 \beta_2 = -\frac{1}{4} \omega_2^{-1} a_1^2 \cos \gamma_2 + \omega_2^{-1} a_1 |A_1| \cos \gamma_1 \tag{5-59}$$

其中

$$\gamma_1 = \sigma_1 T_1 - \beta_2 - \beta_1 + \theta_1, \quad \gamma_2 = -\sigma_2 T_1 - 2\beta_1 + \beta_2 \tag{5-60}$$

$$\Gamma = [\mu_2^2 + (\sigma_2 + 2\sigma_1)^2]^{-1/2} \tag{5-61}$$

对于稳态响应，$D_1 a_n = 0$ 和 $D_1 \gamma_n = 0$，并考虑到式(5-60)，可得

$$D_1 \beta_1 = \frac{1}{3}(\sigma_1 - \sigma_2), \quad D_1 \beta_2 = \frac{1}{3}(2\sigma_1 + \sigma_2)$$

此处，a_1 和 a_2 有零解与非零解，仅讨论 a_1 和 a_2 的非零解。从式(5-56)~式(5-59)的稳态形式中解出 γ_1 和 γ_2 的三角函数表达式，得

$$\frac{3}{2} a_1 a_2 |A_1| \sin \gamma_1 = \omega_1 \mu_1 a_1^2 + \omega_2 \mu_2 a_2^2 \tag{5-62a}$$

$$\frac{3}{4} a_1^2 a_2 \sin \gamma_2 = 2\omega_1 \mu_1 a_1^2 - \omega_2 \mu_2 a_2^2 \tag{5-62b}$$

$$\frac{1}{2} a_1 a_2 |A_1| \cos \gamma_1 = \frac{1}{3}(\sigma_1 - \sigma_2)a_1^2 - \frac{1}{3}\omega_2(2\sigma_1 + \sigma_2)a_2^2 \tag{5-62c}$$

$$\frac{1}{4} a_1^2 a_2 \cos \gamma_2 = -\frac{2}{3}\omega_2(\sigma_1 - \sigma_2)a_1^2 + \frac{1}{3}\omega_2(2\sigma_1 + \sigma_2)a_2^2 \tag{5-62d}$$

从式(5-62a)~式(5-62d)中消去 γ_n ($n = 1, 2$) 得

$$\omega_1^2[\mu_1^2 + (\sigma_1 - \sigma_2)^2]a_1^4 + \omega_2^2[\mu_2^2 + (2\sigma_1 + \sigma_2)^2]a_2^4 + 2\omega_1\omega_2[\mu_1\mu_2 - (\sigma_1 - \sigma_2)(2\sigma_1 + \sigma_2)]a_1^2 a_2^2$$
$$= \frac{9}{4} a_1^2 a_2^2 |A_1|^2 \tag{5-63a}$$

$$4\omega_1^2[\mu_1^2 + (\sigma_1 - \sigma_2)^2]a_1^4 + \omega_2^2[\mu_2^2 + (2\sigma_1 + \sigma_2)^2]a_1^4 - 4\omega_1\omega_2[\mu_1\mu_2 + (\sigma_1 - \sigma_2)(2\sigma_1 + \sigma_2)]a_1^2 a_2^2$$
$$= \frac{9}{16} a_2^2 a_1^4 \tag{5-63b}$$

从式(5-63a)和式(5-63b)中消去 a_2^4，得

$$3\omega_1^2[\mu_1^2 + (\sigma_1 - \sigma_2)^2]a_1^2 - 2\omega_1\omega_2[3\mu_1\mu_2 + (\sigma_1 - \sigma_2)(2\sigma_1 + \sigma_2)]a_2^2$$
$$= \frac{9}{16} a_2^2 a_1^2 - \frac{9}{4} |A_1|^2 a_2^2 \tag{5-64}$$

又从式(5-63a)和式(5-63b)中消去 a_1^4 得

$$
\omega_2^2[\mu_2^2 + (2\sigma_1 + \sigma_2)^2]a_2^2 + 4\omega_1\omega_2[\mu_1\mu_2 - (\sigma_1 - \sigma_2)(2\sigma_1 + \sigma_2)]a_1^2
$$
$$
= \frac{9}{16}a_2^2 a_1^2 - \frac{9}{4}|A_1|^2 a_2^2
\tag{5-65}
$$

从式(5-64)和式(5-65)中消去 a_2^2，即得到 a_1^2 的二次方程，即

$$
a_1^2 = 5|A_1|^2 - 16\omega_1\omega_2\left[\mu_1\mu_2 - \frac{2}{9}\left(\sigma_1 + \frac{1}{2}\sigma_2\right)(\sigma_1 - \sigma_2)\right]
$$
$$
\pm 2|A_1|\left\{9|A_1|^2 - 16\omega_1\omega_2\left[\mu_1\mu_2 - 2\left(\sigma_1 + \frac{1}{2}\sigma_2\right)(\sigma_1 - \sigma_2)\right]\right.
$$
$$
- \frac{256}{9}\omega_1^2\omega_2^2\left[\mu_2^2(\sigma_1 - \sigma_2)^2 + 4\mu_1^2\left(\sigma_1 + \frac{1}{2}\sigma_2\right)^2\right.
$$
$$
\left.\left. + 4\mu_1\mu_2\left(\sigma_1 + \frac{1}{2}\sigma_2\right)(\sigma_1 - \sigma_2)\right]\right\}^{1/2}
\tag{5-66}
$$

根据式(5-66)可以作出 a_1 的幅频响应曲线。根据稳态响应解的形式(5-2)和式(5-5)，得到振动系统的稳态响应为

$$
\begin{cases}
x_1 = \dfrac{\varepsilon f_1}{\omega_1^2 - \Omega^2}\cos(\Omega t + \theta_1) + \varepsilon a_1 \cos\left[\dfrac{1}{3}(\Omega t + \theta_1 - \gamma_1 - \gamma_2)\right] + O(\varepsilon^2) \\[3mm]
x_2 = \dfrac{\varepsilon f_2}{\omega_2^2 - \Omega^2}\cos(\Omega t + \theta_2) + \varepsilon a_2 \cos\left[\dfrac{2}{3}\left(\Omega t + \theta_1 + \dfrac{1}{2}\gamma_2 - \gamma_1\right)\right] + O(\varepsilon^2)
\end{cases}
\tag{5-67}
$$

式(5-67)表明，在简谐激励作用下，响应中出现了频率低于激励频率的分数谐波响应，此称为亚谐共振响应。响应中出现亚谐共振是非线性系统特有的动力学特性之一。

5.5 多自由度参数激励振动响应[1,2,31]

在实际工程中，存在多自由度的参数激励系统。考察下列方程组：

$$
\begin{cases}
\ddot{x}_1 + \omega_1^2 x_1 + \varepsilon[2\cos(\Omega t)(f_{11}x_1 + f_{12}x_2) \\
\quad -(\alpha_1 x_1^3 + \alpha_2 x_2 x_1^2 + a_3 x_1 x_2^2 + \alpha_4 x_2^3) + 2\mu_1\dot{x}_1] = 0 \\
\ddot{x}_2 + \omega_2^2 x_2 + \varepsilon[2\cos(\Omega t)(f_{21}x_1 + f_{22}x_2) \\
\quad -(\alpha_5 x_1^3 + \alpha_6 x_1^2 x_2 + a_7 x_1 x_2^2 + \alpha_8 x_2^3) + 2\mu_2\dot{x}_2] = 0
\end{cases}
\tag{5-68}
$$

其中，x_1 和 x_2 分别表示系统的振动位移；f_{ij} 表示与系统刚度有关的系数；α_i 为非线性项的系数；μ_1 和 μ_2 为与阻尼有关的系数；ω_1 和 ω_2 表示派生系统一阶和二

阶频率。工程中的很多问题可以归结为式(5-68)，例如，船舶在斜浪中的大幅运动就出现这种类型的方程。由于方程中包含立方非线性项，所以 $\omega_2 \approx 3\omega_1$ 时系统产生内共振。

采用多尺度法求解式(5-68)所示系统的动力学响应，设解为

$$x_1(t;\varepsilon) = x_{10}(T_0,T_1) + \varepsilon x_{11}(T_0,T_1) + \cdots \tag{5-69a}$$

$$x_2(t;\varepsilon) = x_{20}(T_0,T_1) + \varepsilon x_{21}(T_0,T_1) + \cdots \tag{5-69b}$$

将式(5-69a)和式(5-69b)代入式(5-68)，得

$$\begin{cases} x_{10} = A_1(T_1)\exp(\mathrm{i}\omega_1 T_0) + cc \\ x_{20} = A_2(T_1)\exp(\mathrm{i}\omega_2 T_0) + cc \end{cases} \tag{5-70}$$

$$\begin{aligned} D_0^2 x_{11} + \omega_1^2 x_{11} = & [-2\mathrm{i}\omega_1(D_1 A_1 + \mu_1 A_1) + 3\alpha_1 A_1^2 \overline{A}_1 \\ & + 2\alpha_3 A_2 \overline{A}_2 A_1]\exp(\mathrm{i}\omega_1 T_0) + \alpha_2 A_2 \overline{A}_1^2 \exp[\mathrm{i}(\omega_2 - 2\omega_1)T_0] \\ & - f_{11} A_1 \exp[\mathrm{i}(\Omega + \omega_1)T_0] - f_{11}\overline{A}_1 \exp[\mathrm{i}(\Omega - \omega_1)T_0] \\ & - f_{12} A_2 \exp[\mathrm{i}(\Omega + \omega_2)T_0] - f_{12}\overline{A}_2 \exp[\mathrm{i}(\Omega - \omega_2)T_0] + cc + \mathrm{NST} \end{aligned} \tag{5-71a}$$

$$\begin{aligned} D_0^2 x_{21} + \omega_2^2 x_{21} = & [-2i\omega_2(D_1 A_2 + \mu_2 A_2) + 3\alpha_8 A_2^2 \overline{A}_2 + 2\alpha_6 A_1 \overline{A}_1 A_2] \\ & \cdot \exp(i\omega_2 T_0) + \alpha_5 A_1^3 \exp(3i\omega_1 T_0) - f_{21} A_1 \exp[\mathrm{i}(\Omega + \omega_1)T_0] \\ & - f_{21}\overline{A}_1 \exp[\mathrm{i}(\Omega - \omega_1)T_0] - f_{22} A_2 \exp[\mathrm{i}(\Omega + \omega_2)T_0] \\ & - f_{22}\overline{A}_2 \exp[\mathrm{i}(\Omega - \omega_2)T_0] + cc + \mathrm{NST} \end{aligned} \tag{5-71b}$$

其中，cc 代表复共轭项；NST 代表内共振条件下不产生永年项的部分。

引进内共振调谐参数 $\omega_2 = 3\omega_1 + \varepsilon\sigma$，对于参数共振有如下三种可能的情形。

(1) Ω 接近于 $2\omega_1 \approx \omega_2 - \omega_1$。

(2) Ω 接近于 $2\omega_2$。

(3) Ω 接近于 $\omega_2 + \omega_1$。

下面讨论前两种情形。

5.5.1　Ω 接近于 $2\omega_1 \approx \omega_2 - \omega_1$ 的情形

为考虑参数共振，设参数激励频率和基频之间的关系为

$$\Omega = 2\omega_1 + \varepsilon\rho \tag{5-72}$$

其中，ρ 为调谐参数。为了从 x_{11} 中消去永年项，必须有

$$8\omega_1(D_1 A_1 + \mu_1 A_1) - \alpha_2 A_1^2 A_2 \sin\gamma_1 + 4f_{11} A_1 \sin\gamma_2 = 0 \tag{5-73a}$$

$$8\omega_1 A_1 D_1\beta_1 + 3\alpha_1 a_1^3 + 2\alpha_3 A_1 A_2^2 + \alpha_2 A_1^2 A_2 \cos\gamma_1 - 4f_{11} A_1 \cos\gamma_2 = 0 \tag{5-73b}$$

其中

$$\begin{cases} A_n = \dfrac{1}{2} a_n(T_1) \exp[\mathrm{i}\beta_n(T_1)], \quad n=1,2 \\ \gamma_1 = \sigma T_1 + \beta_2 - 3\beta_1 \\ \gamma_2 = \rho T_1 - 2\beta_1 \end{cases} \tag{5-74}$$

为了从 x_{21} 中消去永年项，必须有

$$8\omega_2(D_1 a_2 + \mu_2 a_2) + \alpha_5 a_1^3 \sin \gamma_1 + 4 f_{21} a_1 \sin(\gamma_2 - \gamma_1) = 0 \tag{5-75a}$$

$$8\omega_2 a_2 D_1 \beta_2 + 2\alpha_6 a_1^2 a_2 + 3\alpha_8 a_2^3 + \alpha_5 a_1^3 \sin \gamma_1 - 4 f_{21} a_1 \cos(\gamma_2 - \gamma_1) = 0 \tag{5-75b}$$

对于稳态解，$D_1 a_1 = 0, D_1 a_2 = 0, D_1 \gamma_1 = 0, D_1 \gamma_2 = 0$，考虑式(5-74)的后两式消去 $D_1 \beta_1$ 和 $D_1 \beta_2$，得

$$a_1(8\omega_1 \mu_1 - \alpha_2 a_1 a_2 \sin \gamma_1 + 4 f_{11} \sin \gamma_2) = 0 \tag{5-76a}$$

$$a_1(4\omega_1 \rho + 3\alpha_1 a_1^2 + 2\alpha_3 a_2^2 + \alpha_2 a_1 a_2 \cos \gamma_1 - 4 f_{11} \cos \gamma_2) = 0 \tag{5-76b}$$

$$8\omega_2 \mu_2 a_2 + \alpha_5 a_1^3 \sin \gamma_1 + 4 f_{21} a_1 \sin(\gamma_2 - \gamma_1) = 0 \tag{5-76c}$$

$$8\omega_2 \left(\frac{3}{2}\rho - \sigma\right) a_2 + 2\alpha_6 a_1^2 a_2 + 3\alpha_8 a_2^3 + \alpha_5 a_1^3 \cos \gamma_1 - 4 f_{21} a_1 \cos(\gamma_2 - \gamma_1) = 0 \tag{5-76d}$$

对于式(5-76a)～式(5-76d)，a_1、a_2 的解有两种情况：a_1 和 a_2 都为零或者全部不为零。对于后一种情形可用牛顿-拉弗松(Newton-Raphson)方法，解出 a_1、a_2、γ_1 及 γ_2。图 5-7 中的曲线给出了不同激励幅值 F 作用下振动幅值 a_1、a_2 的计算结果。

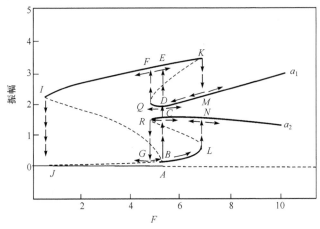

图 5-7　各模态的振幅和激励幅值的关系($\omega_2 \approx 3\omega_1$, $\Omega \approx 2\omega_1$)

图 5-7 中用箭头标出了 a_1、a_2 随激励幅值 F 变化的跳跃现象。令 F 从零缓慢增加到一个较大值，再回到零。初始时，a_1 和 a_2 都是零，一直保持到达 A 点以前。在 A 点，平凡解成为不稳定的，继续增大激励 F，或者是 a_1 向上跳到 E 点，而 a_2

向上跳到 B 点，或者是 a_1 向上跳到 D 点，而 a_2 向上跳到 C 点；a_1 沿曲线 $IFEK$ 变化，而 a_2 沿曲线 GBL 变化，以后 a_1 从 K 点往下跳到 M 点，而 a_2 从 L 点往上跳到 N 点；a_1 沿着经过 D 点和 M 点的一支变化，a_2 沿着通过 C 点和 N 点的一支变化；当 F 由大变小时，一是 a_1 从 Q 点向上跳到 F 点，而 a_2 从 B 点往下跳到 G 点；二是都跳回到零。如果 a_1 向上跳，那么 a_1 沿曲线 $KEFI$ 运动，a_2 沿曲线 LBG 运动，直至都在 J 点回到零。

5.5.2　Ω 接近于 $2\omega_2$ 的情形

考虑参数共振，引进调谐参数 ρ，使

$$\Omega = 2\omega_2 + \varepsilon\rho \tag{5-77}$$

采用多尺度方法可求得稳态运动为

$$a_1(8\omega_1\mu_1 - \alpha_2 a_1 a_2 \sin\gamma_1) = 0 \tag{5-78a}$$

$$a_1\left[\frac{8}{3}\omega_1\left(\sigma - \frac{1}{2}\rho\right) + 3\alpha_1 a_1^2 + 2\alpha_3 a_2^2 + \alpha_2 a_1 a_2 \cos\gamma_1\right] = 0 \tag{5-78b}$$

$$a_2(8\omega_2\mu_2 + 4f_{22}\sin\gamma_2) + \alpha_5 a_1^3 \sin\gamma_1 = 0 \tag{5-78c}$$

$$a_2(4\omega_2\rho + 2\alpha_6 a_1^2 + 3\alpha_8 a_2^2 - 4f_{22}\cos\gamma_2) + \alpha_5 a_1^3 \cos\gamma_1 = 0 \tag{5-78d}$$

其中

$$\gamma_2 = \rho T_1 - 2\beta_2, \quad \gamma_1 = \sigma T_1 - 3\beta_1 + \beta_2 \tag{5-78e}$$

同样可以作出振幅与激励之间的关系曲线。图 5-8 为 $\omega_2 \approx 3\omega_1$，$\Omega \approx 2\omega_2$ 时振幅与激励幅值、振幅与激励频率之间的关系曲线。

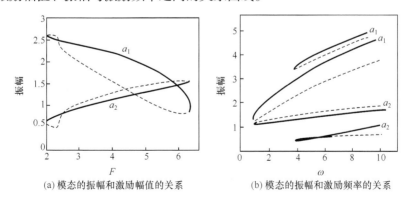

(a) 模态的振幅和激励幅值的关系　　　　(b) 模态的振幅和激励频率的关系

图 5-8　模态的振幅与激励的关系（$\Omega \approx 2\omega_2$）

此处与 Ω 接近 $2\omega_1$ 的情形不同，a_1 与 a_2 的取值有两种可能：a_1 为零而 a_2 不

为零，或者 a_1 和 a_2 都不为零。对于第一种情形，幅值变化特性与单自由度类似；第二种情形的典型结果如图 5-8 所示。注意到虽然由参数激励直接激发的是 x_2，但在相当宽的范围内，a_1 比 a_2 要大很多，这是振动系统内共振导致的结果。图 5-8 中的虚线对应不稳定的运动，是不能实现的运动。

5.6　斜浪航行船舶参-强激励运动

船舶阻尼系数和恢复刚度的非线性，导致船舶大幅运动时纵摇和横摇相互耦合，各类船舶纵摇固有频率 ω_2 均接近横摇固有频率 ω_1 的两倍，即船舶的固有特性存在内共振关系 $\omega_2 = 2\omega_1$。根据非线性动力学的理论可知，当非线性方程中出现非线性的二次幂时，如果高阶频率为低阶频率的两倍，各个自由度之间的运动出现内共振，即出现能量在各个模态之间相互传递的现象[1,2]。研究表明，纵摇和横摇运动之间存在能量的相互传递现象，在船舶存在内共振情况下，波浪遭遇频率和船舶纵摇固有频率之间的关系，对船舶运动和倾覆具有重要的影响。

针对横摇和纵摇耦合非线性运动方程，采用多尺度法求近似解析解，由此确定船舶发生共振运动的所有形式，并详细讨论超谐共振运动及其动力学行为[32-33]。

船舶横摇-纵摇耦合非线性运动方程为[18]

$$\ddot{u} + \omega_1^2 u = \varepsilon(-2\mu_1\dot{u} + \delta_1 uv + \delta_2 u\dot{v} + \delta_3 v\ddot{u} + \delta_4 \dot{u}\dot{v} + \delta_5 v + \delta_6 u \\ + \delta_7\ddot{v} + \delta_8\ddot{u}) + F_1\cos\Omega t \tag{5-79}$$

$$\ddot{v} + \omega_2^2 v = \varepsilon(-2\mu_2\dot{v} + \alpha_1 u^2 + \alpha_2 u\ddot{u} + \alpha_3 v^2 + \alpha_4 v\ddot{v} + \alpha_5\dot{u}^2 + \alpha_6\dot{v}^2 + \alpha_7 u \\ + \alpha_8\ddot{u} + \alpha_9 v + \alpha_{10}\ddot{v}) + F_2\cos(\Omega t + \tau) \tag{5-80}$$

其中，u 和 v 分别为横摇角和纵摇角；F_1 和 F_2 分别为横摇和纵摇波浪干扰力矩幅值；Ω 是波浪干扰力矩频率；ε 为小参数；ω_1 和 ω_2 分别为派生系统横摇固有频率和纵摇固有频率。设横摇响应和纵摇响应分别为

$$u(t,\varepsilon) = u_0(T_0, T_1) + \varepsilon u_1(T_0, T_1) + \cdots \tag{5-81}$$

$$v(t,\varepsilon) = v_0(T_0, T_1) + \varepsilon v_1(T_0, T_1) + \cdots \tag{5-82}$$

引入算子

$$\mathrm{d}/\mathrm{d}t = D_0 + \varepsilon D_1 + \cdots, \quad \mathrm{d}^2/\mathrm{d}t^2 = D_0^2 + 2\varepsilon D_0 D_1 + \cdots \tag{5-83}$$

将式(5-81)和式(5-82)代入式(5-79)和式(5-80)，进行摄动求解可得

$$D_0^2 u_1 + \omega_1^2 u_1 = -2\mathrm{i}\omega_1(D_1 A_1 + \mu_1 A_1)\exp(\mathrm{i}\omega_1 T_0) - 2\mathrm{i}\mu_1\Omega P_1\exp(\mathrm{i}\Omega T_0)$$
$$+ (\delta_1 - \omega_2^2\delta_2 - \omega_1^2\delta_3 + \omega_1\omega_2\delta_4)\overline{A_1} A_2\exp[\mathrm{i}(\omega_2 - \omega_1)T_0]$$
$$+ (\delta_1 - \omega_2^2\delta_2 - \omega_1^2\delta_3 + \Omega\omega_2\delta_4)\overline{A_2} P_1\exp[\mathrm{i}(\Omega - \omega_2)T_0]$$
$$+ (\delta_1 - \omega_2^2\delta_2 - \omega_1^2\delta_3 + \Omega\omega_1\delta_4)\overline{A_1} P_2\exp[\mathrm{i}(\Omega - \omega_1)T_0]$$
$$+ (\delta_1 - \omega_2^2\delta_2 - \omega_1^2\delta_3 + \Omega^2\delta_4)P_1 P_2\exp(2\mathrm{i}\Omega T_0)$$
$$+ (\delta_6 - \omega_1^2\delta_8)A_1\exp(\mathrm{i}\omega_1 T_0) + (\delta_5 - \Omega^2\delta_7)P_2\exp(\mathrm{i}\Omega T_0)$$
$$+ (\delta_6 - \Omega^2\delta_8)P_1\exp(\mathrm{i}\Omega T_0) + \mathrm{NST} + cc \tag{5-84}$$

$$D_0^2 v_1 + \omega_2^2 v_1 = -2\mathrm{i}\omega_2(D_1 A_2 + \mu_2 A_2)\exp(\mathrm{i}\omega_2 T_0) - 2\mathrm{i}\mu_2\Omega P_2\exp(\mathrm{i}\Omega T_0)$$
$$+ (\alpha_1 - \omega_1^2\alpha_2 - \omega_1^2\alpha_5)A_1^2\exp(2\mathrm{i}\omega_1 T_0)$$
$$+ (\alpha_1 - \Omega^2\alpha_2 - \Omega^2\alpha_5)P_1^2\exp(2\mathrm{i}\Omega T_0)$$
$$+ (\alpha_3 - \Omega^2\alpha_4 - \Omega^2\alpha_6)P_2^2\exp(2\mathrm{i}\Omega T_0)$$
$$+ (2\alpha_1 - \Omega^2\alpha_2 - \alpha_2\omega_1^2 - 2\alpha_5\omega_1\Omega)A_1 P_1\exp[\mathrm{i}(\Omega + \omega_1)T_0]$$
$$+ (2\alpha_1 - \Omega^2\alpha_2 - \alpha_2\omega_1^2 - 2\alpha_5\omega_1\Omega)\overline{A_1} P_1\exp[\mathrm{i}(\Omega - \omega_1)T_0]$$
$$+ (2\alpha_3 - \Omega^2\alpha_4 - \alpha_4\omega_2^2 - 2\alpha_6\omega_2\Omega)\overline{A_2} P_2\exp[\mathrm{i}(\Omega - \omega_2)T_0]$$
$$+ (\alpha_9 - \alpha_{10}\omega_2^2)A_2\exp(\mathrm{i}\omega_2 T_0) + (\alpha_7 - \alpha_8\Omega^2)P_1\exp(\mathrm{i}\Omega_2 T_0)$$
$$+ (\alpha_9 - \alpha_{10}\Omega^2)P_2\exp(\mathrm{i}\Omega T_0) + \mathrm{NST} + cc \tag{5-85}$$

其中，$P_1 = 0.5F_1(\omega_1^2 - \Omega^2)^{-1}$；$P_2 = 0.5F_2\exp(\mathrm{i}\tau)(\omega_2^2 - \Omega^2)^{-1}$；NST 和 cc 分别代表非永年项和共轭项。从式(5-84)和式(5-85)看出，当内共振条件 $\omega_2 \approx 2\omega_1$ 存在时，船舶具有多种形式的共振运动：① $\Omega \approx \omega_1$；② $\Omega \approx \omega_2$；③ $\Omega \approx \dfrac{1}{4}\omega_2$；④ $\Omega \approx \dfrac{3}{2}\omega_2$；⑤ $\Omega \approx 2\omega_2$。这里分析 $\Omega \approx \dfrac{1}{4}\omega_2$ 情况下船舶的运动特征，即研究船舶超谐共振运动[8]。

考虑内共振和超谐共振频率关系 $\omega_2 \approx 2\omega_1$ 和 $\Omega \approx \dfrac{1}{4}\omega_2$，引进调谐参数 σ_1 和 σ_2，设

$$\Omega \approx \frac{1}{4}\omega_2 + \varepsilon\sigma_1, \quad \omega_2 \approx 2\omega_1 + \varepsilon\sigma_2 \tag{5-86}$$

将式(5-86)代入式(5-84)和式(5-85)，利用消去永年项的条件并分离实部和虚部得到横摇幅值和相位以及纵摇幅值和相位的导数分别为

$$\begin{cases} D_1 a_1 = -\mu_1 a_1 + \Lambda_1 a_1 a_2 \sin\gamma_1 + \Lambda_5 f_1 f_2 \sin\gamma_2 \\ a_1 D_1 \beta_1 = -\Lambda_1 a_1 a_2 \cos\gamma_1 - \Lambda_3 a_1 - \Lambda_5 f_1 f_2 \cos\gamma_2 \\ D_1 a_2 = -\mu_2 a_2 - \Lambda_2 a_1^2 \sin\gamma_1 \\ a_2 D_1 \beta_2 = -\Lambda_2 a_1^2 \cos\gamma_1 - \Lambda_4 a_2 \end{cases} \tag{5-87}$$

其中

$$\begin{cases} \Lambda_1 = (4\omega_1)^{-1}(\delta_1 - \omega_2^2 \delta_2 - \omega_1^2 \delta_3 + \omega_1 \omega_2 \delta_4) \\ \Lambda_2 = (4\omega_2)^{-1}[\alpha_1 - \omega_1^2(\alpha_2 + \alpha_5)] \\ \Lambda_3 = (2\omega_1)^{-1}[\delta_6 - \omega_1^2 \delta_8] \\ \Lambda_4 = (4\omega_2)^{-1}[\alpha_9 - \omega_2^2 \alpha_{10}] \\ \Lambda_5 = (4\omega_1)^{-1}(\delta_1 - \omega_2^2 \delta_2 - \omega_1^2 \delta_3 - \Omega^2 \delta_4) \end{cases} \tag{5-88}$$

其中，a_1 和 β_1 分别为横摇的幅值和相位；a_2 和 β_2 分别为纵摇的幅值和相位。

$$\begin{cases} f_1 = F_1(\omega_1^2 - \Omega^2)^{-1} \\ f_2 = F_2(\omega_2^2 - \Omega^2)^{-1} \\ \gamma_1 = \beta_2 - 2\beta_1 + \sigma_2 T_1 \\ \gamma_2 = (2\sigma_1 + 0.5\sigma_2)T_1 - \beta_1 + \tau \end{cases} \tag{5-89}$$

式(5-79)和式(5-80)的稳态解为对应于式(5-87)后两式的奇点，即 $\mathrm{d}a_1 / \mathrm{d}T_1 = 0$，$\mathrm{d}a_2 / \mathrm{d}T_1 = 0$，$\mathrm{d}\gamma_1 / \mathrm{d}T_1 = 0$ 和 $\mathrm{d}\gamma_2 / \mathrm{d}T_1 = 0$。由此可以得到船舶出现超谐共振的条件为

$$\begin{cases} \Lambda_1^2 \Lambda_2^2 a_1^6 + 2\Lambda_1 \Lambda_2 \Gamma_3 a_1^4 + \Gamma_1^2 \Gamma_2^2 a_1^2 = \Lambda_5^2 f_1^2 f_2^2 \Gamma_2^2 \\ a_2 = \left| \Lambda_2 (\Gamma_2)^{-1} \right| a_1^2 \end{cases} \tag{5-90}$$

其中

$$\Gamma_1^2 = \mu_1^2 + (2\sigma_1 + 0.25\sigma_2 + \Lambda_3)^2$$

$$\Gamma_2^2 = \mu_2^2 + (4\sigma_1 + \Lambda_4)^2$$

$$\Gamma_3 = \mu_1 \mu_2 + (2\sigma_1 + 0.25\sigma_2 + \Lambda_3)(4\sigma_1 + \Lambda_4)$$

从式(5-90)可以看出发生超谐共振响应的充分条件为 f_1 和 f_2 均不为零。即需要同时受到横摇和纵摇的干扰力矩的作用才发生超谐共振响应，而船舶斜浪航行时，两个力矩均不为零，因此船舶斜浪航行存在超谐共振。

根据奇点方程可以得到超谐共振响应的稳态摄动解为

$$\begin{cases} u = f_1 \cos(\Omega t) + a_1 \cos(2\Omega t - \gamma_2 + \tau) + \cdots \\ v = f_2 \cos(\Omega t + \tau) + a_2 \cos(4\Omega t + \gamma_1 - 2\gamma_2 + 2\tau) + \cdots \end{cases} \tag{5-91}$$

从式(5-91)可以看出，船舶尽管仅受到单一频率 Ω 的简谐激励，但横摇运动

响应却包含多个谐波分量。横摇运动包括 Ω 和 2Ω 两个频率的谐波分量，而纵摇运动包括 Ω 和 4Ω 两个频率的谐波分量。可见船舶横摇和纵摇运动的频率是波浪激励频率的倍数，运动的速度高于波浪激励的速度，这是超谐之意。

选取式(5-79)、式(5-80)中的系数为 $\omega_2 = 1$，$\omega_1 = 0.5$，$\Omega = 0.25$，即满足实船内共振关系和超谐共振的必要条件，其他物理参数(如激励大小和非线性流体动力系数)有关的参数为 $\Lambda_1 = 0.01$，$\Lambda_2 = 0.0025$，$\Lambda_3 = 0$，$\Lambda_4 = 0$，$\Lambda_5 = 0.01$，$f_1 = 0.587$，$f_2 = 0.437$，$\sigma_1 = 0$，$\sigma_2 = 0$。将上述参数代入式(5-90)，可以得到 $a_1 = 0.432$，$a_2 = 0.093$。

为了验证船舶运动超谐共振的响应特性，进行了历程响应计算。图 5-9(a)和(b)分别为横摇运动数值解和纵摇运动数值解。

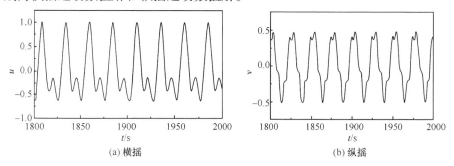

(a) 横摇   (b) 纵摇

图 5-9　超谐共振时间历程曲线

从图 5-9(a)和(b)可以看出，在 $\Omega = 0.25\omega_2$ 激励下，横摇运动有频率为 Ω 及 2Ω 两个谐波，纵摇运动有频率为 Ω 及 4Ω 的谐波。因两个运动响应中存在 2Ω 和 4Ω 的谐波成分，故称为超谐运动。由于频率为 ω_1 和 ω_2 的横摇谐波和纵摇谐波被激起，因此在超谐共振情况下，横摇和纵摇运动显著增大。此外，还可以看出，超谐共振情况船舶横摇运动是不对称的，即向左舷和右舷横摇角的幅值不相等。

为了讨论超谐共振的幅频响应特征，忽略式(5-79)和式(5-80)中与速度和加速度有关的耦合项，得

$$\begin{cases} \ddot{u} + \omega_1^2 u = -\bar{\mu}_1 \dot{u} + \delta_1 uv + F_1 \cos \Omega t \\ \ddot{v} + \omega_2^2 v = -\bar{\mu}_2 \dot{v} + a_3 u^2 + F_2 \cos(\Omega t + \tau) \end{cases} \tag{5-92}$$

其中，$-2\mu_1 = \bar{u}_1$；$-2\mu_2 = -\bar{u}_2$。

式(5-92)可以进一步简化为

$$\begin{cases} \ddot{u} + \omega_1^2 u = -\bar{\mu}_1 \dot{u} + uv + f_1 \cos \Omega t \\ \ddot{v} + \omega_2^2 v = -\bar{\mu}_2 \dot{v} + u^2 + f_2 \cos(\Omega t + \tau) \end{cases} \tag{5-93}$$

其中，$f_1 = (\delta_1 a_3)^{1/2} F_2$；$f_2 = \delta_1 F_2$；$u$ 为 $\bar{u} = (\delta_1 a_3 u)^{1/2}$；$v$ 为 $\bar{v} = \delta_1 v$。式(5-92)和

式(5-93)中，省略了 u 和 v 上面的"—"。考虑内共振条件 $\omega_2 \approx 2\omega_1$ 和 $\Omega \approx 0.25\omega_2$ 及式(5-86)，采用多尺度法求近似解得到

$$
\begin{cases}
a_2^3 + 4\omega_1[\sin\gamma_2 + 2(2\sigma_1 - 0.5\sigma_2)\cos\gamma_2]a_2^2 + 4\omega_1^2[\mu_1^2 \\
\quad + 4(2\sigma_1 - 0.5\sigma_2)^2]a_2 - \Lambda[f_1 f_2(\omega_2^2 - \Omega^2)^{-1}(\omega_1^2 - \Omega^2)^{-1}]^2 = 0 \\
\cos\gamma_1 = -(\omega_2^2 - \Omega^2)(\omega_1^2 - \Omega^2)(f_1 f_2)^{-1}[4\omega_1(2\sigma_1 - 0.5\sigma_2) + a_2\cos\gamma_2]a_1
\end{cases}
\tag{5-94}
$$

其中

$$
a_1 = (a_2\Lambda^{-1})^{1/2}, \quad \sin\gamma_2 = 2\mu_2\omega_2\Lambda
$$

$$
\cos\gamma_2 = -16\sigma_1\omega_2\Lambda, \quad \Lambda = [4\omega_2^2(\mu_2^2 + 64\sigma_1^2)]^{-1/2}
$$

根据式(5-94)可以计算得到横摇和纵摇的响应幅值随干扰频率的变化曲线。取无量纲参数为 $\omega_1 = 1.0$，$\omega_2 = 0.5 \times 2 \pm \bar{\sigma}_2$，$\Omega = 0.25 \pm \bar{\sigma}_1$，$f_1 = 0.01$，$f_2 = 0.01$，$\mu_1 = 0.005$，$\mu_2 = 0.005$，这些参数满足内共振和超谐共振条件，其中 $\bar{\sigma}_1 = \varepsilon\sigma_1$，$\bar{\sigma}_2 = \varepsilon\sigma_2$。调整调谐参数 σ_1 和 σ_2，可以得到幅频响应。图 5-10 所示为横摇幅频响应曲线，横坐标表示波浪激励频率的调谐值，纵坐标表示无量纲响应幅值。图 5-10 中的不同曲线对应不同的 $\bar{\sigma}_2$ 值。图 5-10 中略去了上划线"—"。

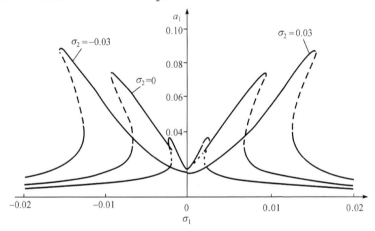

图 5-10 横摇运动幅值随波浪遭遇频率的变化特征

图 5-10 中，虚线和实线分别表示不稳定横摇运动和稳定横摇运动幅值。从图 5-10 中可以看出，在纵坐标的右边，当 σ_1 增大时，横摇幅值将从峰值跳跃到较小值；当 σ_1 减小时，横摇幅值将从较小值跳跃到峰值。这表明存在横摇运动幅值跳跃现象。

第6章　非线性系统周期解的稳定性

确定型非线性振动系统的运动可分为非定常运动和定常运动。定常运动一般可以划分为：①周期运动；②各态历经运动；③混沌运动。定常运动中的各态历经运动，指系统至少有两个互不通约(即其比值为无理数)的振动频率，因此运动虽然局限于某个范围内，却不能呈现精确的周期运动，其轨线在相空间的某一区域内稠密分布，这种运动被称为概周期运动[34]。

周期解的稳定性是指当初始条件或者振动系统的激励项发生变化时，解随时间增长的变化情况，它是系统在受到扰动作用后，运动可返回到原平衡状态的一种性能。

对于线性振动系统，除了无阻尼共振情况外，所有周期运动都是稳定的。但是对于非线性系统，在出现的许多不同类型的周期运动中，如主谐波振动和亚谐波振动，其中有的周期运动是稳定的，而有的周期运动是不稳定的。

在工程中，对平衡位置稳定性及运动状态稳定性的研究具有十分重要的意义。在某些情况下，确定系统在其平衡位置上是否稳定或研究所出现的运动状态的稳定性，比研究运动状态本身还重要。例如，深海平台系泊系统的平衡位置如果丧失稳定性，则系泊缆张力将发生突然变化，导致系泊系统损伤，平台的立管系统和钻井设备不能正常工作。

振动系统的运动由其运动方程式来描述，方程的一个解确定了系统的一种运动状态，方程的一个周期解对应着系统的一种周期运动，可以认为平衡位置是周期运动的一个特例，即运动周期等于无限大的周期性运动，因此，对稳定性问题的研究归结于对系统运动方程周期解稳定性的讨论。

6.1　周期解稳定性的定义

对于给定的振动系统，可用如下形式的微分方程表示[8]：

$$\dot{x} = f(t,x) , \quad x \in R^n \tag{6-1}$$

其中，$x=0$ 时，系统存在零解 $f(t,0)=0$。对式(6-1)的任意解 $x=\psi(t)$ 的稳定性研究，可以通过变换 $y=x-\psi(t)$ 化为零解 $y=0$ 的稳定性研究。以下仅研究式(6-1)零解的稳定性问题。下面给出李雅普诺夫意义下稳定性的有关定义。

定义 6-1　如果对于任意给定的 $\varepsilon > 0$ 和 $t_0 = 0$，存在 $\delta = \delta(\varepsilon, t_0)$，对于任一满足 $\|x_0\| < \delta$ 的 x_0，使得式(6-1)满足初始条件 $x(t_0) = x_0$ 的解 $x = x(t)$，当 $t > 0$ 时，均有 $\|x(t)\| < \varepsilon$，则称式(6-1)的零解 $x = 0$ 是稳定的。

定义 6-2　如果式(6-1)的零解是稳定的，并且存在 $\delta > 0$，当 $\|x_0\| < \delta$ 时，使对于满足初始条件 $x(t_0) = x_0$ 的解 $x = x(t)$，均有 $\lim\limits_{t \to \infty} x(t) = 0$，则称式(6-1)的零解是渐近稳定的。

定义 6-3　如果对于某个给定的 $\varepsilon > 0$，无论 $\delta > 0$ 怎样小，总存在一个 x_0，$\|x_0\| < \delta$，使得式(6-1)满足初始条件 $x(t_0) = x_0$ 的解 $x = x(t)$，至少在某个时刻 $t_1 > t_0$，有 $\|x(t_1)\| > \varepsilon$，则称式(6-1)是不稳定的。

6.2　稳定性的一次近似判别法

6.2.1　一次近似判别

对于非线性自治系统

$$\dot{x} = f(x), \quad x \in R^n \tag{6-2}$$

设 $f(x)$ 在 $x = 0$ 的邻域内有连续二阶偏导数，则由多元泰勒公式，可将 $f(x)$ 展开为

$$f(x) = Ax + g(x) \tag{6-3}$$

其中

$$A = Df = \begin{bmatrix} \dfrac{\partial f_1}{\partial x_1} & \cdots & \dfrac{\partial f_1}{\partial x_n} \\ \vdots & & \vdots \\ \dfrac{\partial f_n}{\partial x_1} & \cdots & \dfrac{\partial f_n}{\partial x_n} \end{bmatrix}_{x=0}$$

为 n 阶常数矩阵；$f = (f_1, f_2, \cdots, f_n)^{\mathrm{T}}$；$x = (x_1, x_2, \cdots, x_n)^{\mathrm{T}}$ 为向量函数；Df 为函数 f 的 Jacobi 矩阵，且非线性项 $g(x)$ 满足

$$\lim\limits_{\|x\| \to 0} \frac{\|g(x)\|}{\|x\|} = 0 \tag{6-4}$$

由此，式(6-2)可写成

$$\dot{x} = Ax + g(x) \tag{6-5}$$

其对应的一次近似系统为

$$\dot{x} = Ax \tag{6-6}$$

对应式(6-6)的零解稳定性，问题可分为两大类。

(1) 非临界情形。这种情形的非线性系统的稳定性态可以由其线性近似系统决定。

(2) 临界情形。在这种情形下，非线性系统的稳定性态不能仅由其线性近似系统决定，需要考虑非线性项的影响。这种情形的稳定性问题，可以用李雅普诺夫第二方法。

本节仅讨论非临界情形零解的稳定性问题，有以下的稳定性定理。

定理 6-1　若一次近似系统式(6-6)的矩阵 A 的所有特征值的实部均为负值，则非线性系统式(6-5)的零解是渐近稳定的。

定理 6-2　若一次近似系统式(6-6)的矩阵 A 的特征值有正实部，则非线性系统式(6-5)的零解是不稳定的。

定理 6-3　若一次近似系统式(6-6)的矩阵 A 的特征值有零实部，而其余特征值的实部均为负值。非线性系统式(6-5)的零解的稳定性由高阶项 $g(x)$ 决定。

例题 6-1　研究范德波尔方程零点的稳定性：

$$\ddot{x} + \mu(x^2 - 1)\dot{x} + x = 0$$

设 $x = x_1$，$\dot{x} = x_2$，则得到一阶方程组为

$$\begin{cases} \dot{x}_1 = x_2 \\ \dot{x}_2 = -x_1 + \mu x_2 - \mu x_1^2 x_2 \end{cases}$$

它的一阶近似方程为

$$\begin{cases} \dot{x}_1 = x_2 \\ \dot{x}_2 = -x_1 + \mu x_2 \end{cases}$$

一阶近似的特征方程为

$$D(\lambda) = \begin{vmatrix} -\lambda & 1 \\ -1 & -\lambda + \mu \end{vmatrix} = \lambda^2 - \mu\lambda + 1 = 0$$

显然，当 $\mu = 0$ 时，有一对纯虚根 $\lambda_{1,2} = \pm j$。根据定理 6-3，这是临界情况，原非线性系统的原点稳定性还与 $x_1^2 x_2$ 项有关。

当 $\mu < 0$ 时，$\lambda_{1,2} = \dfrac{1}{2}\left(\mu \pm \sqrt{\mu^2 - 4}\right)$，这两个特征根均为负实部。根据定理 6-1，原非线性系统的原点是渐近稳定的。

当 $\mu > 0$ 时，至少有一个特征根实部为正。根据定理 6-2，原非线性系统的原点为不稳定的。

6.2.2　劳斯-赫尔维茨判据

在研究非线性系统式(6-5)的零解的稳定性问题中，判定一次近似系统式(6-6)的矩阵 A 的特征值的实部是否均为负值十分重要。但当方程的阶数 $n > 3$ 后，特征方程求特征值将是困难的。劳斯-赫尔维茨(Routh-Hurwitz)定理解决了如何判定一个 n 次代数方程所有根的实部是否为负的问题。

定理 6-4　实系数的 n 次代数方程

$$a_0 \lambda^n + a_1 \lambda^{n-1} + \cdots + a_{n-1} \lambda + a_n = 0 \tag{6-7}$$

的所有根的实部均为负值的充分必要条件是下列劳斯-赫尔维茨行列式

$$\Delta_1 = a_1, \quad \Delta_2 = \begin{vmatrix} a_1 & a_0 \\ a_3 & a_2 \end{vmatrix}, \quad \Delta_3 = \begin{vmatrix} a_1 & a_0 & 0 \\ a_3 & a_2 & a_1 \\ a_5 & a_4 & a_3 \end{vmatrix}, \quad \cdots$$

$$\Delta_n = \begin{vmatrix} a_1 & a_0 & 0 & \cdots & \cdots & \cdots & 0 \\ a_3 & a_2 & a_1 & a_0 & 0 & \cdots & 0 \\ \vdots & \vdots & \vdots & \vdots & \vdots & & \vdots \\ a_{2n-1} & a_{2n-2} & a_{2n-3} & \cdots & \cdots & \cdots & a_n \end{vmatrix}, \cdots, \quad \Delta_n = a_n \Delta_{n-1} \tag{6-8}$$

都大于零。其中，当 $k > n$ 时，$a_0 = 1$，$a_k = 0$。

由此可知，如果式(6-8)中有一个是零或是负值时，劳斯-赫尔维茨条件不成立，就不必再计算行列式的值了。

定理 6-5　式(6-7)的所有根的实部均为负值的充分必要条件如下。

(1) 式(6-7)的系数全是正值，即 $a_i > 0 \ (i = 0, 1, 2, \cdots, n)$。

(2) 式(6-8)的劳斯-赫尔维茨一半行列式的值大于零，即 $\Delta_{n-1} > 0, \ \Delta_{n-3} > 0, \cdots$。应用定理 6-4 可以少计算一半行列式的值。

定理 6-6　式(6-7)的所有根的实部均为负值的必要条件是

$$a_i a_{i+1} > a_{i-1} a_{i+2}, \quad i = 1, 2, \cdots, n-2 \tag{6-9}$$

式(6-7)的所有根的实部均为负值的充分条件是

$$a_i a_{i+1} > 3 a_{i-1} a_{i+2}, \quad i = 1, 2, \cdots, n-2 \tag{6-10}$$

灵活运用劳斯-赫尔维茨的这 3 个定理，可以快速判定特征根是否均为负实部。

6.3　参数激励系统的稳定性

参数激励系统运动方程的一般形式为

$$\ddot{x} + p(t)\dot{x} + q(t)x = 0 \tag{6-11}$$

其中，$p(t)$ 和 $q(t)$ 是与时间有关的变参数，一般是周期函数。如果参数激励项 $p(t)$ 和 $q(t)$ 随时间简谐变化，则是参数激励系统最简单的形式，当 $p(t) = 0$，$q(t)$ 只有一个频率成分时，这就是在第 4 章中讨论的马休方程；如果参数激励项 $p(t)$ 和 $q(t)$ 随时间的变化规律不是简谐的，而是一般的周期函数，则运动微分方程称为希尔方程。

　　本节首先以 Spar 平台的垂荡-纵摇运动为例，讨论多频参数激励下系统的稳定性问题。因为激励是作为参数的变化出现在微分方程中的，所以称为参数激励。

6.3.1　Spar 平台垂荡-纵摇参数激励系统的稳定性

　　对于一般的 Spar 平台，由于其水线以下部分基本为轴对称结构，因此在分析中通常认为仅需要考虑纵摇或横摇运动。首先做以下假设：①忽略纵摇对垂荡运动的影响，垂荡按照已知的运动规律运动；②将 Spar 平台简化为简单的立柱式浮筒，忽略其他设备或结构；③在分析参数振动特性的过程中，忽略波浪力作用的影响，即只研究由 Spar 平台垂荡运动本身引起的纵摇运动。

　　基于以上简化考虑，Spar 平台的垂荡-纵摇运动模型如图 6-1 所示。可以看出，随着平台发生垂荡运动，其浮心位置发生变化，进而导致纵摇运动的初稳性高和回复力臂发生变化。因此，Spar 平台的垂荡-纵摇运动响应方程可以写成以下形式[35]：

$$(I + \Delta I)\ddot{\varphi} + C_1\dot{\varphi} + C_2\dot{\varphi}|\dot{\varphi}| + \Delta\left[\overline{GM} - \frac{1}{2}\eta(t)\right]\varphi + K_3\varphi^3 = 0 \tag{6-12}$$

其中，I 为平台纵摇运动的惯性矩；ΔI 为与纵摇运动附连水质量有关的项；C_1 为线性阻尼系数；C_2 为非线性阻尼系数；$\overline{GM}$ 为设计吃水的初稳性高；φ 为纵摇角度；$K_3\varphi^3$ 为非线性回复力矩；$\eta(t)$ 为平台的垂荡函数，可以写为一系列正、余弦函数的线性叠加。对于附连水质量、阻尼和排水体积等系数，其值选取为 Spar 平台在设计吃水下，以固有周期进行纵摇运动的状态所对应的值。

　　根据平台的垂荡能量谱，垂荡运动可以表示为如下形式：

$$\eta(t) = \sum_{i=1}^{n}\eta_i\cos(\omega_i t + \varepsilon_i) \tag{6-13}$$

其中，$\omega_i = i\omega_0$ 为每个波元的频率；ε_i 为相位角；η_i 为每个波元的幅值，可以通过下式计算得到：

$$\eta_i = \sqrt{2S_{\text{heave}}(\omega_i)\cdot\Delta\omega} = H(\omega_i)\cdot\sqrt{2S(\omega_i)\cdot\Delta\omega} \tag{6-14}$$

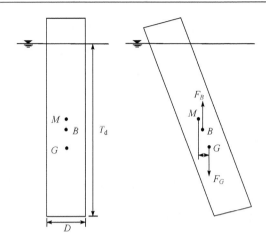

图 6-1　简化的 Spar 平台垂荡-纵摇运动模型

其中，$\Delta\omega = \omega_0$ 为每个波元的波宽；$S_{\text{heave}}(\omega_i) = S(\omega_i) \cdot H(\omega_i)^2$ 为垂荡能量谱。

在不规则波浪条件下，将式(6-13)和式(6-14)代入式(6-12)并忽略非线性项后，得到

$$(I + \Delta I)\ddot{\varphi} + C_1\dot{\varphi} + \Delta\left(\overline{GM} - \frac{1}{2}\eta(t)\right)\varphi = 0 \tag{6-15}$$

引入如下参数变换：

$$x = \delta\varphi, \quad \dot{x} = \frac{\mathrm{d}x}{\mathrm{d}\tau}, \quad \tau = \frac{m\omega_0 t}{2} = \frac{\omega_h t}{2}, \quad a = \frac{4\Delta\overline{GM}}{(I + \Delta I)\omega_h^2} = \left(\frac{2\omega_\varphi}{\omega_h}\right)^2$$

$$q = \frac{\Delta}{(I + \Delta I)\omega_h^2}, \quad c = \frac{C_1}{(I + \Delta I)\omega_h}$$

其中，ω_h 是垂荡运动的峰值频率；m 为 ω_h 与 ω_0 的比值，通过所要选取的频率数确定。式(6-15)可以变为希尔方程的形式，即

$$\ddot{x} + 2c\dot{x} + [a + 2q\varphi(\tau)]x = 0 \tag{6-16}$$

其中

$$\varphi(\tau) = \sum_{k=1,3,\cdots} a_k \sin\frac{k+1}{m}\tau + \sum_{k=2,4,\cdots} a_k \cos\frac{k}{m}\tau = -\eta(t) \tag{6-17}$$

对于希尔方程，以目前的方法对其进行解析求解要求激励项可以写成傅里叶级数的形式。此处基于线性理论模拟不规则波下的垂荡运动，依据等分频率法选取有限个波浪元的频率，所得到的垂荡表达式恰好与傅里叶展开式的形式一致，因此对利用希尔方程进行稳定性分析提供了极大的便利。

彼德森(Pedersen)通过应用布勃诺夫-伽辽金(Bubnov-Galerkin)方法对希尔方程进行求解，并给出了一个判断其解是否收敛的较为简便的方法。该解法通过将方程的解也写成傅里叶展开的形式，根据傅里叶展开各项两两正交的性质，若两傅里叶展开式相等，则其各项的系数也分别相等。基于此，可以得出关于方程解傅里叶展开式各项系数的方程组，从而得到方程傅里叶展开式形式的解。根据该方法，可以判断方程解的情况：当式(6-18)中的行列式值为正时，方程的解收敛并趋向于零，即 Spar 平台为稳定的；反之，当行列式的值为负，方程的解则发散，Spar 平台发生参数纵摇，是不稳定的。

$$
\begin{vmatrix}
2a & 0 & 0 & 2qa_2 & 2qa_1 & 0 & 0 & 2qa_4 & 2qa_3 \\
a-1+qa_2 & 2c+qa_1 & 0 & 0 & qa_2+qa_4 & qa_1+qa_3 & 0 & 0 \\
-2c+qa_1 & a-1-qa_2 & 0 & 0 & -qa_1+qa_3 & qa_2-qa_4 & 0 & 0 \\
 & & a-4+qa_4 & 4c+qa_3 & 0 & 0 & qa_2+qa_6 & qa_1+qa_5 \\
 & & & & 0 & 0 & -qa_1+qa_5 & qa_2-qa_6 \\
 & & & & a-9+qa_6 & 6c+qa_5 & 0 & 0 \\
 & & & & -6c+qa_5 & a-9-qa_6 & 0 & 0 \\
\text{其余对称} & & & & & & a-16+qa_8 & 8c+qa_7 \\
 & & & & & & -8c+qa_7 & a-16-qa_8
\end{vmatrix} = 0
$$

(6-18)

以激励函数 $\varphi = 0.5\cos\omega t + \cos 2\omega t + 0.5\cos 3\omega t$ 为例进行计算，得到的稳定性区域图如图 6-2 所示。

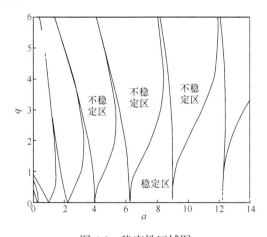

图 6-2　稳定性区域图

从图 6-2 可以看出，在多频情况下，同样的参数范围内，不稳定区域的数量会随 φ 中所含波浪元数量的增加而增加，相应的分布密度也增加。此外，从式(6-18)可以看出，对于 n 个余弦波叠加得到的激励函数 φ，行列式的阶数至少需要 $2n+1$

才能较准确地绘制出其稳定区域图。但是随着 n 的增加，绘制稳定区域图的计算量会大量增加，绘制图像所需的时间也相应地增加。

当激励频率取为 $\varphi = \cos 2\omega t$ 时，希尔方程就退化为马休方程，其计算过程和结果就同第 4 章的内容。为了便于比较，此处忽略多频波的初始相位和线性阻尼的影响，同时做出单频和多频激励下的稳定区域图如图 6-3 所示。其中 a 代表平台纵摇固有频率与垂荡频率的比例关系。

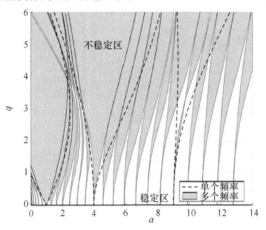

图 6-3　单频与多频情况下的稳定区域图

从图 6-3 可以看出，在多频情况下，尽管每个不稳定区域比单频要窄，面积更小，但是不稳定区域的数量远多于单频情况，对应的反映纵摇固有频率与垂荡频率之比的 a 值也更密集。因此，多频情况下，不稳定区域的分布更为广泛，参数振动发生的可能性更高，且总的不稳定区域面积要大于单频波的情况。因而，在不规则波情况下的 Spar 平台的状况可能更危险。

通过与希尔方程中的垂荡运动函数进行对比，可以看出垂荡运动表达式中每多一项，对应的不稳定区域便会增加一组，而其中的主区域对应峰值频率处的波浪元。由于峰值频率处能量最高，波浪元的波高也最大，因此对应的不稳定区域也最大，且受其他波浪元的影响较小。而主区域附近的稳定性区域也对应峰值附近的波浪元，同样主要受主峰值附近的能量影响，而受其他波浪元的影响较小，因此使得第一、二主区域附近的不稳定区域更为集中，所覆盖的面积也较大。

6.3.2　希尔方程的推广

在 6.3.1 小节中，分析了 Spar 平台垂荡-纵摇参数激励系统的稳定性问题，通过物理建模的方式得到其运动微分方程。实际上，对于一般的周期激励下具有周期解系统的稳定性，也可以转化为希尔方程，采用前面的方法来分析稳定性问题。

若有以下非线性方程

$$\ddot{x} + f(x)\dot{x} + g(x) = F(t) \tag{6-19}$$

其中，$F(t)$ 为周期激励，$F(t) = F(t+T)$；$f(x)$ 和 $g(x)$ 是阻尼系数和刚度系数。

首先建立扰动方程式，设方程的解出现以下扰动，即

$$x = x_0(t) + \eta(t) \tag{6-20}$$

其中，$\eta(t)$ 为扰动量；$x_0(t)$ 为方程的周期解。

将式(6-20)代入式(6-19)中，则有

$$\ddot{x}_0 + \ddot{\eta} + f(x_0 + \eta)(\dot{x}_0 + \dot{\eta}) + g(x_0 + \eta) = F(t)$$

再将 $f(x_0 + \eta)$ 及 $g(x_0 + \eta)$ 展为泰勒级数并保留线性项，得到

$$\ddot{x}_0 + \ddot{\eta} + f(x_0)\dot{x}_0 + f(x_0)\dot{\eta} + \dot{f}(x_0)\eta + \dot{g}(x_0)\eta + g(x_0) = F(t) \tag{6-21}$$

因原方程为 $\ddot{x}_0 + f(x_0)\dot{x} + g(x_0) = F(t)$，所以可得以下扰动方程式

$$\ddot{\eta} + f(x_0)\dot{\eta} + \left[\dot{f}(x_0) + \dot{g}(x_0)\right]\eta = 0 \tag{6-22}$$

因为 $x_0(t)$ 是周期函数，所以 $f(x_0)$ 与 $\dot{f}(x_0) + \dot{g}(x_0)$ 也是周期函数。因此，可以将以上扰动方程式变成带周期系数的微分方程式，即参数方程式：

$$\ddot{\eta} + p(t)\dot{\eta} + q(t)\eta = 0 \tag{6-23}$$

其中，$p(t)$ 和 $q(t)$ 是周期为 T 的周期函数，此处 $p(t)$ 必须是可微的。

如果 $\eta(t)$ 越来越小，最后趋近于零，则称 $x_0(t)$ 是渐近稳定的。

如果 $\eta(t)$ 在某一规定的小区域内，则称 $x_0(t)$ 是稳定的。如果 $\eta(t)$ 越来越大，或超出规定的范围，则称 $x_0(t)$ 是不稳定的。

式(6-23)即为希尔方程，它是具有周期系数的二阶线性微分方程。希尔方程的研究在非线性振动理论中具有重要的意义，从前面的推导可以看出，一般的单自由度非线性振动问题周期解的稳定性判断，都可以转化为希尔方程的稳定性问题。

对式(6-23)进行如下变换：

$$\eta = y \exp\left[-\frac{1}{2}\int p(t)\mathrm{d}t\right]$$

成为

$$\ddot{y} + r(t)y = 0 \tag{6-24}$$

其中

$$r(t) = q - \frac{1}{4}p^2 - \frac{1}{2}\dot{p}$$

当 $p(t)=0$ ，$q(t)=\delta+\varepsilon s(t)$ 时，即为第 4 章的马休方程稳定性问题，因此马休方程是希尔方程的一种特殊情况。

6.3.3 线性周期系数系统稳定性的一般定理

对于线性周期系数系统式(6-11)，可以采用弗洛凯理论计算特征乘子和特征指数，具体的推导和计算在 4.2 节有详细的过程，这里不再赘述。在计算得到特征乘子后，就可以找到稳定解与不稳定解的分界；在这个分界处，解以 T 或者 $2T$ 为周期，而在分界处的两边，关于解的稳定性有如下定理。

定理 6-7　如果线性周期系数系统的一切特征乘数的模都小于 1，而且每个模等于 1 的特征乘数都对应矩阵 $C = e^{TR}$ 的若尔当(Jordan)标准形中的一维若尔当块(即线性周期系数系统的一切特征指数都有非正实部，且每个有零实部的特征指数都对应矩阵 R 的若尔当标准形中的一维若尔当块)，则线性周期系数系统的解是稳定的。

定理 6-8　如果线性周期系数系统的一切特征乘数的模都小于 1(即线性周期系数系统的一切特征指数都有非正实部)，则线性周期系数系统的解是渐近稳定的。

对于非线性周期系数系统零解的稳定性，有如下稳定性定理。

定理 6-9　如果非线性周期系数系统的一次近似系统的一切特征指数都有负实部，则非线性周期系数系统的零解是渐近稳定的。

定理 6-10　如果非线性周期系数系统的一次近似系统至少有一个特征指数具有正实部，则非线性周期系数系统的零解是不稳定的。

从表面上看，线性周期系数系统与常系数线性系统解的稳定性问题十分类似，但实际上，由于线性周期系数系统的稳定性需要根据特征乘数或特征指数判定，而确定特征乘数或特征指数一般是极其困难的。对于一般问题，根本没有能得到特征指数或特征乘数的解析法，更不能根据矩阵 $A(t)$ 特征值的情况判定线性周期系数系统的稳定性，因此这两类系统的解的稳定性研究有本质的差别。

6.4　李雅普诺夫方法(第二方法)

设一非线性系统的运动微分方程为

$$\dot{y} = F(y,t), \quad y \in R^n, \quad F \in R^n \tag{6-25}$$

该系统在初始条件 $y=y_0$ 下的特解 $y=f(y,t)$ 称为未扰运动。给初始条件 $y=y_0$ 一个微小的摄动 $y=y_0+\varepsilon(\varepsilon\in R^n)$。在 $y=y_0+\varepsilon$ 的初始条件下，方程的特解 $\overline{y}=\overline{f}(y,t)$ 称为扰动运动。现引入新变量 $x=y-\overline{y}$，则原系统微分方程化为

$$\dot{x}=\dot{y}-\dot{\overline{y}}=f(y,t)-f(\overline{y},t)=g(x,t) \tag{6-26}$$

并称为扰动方程。当 $x=0$，$g(0,t)\equiv0$ 时，即扰动变量的平衡位置对应于未扰运动，从而未扰运动周期解的稳定性问题就转变为扰动方程零解的稳定性问题。

6.4.1 判断定理

李雅普诺夫直接法是根据微分方程式来构造一个所谓的李雅普诺夫函数 V。该函数是二次型。根据函数 V 的性质，可以判定微分方程式周期解的稳定性。

当函数 $V\geqslant0$(或 $V\leqslant0$)时，称为常号函数，$V>0$(或 $V<0$)称为定号函数，当 $V\geqslant0$ 时，称为常正，$V\leqslant0$ 称为常负，如果有时 $V>0$ 而有时 $V<0$，称为变号函数。

定理 6-11 如果对于扰动方程可以求得一定号函数 $V(t,x_1,x_2,\cdots)$，而其导数 V' 是 V 符号相反的常号函数，或等于零，则此未被扰动的运动是稳定的。

定理 6-12 如果对于扰动方程可以求得一定号函数 $V(t,x_1,x_2,\cdots)$，而其导数 V' 是与 V 符号相反的定号函数，则未被扰动的运动是渐近稳定的。

定理 6-13 如果对于扰动方程存在一个非常负(常正)函数 $V(t,x)$，而其导数 V' 是正定(负定)的，则未被扰动的运动是不稳定的。

此定理要求 V 函数不是常负的，即 V 可以是正定的、常正的或变号函数中的任何一种，而 V' 是正定的，则未被扰动不稳定。

例题 6-2 分析非线性系统：

$$\begin{cases} \dot{x}_1=x_2-\alpha x_1^3 \\ \dot{x}_2=-x_1-\alpha x_2^3 \end{cases}$$

原点的稳定性。

一次近似方程为

$$\begin{cases} \dot{x}_1=x_2 \\ \dot{x}_2=-x_1 \end{cases}$$

它的特征方程为

$$D(\lambda)=\begin{vmatrix} \lambda & -1 \\ 1 & \lambda \end{vmatrix}=\lambda^2+1=0$$

根据定理 6-3，特征根实部为零，这是临界情况，原点的稳定性不能确定。

现在用 V 函数来判别。试取 V 函数为

$$V = \frac{1}{2}\left(x_1^2 + x_2^2\right)$$

它为正定的。而其全导数为

$$\dot{V} = -\alpha\left(x_1^4 + x_2^4\right)$$

由李雅普诺夫稳定性定理知：①当 $\alpha > 0$ 时，原点为渐近稳定的；②当 $\alpha = 0$ 时，原点为稳定的；③当 $\alpha < 0$ 时，原点为绝对不稳定的。

这个例子说明，第一近似理论中的临界情况，还取决于高次项，不同的高次项会出现不同的稳定性。

6.4.2 李雅普诺夫函数 V 的构造方法[36]

采用李雅普诺夫直接法的关键是构造一个函数 V 来判断。对于同一个问题，可以构造许多不同的 V 函数。如果原问题是稳定的或者不稳定的，用不同的 V 函数都会得到相同的结论。如果原问题是渐近稳定的，选取不同的 V 函数可以得到原点是稳定的或渐近稳定的结果，且吸引域的大小可能不同。因此，构造一个能反映原问题稳定性的 V 函数是很重要的。遗憾的是不存在一般的构造方法，对于力学系统，常采用如下方法。

1. 首次积分组合法

设一个 k 自由度受完整约束的保守系统，其动能为

$$T = \frac{1}{2}\sum_{i,j=1}^{k} m_{ij}\dot{q}_i\dot{q}_j \tag{6-27}$$

势能为

$$U = U(q_1,\cdots,q_k) \tag{6-28}$$

设原点为系统的平衡位置，以原点为势能零点并在原点取极小值。

系统的运动微分方程可由拉格朗日 (Lagrange) 方程

$$\frac{\mathrm{d}}{\mathrm{d}t}\frac{\partial L}{\partial \dot{q}_i} - \frac{\partial L}{\partial q_i} = 0, \quad i = 1,2,\cdots,k \tag{6-29}$$

建立，其中，$L=T-U$ 为拉格朗日函数；q_i 为广义坐标；$\dot{q}_i$ 为广义速度。现引入新的变量——广义动量 p_i：

$$p_i = \frac{\partial T}{\partial \dot{q}_i} = \sum_{j=1}^{k} m_{ij}\dot{q}_j, \quad i = 1,2,\cdots,k \tag{6-30}$$

由此式解出广义速度 $\dot{q}_i = \dot{q}_i(p_j)$ $(i = 1, 2, \cdots, k)$，代入动能表达式，并引入新函数——哈密顿函数：

$$H = T(q, p) + U(q) \tag{6-31}$$

得到新的运动微分方程——正则方程：

$$\begin{cases} \dot{q}_i = \dfrac{\partial H}{\partial p_i} \\ \dot{p}_i = -\dfrac{\partial H}{\partial q_i} \end{cases}, \quad i = 1, 2, \cdots, k \tag{6-32}$$

在原点邻域内，$H(q, p)$ 为正定，取 H 为 V 函数：

$$\dot{H} = \sum_{i=1}^{k} \frac{\partial H}{\partial q_i} \dot{q}_i + \sum_{i=1}^{k} \frac{\partial H}{\partial p_i} \dot{p}_i \equiv 0 \tag{6-33}$$

所以原点稳定。实际上，$H = T + U$ 是正则方程的首次积分，它等于系统的总能量并等于常数，对力学系统常用总能量构造 V 函数。例如，研究非线性振动系统 $\ddot{x} + g(\dot{x}) + f(x) = 0$ 原点的稳定性，其中，$g(\dot{x})$、$f(x)$ 分别是 $\dot{x}$ 和 x 的奇函数，即 $\dot{x}g(\dot{x}) > 0(\dot{x} \neq 0)$，$g(0) = 0$；$xf(x) > 0(x \neq 0)$，$f(0) = 0$。可取 V 函数为 $V = \dfrac{1}{2}\dot{x}^2 + \int_0^x f(x)\mathrm{d}x$，即系统的总能量。但在一般情况下，用机械能作为 V 函数不能保证其正定性，有可能是半正定的，即可能总能量为零。此时可用首次积分的某种组合来构造 V 函数，能使 V 函数为正，则可以用来判断原点的稳定性。

2. 对常系数线性系统，采用试凑法找 V 函数

李雅普诺夫稳定性定理要求 V 函数是定号的，因此可设法选取一个适当的常系数二次型作为 V 函数。

例题 6-3　设扰动方程为

$$\begin{cases} \dot{x}_1 = x_2 \\ \dot{x}_2 = -x_1 - x_2 \end{cases}$$

试研究原点的稳定性。

取二次型

$$V = \frac{1}{2}(Ax_1^2 + Bx_1x_2 + Cx_2^2)$$

设为正定，且系数 A、B、C 为待定。它沿解的全导数为

$$\dot{V} = \left(\frac{B}{2} - C\right)x_2^2 + \left(A - C - \frac{B}{2}\right)x_1x_2 - \frac{B}{2}x_1^2$$

3. 对非线性自治系统的类比法

类比法的基本思想是对非线性项进行线性化得到线性化系统，对线性化系统构造 V 函数，然后由线性化系统的 V 函数反推出原来非线性系统的 V 函数。

例题 6-4　对二阶系统

$$\ddot{x} + \dot{x} + f(x) = 0$$

求出一个区间 (k_1, k_2)，使非线性函数 $f(x)$ 满足

$$k_1 < f(x)/x < k_2$$

时，系统原点为全局渐近稳定。

将二阶系统化为一阶系统

$$\begin{cases} \dot{x}_1 = x_2 \\ \dot{x}_2 = -f(x_1) - x_2 \end{cases}$$

令 $f(x_1) = ax_1$ 或 $\dfrac{f(x_1)}{x_1} = a$，$x_1 \neq 0$，代入上式得线性化系统

$$\begin{cases} \dot{x}_1 = x_2 \\ \dot{x}_2 = -ax_1 - x_2 \end{cases}$$

它的 V 函数及其全导数为

$$V = \frac{1}{2}(3x_1^2 + 2x_1x_2 + 2x_2^2)$$

$$\dot{V} = -(x_1^2 + x_2^2)$$

对于非线性系统，仍取 $V = \dfrac{1}{2}(3x_1^2 + 2x_1x_2 + 2x_2^2)$，它沿解的全导数为

$$\dot{V} = -\left[\frac{f(x_1)}{x_1}x_1^2 + 2\left(\frac{f(x_1)}{x_1} - 1\right)x_1x_2 - x_2^2\right]$$

显然把 $\dot{V}$ 作为 x_1、x_2 的二次型，负定的条件为

$$\begin{vmatrix} \dfrac{f(x_1)}{x_1} & \dfrac{f(x_1)}{x_1}-1 \\ \dfrac{f(x_1)}{x_1}-1 & -1 \end{vmatrix} > 0, \qquad x_1 \neq 0$$

解之得

$$0.38x_1 < f(x_1) < 2.62x_1$$

或

$$0.38 < \frac{f(x_1)}{x_1} < 2.62$$

即无论 $f(x)$ 具体形状如何，它位于如图 6-4 所示的阴影区域内，原点为全局渐近稳定。

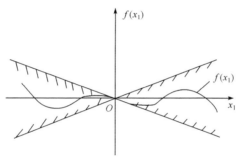

图 6-4　稳定区域示意图

6.5　Spar 平台运动稳定性[16]

6.5.1　Spar 平台纵摇非线性马休方程的建立

在考虑线性辐射阻尼和一阶波浪力时，Spar 平台纵摇运动微分方程可表示为

$$(I_{55}+I)\ddot{\xi}_5 + B_5\dot{\xi}_5 + \rho g\nabla\left[\overline{GM} + \frac{1}{4}\xi_5^2 H_g + \frac{1}{2}(\overline{\eta}-\xi_3)\right]\xi_5 = F_{w5}\cos(\Omega t + \theta_2) \quad (6\text{-}34)$$

其中，I 为平台纵摇转动惯量；I_{55} 为平台纵摇附加转动惯量；B_5 为线性化的辐射阻尼系数；ρ 为海水密度；g 为重力加速度；∇ 为平台静排水量；$\overline{GM}$ 为平台纵摇静稳性高度；H_g 为平台重心与静水面的距离；$\overline{\eta}$ 为瞬时波面升高；ξ_3 为垂荡位移；F_{w5} 为一阶纵摇波浪激励力矩幅值；Ω 为波浪频率；θ_2 为纵摇波浪激励力矩与波面的相对滞后角。

在此引入两个假设条件：①当 Spar 平台处于垂荡主共振区域时，忽略瞬时波面升高项的影响；②假设平台垂荡运动为波浪强迫激励下的单一频率简谐运动，运动频率与波浪频率相同，即 $\omega_3 = \Omega$，垂荡运动可近似表示为

$$\xi_3 = \overline{\xi_3} \cos \Omega t \tag{6-35}$$

其中，$\overline{\xi_3}$ 表示垂荡运动幅值；Ω 表示垂荡运动频率或波浪频率。

对式(6-34)重新定义时间尺度，令 $\tau = \omega_3 t$，代入式(6-34)可得

$$\omega_3^2 (I_{55} + I)\ddot{\xi}_5(\tau) + \omega_3 B_5 \dot{\xi}_5(\tau) + \rho g \nabla \left[\overline{GM} + \frac{1}{4}\xi_5^2(\tau)H_g - \frac{1}{2}\xi_3(\tau) \right] \xi_5(\tau)$$
$$= F_{w5} \cos(\tau + \theta_2) \tag{6-36}$$

将式(6-36)无量纲化后可得到具有 3 次非线性项的参强激励马休方程：

$$\ddot{\xi}_5(\tau) + \mu_0 \dot{\xi}_5(\tau) + (\delta - a_0 \cos \tau)\xi_5(\tau) + c_0 \xi_5^3(\tau) = f_0 \cos(\tau + \theta_5) \tag{6-37}$$

其中

$$\mu_0 = \frac{B_5}{\omega_3 (I_{55} + I)}, \quad c_0 = \frac{\rho g \nabla H_g}{4\omega_3^2 (I_{55} + I)}, \quad a_0 = \frac{\rho g \nabla \overline{\xi_3}}{2\omega_3^2 (I_{55} + I)}$$

$$f_0 = \frac{F_{w5}}{\omega_3^2 (I_{55} + I)}, \quad \delta = \frac{\rho g \nabla \overline{GM}}{\omega_3^2 (I_{55} + I)} = \left(\frac{\omega_5}{\omega_3} \right)^2$$

6.5.2 Spar 平台参数激励纵摇运动分析

1. 主参数共振时的近似解析解

根据非线性动力学理论，当参数激励频率与系统固有频率比接近 2 时，将激起系统的大幅值共振运动，特别是比值为 2 时，共振现象最严重。因此本节主要研究当垂荡运动频率接近 2 倍的纵摇固有频率时的运动特性，即 2∶1 主参数共振情况。当不考虑纵摇激励力矩时，式(6-37)可变为

$$\ddot{\xi}_5(\tau) + \mu_0 \dot{\xi}_5(\tau) + (\delta - a_0 \cos \tau)\xi_5(\tau) + c_0 \xi_5^3(\tau) = 0 \tag{6-38}$$

引入小参数 ε，令

$$\begin{cases} \mu_0 = \varepsilon \mu \\ a_0 = \varepsilon a \\ c_0 = \varepsilon c \\ \delta = 1/4 + \varepsilon \sigma \end{cases} \tag{6-39}$$

其中，σ 为频率调谐参数，表示垂荡运动频率与 2 倍纵摇固有频率的接近程度。将式(6-39)代入式(6-38)可得

$$\ddot{\xi}_5(\tau) + \frac{1}{4}\xi_5(\tau) = -\varepsilon[\mu \dot{\xi}_5(\tau) + \sigma \xi_5(\tau) - a \cos(\tau)\xi_5 + c\xi_5^3] \tag{6-40}$$

下面应用多尺度法求解式(6-40)。设式(6-40)的解可表示为

$$\xi_s(\tau) = x_0(T_0, T_1, T_2) + \varepsilon x_1(T_0, T_1, T_2) + \varepsilon^2(T_0, T_1, T_2) \tag{6-41}$$

其中，ε 为小量；$T_0 = \tau$；$T_1 = \varepsilon\tau$；$T_2 = \varepsilon^2\tau$。

定义微分算子：

$$\frac{\mathrm{d}}{\mathrm{d}\tau} = \frac{\partial}{\partial T_0} + \varepsilon\frac{\partial}{\partial T_1} + \cdots = D_0 + \varepsilon D_1 + \cdots \tag{6-42}$$

$$\frac{\mathrm{d}^2}{\mathrm{d}\tau^2} = (D_0 + \varepsilon D_1 + \cdots)^2 = D_0^2 + 2\varepsilon D_0 D_1 + \cdots \tag{6-43}$$

其中，$D_n = \dfrac{\partial}{\partial T_n}$（$n = 1, 2$）。

将式(6-41)~式(6-43)代入式(6-40)中，比较 ε 的同次项，可得

$$D_0^2 x_0 + \frac{1}{4}x_0 = 0 \tag{6-44}$$

$$D_0^2 x_1 + \frac{1}{4}x_1 = -2D_1 D_0 x_0 - \mu D_0 x_0 - \sigma x_0 + \frac{a}{2}\left(\mathrm{e}^{iT_0} + \mathrm{e}^{-iT_0}\right)x_0 - cx_0^3 \tag{6-45}$$

$$D_0^2 x_2 + \frac{1}{4}x_2 = -2D_1 D_0 x_1 - 2D_2 D_0 x_0 - D_1^2 x_0 - \mu(D_1 x_0 + D_0 x_1) - \sigma x_1$$
$$+ \frac{a}{2}(\mathrm{e}^{iT_0} + \mathrm{e}^{-iT_0})x_1 - 3cx_0^2 x_1 \tag{6-46}$$

设式(6-44)解的形式为

$$x_0 = A(T_1, T_2)\mathrm{e}^{\frac{iT_0}{2}} + \overline{A}(T_1, T_2)\mathrm{e}^{\frac{iT_0}{2}} \tag{6-47}$$

代入式(6-45)中得

$$D_0^2 x_1 + \frac{1}{4}x_1 = -iD_1 A\mathrm{e}^{\frac{iT_0}{2}} - \frac{\mu}{2}iA\mathrm{e}^{\frac{iT_0}{2}} - \sigma A\mathrm{e}^{\frac{iT_0}{2}} + \frac{a}{2}\left(A\mathrm{e}^{\frac{3iT_0}{2}} + \overline{A}\mathrm{e}^{\frac{iT_0}{2}}\right)$$
$$- c\left(A^3\mathrm{e}^{\frac{3iT_0}{2}} + 3A^2\overline{A}\mathrm{e}^{\frac{iT_0}{2}}\right) + cc \tag{6-48}$$

其中，cc 表示前面几项的共轭。式(6-48)中消除永年项的条件为

$$iD_1 A + \frac{\mu}{2}iA + \sigma A - \frac{a}{2}\overline{A} + 3cA^2\overline{A} = 0 \tag{6-49}$$

消除永年项后的式(6-48)变为

$$D_0^2 x_1 + \frac{1}{4}x_1 = \left(\frac{a}{2}A - cA^3\right)\mathrm{e}^{\frac{3iT_0}{2}} + cc \tag{6-50}$$

设式(6-50)解的形式为

$$x_1 = B(T_1, T_2)e^{\frac{3iT_0}{2}} + \overline{B}(T_1, T_2)e^{-\frac{3iT_0}{2}} \tag{6-51}$$

其中，$B = -\dfrac{1}{2}\left(\dfrac{a}{2}A - cA^3\right)$。

将式(6-51)与式(6-47)代入式(6-46)中得

$$D_0^2 x_2 + \frac{1}{4}x_2 = -3iD_1 Be^{\frac{3iT_0}{2}} - iD_2 Ae^{\frac{iT_0}{2}} - D_1^2 Ae^{\frac{iT_0}{2}}$$

$$- \mu\left(D_1 Ae^{\frac{iT_0}{2}} + \frac{3}{2}iBe^{\frac{3iT_0}{2}}\right) - \sigma Be^{\frac{3iT_0}{2}} + \frac{a}{2}\left(Be^{\frac{5iT_0}{2}} + Be^{\frac{iT_0}{2}}\right) \tag{6-52}$$

$$- 3c\left(A^2 Be^{\frac{5iT_0}{2}} + 2A\overline{A}Be^{\frac{3iT_0}{2}} + \overline{A}^2 Be^{\frac{iT_0}{2}}\right) + cc$$

式(6-52)中消除永年项的条件为

$$iD_2 A + D_1^2 A + \mu D_1 A - \frac{a}{2}B + 3c\overline{A}^2 B = 0 \tag{6-53}$$

根据式(6-53)和式(6-49)可分别解出：

$$D_1 A = -\frac{\mu}{2}A + i\sigma A - i\frac{a}{2}\overline{A} + 3icA^2\overline{A} \tag{6-54}$$

$$D_2 A = iD_1^2 A + i\mu D_1 A + \frac{3}{2}ic^2\overline{A}^2 A^3 - \frac{1}{4}iacA^3 - \frac{3}{4}iacA\overline{A}^2 + \frac{1}{8}ia^2 A \tag{6-55}$$

将 A 表示成极坐标的形式为

$$A = \frac{1}{2}\phi e^{i\beta} \tag{6-56}$$

其中，ϕ 与 β 均为时间 t 的实函数，因此

$$\dot{A} = D_0 A + \varepsilon D_1 A + \varepsilon^2 D_2 A \tag{6-57}$$

将式(6-54)、式(6-55)和式(6-56)代入式(6-57)的两端可得

$$\frac{1}{2}\dot{\phi} + \frac{1}{2}i\phi\dot{\beta} = \varepsilon\left(-\frac{1}{4}\mu\phi + \frac{1}{2}i\sigma\phi - \frac{1}{4}ia\phi e^{-2i\beta} + \frac{3}{8}ic\phi^3\right)$$

$$+ \varepsilon^2\left(-\frac{7}{32}iac\phi^3 e^{2i\beta} + \frac{3}{8}\mu c\phi^3 + \frac{3}{32}iac\phi^3 e^{-2i\beta} - \frac{1}{2}i\sigma^2\phi - \frac{3}{4}i\sigma c\phi^3\right.$$

$$\left. - \frac{1}{8}i\mu^2\phi + \frac{3}{16}ia^2\phi - \frac{15}{64}ic^2\phi^5\right) \tag{6-58}$$

对式(6-58)分离实部与虚部可得

$$
\frac{1}{2}\dot{\phi} = \varepsilon\left(-\frac{1}{4}\mu\phi - \frac{1}{4}a\phi\sin 2\beta\right) + \varepsilon^2\left(\frac{5}{16}ac\phi^3\sin 2\beta + \frac{3}{8}\mu c\phi^3 \right.
$$
$$
\left. +\frac{1}{2}\sigma a\phi\sin 2\beta\right) = 0
$$

(6-59)

$$
\frac{1}{2}\phi\dot{\beta} = \varepsilon\left(\frac{1}{2}\sigma\phi - \frac{1}{4}a\phi\cos 2\beta + \frac{3}{8}c\phi^3\right) + \varepsilon^2\left(-\frac{1}{8}ac\phi^3\cos 2\beta - \frac{1}{2}\sigma^2\phi - \frac{3}{2}\sigma c\phi^3 \right.
$$
$$
\left. -\frac{1}{8}\mu^2\phi + \frac{3}{16}a^2\phi + \frac{1}{2}\sigma a\phi\cos 2\beta - \frac{5}{64}c^2\phi^5\right) = 0
$$

(6-60)

式(6-40)的二阶解可最终表示为

$$
\xi_5(\tau) = x_0 + \varepsilon x_1 = A\mathrm{e}^{\frac{\mathrm{i}T_0}{2}} + \varepsilon B\mathrm{e}^{\frac{3\mathrm{i}T_0}{2}} + cc
$$
$$
= \phi\cos\left(\frac{1}{2}\omega_3 t + \beta\right) + \left[-\frac{1}{4}a_0\phi\cos\left(\frac{3}{2}\omega_3 t + \beta\right) + \frac{1}{8}c_0\phi^3\cos\left(\frac{3}{2}\omega_3 t + 3\beta\right)\right]
$$

(6-61)

对于定常响应，令式(6-59)与式(6-60)中 $\dot{\phi} = 0$ 和 $\dot{\beta} = 0$，通过数值方法求解两式确定 ϕ 与 β。

2. 解的稳定性分析

1) 零解的稳定性分析

根据式(6-61)可知，参激纵摇运动是否被激起与 ϕ 的零解是否存在且稳定有关，因此除根据式(6-59)与式(6-60)对 ϕ 与 β 值进行求解以外，还需要对 ϕ 的零解进行稳定性分析。根据 Hartman-Grobman(H-G)定理，非线性系统平凡解的稳定性可通过分析其在零点处线性系统的稳定性来获得。式(6-57)的线性部分为

$$
\dot{A} = \varepsilon\left(-\frac{1}{2}\mu A + \mathrm{i}\sigma A - \frac{1}{2}\mathrm{i}a\bar{A}\right) + \varepsilon^2\left(\mathrm{i}\sigma a\bar{A} + \frac{3}{8}\mathrm{i}a^2 A - \frac{1}{4}\mathrm{i}\mu^2 A - \mathrm{i}\sigma^2 A\right)
$$

(6-62)

将 A 表示为直角坐标的形式为

$$
A = B_\mathrm{r} + \mathrm{i}B_\mathrm{im}
$$

(6-63)

将式(6-63)代入(6-62)中，并分离实部与虚部可得

$$\begin{cases} \dot{B}_{\mathrm{r}} = -\frac{1}{2}\varepsilon\mu B_{\mathrm{r}} + \left[\varepsilon\left(-\sigma - \frac{a}{2}\right) + \varepsilon^2\left(\sigma a - \frac{3}{8}a^2 + \frac{1}{4}\mu^2 + \sigma^2\right)\right]B_{\mathrm{im}} \\ \dot{B}_{\mathrm{im}} = \left[\varepsilon\left(\sigma - \frac{a}{2}\right) + \varepsilon^2\left(\sigma a + \frac{3}{8}a^2 - \frac{1}{4}\mu^2 - \sigma^2\right)\right]B_{\mathrm{r}} - \frac{1}{2}\varepsilon\mu B_{\mathrm{im}} \end{cases} \tag{6-64}$$

式(6-64)的特征值为

$$\lambda_{1,2} = -\frac{1}{2}\mu_0 \pm \sqrt{\left(\frac{a_0}{2}\right)^2 - \left[\frac{1}{4}\mu_0^2 + (\varepsilon\sigma)^2 - \varepsilon\sigma - \frac{3}{8}a_0^2\right]^2} \tag{6-65}$$

根据 H-G 定理：当所有特征值的实部均为负值时，方程的平凡解为稳定的，即给方程一个小的扰动，解曲线仍然会稳定到零值；若至少存在一个特征值的实部大于零，平凡解就是不稳定的，只要给一个小的扰动，方程就不会稳定到零值。平凡解稳定区与不稳定区的分界线为

$$\left(\frac{a_0}{2}\right)^2 - \left[\frac{1}{4}\mu_0^2 + \left(\delta - \frac{1}{4}\right)\left(\delta - \frac{5}{4}\right) - \frac{3}{8}a_0^2\right]^2 - \frac{1}{4}\mu_0^2 = 0 \tag{6-66}$$

现通过式(6-66)作出当垂荡运动频率与纵摇固有频率比约为 2∶1 时 ($\delta \approx 0.25$)，不同阻尼下的纵摇运动马休稳定性图谱如图 6-5 所示。

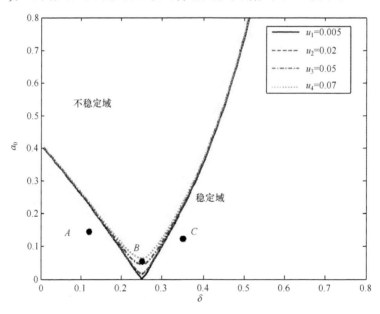

图 6-5　马休稳定性图谱

从图 6-5 中可以看出，当垂荡固有频率与纵摇固有频率接近 2∶1($\delta \approx 0.25$)

时，即使激励幅值较小也很容易发生纵摇参激运动，阻尼可以减小零解的不稳定区，从而抑制平台发生参激运动。现选取图 6-5 中的 A、C、B 三点进行数值验证，结果如图 6-6～图 6-9 所示。

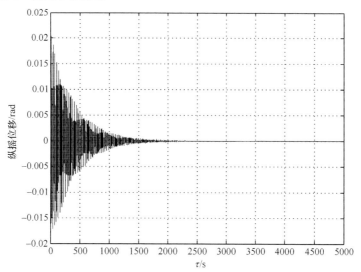

图 6-6　A 点位移时间历程图

$(a_0, \mu_0, \delta, c_0) = (0.15, 0.005, 0.13, 0.62)$

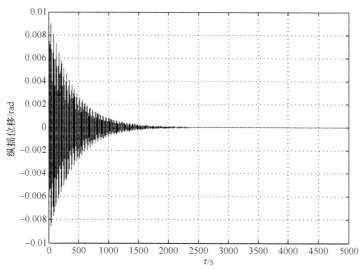

图 6-7　C 点位移时间历程图

$(a_0, \mu_0, \delta, c_0) = (0.13, 0.005, 0.35, 0.62)$

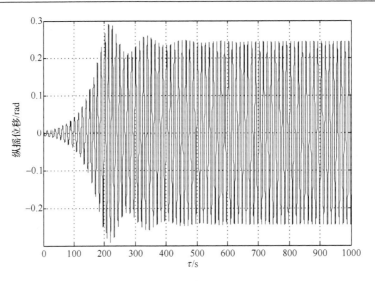

图 6-8　*B* 点位移时间历程图

$(a_0, \mu_0, \delta, c_0) = (0.06, 0.02, 0.25, 0.62)$

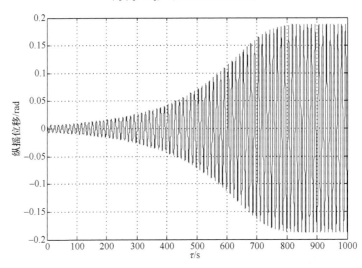

图 6-9　*B* 点位移时间历程图

$(a_0, \mu_0, \delta, c_0) = (0.06, 0.05, 0.25, 0.62)$

2) 定常周期解的稳定性分析

以上得出了零解的稳定区域和不稳定区域。当考虑系统的非线性特性时，只分析零解的稳定性是不够的，还需对周期解的稳定性进行分析。

通过分析扰动方程线性部分的稳定性来判断周期解的稳定性，即在周期解上施加一个小的扰动 $\eta(\tau)$，使得

$$\tilde{\xi}_5(\tau) = \xi_5(\tau) + \eta(\tau) \tag{6-67}$$

周期解 $\xi_5(\tau)$ 的稳定性取决于在 $t \to \infty$ 时，扰动 $\eta(\tau)$ 的极限值是否为零，将 $\tilde{\xi}_5(\tau)$ 代入式(6-38)，仅保留 $\eta(\tau)$ 的线性项，得到以下方程：

$$\ddot{\eta}(\tau) + \mu_0 \dot{\eta}(\tau) + \left[\delta - a_0 \cos(\tau)\right]\eta(\tau) + 3c_0 \xi_5^2(\tau)\eta(\tau) = 0 \tag{6-68}$$

令 $\nu(\tau) = \dot{\eta}(\tau)$，则式(6-68)可改写为

$$\begin{cases} \dot{\eta}(\tau) = \nu(\tau) \\ \dot{\nu}(\tau) = -\mu_0 \nu(\tau) - \left[\delta - a_0 \cos(\tau) + 3c_0 \xi_5^2(\tau)\right]\eta(\tau) \end{cases} \tag{6-69}$$

式(6-69)是一个关于扰动 $\eta(\tau)$ 的含有周期变化系数的线性微分方程，根据式(6-61)可知，$\xi_5(\tau)$ 的周期为 4π，式(6-69)中扰动 $\eta(\tau)$ 的周期为 2π，根据弗洛凯理论，若 $\psi(\tau)$ 为式(6-69)的基解矩阵，初始条件 $\psi(\tau) = I$，其中 I 为单位矩阵，则 $\psi(\tau)$ 应该满足：

$$\psi(\tau + T) = \psi(\tau) \cdot \psi(T) \tag{6-70}$$

设 λ_1 和 λ_2 为矩阵 $\psi(T)$ 的特征值，即弗洛凯乘子，那么存在如下结论。

(1) 如果 $|\lambda_1| < 1$ 且 $|\lambda_2| < 1$，则 $\psi(\tau)$ 为渐近稳定的，周期解 $\xi_5(\tau)$ 是稳定的。

(2) 如果 $|\lambda_1| > 1$ 或 $|\lambda_2| > 1$，则 $\psi(\tau)$ 为不稳定的，周期解 $\xi_5(\tau)$ 也为不稳定的。

矩阵 $\psi(T)$ 可以通过对式(6-69)在区间 $[0, 2\pi]$ 内数值积分获得，这样就可以确定不同的参数激励幅值 a_0 和频率平方比 δ 组合时式(6-38)的周期解的稳定性。考虑非线性恢复力后的纵摇运动马休稳定性图谱如图 6-10 所示。

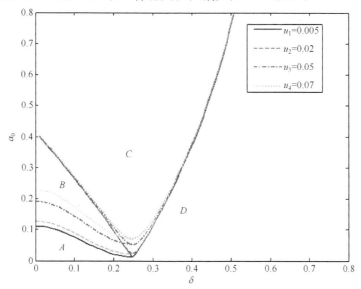

图 6-10　考虑非线性恢复力后的马休稳定性图谱

　　通过对于方程解的稳定性分析可知：在区域 A 中，存在零解与周期解，其中零解是稳定的，而周期解不稳定；在区域 B 中，存在零解与周期解，其中零解与周期解都是稳定的，此时响应幅值将由方程的初值决定；在区域 C 中，存在零解与周期解，其中周期解稳定而零解不稳定；在区域 D 中，只存在稳定的零解，不存在周期解。

　　图 6-11 和图 6-12 是给定参数条件时平台纵摇幅值随激励幅值 a_0 和随频率比 ω_3/ω_5 的变化曲线。

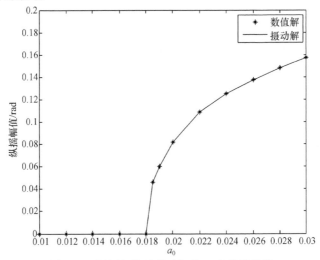

图 6-11　纵摇幅值随激励幅值 a_0 变化的曲线

$$(\delta, \mu_0, c) = (0.25, 0.018, 0.62)$$

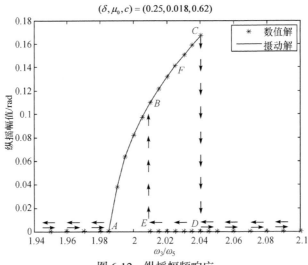

图 6-12　纵摇幅频响应

$$(a_0, \mu_0, c) = (0.025, 0.019, 0.62)$$

从图 6-12 中可以看出，当 ω_3 / ω_5 小于 1.985 时，由于只存在稳定的零解，此时纵摇幅值保持为零；当频率比 ω_3 / ω_5 大于 1.985 时，零解失稳且曲线分岔出稳定的非零解，在小扰动下，纵摇幅值将沿曲线 ABF 达到 C 点，此时非零解开始失稳，纵摇幅值将由 C 点跳跃回零点；而当频率比逐渐减小时，由于在 DE 段零解稳定，此时纵摇幅值仍为零；当频率比 $\omega_3 / \omega_5 < 2.01$ 时零解失稳，纵摇幅值将由 E 点跳跃至 B 点，再沿曲线 FBA 逐渐减小为零。图 6-13~图 6-16 是不同初值时图 6-12 中的 B、F 两点的时间历程图。

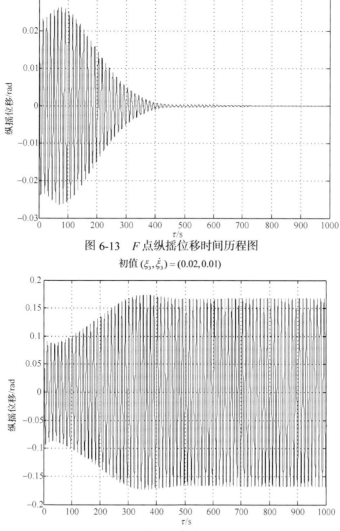

图 6-13　F 点纵摇位移时间历程图

初值 $(\xi_3, \dot{\xi}_3) = (0.02, 0.01)$

图 6-14　F 点纵摇位移时间历程图

初值 $(\xi_3, \dot{\xi}_3) = (0.10, 0.05)$

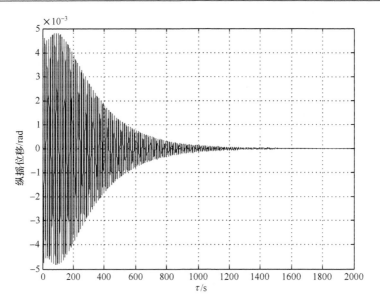

图 6-15　B 点纵摇位移时间历程图

初值 $(\xi_3, \dot{\xi}_3) = (0.002, 0.001)$

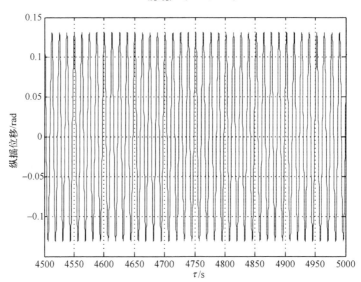

图 6-16　B 点纵摇位移稳态时间历程图

初值 $(\xi_3, \dot{\xi}_3) = (0.10, 0.05)$

6.5.3　Spar 平台参-强联合激励纵摇运动分析

1. 参-强联合激励时的近似解析解

引入小参数 ε，令

$$f_0 = \varepsilon f \tag{6-71}$$

将式(6-71)代入式(6-37)中，可得

$$\ddot{\xi}_5 + \frac{1}{4}\xi_5 = \varepsilon\left[-\mu\dot{\xi}_5 - \sigma\xi_5 + a\cos\tau\xi_5 - c\xi_5^3 + f\cos(\tau + \theta_5)\right] \tag{6-72}$$

下面应用多尺度法求解式(6-72)。设式(6-72)解可表示为

$$\xi_5(\tau,\varepsilon) = x_0(T_0,T_1) + \varepsilon x_1(T_0,T_1) + \cdots \tag{6-73}$$

其中，ε 为小量；$T_0 = \tau$；$T_1 = \varepsilon\tau$。

将式(6-73)代入式(6-72)中并令等式两边 ε 同次幂的系数相等，得到下列微分方程：

$$D_0^2 x_0 + \frac{1}{4}x_0 = 0 \tag{6-74}$$

$$D_0^2 x_1 + \frac{1}{4}x_1 = -2D_1 D_0 x_0 - \mu D_0 x_0 - \sigma x_0 + a\left(\frac{1}{2}e^{iT_0} + \frac{1}{2}e^{-iT_0}\right)x_0$$
$$-cx_0^3 + f\left(\frac{1}{2}e^{i(T_0+\theta_5)} + \frac{1}{2}e^{-i(T_0+\theta_5)}\right) \tag{6-75}$$

式(6-74)复数形式的解为

$$x_0 = A(T_1)e^{\frac{i}{2}T_0} + cc \tag{6-76}$$

其中，cc 指前几项的共轭复数。将式(6-76)代入式(6-75)中得到

$$D_0^2 x_1 + \frac{1}{4}x_1 = -iD_1 Ae^{\frac{iT_0}{2}} - \frac{i}{2}\mu Ae^{\frac{iT_0}{2}} - \sigma Ae^{\frac{iT_0}{2}} + \frac{a}{2}Ae^{\frac{3iT_0}{2}} + \frac{a}{2}\bar{A}e^{\frac{iT_0}{2}}$$
$$-cA^3 e^{\frac{3iT_0}{2}} - 3cA^2\bar{A}e^{\frac{iT_0}{2}} + \frac{f}{2}e^{i(T_0+\theta_5)} + cc \tag{6-77}$$

为使式(6-77)中不出现永年项，需令

$$iD_1 A + \frac{1}{2}i\mu A + \sigma A - \frac{1}{2}a\bar{A} + 3cA^2\bar{A} = 0 \tag{6-78}$$

将 A 表示为极坐标的形式为

$$A = \frac{1}{2}\phi(T_1)e^{i\beta(T_1)} \tag{6-79}$$

其中，ϕ 和 β 是 T_1 的实函数。把式(6-79)代入式(6-78)中分离实部与虚部得到极坐标形式的平均方程为

$$\frac{\mathrm{d}\phi}{\mathrm{d}T_1} = -\frac{1}{2}\mu\phi - \frac{1}{2}a\phi\sin 2\beta \tag{6-80}$$

$$\phi\frac{\mathrm{d}\beta}{\mathrm{d}T_1} = \sigma\phi - \frac{1}{2}a\phi\cos 2\beta + \frac{3}{4}c\phi^3 \tag{6-81}$$

对于定常响应令 $\dot{\phi} = 0$ 和 $\dot{\beta} = 0$，并从式(6-80)和式(6-81)中消去 β 得到关于 ϕ 的幅值分岔方程为

$$\left[a_0^2 - \mu_0^2 - \left(2\varepsilon\sigma + \frac{3}{2}c_0\phi^2\right)^2\right]\phi^2 = 0 \tag{6-82}$$

通过对于式(6-82)的研究可知，当选取不同的参数值时方程会得到以下三种不同的解：

$$\phi_1 = 0 \tag{6-83}$$

$$\phi_{2,3} = \pm\left(\frac{-4\varepsilon\sigma + 2\sqrt{a_0^2 - \mu_0^2}}{3c_0}\right)^{\frac{1}{2}} \tag{6-84}$$

$$\phi_{4,5} = \pm\left(\frac{-4\varepsilon\sigma - 2\sqrt{a_0^2 - \mu_0^2}}{3c_0}\right)^{\frac{1}{2}} \tag{6-85}$$

消除永年项后的式(6-77)变为

$$D_0^2 x_1 + \frac{1}{4}x_1 = \frac{a}{4}\phi e^{\frac{3iT_0}{2}+i\beta} - \frac{c}{8}\phi^3 e^{\frac{3iT_0}{2}+i\beta} + \frac{f}{2}e^{i(T_0+\theta_5)} + cc \tag{6-86}$$

式(6-86)的解可表示为

$$x_1 = -\frac{1}{8}a\phi\cos\left(\frac{3}{2}T_0 + \beta\right) + \frac{1}{16}c\phi^3\cos\left(\frac{3}{2}T_0 + 3\beta\right) - \frac{4}{3}f\cos\left(T_0 + \theta_5\right) \tag{6-87}$$

因此式(6-72)的一阶近似解为

$$\begin{aligned}
\xi_5(\tau) &= x_0 + \varepsilon x_1 \\
&= \phi\cos\left(\frac{1}{2}\omega_3 t + \beta\right) - \frac{1}{8}a_0\phi\cos\left(\frac{3}{2}\omega_3 t + \beta\right) \\
&\quad + \frac{1}{16}c_0\phi^3\cos\left(\frac{3}{2}\omega_3 t + 3\beta\right) - \frac{4}{3}f_0\cos\left(\omega_3 t + \theta_5\right)
\end{aligned} \tag{6-88}$$

2. 解的稳定性分析

下面根据李雅普诺夫运动稳定性定理对方程的零解与一阶定常近似周期解进行解的稳定性分析。

把平均方程从极坐标的形式变换成直角坐标的形式，令

$$A = u + \mathrm{i}v \tag{6-89}$$

其中，u 和 v 是关于 T_1 的实函数。将式(6-89)代入式(6-78)中，并分离实部、虚部得到直角坐标形式的平均方程为

$$\frac{\mathrm{d}u}{\mathrm{d}T_1} = -\frac{1}{2}\mu u - \sigma v - \frac{a}{2}v - 3c(u^2 + v^2)v \tag{6-90}$$

$$\frac{\mathrm{d}v}{\mathrm{d}T_1} = -\frac{1}{2}\mu v + \sigma u - \frac{a}{2}u + 3cu(u^2 + v^2) \tag{6-91}$$

平均方程的 Jacobi 矩阵为

$$Df(\boldsymbol{w}) = \begin{bmatrix} -\dfrac{1}{2}\mu - 6cuv & -\sigma - \dfrac{a}{2} - 3c(u^2 + 3v^2) \\ \sigma - \dfrac{a}{2} + 3c(3u^2 + v^2) & -\dfrac{1}{2}\mu + 6cuv \end{bmatrix} \tag{6-92}$$

其中，$\boldsymbol{w} = (u, v)^{\mathrm{T}}$；$\boldsymbol{f} = \begin{bmatrix} -\dfrac{1}{2}\mu u - \sigma v - \dfrac{a}{2}v - 3c\left(u^2 + v^2\right)v \\ -\dfrac{1}{2}\mu v + \sigma u - \dfrac{a}{2}u + 3cu\left(u^2 + v^2\right) \end{bmatrix}$。

式(6-92)对应的特征方程为

$$\lambda^2 + \mu\lambda + \frac{\mu^2}{4} - \frac{a^2}{4} + \sigma^2 + 12c\sigma(u^2 + v^2) + 3ac(u^2 - v^2) + 27c^2(u^2 + v^2)^2 = 0 \tag{6-93}$$

参数激励是否被激起分别对应 $\phi = 0$ 和 $\phi \neq 0$ 两种情况，现分别对 ϕ 的零解和非零解进行稳定性分析。

1) 零解的稳定性分析

$\phi = 0$ 时，式(6-93)的特征值为

$$\lambda_{1,2} = \frac{-\mu \pm \sqrt{a^2 - 4\sigma^2}}{2} \tag{6-94}$$

得到零解的稳定条件为

$$\mu_0^2 > a_0^2 - 4\left(\delta - \frac{1}{4}\right)^2 \tag{6-95}$$

2) 定常周期解的稳定性分析

$\phi \neq 0$ 时，考虑式(6-84)与式(6-85)，式(6-93)可转化为

$$\lambda^2 + \mu\lambda - \mu^2 + a^2 - 4\sigma^2 - 3c\sigma\phi^2 = 0 \tag{6-96}$$

此时式(6-96)的特征值为

$$\lambda_{1,2} = \frac{-\mu \pm \sqrt{5\mu^2 - 4a^2 + 16\sigma^2 + 12c\sigma\phi^2}}{2} \tag{6-97}$$

得到定常周期解的稳定条件为

$$\mu_0^2 < a_0^2 - 4\left(\delta - \frac{1}{4}\right)^2 + 3c_0\left(\frac{1}{4} - \delta\right)\phi^2 \tag{6-98}$$

将式(6-84)与式(6-85)代入式(6-98)中，得出方程在参数平面 a_0-δ 上的局部分岔集如图 6-17 所示。

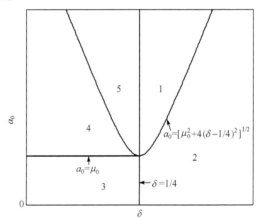

图 6-17　(a_0, δ) 参数平面上解的局部分岔集

通过对于幅值分岔方程以及解的稳定性分析可知：在区域 1 和 5 中，存在零解与式(6-84)表示的周期解，其中零解是不稳定的，而周期解是稳定的；在区域 2 和 3 中，零解是唯一的奇点且是稳定的；在区域 4 中，零解与式(6-84)和式(6-85)表示的周期解同时存在，其中零解与式(6-84)表示的周期解是稳定的，此时响应的幅值将由方程的初值决定。

图 6-18 和图 6-19 是不同阻尼系数 μ_0 作用下响应幅值 ϕ 随参数激励幅值 a_0 与频率比 δ 的变化曲线。

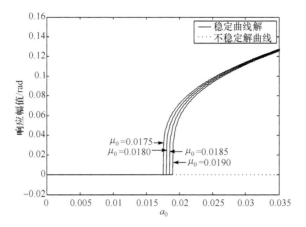

图 6-18　响应幅值 ϕ 随激励幅值 a_0 的变化曲线

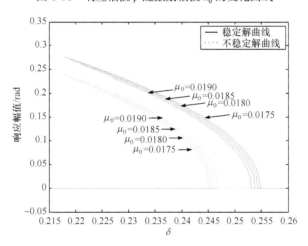

图 6-19　响应幅值随频率比 δ 的变化曲线

第7章 非线性振动系统的图解法与数值解法

第3章和第5章分别讨论了单自由度和多自由度弱非线性振动系统近似解的求解方法。但是在海洋工程中，存在大量多自由度的强非线性振动系统，采用求近似解的方法分析它们的振动响应有时十分困难，因此针对这些振动系统，提出其他分析方法是必要的。本章主要介绍非线性振动系统分析的定性方法——图解法及非线性系统振动分析的数值模拟方法。

7.1 图 解 法

7.1.1 相平面、相轨迹、相点的概念

相平面法是研究非线性振动的几何方法，也称为定性方法。这种方法可用于研究弱非线性系统和强非线性系统。

振动系统的状态可以用位移 x 和速度 y 来表示，Oxy 平面称为相平面，Oxy 平面上的点即为相点(或称为状态点)。首先以一个自由度的非线性保守系统为例来说明相平面的特点。

设单自由度系统的振动方程为

$$\ddot{x} + f(x) = 0 \tag{7-1}$$

作代换 $y = \dot{x}$，则式(7-1)可以表示为一阶方程组：

$$\dot{x} = y$$
$$\dot{y} = -f(x) \tag{7-2}$$

函数 $f(x)$ 中的非线性项不一定是小项。以 x(可看作质点的位移)和 y(可看作质点的速度)为坐标，作一个坐标平面 Oxy，则系统在每一瞬时的运动状态 $(x, \dot{x})$ 可以用 x 和 y 的一对数值 (x, y) 来表示，而这正好是 Oxy 平面上的一个点；反之，Oxy 平面上的一个点 $M(x, y)$ 也正好对应系统的一个运动状态。在 Oxy 平面上不同的点代表了系统不同的运动状态，因此可以用一个动点 $M(x, y)$ 在 Oxy 平面上的运动，表示系统运动状态的变化，这个动点就称为相点，而 Oxy 平面称为相平面，相点在相平面上的运动轨迹称为相迹(或相轨线)，在相迹上标以相应的箭头，表

示相点沿相轨迹运动的方向，如图 7-1 所示。

用相平面法研究动力系统的运动规律，就是根据由振动方程变换得到的方向场求出积分曲线，并求出相点沿此曲线族的运动规律。相平面法属于定性的方法，它能给出系统运动性质的一个全局的"图像"。

将相平面的概念加以推广，建立表示任一 n 个自由度非线性系统运动相空间的概念。

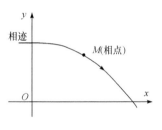

图 7-1　相轨迹示意图

7.1.2　相平面图的作法[8]

1. 等倾线法

如果有以下微分方程：

$$\frac{\mathrm{d}^2 x}{\mathrm{d}t^2} + f\left(x, \frac{\mathrm{d}x}{\mathrm{d}t}\right) = 0$$

令 $\dfrac{\mathrm{d}x}{\mathrm{d}t} = y$，则上式可写为以下一阶方程组：

$$\begin{cases} \dfrac{\mathrm{d}x}{\mathrm{d}t} = y = P(x, y) \\ \dfrac{\mathrm{d}y}{\mathrm{d}t} = -f(x, y) = Q(x, y) \end{cases} \tag{7-3}$$

相平面上，方程的积分曲线上各点切线的斜率为

$$\frac{\mathrm{d}y}{\mathrm{d}t} : \frac{\mathrm{d}x}{\mathrm{d}t} = \frac{\mathrm{d}y}{\mathrm{d}x} = \frac{Q(x, y)}{P(x, y)} = m = \text{const} \tag{7-4}$$

根据式(7-4)，可连成一族曲线，这些斜率相等的曲线(或直线)称为等倾线。

为了用等倾线法作出相平面图，先在 xOy 平面图上作出斜率相同的点，把它们连成曲线，如图 7-2 所示。沿曲线作斜率相同的微小的直线段，然后由初始点 (x_0, y_0) 开始，向前向后依次作微小线段，使此微小线段平行于代表该点斜率的线段，并将这些小线段依次连接起来，即可求得相轨迹，相轨迹上箭头的方向表示时间 t 增加的方向。

此外，根据相平面上轨迹线的形状，可以判断各种奇点和极限环。

图 7-3 表示了各种奇点和极限环的形状。

(1) 中心(图 7-3(a))：闭合相轨迹线中间的点称为中心，每一闭合的积分曲线代表一个周期解。中心代表振动系统的平衡状态，在中心(孤立奇点)邻近的曲线都是闭合的，所以这个奇点是稳定的。

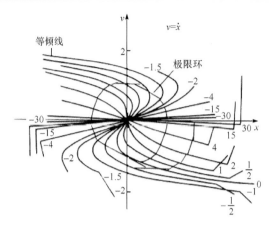

图 7-2　等倾线作图法示意图

(2) 焦点(图 7-3(b))：通常是螺旋线的终点或起点。如果螺旋线的方向是朝向内部的，则此终点为稳定焦点；如果螺旋线的方向是向外的，则此起点为不稳定焦点。因为没有闭合曲线，所以没有周期解。

(3) 结点(图 7-3(c))：为曲线族的交点，如果曲线方向朝向该点，则此交点为稳定结点；如果曲线方向由该点朝向外部，则此交点为不稳定结点。因为没有闭合曲线，也就没有周期解。

(4) 鞍点(图 7-3(d))：只有积分曲线 $x=0$, $y=0$ 通过原点，其他全在原点附近经过，这个类型的奇点称为鞍点，鞍点是不稳定的。

(5) 极限环(图 7-3(a))：极限环就是相平面图上的封闭曲线。如果当 t 大于某一定值时，积分曲线进入某封闭的环形曲线，则此环形曲线即极限环是稳定的。如果当 t 大于某一定值时，积分曲线的方向是某环形曲线流向它的外部，则此环形曲线即极限环是不稳定的。因为一个极限环通常代表一个周期解，如果极限环是稳定的，则周期解也是稳定的；如果极限环是不稳定的，则周期解也是不稳定的。

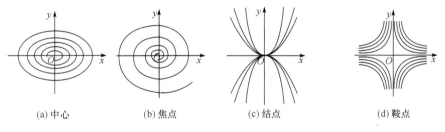

(a) 中心　　　　　(b) 焦点　　　　　(c) 结点　　　　　(d) 鞍点

图 7-3　奇点的形状

2. 列那作图法

列那作图法适用于弹性恢复力是位移的线性函数，阻尼是速度的非线性函数

的情况。设系统的运动方程为

$$\frac{\mathrm{d}^2 x}{\mathrm{d}t^2} + f(x)\frac{\mathrm{d}x}{\mathrm{d}t} + g(x) = 0 \tag{7-5}$$

令

$$F(x) = \int_0^x f(x)\mathrm{d}x \tag{7-6}$$

引入

$$\frac{\mathrm{d}x}{\mathrm{d}t} = y - F(x)，\quad 即 \quad y = \frac{\mathrm{d}x}{\mathrm{d}t} + F(x)$$

则有

$$\frac{\mathrm{d}^2 x}{\mathrm{d}t^2} = \frac{\mathrm{d}y}{\mathrm{d}t} - \frac{\mathrm{d}F(x)}{\mathrm{d}t} \cdot \frac{\mathrm{d}x}{\mathrm{d}t} = \frac{\mathrm{d}y}{\mathrm{d}t} - f(x)\frac{\mathrm{d}x}{\mathrm{d}t} \tag{7-7}$$

由式(7-5)可得

$$\frac{\mathrm{d}^2 x}{\mathrm{d}t^2} = -f(x)\frac{\mathrm{d}x}{\mathrm{d}t} - g(x) \tag{7-8}$$

将式(7-7)代入式(7-8)得

$$\frac{\mathrm{d}y}{\mathrm{d}t} = -f(x)\frac{\mathrm{d}x}{\mathrm{d}t} - g(x) + f(x)\frac{\mathrm{d}x}{\mathrm{d}t} = -g(x) \tag{7-9}$$

因而有

$$\frac{\mathrm{d}x}{\mathrm{d}t} = y - F(x)，\qquad \frac{\mathrm{d}y}{\mathrm{d}t} = -g(x) \tag{7-10}$$

而

$$\frac{\mathrm{d}y}{\mathrm{d}x} = \frac{-g(x)}{y - F(x)} \tag{7-11}$$

法线的斜率为

$$\frac{\mathrm{d}x}{\mathrm{d}y} = \frac{y - F(x)}{-g(x)} \tag{7-12}$$

列那作图法(图 7-4)的步骤如下。

(1) 作 Δ 曲线：$y = F(x)$，即 $y - F(x) = 0$。

(2) 过 $M(x, y)$ 引垂直线 MCD，交 Δ 曲线于 D。

(3) 过 D 作水平线 DN，交 y 轴于 N。

(4) 连接 N 与 M，过 M 点作 MN 的垂线 MM'。

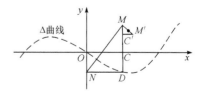

图 7-4　列那作图法

(5) 重复上面的步骤(1)~(4)，由点 $M(x_0, y_0)$ 起作切线 MN'，再做 $\bar{M}'\bar{M}''$，$\bar{M}''\bar{M}'''$，连成折线，再作光滑曲线，即得积分曲线。

因为法线 MN 的斜率恰好是积分曲线 M 点切线的负倒数，即 $\dfrac{\mathrm{d}y}{\mathrm{d}x} = \dfrac{-x}{y - F(x)}$，而 MN 的斜率为 $\dfrac{\mathrm{d}x}{\mathrm{d}y} = \dfrac{y - F(x)}{x} = \dfrac{MD}{DN}$。上面的作图法还可以采用下面的一个变换，经变换之后，作图更加方便。

引入变换

$$x_1 = \int x \mathrm{d}t, \qquad x = \frac{\mathrm{d}x_1}{\mathrm{d}t}$$

可将方程

$$\frac{\mathrm{d}^2 x}{\mathrm{d}t^2} + f(x)\frac{\mathrm{d}x}{\mathrm{d}t} + x = 0$$

变换为

$$\frac{\mathrm{d}^2 x_1}{\mathrm{d}t^2} + F\left(\frac{\mathrm{d}x_1}{\mathrm{d}t}\right) + x_1 = 0 \tag{7-13}$$

其中

$$F\left(\frac{\mathrm{d}x_1}{\mathrm{d}t}\right) = \int f\left(\frac{\mathrm{d}x_1}{\mathrm{d}t}\right) \mathrm{d}\left(\frac{\mathrm{d}x_1}{\mathrm{d}t}\right)$$

采用以下方程

$$\frac{\mathrm{d}x_1}{\mathrm{d}t} = y$$

$$\frac{\mathrm{d}y}{\mathrm{d}t} = -F(y) - x_1$$

即

$$\frac{\mathrm{d}y}{\mathrm{d}x_1} = -\frac{F(y) + x_1}{y} \tag{7-14}$$

在图 7-5 中的曲线是 $x_1 + F(y) = 0$，而 $\overline{DM} = -y\dfrac{\mathrm{d}y}{\mathrm{d}x_1} = \overline{CM} - \overline{CD} = x_1 + F(y)$，所以有 $\dfrac{\overline{DM}}{y} = -\dfrac{\mathrm{d}y}{\mathrm{d}x_1}$。

3. 结合数值解的作图法

对于式(7-1)和式(7-2)，可以利用 7.3 节的任何一种数值方法，求出在给定的初始条件下的解 x 和 $y=\dot{x}$，具体的求解方法和过程见 7.3 节，这里不再赘述。求得的这两个变量都是随时间 t 变化的，选取稳定运动后的部分保存在两个变量中，然后以 x 为横坐标、$y=\dot{x}$ 为纵坐标作图，即可得到特定初始条件下的相迹曲线。

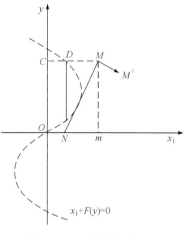

图 7-5 改进的列那作图法

例题 7-1 具有非线性弹性力的无阻尼振动系统，其运动方程式为

$$\ddot{x} + ax + bx^3 = 0$$

变换为一阶方程组：

$$\begin{cases} \dfrac{\mathrm{d}x}{\mathrm{d}t} = y \\[2mm] \dfrac{\mathrm{d}y}{\mathrm{d}t} = -(ax + bx^3) \\[2mm] \dfrac{\mathrm{d}y}{\mathrm{d}x} = \dfrac{Q(x,y)}{P(x,y)} = -\dfrac{ax - bx^3}{y} \end{cases}$$

根据以上方程，可在相平面图上作出积分曲线。图 7-6(a)是 $a>0$、$b>0$ 的情形。由图可以看出，该图中有一个中心及一组封闭曲线，每条曲线代表一个周期解。图 7-6(b)是 $a>0$、$b<0$ 的情形，例如，单摆的运动就是这样。该图中有一个中心和一个鞍点。在图示范围内，存在若干封闭曲线，因此在此区域内有周期解存在。

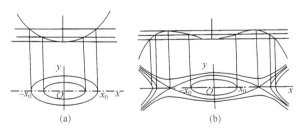

图 7-6 硬式和软式非线性振动系统的相轨迹图

7.2　点映射与胞映射法

非线性系统的动力学特性分析[37]可分为局部分析和全局分析。局部分析通常关注的是周期解和解的稳定性，以及参数变化对解的影响，即 7.1 节的内容；全局分析主要关注各个吸引子及其吸引域的空间位置和大小，以及参数变化对相空间全局结构的影响。在实际工程中，如果振动系统渐近稳定性区域十分小，那么即使解在理论上是渐近稳定的，在实际中却呈现"不稳定"的性态，因此对系统进行全局分析是一项非常重要的工作。对于弱非线性振动系统，各种摄动方法都是有效的；但对于强非线性振动系统，如果希望得到对全局性态的精确描绘，许多方法在多数情况下是不适用的。点映射法和胞映射法可用于分析强非线性系统全局性态。

胞映射方法的基本思想是将动力系统状态空间离散化为许多小的几何胞(体)，全部胞构成的集合形成胞空间。在将动力系统状态空间转化为胞空间后，动力系统中状态的转移就自然地对应成为胞之间的转移，进而通过对胞之间转移关系的研究完成对原动力系统的相应研究。

7.2.1　点映射

点映射法是庞加莱于 1881 年首先提出的，因此也称为庞加莱映射。

由于非线性系统运动的复杂性，在分析域内可能存在多种周期运动。当研究非线性动力系统时，首先感兴趣的是所有的周期运动以及它们的稳定性，而点映射法是求解周期运动和不动点的有效数值方法。在求出非线性系统的时间历程曲线后，可以方便地绘制出庞加莱截面上的不动点。

1. 点映射系统

考察由以下方程控制的周期性非自治系统：

$$\dot{x}(t) = f(x,t) \tag{7-15}$$

其中，x 为 n 维向量；f 为实型向量函数。f 对 x 而言是非线性的，f 对显含的 t 是周期性的。为了不失一般性，可以认为周期等于 1。

设 $x(n)$ 是系统的第 n 个周期末的状态，$x(n+1)$ 是第 $n+1$ 个周期末的状态。假如能把系统在第 $n+1$ 个周期末的状态用系统在第 n 个周期末的状态来表示，则式(7-15)可以改写成以下差分方程组：

$$x(n+1) = G\big[x(n)\big], \quad n \text{ 为整数} \tag{7-16}$$

函数关系 G 称为点映射，此系统称为点映射系统。

若动力系统的形式如式(7-16)所示，则状态向量 $x(n)$ 只定义在整数时刻，即不研究系统运动的连续时间历程，而只研究在一系列离散时间瞬时系统的状态。研究式(7-16)的解，在确定了式(7-16)的系统性态之后，需要时就可以回到原系统，并得到连续时间历程。

2. 不动点及其种类

对于式(7-16)，若

$$x(n) = G[x(n)] \tag{7-17}$$

即状态点 $x(n)$ 经过时间 T 的一次映射后回到 $x(n)$ 自己，称为不动点。若

$$x(n) = G(G\{\cdots G[x(n)]\cdots\}) = G^k[x(n)] \tag{7-18}$$

即状态点 $x(n)$ 经过 k 个周期回到 $x(n)$ 自己，称为 k 周期不动点。

下面用图示说明点映射过程及不动点的概念。

在图 7-7 中用 3 个平面分别表示时间 $t=0$、$t=T$ 和 $t=2T$ 时的相平面，其中 T 为周期。设在相平面 $t=0$ 上的点 $P_0(x_0, y_0)$ 经过 T 后，在 $t=T$ 的平面上，被映射到 $P_1(x_1, y_1)$，点 $P_1(x_1, y_1)$ 经过 T 后，又映射到 $P_2(x_2, y_2)$ 点上，如图 7-7(a)所示。如果将这一映射过程绘制在一个相平面上，如图 7-7(b)所示，就是点映射法的图示过程。如果 $x_2 = x_1 = x_0$，$y_2 = y_1 = y_0$，其中 $(x_1\ y_1)$、(x_2, y_2)、(x_0, y_0) 分别代表映射点 P_1、P_2、P_0，则点 P_0 即为不动点。

由前面的公式可知，不动点代表系统的周期解或者平衡位置，其中周期解可能包括高次谐波解或亚谐波解。图 7-8 表示高次谐波的映射过程，也就是 4 周期不动点。

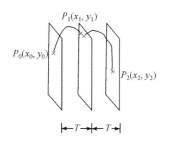

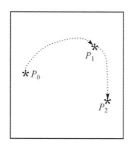

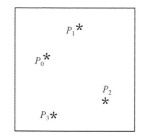

(a) 点映射过程　　　　(b) 点映射在相图上的表示

图 7-7　点映射过程　　　　　　　　图 7-8　高次谐波映射过程

3. 用点映射法求非线性系统周期运动——不动点

点映射算法的基本思想如下。一般情况下，相平面上的点，经过有限的时间

后，进入某周期运动，这一有限的时间称为过渡过程。进入某周期后系统做稳态运动，取相平面上的有限个点作为初始点，从各个初始点出发进行连续的点映射，当映射的次数足够多时，就会进入某周期运动而成为不动点。

下面以范德波尔方程为例，说明周期运动的求法。

$$\ddot{x} + \mu(x^2 - 1)\dot{x} + x = F\cos\Omega t$$

其中，$F = 9.0$；$\Omega = \pi$；$\mu = 4.125$。

首先，根据略知的运动特性确定分析区间，该问题的分析区间为 $-3.0 \leqslant x \leqslant 3.0$，$-5.2 \leqslant \dot{x} \leqslant 5.2$。

第二，在分析域内选取有限个点作为初始点(一般为矩形网格的中心点)，利用数值积分法计算一个周期后的位置，即求初始点的映射点，然后从映射点出发连续地进行点映射足够多的次数，如 500 次，将最后的 21 次映射点的数值记录下来。表 7-1 中的数据是从 $x \neq 0$，$v = 0$ 出发映射的结果，将计算的位移和速度保存在 x 和 y 两个数组中。

表 7-1　映射结果

序号	位移	速度
1	1.7598	0.7886
2	0.0558	−1.6403
3	−1.7894	1.0215
4	−1.4605	1.4576
5	1.7598	0.7886
6	0.0558	−1.6403
7	−1.7894	1.0215
8	−1.4605	1.4576
9	1.7598	0.7886
10	0.0558	−1.6403
11	−1.7894	1.0215
12	−1.4605	1.4576
13	1.7598	0.7886
14	0.0558	−1.6403
15	−1.7894	1.0215
16	−1.4605	1.4576
17	1.7598	0.7886
18	0.0558	−1.6403
19	−1.7894	1.0215
20	−1.4605	1.4576
21	1.7598	0.7886

可以看出，这是一个 P-4 周期运动。那么程序是怎样进行处理的呢？现分析如下。

如果映射序列是 P-1 运动，那么 $x(1) = x(2) = \cdots = x(21)$ ，$y(1) = y(2) = \cdots = y(21)$ 。

如果映射序列是 P-2 运动，那么 $x(1) = x(3) = \cdots = x(21)$ ，$y(1) = y(3) = \cdots = y(21)$ ；$x(2) = x(4) = \cdots = x(20)$ ，$y(2) = y(3 \quad 4) = \cdots = y(20)$ 。

如果映射序列是 P-3 运动，那么 $x(1) = x(4) = x(7) = \cdots$ ，$y(1) = y(4) = y(7) = \cdots$ ；$x(2) = x(5) = x(8) = \cdots$ ，$y(2) = y(5) = y(8) = \cdots$ ；$x(3) = x(6) = x(9) = \cdots$ ，$y(3) = y(6) = y(9) = \cdots$ 。

如果映射序列是 P-n 运动，那么 $x(1) = x(n+1) = x(2n+1) = \cdots$ ，$y(1) = y(n+1) = y(2n+1) = \cdots$ ；$x(2) = x(n+2) = x(2n+2) = \cdots$ ，$y(2) = y(n+2) = y(2n+2) = \cdots$ ；$x(3) = x(n+3) = x(2n+3) = \cdots$ ，$y(3) = y(n+3) = y(2n+3) = \cdots$ 。

选择某一点作为初始点，将数值积分中得到的映射点的位置在相平面中画出，即可得到点映射法的相图。如果画出的是一个点，则系统是周期运动或者是平衡位置；如果得到的是 n 个点，则系统是 n 周期运动；如果是一条封闭曲线，则系统的运动是准周期的；如果得到的是一些成片的具有分形结构的密集点，则系统的运动是混沌运动。

从图 7-9 的结果可以看出，点映射的相图上有 5 个点，所以这个系统是 4 周期运动。

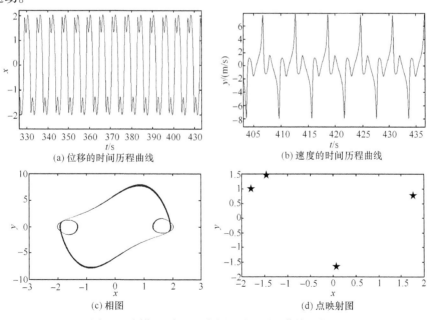

(a) 位移的时间历程曲线　　　　　　(b) 速度的时间历程曲线

(c) 相图　　　　　　(d) 点映射图

图 7-9　周期运动的不动点及时间历程曲线和相图

在解决具体问题时，找出一周期运动后，如果从某一点出发又找到一个周期运动，必须判断新找到的周期运动与原来找到的周期运动是否为同一周期运动。判定的方法是代表周期运动的各个不动点必须完全相同或误差小于给定的精度。

4. 周期解的稳定性——不动点的稳定性

点映射法可以用来研究系统的平衡点和周期解的局部稳定性，也可以用来研究系统的分岔、吸引域等全局形态。

当初始点相对于不动点有微小偏离时，经过几次映射后仍然能回到不动点时为稳定的不动点，即稳定的周期解。

7.2.2 胞映射

1. 将动力系统离散为胞映射系统

利用点映射法分析动力系统的全局性态时，状态空间被看成连续的。但是胞映射法认为，点映射系统只是从理论上将状态空间看成连续的。而实际上，所取的点无论如何不能完全连续，总有一个步长 h。当所找的点与已知点的距离小于 h 时，就会认为它们是同一点。从这一点出发，这些点的集合，也就是胞作为映射点，从而产生了胞映射法，该法是美籍华人徐皆苏教授提出的。胞映射法把点映射系统中的状态向量 X_i 坐标轴分成间隔为 h_i 的等分，把 $Z(i)$ 定义成在 X_i 轴上满足下面方程

$$[Z(i) - 0.5]h_i \leqslant Z_i \leqslant [Z(i) + 0.5]h_i \tag{7-19}$$

的点。其中，$Z(i)(i = 1, 2, \cdots, N)$ 为正整数，叫胞向量；Z 叫作胞。每个胞是 N 维长方体或长方形，长方体边长为 $h_i(i = 1, 2, \cdots, N)$，每个胞在状态空间的位置由 N 个正整数 $Z_i(i = 1, 2, \cdots, N)$ 确定。每个胞作为整体考虑，由胞的中心点的特性代表整个胞的特性，将振动系统化为中心型胞映射系统：

$$Z(n+1) = C[Z(n)] \tag{7-20}$$

其中，C 代表胞映射 (cell mapping)。式(7-20)包括了式(7-16)的全部特性。

2. 胞映射系统与连续的非线性动力系统

以二维胞映射为例，说明胞映射系统与连续的动力系统之间的关系。

二维胞映射系统与单自由度振动系统相对应，设强迫振动的周期是 T。将位移分量和速度分量作为胞映射的状态空间，令 X_1 代表位移，X_2 代表速度。设所分析的区域是矩形，如图 7-10 所示。在分析域内有 30 个胞，为了说明方便，将

胞以一维形式编号如图 7-10(a)所示，(b) 为 (a) 中各胞的胞映射分布图。

X_2	0	27	28	28	29	29
	20	8	16	27	2	1
	0	20	8	20	16	17
	16	16	17	18	19	17
	2	8	4	7	0	0
				X_1		

(a)胞序号图

X_2	25	26	27	2	29	30
	19	20	21	22	23	24
	13	14	15	16	17	18
	7	8	9	10	11	12
	1	2	3	4	5	6
				X_1		

(b)映射胞分布图

X_2	0	\$\$	\$\$	\$\$	\$	\$\$
	##	#	##	\$\$	##	###
	0	##	##	#	##	##
	##	#	##	##	##	##
	##	##	##	##	0	0
				X_1		

(c)全局性态图

图 7-10　二维胞映射系统

图 7-10(a)、(b)中的 (X_1, X_2) 表示：胞 1 在一个周期后映射到胞 2；胞 2 映射到胞 8；胞 8 映射到胞 16，依次类推。映射可描述为 $C[Z(1)] = 2, C[Z(2)] = 8, \cdots, C[Z(30)] = 29$。胞 5、6、13、25 的映射胞是 0，表明它们的映射胞在分析区域外。胞 2 的映射系列是 2—8—16—20—8—16—20⋯；胞 3 的映射系列是 3—4—7—16—20—8—16—20⋯。将所有胞的映射系列查出来后，系统的全局性态也就迎刃而解。胞 29 的映射胞仍为原胞；该胞的特性有两种可能：平衡胞或者与强迫周期相同的周期胞，称为 P-1 周期胞组，图中用\$表示。胞 8、16、20 为周期胞，称 P-3 周期胞组，图中用#表示。胞 1、2、3、4、7、9、11、12、14、15、17、18、19、21、23 是经过不同的映射次数进入 P-3 周期胞组的胞，这些胞称为 P-3 周期胞组的吸引胞，用\$ \$表示。全局性态如图 7-10(c)所示。

上面过程的一般描述为：C^m 代表 m 次映射，C^0 代表恒等映射。若对于 k 个不同的胞，$Z^*(j)(j = 1, 2, \cdots, k)$ 满足：

$$Z^*(m+1) = C^m\left[Z^*(1)\right], \quad m = 1, 2, \cdots, k-1 \tag{7-21}$$

$$Z^*(1) = C^k\left[Z(1)\right]$$

则这个序列就形成了周期为 k 的运动，简称周期 k 运动，称作 P-k 运动。

通过胞映射法将分析域中所有的周期胞组和它们的吸引胞找出来，而某一周期胞组的全部吸引胞为该周期胞组的吸引域。显然，当胞的边长足够小时，分析域中的 P-N 周期胞组与非线性系统中的 $N \times T$ 的周期运动相对应；而周期胞组的吸引域与非线性系统中该周期运动的渐近吸引域相对应。

3. 胞映射算法

用一维映射来说明算法，介绍确定周期胞和它的吸引域的有效算法，同时适用于多维的情况。考虑一维胞映射系统式(7-20)，一维胞映射的胞向量为一个正整数。

1) 陷胞与常规胞

有关这个概念涉及所选择的分析域的大小。一旦确定了分析区间，那么，对区间以外的任何胞的状态就不再关心。因此在分析域中的任何一个胞，一旦映射到分析域外，就叫陷胞。对于一维情况，设分析域内有 N_c 个胞(为 $1,2,\cdots,N_c$)，常规胞的映射为 $Z(n+1)=C[Z(n)]$，$Z(n)$ 和 $Z(n+1)$ 都在 $1,2,\cdots,N_c$ 范围内。

定义 7-1　如果 $Z(n)=1,2,\cdots,N_c$ 的映射胞 $C[Z(n)]<1$ 或 $C[Z(n)]>N_c$，那么其映射胞为陷胞，定义为 0，陷胞为 P-1 胞组。

定义 7-2　$C(0)=0$，即陷胞的映射仍为陷胞。

从任何一个常规胞开始计算，只能出现下面三种情况。

(1) Z 胞是周期组的周期胞。

(2) Z 胞经过 r 次映射后进入陷胞，那么这个胞属于陷胞的 r 步吸引胞。

(3) Z 胞经过 r 次映射后进入某周期胞，那么这个胞属于这个周期胞组的 r 步吸引胞。

2) 胞的总体特性描述

为了描述 Z 胞的总体特性，引入 3 个数组：组号 $G(Z)$、周期数 $P(Z)$ 和步数数组 $S(Z)$。每一个周期胞组给出一个组号，把这个组号赋值给周期胞组的每一个胞和该周期胞组的每一个吸引胞。在总体分析过程中，当一个又一个周期胞组被找出来以后，又连续地用组号(正整数)来赋值，周期胞组的组数与周期运动的个数相同。引入的 4 个数组：$C(Z)$、$G(Z)$、$P(Z)$、$S(Z)$ 即 Z 的意义是 $Z=1,2,\cdots,N_c$ 为分析域中胞的序号；$C(Z)$ 为 Z 胞的映射胞；$G(Z)$ 为 Z 胞所在的组号；$P(Z)$ 为 Z 胞所在周期胞组的周期数；$S(Z)$ 为 Z 胞是周期胞组的吸引胞的步数。

为了形成算法，便于程序编制，需要对处理过程中的胞进行分类。

(1) 处女胞。在程序中没有经过处理的胞，还不能确定是属于哪一组的，将置 $G(Z)=0(Z=1,2,\cdots,N_c)$。这里有两重含义：①在程序开始时，将 $G(Z)$ 置成零；②在程序处理过程中，一旦碰到一个胞，当它的 $G(Z)=0$ 时，说明它是一个没有被处理的胞。

(2) 正在处理的胞。代表该胞已被调用过，但正在被处理，这样的胞的 $G(Z)=-1$。

(3) 已经处理完的胞。该胞的组号已经确定，周期步及吸引步已确定，这样

的胞的 $G(Z) \geqslant 1$ 。

在处理胞的过程中，重复使用下面的映射过程，设从第 Z 胞开始。

$$Z \rightarrow C(Z) \rightarrow C^2(Z) \cdots C^i(Z) \rightarrow \cdots C^m(Z) \tag{7-22}$$

这一过程叫作对 Z 胞的 m 阶处理序列。

3) 胞在映射过程中的处理方法

在胞映射算法中，利用这一处理序列对 $Z=1,2,\cdots,N_c$ 胞一一处理。算法的思想是从处女胞 Z 开始。利用式(7-22)处理 Z。Z 胞的第 i 次映射可出现下面三种情况。

(1) $G[C^i(Z)]=0$，这表明 $C^i(Z)$ 是一个没有处理过的胞。令 $G[C^i(Z)]=-1$，继续寻找 $C^{i+1}(Z)$。

(2) $C^i(Z)=Z'$，且 $G(Z')=$ 正整数。这表明 $C^i(Z)$ 胞是已经处理完的胞。正在处理的所有胞，都属于这个组，与 Z' 有相同的组号、周期号。吸引域的步数确定为 $S[C^i(Z)]=S(Z')+i-j(j=1,2,\cdots,i)$，然后处理下一个胞。

(3) 设 $C^i(Z)=Z''$，它的组号 $G(Z'')=-1$，这说明 Z'' 胞在前面的处理序列中已经出现过。因此，在这个序列里包含着一个新的周期胞组。将所有正在被处理的胞赋值成一个新的组号，新的组号比原来的组号大 1。确定新周期胞组中的周期胞、周期胞组的周期数、所有的吸引胞的步数，然后处理下一个胞。

胞映射法程序框图如图 7-11 所示。

例题 7-2　采用胞映射方法分析系泊的海洋平台的周期运动及其倍周期分岔问题。假定系泊平台为刚体，且它的各个自由度运动之间无耦合。于是其纵荡运动的微分方程为[38]

$$m\ddot{x} + b\dot{x} + f(x) = a\sin(2\pi t / T) \tag{a}$$

其中，$\ddot{x}$ 和 $\dot{x}$ 分别表示纵荡位移 x 对时间 t 的二阶和一阶导数；b 为等效线性化阻尼系数；$f(x)$ 为系泊运动回复力，它由系泊缆绳提供；a 和 T 分别为波浪激励力的幅值和周期。$f(x)$ 的表达式为

$$f(x) = L(e^{cx} - 1) \tag{b}$$

c 为系泊回复力因子，由试验数据确定。取 $m=45011\times10^3\,\text{kg}$，$b=383\,\text{kN(m} \cdot \text{s}^{-1})$，$c=0.1$，$L=7150\text{kN}$，对应于有义波高为 8m 的实际海况。

引入变换，令 $\tau = t / T$，则式(a)化为

$$m\ddot{x} + bT\dot{x} + T^2 f(x) = aT^2 \sin(2\pi\tau) \tag{c}$$

其中，"·"表示运动量对无量纲时间 τ 的导数。令 $z=\tau$，则可将式(c)化为一阶常微分方程组的形式：

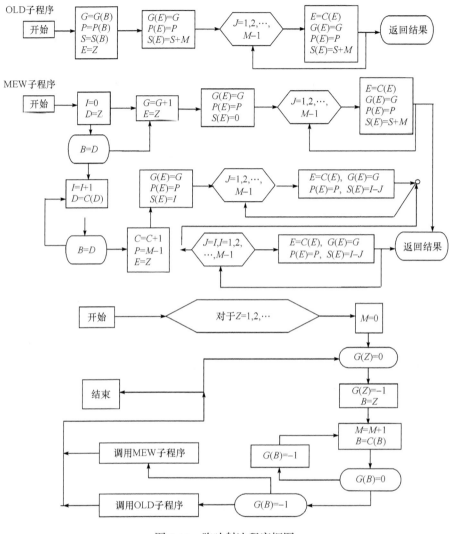

图 7-11　胞映射法程序框图

$$\begin{cases} \dot{x} = y \\ \dot{y} = -ky - q(\mathrm{e}^{cx} - 1) + B\sin(2\pi z) \\ \dot{z} = 1 \end{cases} \tag{d}$$

其中，$k = bT/m$；$B = aT^2/m$；$q = T^2L/m$。

应用定步长的四阶龙格-库塔方法对式(d)进行数值积分，其中步长 Δt 取为 0.05，相当于波浪激励周期的 1/20。

系统在 $T=18\mathrm{s}$ 时存在 3 个稳定吸引子，它们分别是 $1T$ 周期解、$3T$ 周期解和

$4T$ 周期解，其中 nT 表示解的周期 n 倍于波浪激励周期。图 7-12~图 7-14 分别为
$1T$ 周期解、$3T$ 周期解和 $4T$ 周期解。

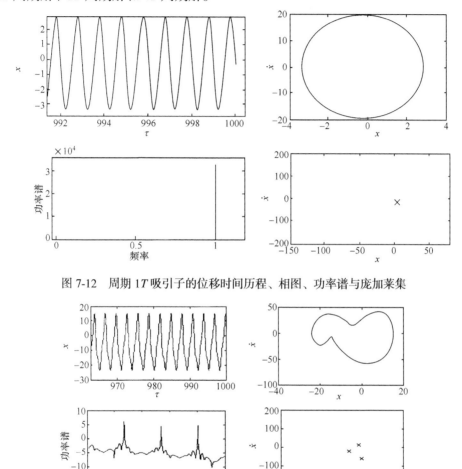

图 7-12　周期 $1T$ 吸引子的位移时间历程、相图、功率谱与庞加莱集

图 7-13　周期 $3T$ 吸引子的位移时间历程、相图、功率谱与庞加莱集

　　比较图 7-12~图 7-14 可知，周期 $3T$ 和周期 $4T$ 运动的幅值远大于周期 $1T$ 的
运动幅值。这 3 个周期解的吸引域相互缠绕，而且在相平面上越远离原点，这种
现象就越明显。因此，在这一区域，系统的长期运动形态对初始条件极为敏感，
这对于系泊系统安全是不利的。

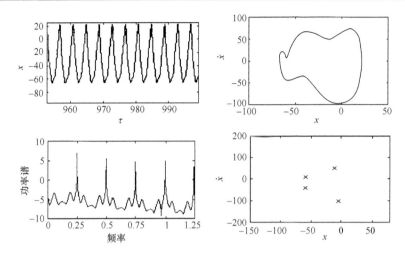

图 7-14　周期 $4T$ 吸引子的位移时间历程、相图、功率谱与庞加莱集

　　应用胞映射方法分析 $1T$ 周期解、$3T$ 周期解和 $4T$ 周期解的吸引域。相平面中的胞映射区间定义为 $-150 \leqslant x \leqslant 150$，$-250 \leqslant \dot{x} \leqslant 250$，网格划分为 200×200，共 40000 个正规胞。胞映射结果如图 7-15 所示。图中颜色最深的黑色区域表示 $4T$ 周期解的吸引域，颜色次浅的灰色区域表示 $3T$ 周期解的吸引域，颜色最浅的灰白区域则表示 $1T$ 周期解吸引子的吸引域；而吸引域之外的大片空白区域则代表陷胞及其吸引域。由图 7-15 可见，$1T$ 周期解、$3T$ 周期解和 $4T$ 周期解的吸引域是相互缠绕的；初值较小时(指(0，0)附近区域)，系统有一个周期 $1T$ 的稳定极限环。初值较大时，出现了周期 $3T$ 和周期 $4T$ 运动。

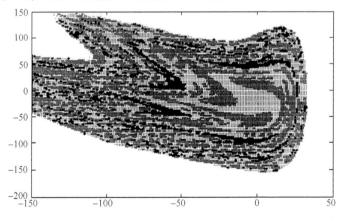

图 7-15　$1T$、$3T$ 和 $4T$ 吸引子的吸引域(T=18s)

7.3　非线性振动分析的数值解法

数值解法是一种可以在计算机上实现的近似方法。在工程技术的很多领域常会遇到微分方程的定解问题。除少数几种类型常微分方程的解可以用解析表达式给出外，多数情况都只能得到数值近似解。因此下面介绍用于数值求解的龙格-库塔方法、IHB 法、简谐加速度法和有限差分法。

7.3.1　龙格-库塔方法

以单自由度的弹簧-质量-阻尼系统为例，系统非线性振动微分方程的一般形式为

$$\ddot{y} + R(t, \dot{y}) + K(t, y) = f(t) \tag{7-23}$$

$R(t, \dot{y})$ 为阻尼力，是速度的非线性函数；$K(t, y)$ 为恢复力，是位移的非线性函数。令

$$y = x_1, \quad \dot{y} = x_2$$

则微分方程变化为

$$\begin{cases} \dot{x}_1 = x_2 \\ \dot{x}_2 = -R(t, x_2) - K(t, x_1) + f(t) \end{cases} \tag{7-24}$$

引入变量 x_1 和 x_2 后，将二阶微分方程变成了形如式(7-24)的两个一阶微分方程，称为原方程的典则方程组。由于所有的高阶微分方程都可以化为一阶微分方程组，即典则形式，而一阶方程组与一阶方程的解法基本相似，这种方法是求解常微分方程最基本的方法。所以下面主要关注一阶方程的解法。

一阶微分方程的一般形式为

$$\begin{cases} \dot{y} = f(x) \\ y(x_0) = y_0 \end{cases} \tag{7-25}$$

用数值方法求函数 y ，实际就是从初值 $y(x_0)$ 出发，计算 x_0 每增加一个步长时 y 的值，即 $x = x_0 + h, x_0 + 2h, \cdots, x_0 + nh$ 时 y 的值，其中，h 为步长，n 为所取的计算步数。在得到第 n 步的响应 y_n 后，y_{n+1} 的计算格式为

$$\begin{cases} y_{n+1} = y_n + h \sum_{i=1}^{r} \omega_i K_i \\ K_1 = f(x_n, y_n) \\ K_i = f\left(x_n + \alpha_i h, y_n + \sum_{j=1}^{i-1} h\beta_{ij} K_j \right), \quad i = 2, 3, \cdots, r \end{cases} \tag{7-26}$$

其中，r 为龙格-库塔法的阶数；ω_i、α_i 和 β_{ij} 为计算参数。当选择不同的 r 值时，可以得到不同精度的解。由于这样的计算格式避免了求导运算，又具有较高精度，因此是较为实用的方法。

标准的四阶龙格-库塔格式为

$$\begin{cases} y_{n+1} = y_n + \dfrac{h}{6}(K_1 + 2K_2 + 2K_3 + K_4) \\ K_1 = f(x_n, y_n) \\ K_2 = f\left(x_n + \dfrac{h}{2}, y_n + \dfrac{h}{2}K_1\right) \\ K_3 = f\left(x_n + \dfrac{h}{2}, y_n + \dfrac{h}{2}K_2\right) \\ K_4 = f(x_n + h, y_n + hK_3) \end{cases} \tag{7-27}$$

数值计算软件 MATLAB 中专门提供了采用龙格-库塔方法来求解常微分方程的函数，如 ode23、ode45 等，在计算的过程中可以直接调用。

7.3.2　多自由度增量谐波平衡法

考虑具有三次非线性的多自由度系统：

$$\sum_{j=1}^{n} \bar{M}_{ij}\ddot{q}_j + \sum_{j=1}^{n} \bar{C}_{ij}\dot{q}_j + \sum_{j=1}^{n} \bar{K}_{ij}q_j + \sum_{j=1}^{n}\sum_{k=1}^{n}\sum_{l=1}^{n} \bar{K}_{ijkl}^{(3)} q_j q_k q_l = f_i \cos[(2m-1)\Omega t],$$

$$i = 1, 2, 3, \cdots \tag{7-28}$$

其中，q_j 是系统的未知量；$\bar{M}_{ij}$、$\bar{C}_{ij}$、$\bar{K}_{ij}$、$\bar{K}_{ijkl}^{(3)}$、f_i 和 Ω 分别表示系统的质量系数、阻尼系数、线性刚度系数、三次非线性刚度系数、激励力振幅和频率，而且

$$\bar{K}_{ijkl}^{(3)} = \bar{K}_{iljk}^{(3)} = \bar{K}_{iklj}^{(3)} \tag{7-29}$$

令

$$\tau = \Omega t \tag{7-30}$$

则式(7-28)可以写成

$$\Omega^2 \bar{M}\ddot{q} + \Omega \bar{C}\dot{q} + [\bar{K} + \bar{K}_N^{(3)}]q = \bar{F}\cos(2m-1)\tau \tag{7-31}$$

其中，$q = [q_1, q_2, \cdots, q_n]^{\mathrm{T}}$，$\bar{F} = [f_1, f_2, \cdots; f_n]^{\mathrm{T}}$；$\bar{M}$、$\bar{C}$ 和 $\bar{K}$ 分别称系统的质量矩阵、阻尼矩阵和线性刚度矩阵，其元素分别为 $\bar{M}_{ij}$、$\bar{C}_{ij}$ 和 $\bar{K}_{ij}$；$\bar{K}_N^{(3)}$ 称为三次非线性刚度矩阵，其元素为

$$\bar{K}_{N_{ij}}^{(3)} = \sum_{k=1}^{n}\sum_{l=1}^{n} \bar{K}_{ijkl}^{(3)} q_k q_l$$

IHB 法的第一步是增量过程。设 q_{j0}、f_{i0} 和 Ω_0 表示式(7-28)的解，则其邻近状态以增量形式表示为

$$q_j = q_{j0} + \Delta q_j, \quad f_i = f_{i0} + \Delta f_i, \quad \Omega = \Omega_0 + \Delta\Omega \tag{7-32}$$

把式(7-32)代入式(7-31)，并略去高阶小量，得

$$\Omega_0^2 \bar{\boldsymbol{M}} \Delta\ddot{\boldsymbol{q}} + \Omega_0 \bar{\boldsymbol{C}} \Delta\dot{\boldsymbol{q}} + [\bar{\boldsymbol{K}} + 3\bar{\boldsymbol{K}}^{(3)}]\Delta\boldsymbol{q} = \bar{\boldsymbol{R}} - (2\Omega_0 \bar{\boldsymbol{M}} \ddot{\boldsymbol{q}}_0 + \bar{\boldsymbol{C}}\dot{\boldsymbol{q}}_0)\Delta\Omega + \cos[(2m-1)\tau]\Delta\boldsymbol{F} \tag{7-33}$$

$$\bar{\boldsymbol{R}} = \bar{\boldsymbol{F}}_0 \cos(2m-1)\tau - [\Omega_0^2 \bar{\boldsymbol{M}} \ddot{\boldsymbol{q}}_0 + \Omega_0 \bar{\boldsymbol{C}}\dot{\boldsymbol{q}}_0 + \bar{\boldsymbol{K}}\boldsymbol{q}_0 + \bar{\boldsymbol{K}}^{(3)}\boldsymbol{q}_0] \tag{7-34}$$

$\bar{\boldsymbol{R}}$ 称为误差向量，当 q_{j0}、f_{i0} 和 Ω_0 是方程的准确解时，$\bar{\boldsymbol{R}} = 0$。$\boldsymbol{q}_0$、$\Delta\boldsymbol{q}$、$\bar{\boldsymbol{F}}_0$、$\Delta\boldsymbol{F}$ 以及 $\boldsymbol{K}^{(3)}$ 的元素 $\bar{K}_{ij}^{(3)}$ 为

$$\boldsymbol{q}_0 = [q_{10}, q_{20}, \cdots, q_{n0}]^T, \quad \Delta\boldsymbol{q} = [\Delta q_1, \Delta q_2, \cdots, \Delta q_n]^T$$

$$\boldsymbol{F}_0 = [f_{10}, f_{20}, \cdots, f_{n0}]^T, \quad \Delta\boldsymbol{F} = [\Delta f_1, \Delta f_2, \cdots, \Delta f_n]^T$$

$$\bar{K}_{ij}^{(3)} = \sum_{k=1}^n \sum_{l=1}^n K_{ijkl}^{(3)} q_{k0} q_{l0}$$

IHB 法的第二步是伽辽金过程即谐波平衡过程。因为式(7-28)具有三次非线性，其稳态的周期解可假设为

$$q_{j0} = \sum_{k=1}^{N_c} a_{jk} \cos(2k-1)\tau + \sum_{k=1}^{N_s} b_{jk} \sin(2k-1)\tau = \boldsymbol{C}_s \boldsymbol{A}_j \tag{7-35}$$

$$\Delta q_j = \sum_{k=1}^{N_c} \Delta a_{jk} \cos(2k-1)\tau + \sum_{k=1}^{N_s} \Delta b_{jk} \sin(2k-1)\tau = \boldsymbol{C}_s \Delta\boldsymbol{A}_j \tag{7-36}$$

其中

$$\boldsymbol{C}_s = [\cos\tau, \cos 3\tau, \cdots, \cos(2N_c-1)\tau, \sin\tau, \sin 3\tau, \cdots, \sin(2N_s-1)\tau]$$

$$\boldsymbol{A}_j = [a_{j1}, a_{j2}, \cdots, a_{jN_c}, b_{j1}, b_{j2}, \cdots, b_{jN_s}]^T$$

$$\Delta\boldsymbol{A}_j = [\Delta a_{j1}, \Delta a_{j2}, \cdots, \Delta a_{jN_c}, \Delta b_{j1}, \Delta b_{j2}, \cdots, \Delta b_{jN_s}]^T$$

记

$$\boldsymbol{A} = [\boldsymbol{A}_1, \boldsymbol{A}_2, \cdots, \boldsymbol{A}_n]^T, \quad \Delta\boldsymbol{A} = [\Delta\boldsymbol{A}_1, \Delta\boldsymbol{A}_2, \cdots, \Delta\boldsymbol{A}_n]^T$$

$$\boldsymbol{S} = \text{diag}[\boldsymbol{C}_s, \boldsymbol{C}_s, \cdots, \boldsymbol{C}_s]$$

diag 表示只取对角线元素，则

$$\boldsymbol{q}_0 = \boldsymbol{S}\boldsymbol{A}, \quad \Delta\boldsymbol{q} = \boldsymbol{S}\Delta\boldsymbol{A} \tag{7-37}$$

把式(7-37)代入增量式(7-33)并在一个周期内应用谐波平衡法：

$$\int_0^{2\pi} \delta(\Delta\boldsymbol{q})^T \{\Omega_0^2 \bar{\boldsymbol{M}} \Delta\ddot{\boldsymbol{q}} + \Omega_0 \bar{\boldsymbol{C}} \Delta\dot{\boldsymbol{q}} + p[\bar{\boldsymbol{K}} + 3\bar{\boldsymbol{K}}^{(3)}]\Delta\boldsymbol{q}\}\mathrm{d}\tau =$$

$$\int_0^{2\pi} \delta(\Delta \boldsymbol{q})^{\mathrm{T}} \{\bar{\boldsymbol{R}} - (2\Omega_0 \bar{\boldsymbol{M}} \Delta \ddot{\boldsymbol{q}}_0 + \bar{\boldsymbol{C}} \dot{\boldsymbol{q}}_0) \Delta \Omega + \cos[(2m-1)\tau] \Delta \boldsymbol{F} \} \mathrm{d}\tau \qquad (7\text{-}38)$$

积分上式并整理归并为以 $\Delta \boldsymbol{A}$、$\Delta \omega$ 和 $\Delta \boldsymbol{F}$ 为未知量的代数方程组：

$$\boldsymbol{K}_{mc} \Delta \boldsymbol{A} = \boldsymbol{R} + \boldsymbol{R}_{mc} \Delta \Omega + \boldsymbol{R}_f \Delta \boldsymbol{F} \qquad (7\text{-}39)$$

$$\boldsymbol{K}_{mc} = \Omega_0^2 \boldsymbol{M} + \Omega_0 \boldsymbol{C} + \boldsymbol{K} + 3\boldsymbol{K}_0^{(3)} \qquad (7\text{-}40)$$

其中

$$\boldsymbol{R} = \boldsymbol{F} - [\Omega_0^2 \boldsymbol{M} + \Omega_0 \boldsymbol{C} + \boldsymbol{K} + \boldsymbol{K}^{(3)}] \boldsymbol{A} \qquad (7\text{-}41)$$

$$\boldsymbol{R}_{mc} = -(2\Omega_0 \boldsymbol{M} + \boldsymbol{C}) \boldsymbol{A} \qquad (7\text{-}42)$$

$\boldsymbol{M}$、$\boldsymbol{C}$、$\boldsymbol{K}$、$\boldsymbol{K}^{(3)}$、$\boldsymbol{F}$ 和 $\boldsymbol{R}_f$ 的表达式为

$$\boldsymbol{M} = \int_0^{2\pi} \boldsymbol{S}^{\mathrm{T}} \bar{\boldsymbol{M}} \ddot{\boldsymbol{S}} \mathrm{d}\tau, \quad \boldsymbol{C} = \int_0^{2\pi} \boldsymbol{S}^{\mathrm{T}} \bar{\boldsymbol{C}} \dot{\boldsymbol{S}} \mathrm{d}\tau$$

$$\boldsymbol{K} = \int_0^{2\pi} \boldsymbol{S}^{\mathrm{T}} \bar{\boldsymbol{K}} \boldsymbol{S} \mathrm{d}\tau, \quad \boldsymbol{K}^{(3)} = \int_0^{2\pi} \boldsymbol{S}^{\mathrm{T}} \bar{\boldsymbol{K}}^{(3)} \boldsymbol{S} \mathrm{d}\tau$$

$$\boldsymbol{F} = \int_0^{2\pi} \boldsymbol{S}^{\mathrm{T}} \bar{\boldsymbol{F}}_0 \cos(2m-1)\tau \mathrm{d}\tau, \quad \boldsymbol{R}_f = \int_0^{2\pi} \boldsymbol{S}^{\mathrm{T}} \cos(2m-1)\tau \mathrm{d}\tau$$

如果只感兴趣于某一固定激励振幅下的频率-振幅响应曲线，则 $\boldsymbol{F}$ 取固定值，$\Delta \boldsymbol{F} = 0$，于是式(7-39)成为

$$\boldsymbol{K}_{mc} \Delta \boldsymbol{A} = \boldsymbol{R} + \boldsymbol{R}_{mc} \Delta \Omega \qquad (7\text{-}43)$$

如果在仅感兴趣某一固定激励频率下，各响应谐波的振幅随某一激励力振幅而变化，如研究 f_i 的变化对响应谐波振幅的影响，这时 $\Delta \Omega = 0$，$\Delta f_j = 0$（$j \neq i$），式(7-39)就化简为

$$\boldsymbol{K}_{mc} \Delta \boldsymbol{A} = \boldsymbol{R} + \boldsymbol{R}_f \Delta \boldsymbol{F} \qquad (7\text{-}44)$$

在计算追踪某一响应曲线，如频率-振幅响应曲线时，通常采用频率增量或振幅增量或二者交替使用，有时还以弧长作为增量。应用弧长作为增量的方法能避开求解响应曲线的极值点(在极值点处，方程的切线刚度矩阵为奇异矩阵，因而迭代不收敛)，从而达到能自动追踪曲线的目的。在弧长增量法中，还采用三次外插技术，从已求得的 4 个已知解来预报下一个解的值，并以此作为下一个增量开始时迭代法的初值。设 x_0、x_1、x_2 和 x_3 为已求得的解，那么下一个解 x_4 可通过增加一个弧长 Δs 外插预报。

如果弧长 t 作为参数，t_i 对应于 x_i，即 $t_0 = 0$，$t_1 = s_1$，$t_2 = t_1 + s_2$，$t_3 = t_2 + s_3$，$t_4 = t_3 + \Delta s$，则 x_4 可由下式决定：

$$x_4 = \sum_{i=0}^{3} \left(\prod_{\substack{j=0 \\ j \neq i}}^{3} \frac{t_4 - t_j}{t_i - t_j} \right) s_i$$

其中

$$s_i = |x_i - x_{i-1}| = \sqrt{\sum_{j=1}^{N_f+1} \left[x_i(j) - x_{i-1}(j) \right]^2}$$

N_f 代表式(7-43)中总自由度数。外插示意图如图 7-16 所示。

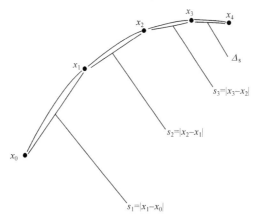

图 7-16　三次外插法 x_0、x_1、x_2、x_3 为已知点

下面研究 IHB 法求得的稳态周期解的稳定性。设 $\boldsymbol{q}_0$ 是已求得的解，由于某种原因产生偏离量 $\Delta \boldsymbol{q}$，即

$$\boldsymbol{q} = \boldsymbol{q}_0 + \Delta \boldsymbol{q} \tag{7-45}$$

将式(7-45)代入式(7-31)，略去高阶小量，并注意到 $\boldsymbol{q}_0$ 满足式(7-31)，最后可得以 $\Delta \boldsymbol{q}$ 为未知量的方程：

$$\Omega^2 \bar{\boldsymbol{M}} \Delta \ddot{\boldsymbol{q}} + \Omega \bar{\boldsymbol{C}} \Delta \dot{\boldsymbol{q}} + [\bar{\boldsymbol{K}} + 3 \bar{\boldsymbol{K}}^{(3)}] \Delta \boldsymbol{q} = 0 \tag{7-46}$$

式(7-46)称为摄动方程。它可从增量方程式(7-33)令 $\bar{\boldsymbol{R}} = 0$、$\Delta \Omega = 0$、$\Delta \boldsymbol{F} = 0$ 而得到。因此，原方程定常解的稳定性对应于具有周期系数 $\bar{\boldsymbol{K}}^{(3)}$ 线性常微分方程式(7-46)的解的稳定性。可采用多变量的弗洛凯理论来研究。

把式(7-46)重新写为

$$\dot{\boldsymbol{X}} = \boldsymbol{Q}(\tau) \boldsymbol{X} \tag{7-47}$$

其中

$$X=[\Delta q, \Delta \dot{q}]^{\mathrm{T}}, \quad Q=\begin{bmatrix} 0 & I \\ Q_{21} & -(1/\Omega)\bar{M}^{-1}\bar{C} \end{bmatrix}, \quad Q_{21}=-\frac{1}{\Omega^2}\bar{M}^{-1}[\bar{K}+3\bar{K}^{(3)}]$$

其中，0 代表零矩阵；I 代表单位矩阵。由于 q_0 是 τ 的周期函数，周期 $T=2\pi/\Omega$，所以 Q_{21} 的每一元素也是与 q_0 具有相同周期的周期函数。

对于式(7-47)，存在一个基础解

$$y_k=[y_{1k}, y_{2k}, \cdots, y_{Nk}]^{\mathrm{T}}, \quad k=1,2,\cdots,N \tag{7-48}$$

其中，$N=2n$。这一基础解可以用矩阵形式来表示。

$$Y=\begin{bmatrix} y_{11} & y_{12} & \cdots & y_{1N} \\ y_{21} & y_{22} & \cdots & y_{2N} \\ \vdots & \vdots & & \vdots \\ y_{N1} & y_{N2} & \cdots & y_{NN} \end{bmatrix} \tag{7-49}$$

显然，Y 满足矩阵方程

$$\dot{Y}=Q(\tau)Y \tag{7-50}$$

由于 $Q(\tau+T)=Q(\tau)$，所以 $Y(\tau+T)$ 也是基础解矩阵，因此，它可以表示为

$$Y(\tau+T)=PY(\tau) \tag{7-51}$$

其中，P 为非奇异常数矩阵，称为转移矩阵。根据弗洛凯理论，系统的稳定性准则与矩阵 P 的特征值有关，如果 P 的所有特征值的模都小于 1，则系统的运动是有界的，因而解是稳定的，否则，运动是无界的，解也就不稳定。

我们可以采用数值方法求解式(7-50)的基础解系，取初始条件

$$Y(0)=I \tag{7-52}$$

根据式(7-51)，求得

$$P=Y(T) \tag{7-53}$$

从前面的讨论可知，有效地计算转移矩阵，就成为稳定性分析的关键。假设每一个周期 T 等分为 N_k 份，第 k 份 $\Delta k=\tau_k-\tau_{k-1}$，在第 k 份时间间隔中，周期系数矩阵 $Q(\tau)$ 以常系数矩阵代替 Q_k 代替。

$$Q_k=\frac{1}{\Delta k}\int_{\tau_{k-1}}^{\tau_k}Q(\zeta)\mathrm{d}\zeta \tag{7-54}$$

最后，转移矩阵以下式给出

$$P=Y(T)=\prod_{t=1}^{N_k}\left[I+\sum_{j=1}^{N_j}\frac{(\Delta_i Q_i)^j}{j!}\right] \tag{7-55}$$

例题 7-3 两个自由度的非线性振动系统由两个质量块、两个弹簧、一个阻尼器组成，受一个谐波激励作用，如图 7-17 所示。与固定端连接的线性弹簧刚度

系数为 k_{10}，另一个弹簧具有三次非线性刚度，其恢复力为

$$f_{12} = k_{12}(q_1 - q_2) + \bar{\mu}(q_1 - q_2)^3$$

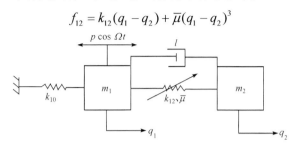

图 7-17　二自由度非线性振动系统

系统的平衡微分方程以无量纲形式表示为

$$\ddot{q}_1 + k^2 q_1 + \gamma(q_1 - q_2) + \mu\gamma l(\dot{q}_1 - \dot{q}_2) + \mu\gamma(q_1 - q_2)^3 = p\cos\Omega t \tag{a}$$

$$\ddot{q}_2 + q_2 - q_1 - \mu l(\dot{q}_1 - \dot{q}_2) - \mu(q_1 - q_2)^3 = 0 \tag{b}$$

其中

$$\gamma = m_1 / m_2, \quad t = \bar{t}\sqrt{k_{12}/m_2}, \quad k^2 = k_{10}\gamma/k_{12}, \quad l = \bar{l}\sqrt{k_{12}/m_2}$$

$$\mu = \bar{\mu}/k_{12}, \quad \Omega = \bar{\Omega}\sqrt{m_2/k_{12}}, \quad p = \bar{p}\gamma/k_{12}, \quad \dot{q}_1 = \mathrm{d}q_1/\mathrm{d}t, \quad \dot{q}_2 = \mathrm{d}q_2/\mathrm{d}t$$

q_1、q_1 表示质量块 m_1 和 m_2 的位移；$\bar{t}$ 表示时间；m_1、m_2、k_{10}、k_{12}、$\bar{\mu}$、$\bar{l}$、$\bar{\Omega}$、$\bar{p}$ 分别表示系统的质量、线性刚度系数、非线性刚度系数、阻尼系数、激励力的频率和振幅等。

式(a)和式(b)可以写成式(7-44)所示的矩阵形式，$\overline{\boldsymbol{M}}$、$\overline{\boldsymbol{C}}$、$\overline{\boldsymbol{K}}$ 和 $\overline{\boldsymbol{F}}$ 的表达式为

$$\overline{\boldsymbol{M}} = \begin{bmatrix} 1 & 0 \\ 0 & 1 \end{bmatrix}, \quad \overline{\boldsymbol{K}} = \begin{bmatrix} k^2 + \gamma & -\gamma \\ -1 & 1 \end{bmatrix}, \quad \overline{\boldsymbol{C}} = \mu l \begin{bmatrix} \gamma & -\gamma \\ -1 & 1 \end{bmatrix}, \quad \overline{\boldsymbol{F}} = \begin{bmatrix} p \\ 0 \end{bmatrix}$$

$$\bar{k}_{1122}^{(3)} = \bar{k}_{1212}^{(3)} = \bar{k}_{1221}^{(3)} = \mu\gamma, \quad \bar{k}_{1112}^{(3)} = \bar{k}_{1211}^{(3)} = \bar{k}_{1211}^{(3)} = -\mu\gamma$$

$$\bar{k}_{2211}^{(3)} = \bar{k}_{2121}^{(3)} = \bar{k}_{2112}^{(3)} = \mu, \quad \bar{k}_{2221}^{(3)} = \bar{k}_{2212}^{(3)} = \bar{k}_{2122}^{(3)} = -\mu, \quad \bar{k}_{1111}^{(3)} = \mu\gamma$$

$$\bar{k}_{2222}^{(3)} = \mu, \quad \bar{k}_{1222}^{(3)} = -\mu\gamma, \quad \bar{k}_{2111}^{(3)} = -\mu$$

取 $k^2 = 1.5$，$\gamma = 1.582$，$p = 2$，$l = 2\mu = 0.01$，$\Omega = 3\omega$，这时，系统的第二阶固有频率约等于第一阶固有频率的 3 倍，因此，系统将发生内部共振。

在求解过程中，本例取

$$q_1 = a_{11}\cos\tau + a_{12}\cos 3\tau + b_{11}\sin\tau + b_{12}\sin 3\tau$$

$$= A_{11}\cos(\tau + \varphi_{11}) + \Lambda_{12}\cos(3\tau + \varphi_{12}) \tag{c}$$

$$q_2 = a_{12}\cos\tau + a_{22}\cos 3\tau + b_{21}\sin\tau + b_{22}\sin 3\tau$$

$$= A_{21}\cos(\tau + \varphi_{21}) + A_{22}\cos(3\tau + \varphi_{22}) \tag{d}$$

其中

$$A_{ij} = \sqrt{a_{ij}^2 + b_{ij}^2}, \quad \varphi_{ij} = \arctan(-b_{ij}/a_{ij}), \quad i=1,2; j=1,2$$

系统将有两个非零解。第一个解只有基谐波响应，即上述公式中 $A_{11} = A_{21} = 0$。

$$q_1 = A_{12}\cos(3\tau + \varphi_{12}), \quad q_2 = A_{22}\cos(3\tau + \varphi_{22}) \tag{e}$$

第二个解是基谐波和次谐波二者都有，即 q_1 和 q_2 取式(c)和式(d)的形式。

第一个解的频率-振幅响应曲线如图 7-18 所示。第二个解的响应曲线如图 7-19 所示。

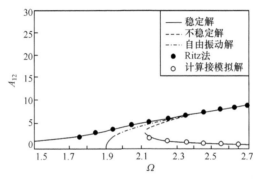

图 7-18　基谐波响应曲线

为检验 IHB 法的计算结果，将 IHB 法计算的结果与 Ritz 法的结果进行了对比。从图 7-18 和图 7-19 所示结果来看，IHB 法的计算结果与 Ritz 法和计算机的模拟结果是一致的。

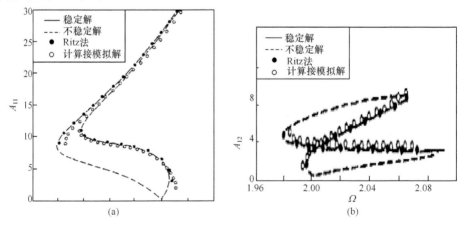

图 7-19　基谐波和次谐波响应曲线

7.3.3　简谐加速度方法

简谐加速度方法(harmonic acceleration method)由 Senjanovic 在 1993 年提出。该方法是对结构动力平衡方程的积分，具有求解非线性振动方程收敛速度快、稳定性能好的优点。下面介绍简谐加速度方法的基本求解策略和迭代格式。

1. 动力平衡方程

对于多自由度振动微分方程，动力平衡方程可写为矩阵形式：

$$MÿY + C\dot{Y} + KY = F(t) \tag{7-56}$$

式(7-56)在空间几何坐标系中可转换成模态坐标。假设位移向量的形式为

$$Y = \Phi q \tag{7-57}$$

其中，$\Phi = \{\varphi_1, \varphi_2, \cdots, \varphi_n\}$ 是无阻尼模态矩阵；q 是广义位移向量列阵。固有模态 φ_j 和相应的固有频率 λ_j 通过解无阻尼自由振动的特征问题得到：

$$(K - \lambda_j^2 M)\varphi_j \varphi_j = 0 \tag{7-58}$$

将式(7-57)代入式(7-56)，并左乘 φ^{T}，得到模态方程：

$$kq + c\dot{q} + m\ddot{q} = f(t) \tag{7-59}$$

其中，$k = \Phi^{\mathrm{T}} K \Phi$ 为模态刚度矩阵；$c = \Phi^{\mathrm{T}} C \Phi$ 为模态阻尼矩阵；$m = \Phi^{\mathrm{T}} M \Phi$ 为模态质量矩阵。通过对式(7-59)进行模态分析，得

$$\lambda^2 q + 2\lambda \xi \dot{q} + \ddot{q} = p(t) \tag{7-60}$$

其中

$$\lambda = \left[\sqrt{\frac{k_{ii}}{m_{ii}}} \right] \text{ 为固有频率矩阵} \tag{7-61}$$

$$\xi = \left[\frac{c_{ii}}{2\sqrt{(k_{ii} m_{ii})}} \right] \text{ 为相对阻尼矩阵} \tag{7-62}$$

$$p(t) = \left\{ \frac{f_i(t)}{m_{ii}} \right\} \text{ 为相对载荷矩阵} \tag{7-63}$$

如果 ξ 是对角阵，式(7-59)和式(7-60)被分成一组非耦合的模态方程。

2. 平衡方程的直接积分

给定初始条件 y_0 和 $\dot{y}_0$，式(7-56)可通过时间间隔 $\Delta t = t_{i+1} - t_i$ 逐步积分，从 $t = t_i + T$ 开始：

$$\begin{cases} \dot{y} = \dot{y}_i + \int_0^T \ddot{y}\mathrm{d}t \\[2mm] y = y_i + \int_0^T \dot{y}\mathrm{d}t \end{cases} \tag{7-64}$$

也就是说，如果在时间间隔 Δt 内的加速度向量 $\ddot{y}$ 已知，就可以得到任意时刻 t 的位移向量 y。假设加速度向量为简谐形式：

$$\ddot{y} = u\cos\omega t + v\sin\omega t \tag{7-65}$$

其中，u 和 v 是未知矢量；ω 是假设的干扰频率，在时间间隔 Δt 内是常量。如果 $\ddot{y}$ 在时间 t_i 和 t_{i+1} 是已知的，则式(7-64)可写为如下形式：

$$\begin{bmatrix} \cos\omega t_i & \sin\omega t_i \\ \cos\omega t_{i+1} & \sin\omega t_{i+1} \end{bmatrix} \begin{Bmatrix} u \\ v \end{Bmatrix} = \begin{Bmatrix} \ddot{y}_i \\ \ddot{y}_{i+1} \end{Bmatrix} \tag{7-66}$$

根据式(7-66)可以解出 u 和 v

$$\begin{Bmatrix} u \\ v \end{Bmatrix} = \frac{1}{\sin\omega\Delta t} \begin{bmatrix} \sin\omega t_{i+1} & -\sin\omega t_i \\ -\cos\omega t_{i+1} & \cos\omega t_i \end{bmatrix} = \begin{Bmatrix} \ddot{y}_i \\ \ddot{y}_{i+1} \end{Bmatrix} \tag{7-67}$$

进一步，将式(7-67)和 $t = t_i + T$ 代入式(7-65)，利用三角函数，可以得到干扰加速度向量：

$$\ddot{y} = \cos\omega\Delta t\left(\frac{\cos\omega_T}{\cos\omega\Delta t} - \frac{\sin\omega_T}{\sin\omega\Delta t}\right)\ddot{y}_i + \frac{\sin\omega_T}{\sin\omega\Delta t}\ddot{y}_{i+1} \tag{7-68}$$

式(7-64)积分为

$$\dot{y} = \dot{y}_i + \frac{\cos\omega\Delta t}{\omega}\left(\frac{\sin\omega_T}{\cos\omega\Delta t} - \frac{1-\cos\omega_T}{\sin\omega\Delta t}\right)\ddot{y}_i + \frac{1-\cos\omega_T}{\omega\sin\omega\Delta t}\ddot{y}_{i+1}$$

$$y = y_i + T\dot{y}_i + \frac{\cos\omega\Delta t}{\omega^2}\left(\frac{1-\cos\omega_T}{\cos\omega\Delta t} + \frac{\sin\omega_T - \omega_T}{\sin\omega\Delta t}\right)\ddot{y}_i + \frac{\omega_T - \sin\omega_T}{\omega^2\sin\omega\Delta t}\ddot{y}_{i+1}$$

$$\tag{7-69}$$

令 $T = \Delta t$，则式(7-69)变为

$$\dot{y}_{i+1} = \dot{y}_i + \frac{1-\cos\omega\Delta t}{\omega\sin\omega\Delta t}\ddot{y}_i + \frac{1-\cos\omega\Delta t}{\omega\sin\omega\Delta t}\ddot{y}_{i+1}$$

$$y_{i+1} = y_i + \Delta t\dot{y}_i + \frac{1}{\omega^2}\left(1 - \omega\Delta t\cdot\cot\omega\Delta t\right)\ddot{\delta}_i + \frac{1}{\omega^2}\left(\frac{\omega\Delta t}{\sin\omega\Delta t} - 1\right)\ddot{y}_{i+1} \tag{7-70}$$

现在，向量 $\dot{y}_{i+1}$ 和 $\ddot{y}_{i+1}$ 可由式(7-70)得

$$\dot{y}_{i+1} = \frac{a}{\Delta t}\left(y_{i+1} - y_i\right) - c\dot{y}_i - d\Delta t\ddot{y}_i$$

$$\ddot{\boldsymbol{y}}_{i+1} = \frac{b}{\Delta t^2}\left(\boldsymbol{y}_{i+1} - \boldsymbol{\delta}_i\right) - \frac{b}{\Delta t}\dot{\boldsymbol{y}}_i - c\ddot{\boldsymbol{y}}_i \tag{7-71}$$

其中

$$\begin{cases} a = \dfrac{\omega\Delta t}{w}(1 - \cos\omega\Delta t) \\[2mm] b = \dfrac{\omega^2\Delta t^2}{w}\sin\omega\Delta t \\[2mm] c = \dfrac{1}{w}(\sin\omega\Delta t - \omega\Delta t\cos\omega\Delta t) \\[2mm] d = \dfrac{1}{\omega\Delta tw}(2 - 2\cos\omega\Delta t - \omega\Delta t\sin\omega\Delta t) \\[2mm] w = \omega\Delta t - \sin\omega\Delta t \end{cases} \tag{7-72}$$

此外，将式(7-71)代入式(7-73)，在 t_{i+1} 时刻，得到下面的代数方程式(7-73)，根据 $\boldsymbol{y}_i$、$\dot{\boldsymbol{y}}_i$ 和 $\ddot{\boldsymbol{y}}_i$，可得到 $\boldsymbol{y}_{i+1}$，即

$$\boldsymbol{S}\boldsymbol{y}_{i+1} = \boldsymbol{f}_{i+1} \tag{7-73}$$

其中

$$\boldsymbol{S} = \boldsymbol{K} + \frac{a}{\Delta t}\boldsymbol{C} + \frac{b}{\Delta t^2}\boldsymbol{M}$$

$$\boldsymbol{f}_{i+1} = \boldsymbol{F}(t)_{i+1} + \boldsymbol{P}\boldsymbol{y}_i + \boldsymbol{Q}\dot{\boldsymbol{y}}_i + \boldsymbol{R}\ddot{\boldsymbol{y}}_i$$

$$\boldsymbol{P} = \frac{a}{\Delta t}\boldsymbol{C} + \frac{b}{\Delta t^2}\boldsymbol{M}$$

$$\boldsymbol{Q} = c\boldsymbol{C} + \frac{b}{\Delta t}\boldsymbol{M}$$

$$\boldsymbol{R} = d\Delta t\boldsymbol{C} + c\boldsymbol{M} \tag{7-74}$$

3. 模态方程的积分

如果广义加速度向量 $\ddot{\boldsymbol{q}}$ 在 $t = t_i + T$ 时刻是在 t_i 时刻 $\ddot{\boldsymbol{q}}_i$ 和 $t_{i+1} = t_i + \Delta t$ 时 $\ddot{\boldsymbol{q}}_{i+1}$ 分别被干扰。根据式(7-68)，有

$$\ddot{\boldsymbol{q}} = \cos\omega\Delta t\left(\frac{\cos\omega_T}{\cos\omega\Delta t} - \frac{\sin\omega_T}{\sin\omega\Delta t}\right)\ddot{\boldsymbol{q}}_i + \frac{\sin\omega\omega_T}{\sin\omega\Delta t}\ddot{\boldsymbol{q}}_{i+1} \tag{7-75}$$

其中，ω_j 是系统的固有频率。类似于式(7-71)，有

$$\dot{\boldsymbol{q}}_{i+1} = \frac{a}{\Delta t}\left(\boldsymbol{q}_{i+1} - \boldsymbol{q}_i\right) - c\dot{\boldsymbol{q}}_i - d\Delta t\ddot{\boldsymbol{q}}_i$$

$$\ddot{q}_{i+1} = \frac{b}{\Delta t^2}(q_{i+1} - q_i) - \frac{b}{\Delta t}\dot{q}_i - c\ddot{q}_i \tag{7-76}$$

其中

$$\begin{cases} a = \dfrac{\omega\Delta t}{w}\left(1 - \cos\omega\Delta t\right) \\[2mm] b = \dfrac{\omega^2\Delta t^2}{w}\sin\omega\Delta t \\[2mm] c = \dfrac{1}{w}\left(\sin\omega\Delta t - \omega\Delta t\cos\omega\Delta t\right) \\[2mm] d = \dfrac{1}{\omega\Delta t w}\left(2 - 2\cos\omega\Delta t - \omega\Delta t\sin\omega\Delta t\right) \\[2mm] w = \omega\Delta t - \sin\omega\Delta t \end{cases} \tag{7-77}$$

将式(7-76)代入式(7-56)，在 t_{i+1} 时刻得到以下矩阵方程

$$Sq_{i+1} = \psi_{i+1} \tag{7-78}$$

其中

$$S = \frac{1}{\Delta t^2}\left(e + 2[\omega\cdot\Delta t\cdot a]\xi\right), \quad e = \left[\frac{\omega^3\Delta t^3}{w}\right]$$

$$\psi_{i+1} = p(t)_{i+1} + Pq_i + Q\dot{q}_i + R\ddot{q}_i$$

$$P = \frac{1}{\Delta t^2}\left(b + 2[\omega\cdot\Delta t\cdot a]\xi\right)$$

$$Q = \frac{1}{\Delta t}\left(b + 2[\omega\cdot\Delta t\cdot c]\xi\right)$$

$$R = C + 2[\omega\cdot\Delta t\cdot d]\xi \tag{7-79}$$

如果相对阻尼矩阵 ξ 是对角矩阵，模态方程是非耦合的。将任一模态方程写为下列形式：

$$x_{i+1} = Tx_i + \Delta t^2 Lp(t)_{i+1} \tag{7-80}$$

其中

$$x = \left\{\begin{array}{c} q \\ \Delta t\dot{q} \\ \Delta t^2\ddot{q} \end{array}\right\}, \quad L = \frac{1}{e + 2\xi\omega\Delta t a}\left\{\begin{array}{c} 1 \\ a \\ b \end{array}\right\}, \quad p = \frac{1}{w}\omega^3\Delta t^3\cos\omega\Delta t$$

$$T = \frac{1}{e + 2\xi\omega\Delta ta}\begin{bmatrix} b + 2\xi\omega\Delta ta & b + 2\xi\omega\Delta tc & c + 2\xi\omega\Delta td \\ -\omega^2\Delta t^2 a & f & b - a \\ -\omega^2\Delta t^2 b & -\omega^2\Delta t^2 b - 2\xi\omega\Delta tb & -\omega^2\Delta t^2 c - 2\xi\omega\Delta ta \end{bmatrix} \tag{7-81}$$

其中，λ 为任意阶模态对应的固有频率，这里略去了下标。式(7-80)和式(7-81)就是简谐加速度方法求解微分方程的迭代格式。在求解前，必须将微分方程改写为式(7-80)的形式，按照式(7-81)进行迭代求解。

7.3.4　有限差分法

有限差分法既可以求解常微分方程，也可以求解偏微分方程，本节仅讨论求解常微分方程的有限差分法。

有限差分法可用来求解线性和非线性振动微分方程。仅考虑恢复力为非线性的，即刚度矩阵与位移有关，因此在迭代每一步时，都要重新计算当前的刚度矩阵，作为下一步求解的基础。

差分法是用位移的线性组合来近似表示速度和加速度的。将时间段 T 等分为许多时间步长 Δt，并且记 $\boldsymbol{Y}_{t+\Delta t} = \boldsymbol{Y}_{i+1}, \boldsymbol{Y}_t = \boldsymbol{Y}_i, \boldsymbol{Y}_{t-\Delta t} = \boldsymbol{Y}_{i-1}$，这样将位移函数按泰勒级数展开为

$$\boldsymbol{Y}_{i+1} = \boldsymbol{Y}_i + \dot{\boldsymbol{Y}}_i\Delta t + \frac{1}{2}\ddot{\boldsymbol{Y}}_i\Delta t^2 + \cdots$$

$$\boldsymbol{Y}_{i-1} = \boldsymbol{Y}_i - \dot{\boldsymbol{Y}}_i\Delta t + \frac{1}{2}\ddot{\boldsymbol{Y}}_i\Delta t^2 + \cdots$$

以上两式相减，并略去高阶小量，得到 $(i-1, i, i+1)$ 三点位移中心差分近似表示的 t 时刻速度和加速度分别为

$$\dot{\boldsymbol{Y}}_i = \frac{1}{2\Delta t}(\boldsymbol{Y}_{i+1} - \boldsymbol{Y}_{i-1}), \quad \ddot{\boldsymbol{Y}}_i = \frac{1}{\Delta t^2}(\boldsymbol{Y}_{i+1} - 2\boldsymbol{Y}_i + \boldsymbol{Y}_{i-1}) \tag{7-82}$$

令 t 时刻的位移、速度和加速度满足该时刻的运动方程，即

$$\boldsymbol{M}\ddot{\boldsymbol{Y}}_i + \boldsymbol{C}\dot{\boldsymbol{Y}}_i + \boldsymbol{K}(t)\boldsymbol{Y}_i = \boldsymbol{F}_i(t) \tag{7-83}$$

将式(7-82)代入式(7-83)，整理后得

$$\boldsymbol{M}^*\boldsymbol{Y}_{i+1} = \boldsymbol{F}_i^* \tag{7-84}$$

其中

$$\boldsymbol{M}^* = \frac{1}{\Delta t^2}\boldsymbol{M} + \frac{1}{2\Delta t}\boldsymbol{C}, \quad \boldsymbol{F}_i^* = \boldsymbol{F}_i - \left[\boldsymbol{K}(t) - \frac{2}{\Delta t^2}\boldsymbol{M}\right]\boldsymbol{Y}_i - \left(\frac{1}{\Delta t^2}\boldsymbol{M} - \frac{1}{2\Delta t}\boldsymbol{C}\right)\boldsymbol{Y}_{i-1}$$

$$\tag{7-85}$$

从以上公式可看出，如果已知 $i-1$ 点和 i 点的位移，就可以求出 $i+1$ 点的位移

Y_{i+1}，同时，也可由式(7-82)求出速度 $\dot{Y}_i$ 和加速度 $\ddot{Y}_i$。这种把问题归结为由前两步位移的已知值 Y_{i-1} 和 Y_i 由式(7-84)求 Y_{i+1}，此方法称为两步法。两步法有如何起步的问题，因为只能给出初值 Y_0 和 $\dot{Y}_0$，而不知道 Y_{-1}，则由式(7-84)不能算出 Y_1。为此，可以从 t_0 时刻的式(7-82)中解出

$$Y_{-1} = Y_0 - \Delta t \dot{Y}_0 + \frac{1}{2}\Delta t^2 \ddot{Y}_0 \qquad (7\text{-}86)$$

中心差分法的求解可以分为两步，第一求 Y_{i-1}，得到初始值后，计算每个时间点的响应。

1) 计算 Y_{i-1}

(1) 形成刚度矩阵 $\boldsymbol{K}$、质量矩阵 $\boldsymbol{M}$ 和阻尼矩阵 $\boldsymbol{C}$。

(2) 给定初始值 Y_0、$\dot{Y}_0$ 和 $\ddot{Y}_0$。

(3) 选择时间步长 Δt，$\Delta t < \Delta t_{cr}$ 并计算积分常数：

$$a_0 = \frac{1}{\Delta t^2}, \quad a_1 = \frac{1}{2\Delta t}, \quad a_2 = 2a_0, \quad a_3 = \frac{1}{a_2}$$

(4) 按照式(7-86)计算 Y_{-1}。

(5) 形成有效质量矩阵 $\boldsymbol{M}^* = a_0\boldsymbol{M} + a_1\boldsymbol{C}$。

(6) 作三角分解 $\boldsymbol{M}^* = \boldsymbol{L}\boldsymbol{D}\boldsymbol{L}^{\mathrm{T}}$。

2) 计算每个时间步的响应

(1) 计算 t 时刻的有效荷载 $\boldsymbol{F}_i^* = \boldsymbol{F}_i + [\boldsymbol{K}(t) - \boldsymbol{M}]Y_1 - (a_0\boldsymbol{M} - a_1\boldsymbol{C})Y_{i-1}$。

(2) 求解 $t + \Delta t$ 时刻的位移 $\boldsymbol{L}\boldsymbol{D}\boldsymbol{L}^{\mathrm{T}}Y_{i+1} = \boldsymbol{F}_i^*$。

(3) 计算 t 时刻的速度、加速度 $\ddot{Y}_i = a_0(Y_{i+1} - 2Y_i + Y_{i-1}), \dot{Y}_i = a_1(Y_{i+1} - Y_{i-1})$。

求解 Y_{i+1} 的式(7-84)是利用每步开始时刻的 Y_i 和 Y_{i-1} 得到的，这种积分过程称为显式积分格式，方程左端的系数矩阵只与质量矩阵 $\boldsymbol{M}$ 和阻尼矩阵 $\boldsymbol{C}$ 有关。如果 $\boldsymbol{M}$ 和 $\boldsymbol{C}$ 是对角阵，在求解方程时，不需要对 $\boldsymbol{M}^*$ 进行三角分解，即不需要解方程组。此外，每步计算荷载矢量 $\boldsymbol{F}^*$ 时，非线性系统的刚度 $\boldsymbol{K}(t)$ 是每步改变的，则修改的刚度矩阵 $\boldsymbol{K}(t)$ 只对 Y_i 作乘法运算，显然计算量是不大的。

中心差分法是有条件稳定的，其对步长的限制是

$$\Delta t \leqslant \Delta t_{cr} = T_N / \pi$$

其中，Δt_{cr} 是临界步长；T_N 是结构系统的最小周期。这样，当 T_N 很小时，Δt 也必然很小，计算步很多，计算时间和费用可能很大。

7.4　工程应用实例

采用胞映射方法，分析多点系泊船舶的吸引域及其稳定性。海洋工程中的多点系泊系统如图 1-2 所示。对于多点系泊系统而言，在顺浪情况下，主要为纵荡运动，考虑纵荡运动建立方程[39]：

$$\ddot{x} + C\dot{x} + R(x; T, U) = F(\theta; f_0, f_1, K, \varphi) \tag{a}$$

令 $u = x$，$v = \dot{x}$，将运动方程式(a)表达成状态方程的形式，得到

$$\begin{cases} u = v \\ v = F - R - CV \end{cases} \tag{b}$$

其中

$$F(\theta) = f_0 - f_1 \sin(\theta)$$

$$R(x) = T[x + U\operatorname{sgn}(x)] \times \left\{ \frac{1}{1+U^2} - \sqrt{\frac{1}{1+[x+U\operatorname{sgn}(x)]^2}} \right\}$$

$$\theta(t) = kt + \varphi$$

其中，x 为名义纵荡位移；k 为波浪频率；f_0、f_1 为描述来流尺度的参数；C 为阻尼率；T 是与锚链刚度有关的系数；U 是与多点锚泊系统布锚方式有关的系数。

为了深入研究锚泊纵荡系统的复杂运动行为，考察系统振动解的渐近稳定性，得到系统渐近稳定吸引子的定范围吸引域，此处采用胞映射法对方程组进行分析，首先求得系统的多种振动解，再求各振动解的吸引域。

将波浪尺度 k、来流参数 f_0、f_1 和布锚参数 T、U 作为调节参数。因为波浪激励是周期性的，对所得的时间历程以激励周期为时间间隔进行采样即可得到庞加莱点 (u_p, v_p)，从而形成代表时间历程响应的庞加莱点映射，此处考虑的是定范围内吸引子的渐近特性。选取的范围是 $[-5,5] \times [-10,10]$，每个网格的中心点就是计算数值积分的初始点。对式(b)运用四阶龙格-库塔方法进行积分，积分时间为一个外力周期 T，积分的时间步长为 $T/100$。当积分完成时，所得的值即为该初始点的庞加莱映射点。所有的 100×100 个点及其庞加莱映射点一起，构成庞加莱映射，得到庞加莱点映射后，即可构造相应的胞映射。

用系统的振动解在相平面 (u, v) 上的投影来对它进行描述。图 7-20(a)给出一个 P-5 亚谐解，图 7-20(b)中的黑点组成它的吸引域，图中着重标出的点为庞加莱点。初始状态位于吸引域上的点，其最终的运动形式将由这个 P-5 亚谐解来描述。由于在这组参数下，只有这一个吸引子，初始状态位于白色区域中的点，在运动

过程中将超出积分区间，被认为映射至沉胞。

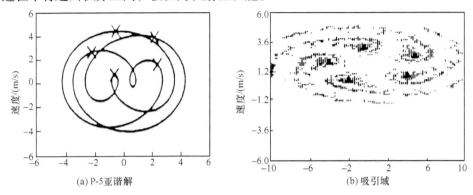

(a) P-5亚谐解　　　　　　　　　　　　(b) 吸引域

图 7-20　周期吸引子和吸引域

图 7-21 中给出一个典型的吸引子共存的情形，分别为一个 P-1 简谐响应，两个 P-2 亚谐响应和一个 P-5 亚谐响应。此时系统的纵荡运动具有多种形式，从不同的初始点出发可能导致不同的运动方式。这种稳定状态对初值的敏感性可以从不同吸引子的吸引域相互交错的情形得知，如图 7-22 所示。

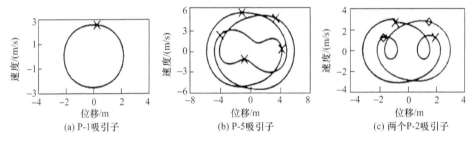

(a) P-1吸引子　　　　　(b) P-5吸引子　　　　　(c) 两个P-2吸引子

图 7-21　多周期吸引子的共存

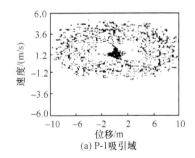
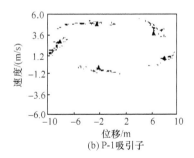

(a) P-1吸引域　　　　　　　　　　　　(b) P-1吸引子

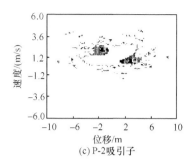

(c) P-2 吸引子

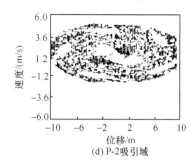

(d) P-2 吸引域

图 7-22　P-1、P-2 吸引域和吸引子

由图 7-21 和图 7-22 可以看出，锚泊纵荡运动中存在着多个不同的吸引子共存、亚谐解等。同时，这几个吸引子都是渐近稳定吸引子，在庞加莱点一定范围内的邻域内，所有胞都是它的吸引胞，都将被吸引至相应的周期解。所以，此时系统的解是局部渐近稳定的，小的初始扰动不会改变系泊系统的稳定性，但它们不具有全局渐近稳定特性，因此对较大的海洋环境力干扰依然敏感。图 7-23 给出了一个混沌吸引子的吸引域，在多种吸引子共存时，各个吸引子的吸引域常常是互相交错的，造成系统的稳定运动状态对初值具有敏感性。

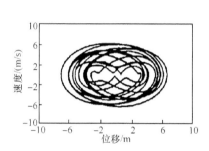

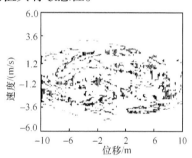

图 7-23　混沌吸引子和吸引域

$T=1$，$U=0$，$W=0.01$，$f_0=0$，$f_1=2$，$k=0.4335$

第8章 分岔理论与混沌简介

分岔现象是非线性动力系统普遍存在的重要的复杂动态现象之一。凡是存在非线性因素的动力学系统，都可能发生分岔，可以采用分岔理论来研究这些复杂动态现象及行为的机理，分析解的拓扑结构和系统参数之间的关系，以便为工程动力学结构的优化设计、系统的参数识别和稳定性控制提供理论基础。分岔理论是把平衡解、周期解的稳定性和混沌联系起来的一种机制。

船舶与海洋工程结构的运动中存在着诸多的非线性因素，如系泊船受到非线性系缆恢复力，大幅横摇运动船舶的非线性恢复刚度，参数激励引起纵浪中船舶大幅横摇运动，深海 Spar 平台垂荡-纵摇非线性耦合运动等。因此，分析船舶与海洋结构运动的分岔及混沌，对揭示船舶与海洋结构由于非线性振动而引起的损伤与破坏机理，分析非线性响应引起的有害后果至关重要。8.1~8.4 节绍分岔及混沌问题的相关理论和研究方法[8,20]，8.5 节列举采用分岔和混沌理论研究海洋工程结构运动的实例[40-43]。

8.1 分 岔 概 述

分岔理论主要研究：由常微分方程(或向量场)所定义的连续动力系统的分岔；由映射所定义的离散动力系统的分岔和函数方程的零解随参数变化而产生的分岔。分岔问题研究的内容广泛而丰富，既需要较深厚的数学基础，又需要较宽广的专业知识。归纳起来，大致分为如下几个方面。

(1) 分岔集的确定，即确定分岔的必要条件和充分条件，这是分岔研究的基本内容。

(2) 分岔定性性态的研究，即研究分岔出现时系统拓扑结构随参数变化的情况，这是分岔研究的重要内容。

(3) 分岔解的计算，即系统平衡点和极限环的计算。由于非线性系统分岔的直接求解往往较困难，甚至不可能，这就需要采用实用而有效的近似方法。

(4) 各种不同分岔的相互作用，以及分岔与动力系统的其他现象(如混沌等)的联系。

8.1.1　分岔的产生及分类

分岔理论研究动力系统由于参数的改变而引起解的拓扑结构和稳定性变化的过程。在科学技术领域中，许多系统往往都含有一个或多个参数。当参数连续改变时，系统解的拓扑结构或定性性质在参数取某值时发生突然变化，这时即产生分岔现象。为了说明分岔现象，先看下面的例子。

例题 8-1　设一非线性一维系统如下：

$$\dot{x} = \mu x - x^3, \quad x \in R \tag{a}$$

其中，$\mu \in R$ 为系统参数。这是一个非线性自治系统。确定其平衡点的方程为

$$\mu x - x^3 = 0 \tag{b}$$

显然，平衡点的数目与 μ 的正负号有关。当 $\mu \le 0$ 时，式(a)有唯一的平衡点 $x = 0$，它是渐近稳定的。当 $\mu > 0$ 时，式(a)有 3 个平衡点，其中 $x = 0$ 是不稳定的。而 $x = \pm\sqrt{\mu}$ 是渐近稳定的。

图 8-1 画出了系统的相图，该相图反映了平衡点数目和稳定性随 μ 变化的情况。实线代表稳定平衡点，虚线代表不稳定平衡点。从图中可见，当 $\mu \le 0$ 和 $\mu > 0$ 时，系统有不同的拓扑结构(即式(a)解的数目在该处发生变化)，也就是式(a)解的拓扑结构在 $\mu = 0$ 处发生突然变化，此时出现平衡点分岔(叉形分岔)。

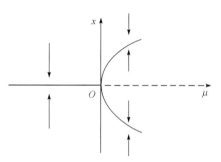

图 8-1　单参数的叉形分岔

例题 8-2　设平面系统的微分方程为

$$\begin{cases} \dot{x} = -y + x\left[\mu - \left(x^2 + y^2\right)\right] \\ \dot{y} = x + y\left[\mu - \left(x^2 + y^2\right)\right] \end{cases}, \quad (x, y) \in R^2, \mu \in R \tag{a}$$

利用极坐标变换：

$$\begin{cases} x = r\cos\theta \\ y = r\sin\theta \end{cases} \tag{b}$$

式(a)可化为

$$\begin{cases} \dot{r} = r(\mu - r^2) \\ \dot{\theta} = 1 \end{cases} \tag{c}$$

由式(c)可见，当 $\mu \le 0$ 时，式(c)有唯一的渐近稳定焦点 $(0,0)$。当 $\mu > 0$ 时，

$(0,0)$ 变为式(c)的不稳定焦点，此时式(c)还有一个稳定的极限环 $r=\sqrt{\mu}$，见图 8-2。由图可见，式(c)解的拓扑结构在 $\mu=0$ 处发生突然变化，从平衡点产生极限环，即产生分岔(霍普夫(Hopf)分岔)。

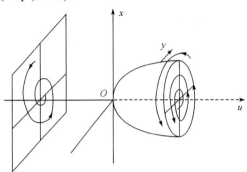

图 8-2　二维霍普夫分岔

在讨论含参数的微分方程描述的动力系统的分岔问题之前，先介绍有关的基本概念。设含分岔参数的动力系统为

$$\dot{x}=f(x,\mu) \tag{8-1}$$

其中，$x\in U\subseteq R^n$ 称为状态变量；$\mu\in J\subseteq R^m$ 称为系统参数。当参数 μ 连续变动时，式(8-1)的拓扑结构在 $\mu_0\in J$ 处发生突然变化，式(8-1)在 $\mu=\mu_0$ 处出现分岔，称 μ_0 为一个分岔值。在参数 μ 的空间中由分岔值组成的集合称为分岔集。式(8-1)的极限集(平衡点或极限环)在 x-μ 空间中随参数 μ 变化的图形称为分岔图。

根据系统轨线的范围可以分为局部分岔和全局分岔。局部分岔仅研究在平衡点或闭轨附近的某个邻域内向量场轨线拓扑结构的变化，全局分岔粗略地说就是非局部分岔，如同宿异宿分岔、局部余维二分岔中出现的全局分岔等。

8.1.2　平面向量场分岔

设平面非线性自治系统：

$$\dot{x}=f(x) \tag{8-2}$$

其中，$x=(x_1,x_2)^{\mathrm{T}}$；$f=(f_1,f_2)^{\mathrm{T}}$；$x\in R^2$。

式(8-2)可进一步写为

$$\dot{x}=Ax+g(x),\quad x\in R^2 \tag{8-3}$$

其中，$g(x)=O(\|x^2\|)$；A 为 $f(x)$ 在平衡点 $x=x_0$ 处的线性化矩阵，即

$$A = Df = \begin{bmatrix} \dfrac{\partial f_1}{\partial x_1} & \dfrac{\partial f_1}{\partial x_2} \\[3mm] \dfrac{\partial f_2}{\partial x_1} & \dfrac{\partial f_2}{\partial x_2} \end{bmatrix}_{x=x_0} \tag{8-4}$$

则如下表达式

$$\dot{x} = Ax , \qquad x \in R^2 \tag{8-5}$$

称为式(8-2)对应的线性系统。

根据式(8-2)，给出如下概念。

(1) 当 A 的特征值含有零实部时，称平衡点 x_0 为非双曲的。

(2) 当式(8-2)的闭轨线 Γ 的特征指数等于零，即

$$\frac{1}{T} \int_D \mathrm{div}(f_1, f_2)\mathrm{d}t = 0 \tag{8-6}$$

时，称闭轨 Γ 为非双曲的，式中，T 为周期。

(3) 式(8-2)所示的轨线，如果当 $t \to \infty$ 和 $t \to -\infty$ 时趋于同一个平衡点，则称为同宿轨线；如果当 $t \to \infty$ 和 $t \to -\infty$ 时趋于不同的平衡点，则称为异宿轨线。

在建立了上面概念的基础上，下面给出平面向量场出现分岔的必要与充分条件。当平面向量场使下列条件之一成立时，平面向量场出现分岔。

(1) 存在非双曲平衡点，即平面向量场的线性化矩阵 A 的特征值有零实部。

(2) 存在非双曲闭轨，即平面向量场的闭轨线 Γ 的特征值等于零。

(3) 存在同宿轨线或异宿轨线，即平面向量场存在连接鞍点到鞍点的轨线。

根据平面向量场出现分岔的必要与充分条件，可以将平面向量场的分岔分为如下三类。

1) 与平衡点有关的分岔

与平衡点有关的分岔属于局部分岔。当 $\mu = \mu_0$ 时，平面向量场式(8-2)有非双曲平衡点 (x_{10}, x_{20})，此时式(8-2)的线性化矩阵 A 的特征值有零实部，在这种情况下，还需视特征值的虚部是否为零进一步分类。

若 A 有零特征值，即特征值的实部和虚部均为零，则称为高阶平衡点分岔。例如，图 8-3(a)中，当 $\mu = \mu_0$ 时，系统有一个鞍结点 (x_{10}, x_{20})；当 $\mu < \mu_0$ 时，无平衡点；当 $\mu > \mu_0$ 时，有一个鞍点和一个结点。这种分岔为鞍结分岔。

若 A 有一对纯虚数特征值，并且当 $\mu = \mu_0$ 时，平衡点 (x_{10}, x_{20}) 是式(8-2)的细焦点，即平衡点 (x_{10}, x_{20}) 是式(8-2)的焦点，却是其线性近似系统的中心，则当 μ 变化时就可能从平衡点产生极限环，这种情况称为霍普夫分岔，如图 8-3(b)所示。

若 A 有一对纯虚数特征值，并且当 $\mu = \mu_0$ 时，平衡点 (x_{10}, x_{20}) 不仅是式(8-2)的中心，也是其线性近似系统的中心，即式(8-2)的真中心，则在 (x_{10}, x_{20}) 附近

全是闭轨。当 μ 变化时就有可能从其某些闭轨分岔出极限环，而平衡点也不再是中心。

上面讨论的高阶平衡点分岔和霍普夫分岔属于局部分岔。

2) 闭轨分岔

设当 $\mu = \mu_0$ 时，式(8-2)有非双曲闭轨 Γ。根据动力系统理论可知，此时 Γ 的特征指数为零，即 Γ 不是单重极限环而可能是多重极限环、半稳定极限环、周期环或复合环中的一条闭轨。当 μ 变化时，系统可能出现闭轨突然消失的现象。当 $\mu < \mu_0$ 时，无闭轨，而当 $\mu > \mu_0$ 时有两个极限环。当 $\mu \rightarrow \mu_0 + 0$ 时，这两个极限环趋于一个环，如图 8-3(c)所示。这种分岔称为二重半极限环分岔。这种多重环分岔属于局部分岔。

3) 同宿或异宿轨线分岔

当 $\mu = \mu_0$ 时，式(8-2)有同宿闭轨。当 μ 变化时，此同宿轨线可能突然消失，如图 8-3(d)所示，或从此同宿轨线分岔出极限环，这种分岔称为同宿轨线分岔。如当 $\mu = \mu_0$ 时，式(8-2)有异宿闭轨。当 μ 变化时，此异宿轨线可能突然消失，如图 8-3(e)所示，或从此几条异宿轨线相连而成的异宿轨线分岔出极限环，这种分岔称为异宿轨线分岔。同宿或异宿分岔属于全局分岔。

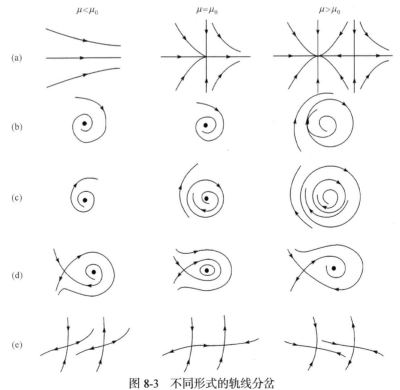

图 8-3　不同形式的轨线分岔

8.2　静态分岔与动态分岔

8.2.1　单参数静态分岔

静态分岔方程为

$$f(x,\mu)=0, \quad x\in U\subseteq R^n, \mu\in J\subseteq R^m \tag{8-7}$$

静态分岔研究静态分岔(式(8-7))解的数目随参数 μ 的变动而发生的变化，主要研究平衡点分岔。

考虑静态分岔方程式(8-7)，其中，向量场 f: $U\times J\subseteq R^n\times R^m\to R^n$。设系统的奇异点为 $(0,0)$。将式(8-7)按泰勒级数展开，并注意到 $f(0,0)=0$ 和 $D_x f(0,0)=0$，有

$$f(x,\mu)=a\mu+\frac{1}{2}bx^2+cx\mu+\frac{1}{2}d\mu^2+\frac{1}{6}ex^3+\cdots=0 \tag{8-8}$$

其中，$a=D_\mu f(0,0)$；$b=D_{xx}f(0,0)$；$c=D_{x\mu}f(0,0)$；$d=D_{\mu\mu}f(0,0)$；$e=D_{xxx}f(0,0)$。定义 $\Delta=b^2-ac$，则随着系数 $a,b,c,\cdots,\Delta$ 的不同，会发生不同的分岔。

1. 鞍结分岔(saddle-node bifurcation)

若式(8-8)满足非退化条件 $a\ne 0, b\ne 0$，则原点 $(0,0)$ 为鞍结点。在该点的邻域内，有如下解曲线：

$$x=\pm\sqrt{\frac{-2a\mu}{b}} \tag{8-9}$$

则解的个数在 $\mu=0$ 左右发生从 2 到 1 再到 0 的变化。这种分岔称为鞍结分岔。

例题 8-3　系统运动方程如下：

$$\dot{x}=u-x^2, \quad x\in R \tag{a}$$

其中，$u\in R$ 为系统的分岔参数，分析系统随参数 u 变化的分岔特性。

为求其平衡点，令 $u-x^2=0$。解的情况如下：当 $u<0$ 时，方程无解；当 $u>0$ 时，方程有两个解 $x=\pm\sqrt{u}$，解的分布如图 8-4 所示。u 由负值变为正值后，解的个数发生了变化，因此 $u=0$ 是分岔点，系统发生的分岔为鞍结分岔。

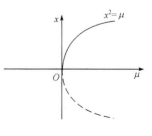

图 8-4　鞍结分岔

2. 跨临界分岔(transcritical bifurcation)

若式(8-8)满足 $a=0$ (限定条件)，$b \neq 0$、$\Delta > 0$ (非退化条件)，则原点 $(0,0)$ 称为跨临界分岔点。在该点的邻域内，有如下两条相交的解曲线：

$$x = \frac{-c \pm \sqrt{\Delta}}{b}\mu + O(\mu^2) \tag{8-10}$$

则解的个数在 $\mu=0$ 左右发生从 2 到 1 再到 2 的变化。这种分岔称为跨临界分岔。

例题 8-4　系统运动方程如下：

$$\dot{x} = ux - x^2, \quad x \in R \tag{a}$$

其中，$u \in R$ 为系统的分岔参数，分析系统随参数 u 变化的分岔特性。

求解得到系统有两个平衡点，即 $x=0$ 和 $x=u$。

在 $x=0$ 的邻域，式(a)的线性化方程为 $\dot{x}=ux$，对应的特征根为 $\lambda=u$。当 $u<0$ 时，定点是稳定的，当 $u>0$ 时，定点是不稳定的。

在 $x=u$ 的邻域，式(a)的线性化方程为 $\dot{x}=-ux$，对应的特征根为 $\lambda=-u$。当 $u<0$ 时，定点是不稳定的，当 $u>0$ 时，定点是稳定的。

式(a)发生跨临界分岔，如图 8-5 所示。

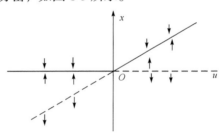

图 8-5　跨临界分岔

3. 叉形分岔(pitchfork bifurcation)

若式(8-8)满足 $a=0$、$b=0$ (限定条件)，$c \neq 0$、$e \neq 0$ (非退化条件)，则原点 $(0,0)$ 称为叉形分岔点。在该点的邻域内，有如下两条相交的解曲线：

$$x = \frac{-d}{2c}\mu + O(\mu^2) \text{ 和 } \mu = -\frac{e}{6c}x^2 + O(x^3) \tag{8-11}$$

则解的个数在 $\mu=0$ 左右发生从 1 到 3 的变化。这种分岔称为叉形分岔。

例题 8-5　系统运动方程如下：

$$\dot{x} = ux - x^3, \quad x \in R \tag{a}$$

其中，$u \in R$ 为系统的分岔参数。分析系统随参数 u 变化的分岔特性。

求得系统有 3 个平衡点，即 $x=0$ 和 $x=\pm\sqrt{u}$。在 $x=0$ 的邻域，式(a)的线性化方程为 $\dot{x}=ux$，对应的特征根为 $\lambda=u$。当 $u<0$ 时，$x=0$ 为稳定平衡点；当 $u>0$ 时，$x=0$ 为不稳定平衡点。

在 $x=\pm\sqrt{u}$ 的邻域，式(a)的线性化方程为 $\dot{x}=-2ux$，对应的特征根为 $-2u$。当 $u>0$ 时，$x=\pm\sqrt{u}$ 为稳定平衡点。

式(a)发生叉形分岔，如图 8-6 所示。

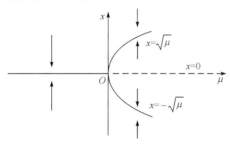

图 8-6　叉形分岔

8.2.2　动态分岔

动态分岔研究动力系统式(8-1)解(极限集)的拓扑结构随参数 μ 的变动而发生的突然变化。动态分岔主要研究闭轨、同宿轨线、异宿轨线、不变环面等的分岔，因而动态分岔实际上包括了静态分岔问题。在动态分岔问题中，霍普夫分岔具有重要的理论意义，并且因其与自激振动的产生有密切关系，因而又具有重要的实际应用价值。本节以霍普夫分岔为例讨论动态分岔问题。

霍普夫分岔指参数变化且经过分岔值时，从平衡状态产生孤立的周期运动的现象，即从中心型平衡点产生极限环的现象。对于二维非线性系统有如下定理。

设含单参数 μ 的二维平面系统为

$$\begin{cases} \dot{x}=F(x,y,\mu) \\ \dot{y}=G(x,y,\mu) \end{cases}, \quad x,y\in U\subseteq R^2;\ \mu\in J\subseteq R \tag{8-12}$$

设 $(0,0)$ 对所有的 μ 均为式(8-12)的平衡点，即

$$F(0,0,\mu)=G(0,0,\mu)=0 \tag{8-13}$$

式(8-12)在 $(x,y)=(0,0)$ 处的线性化矩阵 $L(\mu)$ 在 $\mu=0$ 附近有一对复特征值 $\alpha(\mu)+\mathrm{i}\beta(\mu)$。$\beta(\mu)>0$ 时，有

$$\alpha(0)=0, \quad \beta(0)=\omega>0 \tag{8-14}$$

以及

$$h = \frac{\mathrm{d}\alpha}{\mathrm{d}\mu}\bigg|_{\mu=0} \neq 0 \tag{8-15}$$

则有如下霍普夫定理[8]。

如果非线性系统式(8-12)满足条件式(8-13)~式(8-15)，则存在一个充分小的 $\varepsilon_0 > 0$ 和一个解析函数 $\mu = \mu(x)$，$\mu(0) = 0$，使得对每个 $\varepsilon \in (0, \varepsilon_0)$，式(8-12)有闭轨 Γ_μ，即系统经过 $(x,0)$ $(0 < |x| < \varepsilon)$ 的点的轨线是周期轨线，并有如下结论。

(1) 如果 $\mu(x) \equiv 0$，则式(8-12)在平衡点 $(0,0)$ 的邻域内充满闭轨，即以 $(0,0)$ 为中心。

(2) 如果 $\mu(x) > 0$，则 $(0,0)$ 是式(8-12)的稳定细焦点，在 $(0,0)$ 邻域内，对于每一个 μ 值只有一条周期轨线，即经过 $(x(\mu), 0)$ 的那一条。此周期轨线的两个特征乘数中，一个为 1，另一个介于 0 与 1 之间，从而此周期轨线是稳定极限环。

(3) 如果 $\mu(x) < 0 (0 < |x| < \varepsilon)$，则 $(0,0)$ 是式(8-12)的不稳定细焦点，在 $(0,0)$ 邻域内，对于每一个 μ 值只有一条周期轨线 Γ，此周期轨线的两个特征乘数中，一个为 1，另一个大于 1，即 Γ 为不稳定极限环。二维霍普夫分岔图见图 8-2。

说明 在应用霍普夫定理时，可以先计算并判定式(8-12)的平衡点 $(0,0)$ 是中心还是稳定细焦点或不稳定细焦点，然后根据定理中的式(8-13)~式(8-15)得到相应的结论。

8.3 分岔问题的研究方法介绍

近年来，分岔理论取得了很大的进展，提出了多种研究方法，如奇异性方法、庞加莱-伯克霍夫(Poincare-Birkhoff, P-B)规范形方法、幂级数方法、后继函数法、Melnikov 函数法以及 C-L 方法等。本节主要介绍 L-S 约化方法和 P-B 规范形方法。

8.3.1 L-S 约化方法

L-S 约化方法是将高维或无穷维非线性方程化为低维或有限维方程的方法。其基本思想是将 R^n 维空间的状态变量 x 表示成两个子空间的直和，并将方程分别投影到这两个子空间上，得到两个低维方程。其中一个方程由隐函数存在定理可知其必有唯一解，把求出的解代入另一个方程中去。于是原来的高维方程求解问题就化为另一个低维方程的求解问题。

设 $(0,0) \in R^n \times J$ 为 $f(x,\mu)$ 的一个奇点，记线性算子 $A = D_x f(0,0)$，$N(A)$ 为 A 的零空间，$R(A)$ 为 A 的值域，$M = N(A)^\perp$，$S = R(A)^\perp$ 分别为 $N(A)$ 和 $R(A)$ 的正交补空间，A 有 $k(\geqslant 1)$ 个特征值等于零。由线性代数理论知，$\dim S = k = \dim N(A)$，

$\dim M = n - k = \dim R(A)$。因此在 R^n 空间 x 有直和分解

$$\begin{cases} R^n = N(A) \oplus M \\ R^n = S \oplus R(A) \end{cases} \tag{8-16}$$

设 P 为 $R^n \to R(A)$ 的投影算子，且使 $N(P) = S$，则其补投影算子 $I - P = Q$ 的 $R(Q) = S$，$N(Q) = R(A)$。式中，I 为恒同算子，则式(8-7)等价于

$$\begin{cases} Pf(x, \mu) = 0 \\ Qf(x, \mu) = 0 \end{cases} \tag{8-17}$$

L-S 约化的基本思想是，从式(8-17)的第一式解出的 $n - k$ 个变量代入式(8-17)的第二式以后，使问题变为求解 k 个未知量的方程。

由直和分解式(8-16)，对于任意 $x \in R^n$，有

$$x = u + v, \quad u \in N(A), \quad v \in M \tag{8-18}$$

从而式(8-17)变成

$$\begin{cases} Pf(u + v, \mu) = 0 \\ (I - P)f(u + v, \mu) = 0 \end{cases} \tag{8-19}$$

在原点把式(8-19)的第一式对 v 求导，得到 $D_v Pf(0,0) = PD_x f(0,0) = PA = A$。

最后一个等式是由于 $N(P) = S$，所以 P 对 $R(A)$ 的作用等于恒同算子。此外，线性算子 $A: M \to R(A)$ 是可逆的。

由隐函数定理，可以从式(8-19)中的第一式唯一确定 $v = \varphi(u, \mu)$，满足

$$\begin{cases} Pf[u + \varphi(u, \mu), \mu] = 0 \\ \varphi(0,0) = 0 \end{cases} \tag{8-20}$$

再将 $v = \varphi(u, \mu)$ 代入式(8-19)中的第二式，有

$$\Phi(u, \mu) \equiv (I - P)f[u + \varphi(u, \mu), \mu] \equiv 0 \tag{8-21}$$

原系统的向量场 $f(x, \mu)$ 的零点与 $\Phi(x, \mu)$ 的零点有一一对应的关系：

$$x = u + \varphi(u, \mu) \tag{8-22}$$

从而原系统式(8-7)的求解问题等价于低维零空间 $N(A)$ 中式(8-21)的求解问题。式(8-21)称为原系统式(8-7)的约化方程。

在实际应用中，在零空间 $N(A)$ 的直补空间 S 中引进坐标。设 $e_i (i = 1, 2, \cdots, k)$ 分别为 $N(A)$ 和 S 的正交标准基向量，对任何 $u \in N(A)$ 可以表示为

$$u = \sum_{i=1}^{k} y_i e_i \tag{8-23}$$

从而式(8-21)成为

$$h(y,\mu) \equiv (I-P)f\left[\sum_{i=1}^{k} y_i e_i + \varphi\left(\sum_{i=1}^{k} y_i e_i, \mu\right), \mu\right] = 0 \tag{8-24}$$

另一方面，$Q = I - P$ 为 P 映射到 S 的补投影算子，可以表示成内积的形式

$$h(y,\mu) \equiv <Q, \ f> = <e^*, \ f\left[\sum_{i=1}^{k} y_i e_i + \varphi\left(\sum_{i=1}^{k} y_i e_i, \mu\right), \mu\right]> = 0 \tag{8-25}$$

式(8-25)称为约化方程。

对于约化式(8-24)或式(8-25)的求解，一般采用级数展开等方法求其低阶项。此外，由于 $N(A)$ 和 S 空间基的选取不唯一，导致约化方程也不唯一，但彼此等价。

8.3.2 P-B 规范形方法

奇异性理论方法为研究动力系统分岔问题中的平衡态多重解和周期振动霍普夫分岔提供了一种有力的工具，奇异性理论能够用统一而明确的方式处理不同的静态分岔问题。应用奇异性理论研究微分方程往往需要借助变换将方程变为较为简单的形式，如利用 P-B 规范形方法在平衡点附近通过一系列近于恒同的坐标变换，可以把微分方程化为较为简单的形式，因此它是研究微分方程定性理论和含参数的分岔问题的基本方法之一。

1. P-B 规范形的概念

有如下常微分方程：

$$\dot{x} = f(x), \quad x \in R \tag{8-26}$$

这里省略分岔参数，又设 $f(x)$ 足够光滑，且 $f(0) = 0$。P-B 规范形的目的是通过坐标的多项式变换使得 $f(x)$ 的泰勒展开式中直到 r 阶 $(r \geq 2)$ 项均有比较简单的形式。化简过程从低次项到高次项逐阶进行的步骤都是类似的。在此仅讨论其中的任意一步。

记 $H_n^k(2 \leq k \leq r)$ 为从 R^n 到 R^n 的所有 k 次齐次多项式组成的向量空间。令 $A = Df(0)$，把式(8-3)写成

$$\dot{x} = Ax + f_2(x) + \cdots + f_r(x) + O\left(\|x\|^{r+1}\right) \tag{8-27}$$

设式(8-27)右边的展开式中有直到 $(k-1)$ 次的项已经化简，并写为

$$f(x) = Ax + g_2(x) + \cdots + g_{k-1}(x) + h_k(x) + O\left(\|x\|^{k+1}\right) \tag{8-28}$$

其中，$g_i \in H_n^i(i = 2, \cdots, k-1)$ 为已经化简的项；$h_k \in H_n^k$ 为待化简项。现在需要寻找到一个坐标变换去化简 $h_k(x)$，且保持次数低于 k 的项不变。为此作变换：

$$x = y - P_k(y) \tag{8-29}$$

其中，$P_k \in H_n^k$ 为待定函数。将式(8-29)代入式(8-26)，有

$$\dot{y} + DP_k(y)\dot{y} = f[y + P_k(y)] \tag{8-30}$$

即

$$\dot{y} = [I + DP_k(y)]^{-1} f[y + P_k(y)] \tag{8-31}$$

由代数大除法，有

$$[I - DP_k(y)]^{-1} = I - DP_k(y) + O(\|y\|^{k+1}) \tag{8-32}$$

并考虑式(8-28)有

$$\dot{y} = [I - DP_k(y)]\{A[y + P_k(y)] + g_2(y) + \cdots + g_{k-1}(y) + h_k(y)\} + O(\|y\|^{k+1})$$

$$= Ay + g_2(y) + \cdots + g_{k-1}(y) + h_k(y) - DP_k(y)Ay + AP_k(y) + O(\|y\|^{k+1}) \tag{8-33}$$

令

$$ad_A F(y) \overset{\text{def}}{=\!=} [DF(y)] \cdot Ay - AF(y) \tag{8-34}$$

式(8-33)成为

$$\dot{y} = Ay + g_2(y) + \cdots + g_{k-1}(y) + h_k(y) - ad_A P_k(y) + O(\|y\|^{k+1}) \tag{8-35}$$

由式(8-34)可知，$ad_A F(y)$ 显然为线性算子，则其值域 $ad_A(H_n^k) \subset H_n^k$，记 $R_n^k = ad_A(H_n^k)$，并取 R_n^k，在 H_n^k 的补空间 S_n^k，使 $H_n^k = R_n^k \oplus S_n^k$，从而可将 $h_k \in H_n^k$ 表示成 $h_k = f_k(y) + g_k(y)$，$f_k(y) \in R_n^k$，$g_k \in S_n^k$。因 $f_k \in R_n^k = ad_A(H_n^k)$，故总可以找出多项式 $P_k(y) \in H_n^k$，使 $ad_A P_k(y) = f_k(y)$ 将式(8-35)中的 $h_k(y)$ 项化简。从而式(8-35)化为

$$\dot{y} = Ay + g_2(y) + \cdots + g_{k-1}(y) + g_k(y) + O(\|y\|^{k+1}) \tag{8-36}$$

其中，$g_k \in S_n^k$，上述分析对于 $2 \leqslant k \leqslant r$ 均成立，从而，可以通过一系列的坐标变换，使 $g_i \in S_n^i (i = 1, 2, \cdots, r)$，从而得到如下 P-B 规范形定理。

设 $f(x)$ 是 $C^r(r \geqslant 2)$ 向量场，$f(0) = 0$，$A = Df(0)$，则在原点附近存在一个坐标的 r 次多项式变换，使得在新坐标系中，式(8-26)化为如下的规范形：

$$\dot{y} = Ay + g_2(y) + \cdots + g_r(y) + O(\|y\|^{r+1}) \tag{8-37}$$

其中，$g_i \in S_n^i (i = 1, 2, \cdots, r)$。在实际应用中，通常略去高于 r 阶的项，得到：

$$\dot{y} = Ay + g_2(y) + \cdots + g_r(y) \tag{8-38}$$

称为式(8-26)的一个 r 阶截断 P-B 规范形。

需要指出的是，在平衡点附近，截断 P-B 规范形式(8-37)与原来系统式(8-26)的拓扑结构联系密切，但并不一定相同，存在着两个问题。其一，对于给定的 r 阶规范形研究与原系统的定性性态相近到何种程度仍未解决；其二，当 $r \to \infty$ 时，规范形也不一定总收敛。尽管如此，在阶数不太高时，规范形在平衡点附近能提供定性性态方面的重要信息，而这时研究原系统的拓扑结构有很大的意义。

2. P-B 规范形的计算

规范形计算需要搞清补空间的结构。而补空间是不唯一的，不同的补空间导致不同的 P-B 规范形。下面介绍两种规范形的计算方法：矩阵法和共轭算子法。在讨论中，设给定线性算子 A，非线性部分任意，并且假设 A 已化为 Jordan 标准形。

1) 矩阵法

H_n^k 是一有限维向量空间，ad_A 是线性算子，因此可以通过线性代数的矩阵理论求出补空间 S_n^k 进而求得规范形。由线性代数理论，有如下关于补空间的定理。

设 $\{e_1, e_2 \cdots, e_i\}$ 为 H_n^k 的一个基，A 为 ad_A 在此基下的矩阵，则 A 复共轭转置矩阵 A^* 的零空间是 H_n^k 的值域，$R_n^k = ad_A(H_n^k)$，在 H_n^k 中的一个补空间，即有如下直和分解：

$$H_n^k = R_n^k \oplus N(A^*) \tag{8-39}$$

2) 共轭算子法

由线性代数有如下定理。设 A^* 为线性代矩阵 $A = Df(0)$ 的负共轭转置矩阵，则在 H_n^k 中，线性算子 ad_A^* 的零空间 $N(ad_A^*)$ 是 R_n^k 的一个补空间，即 $H_n^k = R_n^k \oplus N(ad_A^*)$，于是确立 $N(ad_A^*)$ 即为解线性微分方程

$$DF(y) \cdot A^* y - A^* F(y) = 0, \quad F \in H_n^k \tag{8-40}$$

在 H_n^k 中的多项式解。

8.4 混 沌 运 动

8.4.1 混沌运动的定义

20 世纪 60 年代，美国气象学家首次发现了混沌(chaos)。混沌性态的基本特征是：振动(运动)对于初值极端敏感，即初始条件的微小改变导致较长时间以后的振动(运动)面目全非。混沌是一种貌似随机但不是随机的运动。

关于混沌的定义，目前国内外尚不统一。下面给出目前采用的有关混沌运动

的定义。

定义 8-1　不稳定的过渡状态导致的始终有限的定常运动称为混沌运动。

定义 8-2　除平衡、周期及拟周期以外的始终有限的定常运动称为混沌运动。

非线性动力系统的混沌运动具有以下一些特性：具有连续的功率谱，奇怪吸引子的维数是分数的，具有正的李雅普诺夫指数，正测度熵等几何特性，此外，混沌运动具有局部不稳定而整体稳定等特征。

8.4.2　典型的混沌系统举例

例题 8-6　洛伦兹(Lorentz)方程如下：

$$\dot{x} = -\sigma(x-y)$$
$$\dot{y} = \rho x - y - xz$$
$$\dot{z} = -\beta z + xy$$

当参数 $\sigma = 10$、$\rho = 28$、$\beta = 8/3$ 时，系统出现混沌运动，表现为奇怪吸引子，如图 8-7 所示。

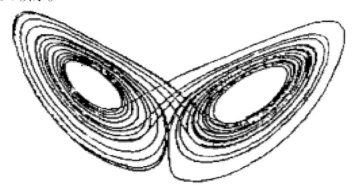

图 8-7　洛伦兹吸引子

例题 8-7　Henon 映射方程如下：

$$x_{j+1} = 1 + y_j + ax_j^2$$
$$y_j = bx_j$$

其 Jacobi 行列式值为 $-b$，$b > 0$，系统是耗散的，映射的吸引子称为 Henon 吸引子。当 $a = 1.4$、$b = 0.3$ 时，系统的运动乱中有序，映射稳态部分形成大范围几何相同的奇怪吸引子，如图 8-8 和图 8-9 所示。

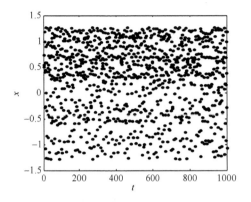

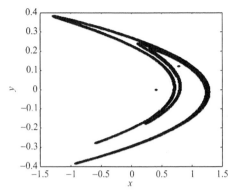

图 8-8　Henon 奇怪吸引子(时间历程)　　　图 8-9　Henon 奇怪吸引子(庞加莱截面)

例题 8-8　达芬方程如下:

$$\ddot{x} + \alpha\dot{x} + k_1 x + k_3 x^3 = F\cos\Omega t \tag{a}$$

对应于式(a)的无强迫激励情况,系统在相平面上有 3 个平衡点,即鞍点 $S(0, 0)$、稳定焦点 $F_1\left(\sqrt{-k_1/k_3}, 0\right)$、稳定焦点 $F_2\left(-\sqrt{-k_1/k_3}, 0\right)$,如图 8-10 所示。不同的初始条件被通过不稳定点 S 的两条轨线分成两个区域。初始条件在阴影部分,响应的轨线最终趋于左侧的稳定平衡点 F_1;初始条件在非阴影区域,响应的轨线最终趋于右侧的稳定平衡点 F_2。

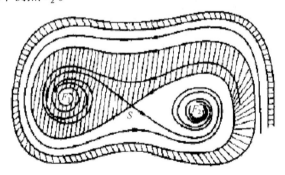

图 8-10　达芬方程的吸引域

因此,整个相空间被分成不同的流域(吸引域),不同流域中的轨线将趋于不同的平衡点或趋于无穷大。如果对系统施加外激励,系统可能穿越不同流域的分界线,在不同流域之间来回跳动,形成复杂的运动状态,如出现概周期运动或混沌运动。

对于如下系统参数: $\alpha=0.185$、$k_1=-1$、$k_3=1$、$\Omega=1$,取不同的激励幅值 F,计算系统的响应,结果如图 8-11～图 8-13 所示。

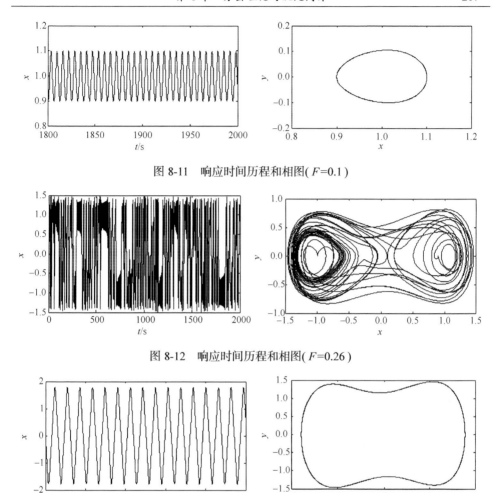

图 8-11 响应时间历程和相图(F=0.1)

图 8-12 响应时间历程和相图(F=0.26)

图 8-13 响应时间历程和相图(F=0.4)

可以看出，当F=0.1时，系统围绕某一个平衡点做周期 1 运动，由初始条件决定具体趋于哪一个平衡点。当F=0.26时，系统运动轨迹穿越不同流域的分界线，在两焦点附近来回跃迁和振荡，发生混沌运动。当F=0.4时，系统运动为周期 1 运动，线性振子处于支配地位，非线性因素看作对线性振子的微扰。

8.4.3 混沌运动的特征

混沌运动是确定性非线性动力系统所特有的复杂运动形态。混沌运动具有通常确定性运动所没有的几何和统计特征，如无限自相似、连续的功率谱、奇怪吸引子、分维、正的李雅普诺夫指数、正的测度熵等。

混沌运动独有的特征主要表现在以下几个方面。

(1) 对初始条件的敏感性。混沌系统中两状态之间微小的差异，经一段时间后会演化成两状态间的巨大差异，但这种差异随时间的变化并不是呈简单的线性关系，这是混沌的一个本质特征，很多混沌判定方法也是基于此特征的。洛仑兹在研究大气预报问题时发现了这种现象，提出了著名的"蝴蝶效应"的形象比喻。

(2) 内随机性和非周期性。混沌是一种不同于周期、准周期或随机运动的运动形式，它也具有非周期性，这就使得混沌信号在时间轴上表现出类似随机的特性。它具有功率谱的连续与宽频带特性，混沌系统本身所具有的内在随机性则使系统功率谱像随机系统那样也具有连续性，并有较好的宽频特性。因此，利用传统的频谱分析工具难以区分混沌系统和随机系统。另外，混沌运动的发展可以使原来有周期的运动最终变成完全没有周期的运动。

(3) 长期行为的不可预测性。由于混沌系统具有对初始条件的敏感依赖性，初始状态很小的差异可能导致混沌系统运动较长时间之后状态的巨大差异，所以对混沌系统的长期行为无法预测。

(4) 不可分解性。这是指混沌系统不能被分解为两个不相互影响的子系统。

(5) 稳定与不稳定性。稳定性是指混沌系统中存在一些不动点，也就是当系统变量取得一组值时系统不随时间变化的点。近邻的轨道随时间的发展会指数地分离，是不稳定性的一种体现。

(6) 规律性成分。这是指混沌系统具有稠密的周期点，其随机性是内在的，在本质上具有规律性的成分。

(7) 遍历性。这是指混沌变量能在一定范围内按其自身规律不重复地遍历所有状态。

(8) 分形性。混沌的奇怪吸引子在微小尺度上具有与整体自相似的几何结构，对它的空间描述只能采用分数维。这是混沌运动与随机运动的重要区别之一。

我们习惯于规律、简单的平衡、周期、拟周期运动，因此，希望在简单的运动和复杂的混沌运动之间确立某种关系，也就是阐明当系统的参数变化时，如何由简单运动状态向混沌运动状态过渡，一般称为通向混沌的道路。目前研究较多的有倍周期分岔、间歇、二次霍普夫分岔和 KAM 环面破裂等，具体见文献[20]。

8.4.4 分析混沌的方法

前面已指出了混沌运动与随机运动的区别，并指出混沌运动序列虽具有长期不可预测性，却有一些重要的统计特性。这些数学特征对于了解混沌的规律性是十分重要的。与其他常规运动相比，混沌运动有其独特的数学特征，这些特征可作为一个定常运动是否为混沌的判别标准。本节介绍分析混沌运动的方法。

1. 相平面图和庞加莱映射

在纵坐标为速度、横坐标为位移的相平面图上，可作出随时间 t 而变化的轨线，如果在相平面图上出现闭轨线，则系统存在周期解。当经过无数个循环，无法获得封闭的轨线时，系统可能产生混沌运动。

系统经过连续的映射可在庞加莱截面上观察到不同形式的相点或相轨线，依据其拓扑性质可以判别系统出现周期 1 运动、周期 k 运动、拟周期运动或混沌运动。在庞加莱截面上所出现的孤立点或有限个(k 个)孤立点，闭曲线和分布在一定区域上的不可数集，可以分别表示系统的周期 1 或周期 k 运动、拟周期运动和混沌运动。

庞加莱截面的做法如下。选定相平面上的点作为初始点计算系统响应，响应时间足够长后系统进入稳定运动；每隔一个或多个激励周期分别提取响应的位移和速度并记录下来；以位移为横坐标，速度为纵坐标，在相平面上画出记录的每组数组对应的相点。

图 8-14 为某船舶系统横摇运动随分岔参数 h 变化的庞加莱截面图[44]。

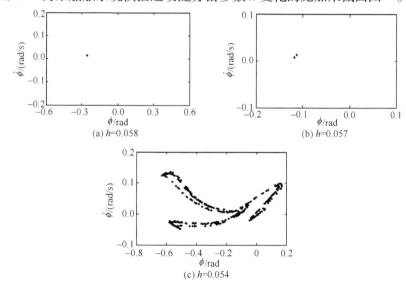

图 8-14　庞加莱截面图

图 8-14 中，ϕ 为横摇角，$\dot{\phi}$ 为横摇角速度。可以看出，$h = 0.054$ 时，横摇响应为混沌运动；$h = 0.057$ 时，横摇响应为周期 2 运动；$h = 0.058$ 时，横摇响应为稳定的周期 1 运动。改变初始条件，可得到类似的结果。

2. 频域分析

频谱分析应当与庞加莱点集的观察结合起来进行。频谱分析的对象是点映射产生的一个离散点列，或微分方程的解在不同时刻的值构成的一个离散点列(不一定是庞加莱点集)。采用的方法是傅里叶分析(快速傅里叶变换)，相应的周期，拟周期、混沌的特征见表 8-1。然而，这种区分是有条件的，因为存在以下几个问题。

(1) 周期运动的周期可能很长，因此，庞加莱点集很可能由相当多点组成，从而难以与一无限点集区分。

(2) 拟周期运动中包含的互不通约的频率可能有相当多个，于是频率谱可能由相当密集的离散谱构成，难以与混沌运动的连续谱线区分。

表 8-1　混沌的有关特征

	周期运动	拟周期运动	混沌运动
庞加莱点集	有限点	无限点，稠密地分布在一条闭曲线上	无限点，分布在一定区域上
频谱	离 散	离 散	连续

特别值得指出的是，当对拟周期和混沌运动进行傅里叶分析时，事实上只能取有限个点，或者说一个有限长的样本过程。于是，以上的说法蕴含着一个假设：认为这个样本过程能够代表全过程的数字特征，亦即认为全过程是所谓各态历经的。由于对混沌运动的了解还很少，这种假设的可靠性还是有疑问的。实用中尽可能地取较长的样本过程，以减少误差。样本过程的傅里叶展开式可写成

$$x_T(t) = R_e\left(\sum_{m=0}^{N} C_m e^{\frac{2\pi}{T}mt}\right) \tag{8-41}$$

其中，各系数可用离散傅里叶变换求得为

$$C_m = \frac{2}{N}\sum_{k=0}^{N-1} x_T\left(\frac{2\pi K}{N}\right) \cdot e^{-i\frac{2\pi KM}{N}} \tag{8-42}$$

现分析一个样本过程的延续时间 T 和总点数 N 对分析结果的影响。首先，前面已经介绍过样本过程的延长时间 T 越长，它反映真实物理过程的正确性就越好，亦即 C_m 越正确。其次，各频谱之间的间隔是 $2\pi/T$，因此时间 T 越大，间隔就越小，亦即谱线加密。最后，频谱的覆盖范围是 $2\pi N/T$，它正比于点数而反比于时间 T。例如，取强迫振动的庞加莱点集，当外力频率为 Ω，即周期为 T_0 时，恒有 $T = NT_0$。从而覆盖范围为 $\omega_0 = 2\pi N/T_0$，这当然不能满足要求，因为无法观测到次谐波的影响，实际范围更小一点，一般最多只是 $\pi N/T_0$。

3. 李雅普诺夫指数

李雅普诺夫指数是描述相空间相邻轨道发散程度的量。

1) 定义

对于一阶自治系统

$$\frac{\mathrm{d}x}{\mathrm{d}t} = f(x), \quad x \in R^n \tag{8-43}$$

在 n 维空间中，以 x_0 为初始点的轨线及其近旁 $x_0 + \Delta x$ 为初始点的轨线，在时刻 t，二轨道相差一个切向量 $\Delta x(x_0, t)$。为了方便，令 $W(x_0, t) = d(x_0, t)$，其模为 $\|\Delta x(x_0, t)\|$，则 W 满足的方程是

$$\frac{\mathrm{d}W}{\mathrm{d}t} = M[x(t)]W, \quad M = \frac{\partial f}{\partial x} \tag{8-44}$$

其中，M 是在 x_0 上计算的 f 的 Jacobi 矩阵。引入初始接近的两条轨线的平均指数发散率：

$$\sigma(x_0, W) = \lim_{t \to \infty} \left(\frac{1}{t}\right) \ln \frac{\|\Delta x(x_0, t)\|}{\|\Delta x(x_0, t_0)\|}, \quad \|\Delta x(x_0, t)\| \to 0 \tag{8-45}$$

可以证明，σ 存在且有限。此外，W 可选一个 n 维的基向量 e_i，使得对于任何 W，沿基向量 e_i，有 n 个量 $\sigma(x_0, e_i) = \delta_i$，称为李雅普诺夫指数。其中有可能是重复的，通常把它们由大到小排列：

$$\sigma_1 \geqslant \sigma_2 \geqslant \cdots \geqslant \sigma_n \tag{8-46}$$

李雅普诺夫指数与空间尺度选择无关。对于周期系统，有 $W_{n+1} = AW_n$。从而对于 A 的 n 个特征值，有

$$|\lambda_1| \geqslant |\lambda_2| \geqslant \cdots \geqslant |\lambda_n| \tag{8-47}$$

及相应的特征向量 e_i：

$$W_n = \lambda_i^n e_i \tag{8-48}$$

从而有

$$\sigma(e_i) = \frac{1}{\tau} \ln |\lambda_i| = \sigma_i \tag{8-49}$$

因 $W_0 = c_1 e_1 + c_2 e_2 + \cdots + c_n e_n$，若 $c_1 \neq 0$，$\sigma(W_0) = \sigma_1$；若 $c_1 = 0$，$c_2 \neq 0$，则 $\sigma(W_0) = \sigma_2$ 等。对于非周期轨道无法定义特征值与特征向量。

2) P 阶李雅普诺夫指数

P 阶李雅普诺夫指数 $Q^{(p)}$ 是描述切空间中的 $p(\leqslant n)$ 维体积的平均指数增长率。记 V_p 为各边为 $W_1, W_2, \cdots, W_p$ 的平行多面体的体积，则有

$$\sigma^{(p)}\left(x_0, V_p\right) = \lim_{t \to \infty} \frac{1}{t} \ln \frac{\left\| V_p(x_0, t) \right\|}{\left\| V_p(x_0, 0) \right\|} \tag{8-50}$$

可以证明 $\sigma^{(p)}$ 是 p 个一阶李雅普诺夫指数之和，于是与一阶指数类似，有

$$\sigma^{(p)} = \sigma_1 + \sigma_2 + \cdots + \sigma_p \tag{8-51}$$

对于几乎任何初始向量 $\boldsymbol{W}$ 成立。当 $p = n$ 时，得到相空间的体积增长率。对于 Hamilton 系统，有

$$\sum_{i=1}^{n} \sigma_i(x_0) = 0 \tag{8-52}$$

对于耗散系统，这个和式小于零。

3) 映射的李雅普诺夫指数

映射的李雅普诺夫指数可类似地定义，对于如下表达式：

$$x_{n+1} = f(x_n) \tag{8-53}$$

记

$$\boldsymbol{A}_n = \boldsymbol{M}(x_0) \cdot \boldsymbol{M}(x_1) \cdot \boldsymbol{M}(x_2) \cdots \cdot \boldsymbol{M}(x_{n-1}) \tag{8-54}$$

其中，$\boldsymbol{M} = \dfrac{\partial f}{\partial x}$，又记 $\boldsymbol{A}_n$ 的特征值为 $\lambda_i(n)$，则映射的李雅普诺夫指数定义为

$$\sigma^p = \lim_{n \to \infty} \left| \lambda_i(n) \right|^{\frac{1}{n}} \tag{8-55}$$

4) 李雅普诺夫指数的计算

在混沌研究中，李雅普诺夫指数起着重要的作用。轨道如果是混沌的，那么它一定是发散的，因此至少 $\sigma_1 > 0$。为此有必要研究它的计算方法。

对于微分方程，几乎所有的切向量 $\boldsymbol{W}$，有 $\sigma(x, \boldsymbol{W}) = \sigma_1(x)$。选择一个初始 $\boldsymbol{W}_0$，并沿着轨道 $x(t)$ 积分关于 $\boldsymbol{W}$ 的方程式(8-44)，于是有

$$d(t) = \left\| \boldsymbol{W}(t) \right\| \tag{8-56}$$

为方便起见，常数 d_k 取单位值。把每隔 τ 秒的 $\boldsymbol{W}$ 取为单位向量，并进行迭代计算。

$$d_k = \left\| \boldsymbol{W}_{k-1}(\tau) \right\| \tag{8-57}$$

$$\boldsymbol{W}_k(0) = \frac{\boldsymbol{W}_{k-1}(\tau)}{d_k} \tag{8-58}$$

其中，沿轨线由 $\boldsymbol{W}_k(0)$ 出发，从 $x(k\tau)$ 到 $x\big[(k-1)\tau\big]$ 对式(8-53)积分得到。

定义：

$$\sigma(n) = \frac{1}{n\tau} \sum_{i=1}^{n} \ln d_i \tag{8-59}$$

对于较小的 τ，可证明

$$\sigma_\infty = \lim_{n \to \infty} \sigma_n = \sigma_1 \tag{8-60}$$

对于其他李雅普诺夫指数，可以沿其他特征方向 e_i 积分求得。首先根据式(8-55)逐次求出高阶指数 $\sigma^{(1)}, \sigma^{(2)}, \cdots, \sigma^{(p)}$，进而求出 $\sigma_1, \sigma_2, \cdots, \sigma_n$。

5) 混沌判别方法与最大李雅普诺夫指数 σ_1

对于 3 维自治系统(或 2 维非自治系统)，其运动性质与李雅普诺夫指数值的关系如下。

(1) 混沌运动：$\sigma_1 > 0$，$\sigma_2 = 0$，$\sigma_3 < 0$。

(2) 准周期运动：$\sigma_1 = 0$，$\sigma_2 = 0$，$\sigma_3 < 0$。

(3) 周期运动：$\sigma_1 = 0$，$\sigma_2 < 0$，$\sigma_3 < 0$。

(4) 平衡点：$\sigma_1 < 0$，$\sigma_2 < 0$，$\sigma_3 < 0$。

因为 σ_1 为最大李雅普诺夫指数，所以只要依据 σ_1 的大小，即可判定运动的形式；当 σ_1 为正时，为混沌运动；$\sigma_1 = 0$ 时，为周期运动(σ_2 为负)或准周期运动(σ_2 为 0)；当 σ_1 为负时，为平衡点。

4. 分岔图

分岔图是以状态变量和分岔参数构成的图形空间，表示状态变量随参数的变化。具体做法如下。选定相平面上的点作为初始点计算系统响应，响应时间足够长后系统进入某周期运动，每隔一个或多个激励周期提取响应数值并记录下来；改变分岔参数，重复上述步骤；最后，以分岔参数为横坐标，以记录的响应值为纵坐标画图。

当系统运动为周期运动时，分岔图上表现为 1 条或 k 条随参数变化的曲线。当系统做混沌运动时，分岔图上表现为对应一个参数出现许多点。但对于阵发性混沌和拟周期运动不易区分。图 8-15 为某梁系统关于激励幅值的分岔图[45]。

图 8-15 中分岔参数的变化范围是 [81, 84]。在这一参数区间内，随着分岔参数的增大，系统发生了倍周期分岔，其运动经历了稳定的周期 1 运动、周期 2 运动、周期 4 运动等倍周期运动。当分岔参数大于某一临界值后，系统可能发生混沌运动或拟周期运动，具体是哪种运动形式，需要用李雅普诺夫指数、庞加莱截面等方法进一步加以判定。一般说，经过多次倍周期分岔，是通向混沌的途径。

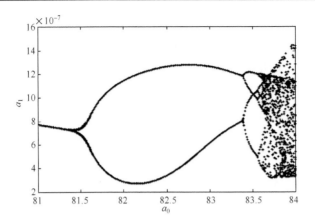

图 8-15　梁系统关于激励幅值的分岔图

8.5　工程应用举例

8.5.1　平台垂荡-纵摇耦合运动方程的建立

考虑回复力(矩)、线性阻尼力(矩)、二次阻尼力(矩)与规则波浪激励力(矩)，Spar 平台主体垂荡-纵摇耦合运动方程如下：

$$(m + \Delta m)\ddot{\xi}_3 + A_{11}\dot{\xi}_3 + A_{12}\dot{\xi}_3\left|\dot{\xi}_3\right| + F_H(\xi_3, \xi_5) = F_3 \tag{8-61}$$

$$(I + \Delta I)\ddot{\xi}_5 + B_{11}\dot{\xi}_5 + B_{12}\dot{\xi}_5\left|\dot{\xi}_5\right| + M_P(\xi_3, \xi_5) = M_5 \tag{8-62}$$

其中，ξ_3 为垂荡位移；ξ_5 为纵摇角；m 为平台主体质量；Δm 为垂荡附加质量；I 为纵摇惯性矩；ΔI 为纵摇附加惯性矩；A_{11} 为平台垂荡的线性阻尼系数；A_{12} 为平台垂荡运动的二次阻尼系数；B_{11} 是平台纵摇的线性阻尼系数；B_{12} 是平台纵摇的二次阻尼系数；$F_H(\xi_3, \xi_5)$ 为平台垂荡的回复力；$M_P(\xi_3, \xi_5)$ 为平台纵摇的回复力；F_3 与 M_5 分别为作用在平台上的垂荡波浪激励力和纵摇波浪激励力矩。

忽略波浪波面升高及高阶非线性项(高于二阶)的影响，得到平台的垂荡恢复力和纵摇回复力矩分别为

$$F_H(\xi_3, \xi_5) = \rho g A_w\left(\xi_3 - \frac{1}{2}H_g\xi_5^2\right) \tag{8-63}$$

$$M_P(\xi_3, \xi_5) = \rho g \nabla\overline{GM}\xi_5 - \frac{1}{2}\rho g(\nabla + 2A_w\overline{GM})\xi_3\xi_5 \tag{8-64}$$

其中，ρ 是水密度；g 为重力加速度；A_w 为平台主体的水线面面积；H_g 为静水水面到平台重心的垂直距离；∇ 为初始排水量；$\overline{GM}$ 为纵摇的初稳性高。

将式(8-63)及式(8-64)代入式(8-61)及式(8-62)，并对式(8-61)及式(8-62)两侧分别除以 $(m+\Delta m)$ 及 $(I+\Delta I)$ ，得到：

$$\ddot{\xi}_3 + a_{11}\dot{\xi}_3 + a_{12}\dot{\xi}_3\left|\dot{\xi}_3\right| + \omega_3^2\xi_3 - a_2\xi_5^2 = \overline{F}_3 \tag{8-65}$$

$$\ddot{\xi}_5 + b_{11}\dot{\xi}_5 + b_{12}\dot{\xi}_5\left|\dot{\xi}_5\right| + \omega_5^2\xi_5 - b_2\xi_3\xi_5 = \overline{M}_5 \tag{8-66}$$

其中，$a_{11}=\dfrac{A_{11}}{m+\Delta m}$ ；$a_{12}=\dfrac{A_{12}}{m+\Delta m}$ ；$\omega_3^2=\dfrac{\rho g A_{\mathrm{w}}}{m+\Delta m}$ ；$a_2=\dfrac{\rho g A_{\mathrm{w}}H_{\mathrm{g}}}{2(m+\Delta m)}$ ；$\overline{F}_3=\dfrac{F_3}{m+\Delta m}$ ；

$b_{11}=\dfrac{B_{11}}{I+\Delta I}$ ；$b_{12}=\dfrac{B_{12}}{I+\Delta I}$ ；$\omega_5^2=\dfrac{\rho g V\overline{GM}}{I+\Delta I}$ ；$b_2=\dfrac{\rho g(V+2A_{\mathrm{w}}\overline{GM})}{2(I+\Delta I)}$ ；$\overline{M}_5=\dfrac{M_5}{I+\Delta I}$ 。

式(8-65)及式(8-66)为 Spar 平台垂荡-纵摇非线性耦合运动方程。

Spar 平台上垂荡波浪力及纵摇波浪力矩表示为

$$F_3 = \rho g H_{\mathrm{w}}\pi R^2\left[1-\frac{1}{2}\sin(kR)\right]\left(\frac{J_1(kR)}{kR}\right)\mathrm{e}^{-kd}\cos(\alpha_1-\Omega t) \tag{8-67}$$

$$M_5 = \frac{2\rho g H_{\mathrm{w}}}{k^2}A(kR)\left[-H_{\mathrm{g}}+\frac{1}{k}-\mathrm{e}^{-kd}\left(-H_{\mathrm{g}}+\frac{1}{k}+d\right)\right]\cos(\alpha_2-\Omega t) \tag{8-68}$$

其中，H_{w} 为波高；k 为波数；R 为平台主体的半径；J_1 为一阶第一类贝塞尔函数；d 为平台主体吃水；Ω 为波浪频率；$\alpha_1=\dfrac{31\pi}{180}(kR)^{1.3}$ ；$A(kR)$ 与 α_2 表示为

$$A(kR) = \frac{1}{\sqrt{J_1'(kR)^2+Y_1'(kR)^2}} \tag{8-69}$$

$$\alpha_2 = \arctan\left[\frac{J_1'(kR)}{Y_1'(kR)}\right] \tag{8-70}$$

其中，Y_1 是一阶第二类贝塞尔函数；"′"表示求导。

8.5.2　李雅普诺夫指数计算

本节基于 Wolf 提出的 QR 分解方法计算最大李雅普诺夫指数[46]，判别桁架式 Spar 平台(truss Spar)混沌运动，即基于相空间系统运动方程的切向量增长进行计算。

将式(8-65)及式(8-66)写成如下一阶微分方程：

$$\begin{cases}\dot{y}_1 = y_2 \\ \dot{y}_2 = -\omega_3^2 y_1 - a_{11}y_2 - a_{12}y_2\left|y_2\right| + a_2 y_3^2 + f\cos(\Omega t-\alpha_1) \\ \dot{y}_3 = y_4 \\ \dot{y}_4 = -\omega_5^2 y_3 - b_{11}y_4 - b_{12}y_4\left|y_4\right| + b_2 y_1 y_3 + h\cos(\Omega t-\alpha_2)\end{cases} \tag{8-71}$$

其中，$y_1 = \xi_3; y_2 = \mathrm{d}\xi_3/\mathrm{d}t; y_3 = \xi_5; y_4 = \mathrm{d}\xi_5/\mathrm{d}t$；$f$ 与 h 分别表示 $\overline{F}_3$ 与 $\overline{M}_5$ 的幅值。式(8-71)改写为如下 5 维自治系统：

$$\begin{cases} \dot{y}_1 = y_2 \\ \dot{y}_2 = -\omega_3^2 y_1 - a_{11} y_2 - a_{12} y_2 |y_2| + a_2 y_3^2 + f\cos(\Omega \cdot y_5 - \alpha_1) \\ \dot{y}_3 = y_4 \\ \dot{y}_4 = -\omega_5^2 y_3 - b_{11} y_4 - b_{12} y_4 |y_4| + b_2 y_1 y_3 + h\cos(\Omega \cdot y_5 - \alpha_2) \\ \dot{y}_5 = 1 \end{cases} \tag{8-72}$$

其中，$y_5 = t$。式(8-72)对应的切空间流为

$$\dot{U} = J(Y) \cdot U \tag{8-73}$$

其中，$Y = \{y_1, \ y_2, \ \cdots, \ y_5\}$；$U = \{U_1, \ U_2, \ \cdots, \ U_5\}$；$J$ 为式(8-72)对应的 Jacobi 矩阵，具体形式如下：

$$J = \begin{bmatrix} 0 & 1 & 0 & 0 & 0 \\ -\omega_3^2 & -a_{11} - 2a_{12} y_2 \mathrm{sign}(y_2) & 2a_2 y_3 & 0 & -f\Omega\sin(\Omega y_5) \\ 0 & 0 & 0 & 1 & 0 \\ b_2 y_3 & 0 & -\omega_5^2 + b_2 y_1 & -b_{11} - 2b_{12} y_4 \mathrm{sign}(y_4) & -h\Omega\sin(\Omega y_5) \\ 0 & 0 & 0 & 0 & 0 \end{bmatrix} \tag{8-74}$$

李雅普诺夫特征指数谱为

$$\lambda_j = \lim_{t\to\infty} \frac{1}{t}\log\frac{\|U_j\|}{\|U_j^0\|}, \quad j = 1,2,\cdots,5 \tag{8-75}$$

其中，$\{U_1^0, U_2^0, \cdots, U_5^0\}$ 为初始切向量。将李雅普诺夫指数沿系统相轨作平均，得到

$$\overline{\lambda}_j = \frac{1}{N}\sum_{k=1}^{N}\frac{1}{t}\log\frac{\|U_j^k\|}{\|U_j^{0k}\|}, \quad j = 1,2,\cdots,5 \tag{8-76}$$

式(8-76)中李雅普诺夫指数由大到小排列，因此 $\overline{\lambda}_1$ 为最大李雅普诺夫指数。计算中每一次迭代后采用 Gram-Schmidt 方法将切向量 U 正交化[47]，并将正交化后的切向量作为下一次迭代的初始向量。Jacobi 矩阵 J 的作用，必将导致切向量 U 趋于最大李雅普诺夫指数的方向。以下计算最大李雅普诺夫指数，并采用四阶龙格-库塔方法进行数值积分。

8.5.3　结果及分析

Horn Mountain 平台垂荡、纵摇固有频率之比接近 2∶1，本小节利用该平台作为算例进行分析。平台的主要参数见表 8-2。

表 8-2　平台参数[48]

项目	取值
水深/m	1652
长度/m	169.16
平台直径/m	32.31
平台吃水/m	153.924
重心/m	90.39
月池/m×m	15.85×15.85
硬舱长度/m	68.88
排水量/t	56401.45
垂荡固有频率/(rad/s)	0.302
纵摇固有频率/(rad/s)	0.166

图 8-16 和图 8-17 给出了不同波高及频率下三维最大李雅普诺夫指数谱图及分岔图。

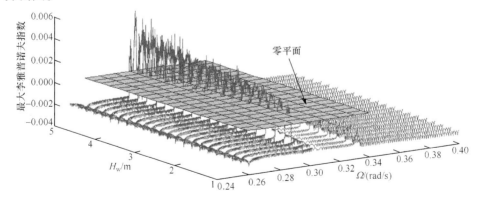

图 8-16　三维最大李雅普诺夫指数（$H_w \in [1,5]$m，$\Omega \in [0.25, 0.4]$rad/s）

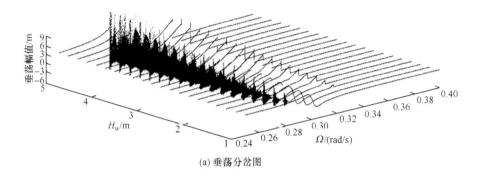

(a) 垂荡分岔图

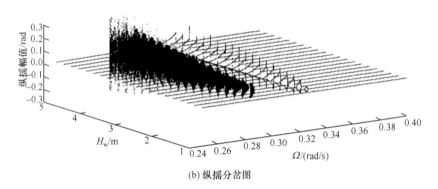

(b) 纵摇分岔图

图 8-17　三维分岔图($H_w \in [1, 5]$m, $\Omega \in [0.25, 0.4]$rad/s)

　　结果显示，当波浪频率接近平台垂荡的固有频率时，平台发生混沌运动、概周期运动等非线性运动。随着波高的增长，平台垂荡及纵摇的幅值增加，图 8-16 给出了导致平台混沌运动的波浪频率范围。图 8-16 及图 8-17 揭示了不同波浪参数下平台的非线性运动特性。

　　图 8-18 及图 8-19 分别为 3m 及 4m 波高下的最大李雅普诺夫指数图与分岔图。

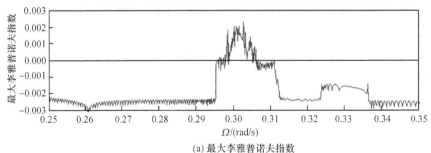

(a) 最大李雅普诺夫指数

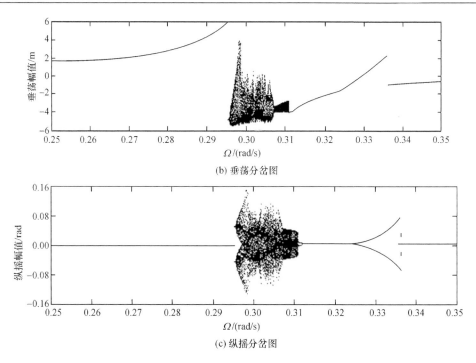

(b) 垂荡分岔图

(c) 纵摇分岔图

图 8-18　最大李雅普诺夫指数及分岔图($H_w = 3m$)

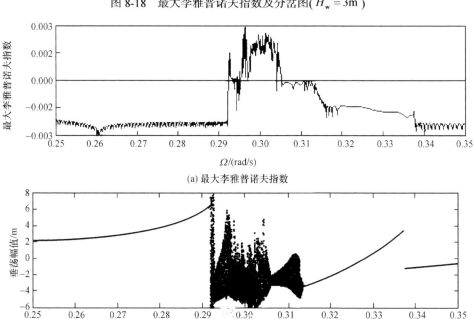

(a) 最大李雅普诺夫指数

(b) 垂荡分岔图

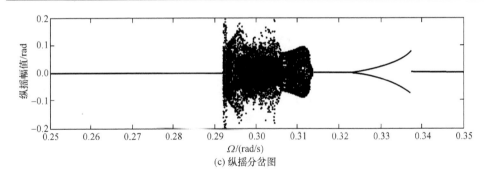

(c) 纵摇分岔图

图 8-19　最大李雅普诺夫指数及分岔图($H_w = 4\text{m}$)

由最大李雅普诺夫指数图及分岔图可知 3m 及 4m 波高下平台垂荡及纵摇的动力学特性如表 8-3 及表 8-4 所示。

表 8-3　平台运动分析($H_w = 3\text{m}$, $\Omega \in [0.25, 0.35]\text{rad/s}$)

波浪频率/(rad/s)	平台运动
0.2500~0.2951	周期运动，垂荡与纵摇响应频率与波浪频率一致
0.2952~0.2985	混沌运动及概周期运动
0.2986~0.3049	混沌运动
0.3050~0.3110	混沌运动及概周期运动
0.3111~0.3121	1/2 亚谐运动，垂荡响应频率由波浪频率决定，纵摇响应频率由 1/2 亚谐运动决定
0.3122~0.3236	周期运动，垂荡与纵摇响应频率与波浪频率一致
0.3237~0.3363	1/2 亚谐运动，垂荡响应频率由波浪频率决定，纵摇响应频率由 1/2 亚谐运动决定
0.3364~0.3500	周期运动，垂荡与纵摇响应频率与波浪频率一致

表 8-4　平台运动分析($H_w = 4\text{m}$, $\Omega \in [0.25, 0.35]\text{rad/s}$)

波浪频率/(rad/s)	平台运动
0.2500~0.2920	周期运动，垂荡与纵摇响应频率与波浪频率一致
0.2921~0.2969	混沌运动及概周期运动
0.2970~0.3039	混沌运动
0.3040~0.3138	混沌运动及概周期运动
0.3139~0.3373	1/2 亚谐运动，垂荡响应频率由波浪频率决定，纵摇响应频率由 1/2 亚谐运动决定
0.3374~0.3500	周期运动，垂荡与纵摇响应频率与波浪频率一致

由表 8-3 及表 8-4 可知，平台在经历不同频率的入射波浪时，发生周期运动、概周期运动、混沌运动及 1/2 亚谐运动。当波浪频率接近垂荡模态的固有频率时，在特定的波浪频率范围内概周期运动与混沌运动交替出现，随后平台进入混沌运动。对比表 8-4 可见，随着波浪频率的增加，表 8-3 中平台的运动形式更为复杂。

图 8-20～图 8-22 给出了不同波浪周期下的庞加莱截面及时间历程，进一步分析了平台的非线性运动。

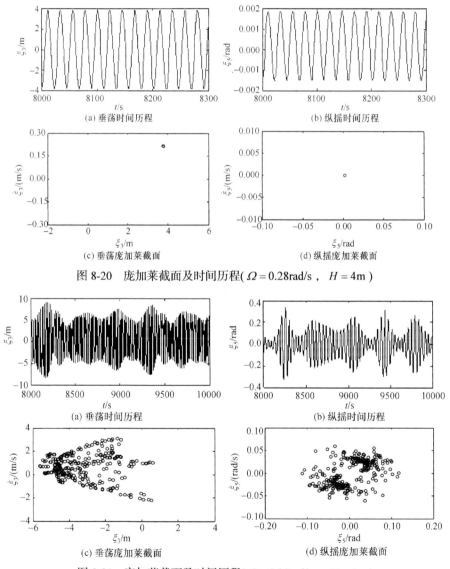

图 8-20　庞加莱截面及时间历程（ $\Omega = 0.28\text{rad/s}$ ， $H = 4\text{m}$ ）

图 8-21　庞加莱截面及时间历程（ $\Omega = 0.30\text{rad/s}$ ， $H = 4\text{m}$ ）

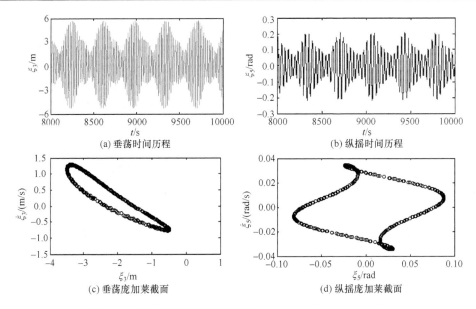

(a) 垂荡时间历程　　　　　　　　　(b) 纵摇时间历程

(c) 垂荡庞加莱截面　　　　　　　　(d) 纵摇庞加莱截面

图 8-22　庞加莱截面及时间历程($\Omega = 0.31\text{rad/s}$ ，　 $H = 4\text{m}$)

图 8-20～图 8-22 给出了平台周期运动、混沌运动、概周期运动等三种不同的运动类型。当 $\Omega = 0.28\text{rad/s}$ 时平台垂荡及纵摇的庞加莱截面均为一个相点，平台运动为周期运动，如图 8-20 所示。当 $\Omega = 0.30\text{rad/s}$ 时，垂荡及纵摇的庞加莱截面为一系列不规则分布，平台运动为混沌运动，如图 8-21 所示。当 $\Omega = 0.31\text{rad/s}$ 时，垂荡及纵摇的庞加莱截面为一条封闭曲线，平台运动为概周期运动，如图 8-22 所示。

第9章 铰接塔平台非线性动力特性

铰接塔平台在海洋油气资源开采过程中广泛应用。铰接塔系统是一个强非线性系统,其运动中存在亚谐、超谐、分岔、多解和混沌现象。本章采用第7和第8章中介绍的图解法和数值方法,研究铰接塔系统的分岔、混沌等非线性动力学特性,分析铰接塔系统系泊力的变化特性及系泊力发生突变的机理。

9.1 铰接塔平台非线性运动

9.1.1 力学分析模型

铰接塔平台的示意图如图9-1所示,底部为万向接头,可以360°转动和摇摆,这种结构特点使其受到的波浪载荷大大降低。铰接塔的分析模型如图9-2所示。

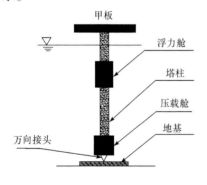

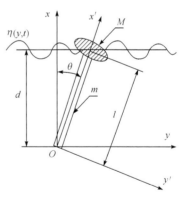

图 9-1　铰接塔平台示意图　　　　图 9-2　分析模型与坐标系统

图9-2中,M 表示顶部工作单元的总质量,θ 为铰接塔摆动的角度,l 为摆长,$\eta(y,t)$ 表示波高,根据塔的瞬时位置来计算,d 为水深,m 为塔柱单位长度的质量。

建立方程时,假设:① 忽略塔的弹性变形;② 塔的抗弯特性和质量沿高度分布均匀;③ 高度远大于直径;④ 波浪是线性微幅波。综合考虑作用在塔上的流体动力和塔自身的恢复力矩,可得到铰接塔平台的运动控制方程。

9.1.2　铰接塔受力分析

1. 恢复力矩

平台倾斜后的恢复力矩 M_b^θ 为

$$M_b^\theta = \rho g \pi \frac{D^2}{4} \left[D^2 \frac{\tan^2 \theta}{32} \times (2\cos\theta + \sin\theta) + \frac{1}{2} \left[\frac{d + \eta(y,t)}{\cos\theta} \right]^2 \sin\theta \right] \tag{9-1}$$

其中，D 为平台的直径；ρ 为海水密度；θ 为转动角坐标；g 为重力加速度。

2. 流体阻力和惯性力

单位长度上的阻力和惯性力可由 Morison 公式得到，即

$$F_{fl} = C_D \rho (D/2) |V_{rel}| V_{rel} + C_M \rho \pi (D^2/4) \dot{U}_w \tag{9-2}$$

其中，F_{fl} 为垂直作用于塔上单位长度上的流体动力；$V_{rel} = U_w - V$ 为在垂直于塔柱的方向上流体与塔柱的相对速度，$\dot{U}_w$ 为流体加速度；C_D 和 C_M 分别是阻力系数和惯性力系数。

设 F_D^x、F_D^y、F_I^x、F_I^y 分别为流体阻力与惯性力在 x、y 轴上的分量，则其合力为

$$\sum F_{xfl} = F_D^x + F_I^x \tag{9-3}$$

$$\sum F_{yfl} = F_D^y + F_I^y \tag{9-4}$$

流体阻力和惯性力的合力矩为

$$M_{fl}^\theta = \int_0^L \left(\left[\sum F_{fl}^x, \sum F_{fl}^y \right] \cdot \left[-\tan\theta, 1 \right]^T \right) x \, dx \tag{9-5}$$

其中，L 为没入水中塔柱的长度在 x 轴上的投影。

3. 波、流相互作用

考虑波浪和海流同时存在时，波浪载荷根据组合流场来计算。设无海流情况下波速定义为 $c_0 = \Omega / k$，k 为波数，当海流与波浪联合作用时，波速和波浪频率改变为

$$c = c_0 + U_c \cos\alpha \tag{9-6}$$

$$\Omega' = \Omega + k U_c \cos\alpha \tag{9-7}$$

其中，α 为海流方向与波浪传播方向的夹角；Ω 和 Ω' 分别为波浪自然频率和受海流影响后的频率；U_c 为海流速度。水质点速度为波浪速度和海流速度的矢量和。

考虑海流对波高的影响，得到有流存在的波高为

$$H = H_0\sqrt{2/(\gamma + \gamma^2)} \tag{9-8}$$

其中，H_0 和 H 分别是无海流和有海流情况下的波高。当 $(4U_c/c_0)\cos\alpha > -1$ 时，有

$$\gamma = \sqrt{1 + (4U_c/c_0)\cos\alpha} \tag{9-9}$$

4. 附加质量惯性矩

流体附加质量惯性力矩为

$$M_{ad}^\theta = (1/3)l^3 C_A \rho \pi (D^2/4) \times (1 + \tan^2\theta)\ddot{\theta} \tag{9-10}$$

5. 重力矩

重力矩为

$$M_g^\theta = [(1/2)ml + M]gl\sin\theta \tag{9-11}$$

9.1.3 运动方程的建立

根据拉格朗日方程，建立铰接塔平台运动方程为

$$I_\theta \ddot{\theta} = M_n^\theta - M_b^\theta + M_g^\theta \tag{9-12}$$

其中，I_θ 是有效惯性矩，可以写成

$$I_\theta = [(1/3)ml^3 + Ml^2] + (1/3)C_A\rho\pi\left(\frac{D^2}{4}\right)l^3[1 + (\tan\theta)^3] \tag{9-13}$$

9.1.4 实例计算与分析

式(9-12)为强非线性、时变系数微分方程，这里采用数值模拟方法求解式(9-12)。平台技术参数为：塔柱高度 $l = 400\mathrm{m}$；直径 $D = 15\mathrm{m}$；塔柱单位长度质量 $m = 20\times10^3\mathrm{kg/m}$；顶部质量 $M = 2.5\times10^5\mathrm{kg}$；平均水深 $d = 340\mathrm{m}$；海水密度 $\rho = 1025\mathrm{kg/m^3}$。

1. 平台"湿"固有振动特性

考虑平台运动时附连水的影响，分析平台的固有振动特性。式(9-12)中的 $M_n^\theta = 0$，忽略铰接塔系统阻尼和时变系数的影响，取流体阻力系数 $C_D = 0.6$、流体惯性系数 $C_M = 1.5$，得到式(9-12)派生系统的"湿"固有频率为

$$\omega_0^2 = \frac{3\rho g D^2 d^2 - 12gl(ml + 2M)}{2C_A\rho\pi D^2 d^3 + 8l^2(ml + 3M)} \tag{9-14}$$

其中，$C_A = C_M - 1$，代入平台参数，计算得到平台"湿"固有频率 $\omega_0 = 0.202\text{rad/s}$。

2. 波浪作用下的非线性运动响应[49]

1) 超谐运动

流体阻力系数 $C_D = 0.6$、流体惯性系数 $C_M = 1.5$，对应的平台"湿"固有频率 $\omega_0 = 0.202\text{rad/s}$，用数值方法求解式(9-12)。取波高 10m，波浪频率 Ω 分别为 $\omega_0/2$、$\omega_0/3$、$\omega_0/4$ 和 $\omega_0/5$，计算得到平台响应的时间历程和对数频谱图如图 9-3～图 9-6 所示。

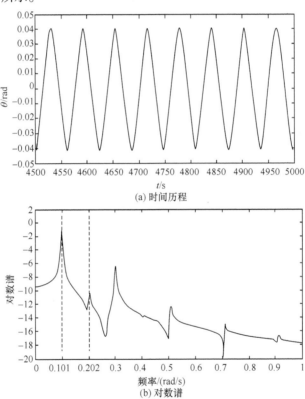

(a) 时间历程

(b) 对数谱

图 9-3　平台响应(波浪频率 $\Omega = \omega_0/2$)

图 9-3 表明，响应频率中除包括激励频率 $\Omega = \omega_0/2 = 0.101\text{rad/s}$ 外，也包含 $\omega_0 = 0.202\text{rad/s}$ 频率成分，说明系统发生了 2 倍超谐共振。

图 9-4 表明，响应频率中除了包括激励频率 $\omega_0/3 = 0.067\text{rad/s}$ 外，也包含 $\omega_0 = 0.202\text{rad/s}$ 频率成分，说明系统发生了 3 倍超谐共振。

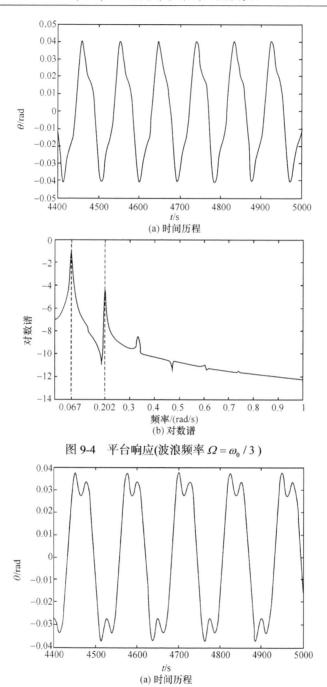

(a) 时间历程

(b) 对数谱

图 9-4　平台响应(波浪频率 $\Omega = \omega_0 / 3$)

(a) 时间历程

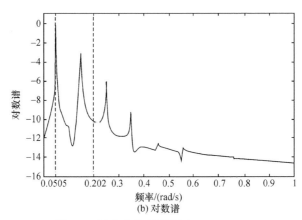

图 9-5　平台响应(波浪频率 $\Omega = \omega_0 / 4$)

图 9-5 表明,响应频率中没有出现 $\omega_0 = 0.202\text{rad/s}$ 频率成分,系统没有发生 4 倍超谐共振。

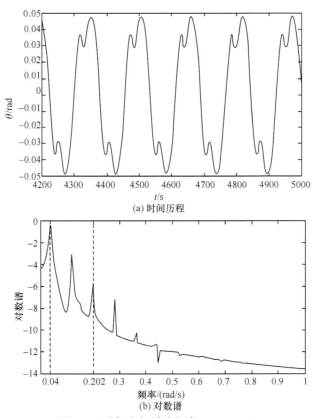

图 9-6　平台响应(波浪频率 $\Omega = \omega_0 / 5$)

图 9-6 表明,响应频率中除了包括激励频率 $\omega_0 / 5 = 0.0404\text{rad/s}$ 外,也包含

$\omega_0 = 0.202 \mathrm{rad/s}$ 频率成分，说明系统发生了 5 倍超谐共振。

2) 亚谐运动

流体阻力系数 $C_D = 0.6$、流体惯性系数 $C_M = 1.5$，对应的平台"湿"固有频率 $\omega_0 = 0.202 \mathrm{rad/s}$，用数值方法求解式(9-12)。取波高 10m，波浪频率 Ω 为 $2\omega_0$，计算得到平台响应的时间历程和对数频谱图如图 9-7 所示。

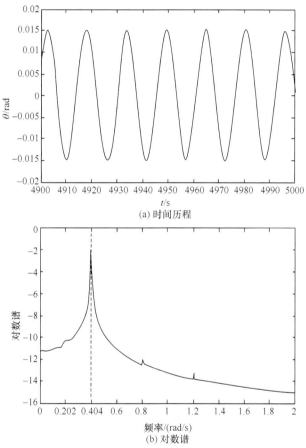

(a) 时间历程

(b) 对数谱

图 9-7　平台响应(波浪频率 $\Omega = 2\omega_0$)

图 9-7 表明，铰接塔在此种激励情况下没有发生 1/2 亚谐运动，其运动为简谐运动。

流体阻力系数 $C_D = 0.6$、流体惯性系数 $C_M = 2.0$，对应的平台"湿"固有频率 $\omega_0 = 0.16 \mathrm{rad/s}$，用数值方法求解式(9-12)。取波高 10m，波浪频率 Ω 为 $2\omega_0$，计算得到平台响应的时间历程和对数频谱图如图 9-8 所示。

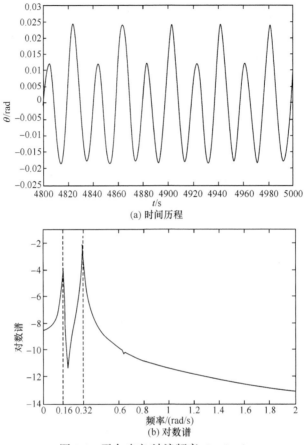

(a) 时间历程

(b) 对数谱

图 9-8　平台响应(波浪频率 $\Omega = 2\omega_0$)

图 9-8 表明，系统响应中除激励频率成分外，包含系统固有频率，表明系统发生了 1/2 亚谐共振。

3) 混沌运动

流体阻力系数 $C_D = 0.6$、流体惯性系数 $C_M = 1.5$，对应的平台"湿"固有频率 $\omega_0 = 0.202\text{rad/s}$，用数值方法求解式(9-12)。取波高 10m，波浪频率为 $5\omega_0$，计算得到平台响应的时间历程和对数频谱图如图 9-9 所示。

图 9-9 表明，铰接塔发生了混沌运动。在频谱图中可以看到有几种频率成分比其他频率成分功率谱大很多，如在 $\Omega \approx 5\omega_0$ 处。这是由于即使系统发生混沌运动，响应中主要的振动能量对应的频率仍然与激励频率相同。

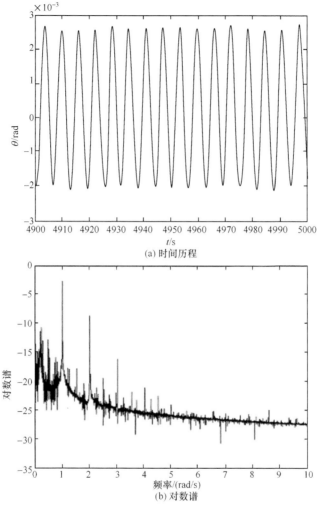

(a) 时间历程

(b) 对数谱

图 9-9　平台响应(波浪频率 $\Omega = 5\omega_0$)

4) 组合共振运动

流体阻力系数 $C_D = 0.6$、流体惯性系数 $C_M = 1.5$，对应的平台"湿"固有频率 $\omega_0 = 0.202$rad/s，考虑两个不同的规则波作用，两个波浪的频率与系统固有频率之间的关系为 $\omega_0 = 2\Omega_1 + \Omega_2$，相位差为 $\pi/4$，用数值方法求解式(9-12)。两组波浪的参数分别为：波高 H_1 为 8m，频率 $\Omega_1 = 0.045$rad/s；波高 H_2 为 6m，频率 $\Omega_2 = 0.112$rad/s。计算得到平台响应的时间历程和对数频谱图如图 9-10 所示。

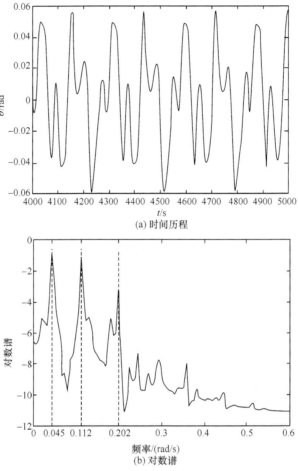

图 9-10　平台响应(波浪频率 $2\Omega_1 + \Omega_2 = \omega_0$)

图 9-10 表明，系统响应中除含有激励频率成分外，还含有 ω_0 频率成分，系统发生了组合共振，对数谱中的其他频率成分是由水动力因素造成的。

3. 波流联合作用非线性运动响应[50]

1) 超谐运动

考虑波流按照同一方向作用，计算平台动力响应。取 $C_D = 0.6$，$C_M = 1.5$，对应的系统"湿"固有频率为 $\omega_0 = 0.202 \text{rad/s}$，用数值方法求解式(9-12)。取波高 10m，海流流速 $U_c = 2 \text{m/s}$，考虑海流影响修正后的波浪频率 Ω' 分别为 $\omega_0 / 2$、$\omega_0 / 3$，计算得到平台响应的时间历程和对数频谱图如图 9-11 和图 9-12 所示。

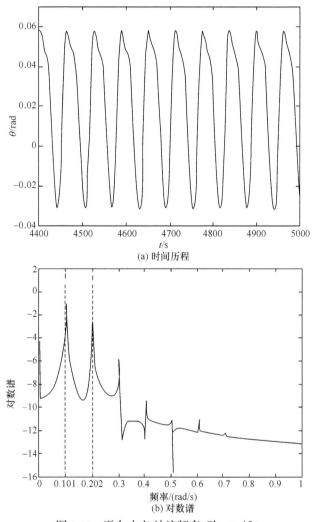

(a) 时间历程

(b) 对数谱

图 9-11　平台响应(波浪频率 $\Omega' = \omega_0 / 2$)

图 9-11 表明，响应频率中包含 $\omega_0 / 2 = 0.101$rad 和 $\omega_0 = 0.202$rad/s 频率成分，因此，铰接塔运动为 2 倍超谐共振。与图 9-3 相比，图 9-11 中的频率成分显著增加，说明海流对系统运动的影响显著。

图 9-12 表明，响应的频率中包含 $\omega_0 / 3 = 0.067$rad 和 $\omega_0 = 0.202$rad/s 的频率成分，系统发生了 3 倍超谐共振。

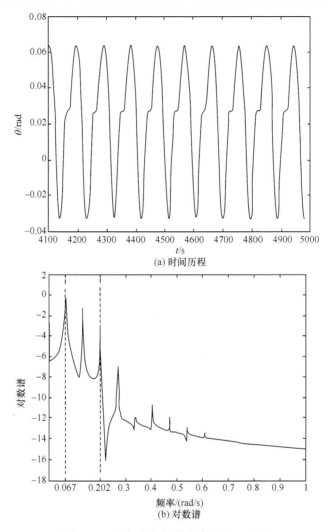

图 9-12 平台响应(波浪频率 $\Omega' = \omega_0 / 3$)

2) 亚谐运动

取 $C_\mathrm{M} = 1.5$、$C_\mathrm{D} = 0.6$,此时系统"湿"固有频率为 $\omega_0 = 0.202\mathrm{rad/s}$。考虑波流按照同一方向作用,取波高 10m,海流流速 $U_\mathrm{c} = 2\mathrm{m/s}$,考虑海流影响修正后的波浪频率为 $2\omega_0 = 0.404\mathrm{rad/s}$,用数值方法求解式(9-12),计算得到的时间历程和对数频谱图如图 9-13 所示。

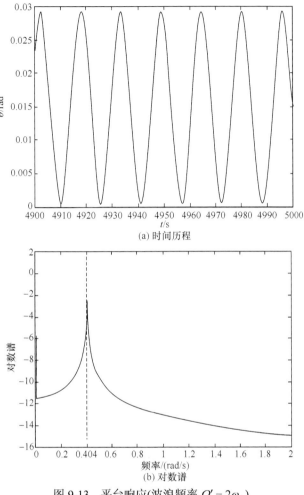

(a) 时间历程

(b) 对数谱

图 9-13　平台响应(波浪频率 $\Omega' = 2\omega_0$)

图 9-13 表明，系统没有发生亚谐共振，海流的拖曳力系数 C_D 将有效地降低铰接塔的振幅，但铰接塔振动平衡位置偏离垂直位置的角度增大。在波流联合作用下，海流的存在将抑制 1/2 亚谐运动的发生。

3) 混沌运动

取 $C_M = 1.5$、$C_D = 1.6$，此时系统"湿"固有频率为 $\omega_0 = 0.202\text{rad/s}$。考虑波流按照同一方向作用，取波高 10m，海流流速 $U_c = 2\text{m/s}$，海流影响修正后的波浪频率为 $\Omega' = 5\omega_0 = 1.01\text{rad/s}$，用数值方法求解式(9-12)，计算得到的时间历程和对数频谱图如图 9-14 所示。计算结果显示，在此种环境载荷条件下，铰接塔系统发生了混沌运动。

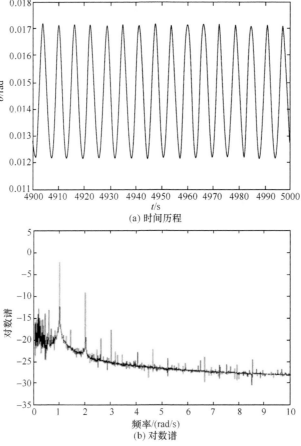

(a) 时间历程

(b) 对数谱

图 9-14　平台响应(波浪频率 $\Omega' = 5\omega_0$)

4) 组合共振运动

流体阻力系数 $C_D = 0.6$ 、流体惯性系数 $C_M = 1.5$,对应的平台"湿"固有频率 $\omega_0 = 0.202\text{rad/s}$ 。考虑波流同向及两个不同的规则波作用，修正后的两个波浪频率与系统固有频率之间的关系为 $\omega_0 = 2\Omega_1' + \Omega_2'$ ，相位差为 $\pi/4$ ，流速为2m/s。两组波浪的参数分别为：波高 H_1 为 8m，修正波浪频率为 $\Omega_1' = 0.06\text{rad/s}$ ；波高 H_2 为 6m，修正的波浪频率 $\Omega_2' = 0.142\text{rad/s}$ 。用数值方法求解式(9-12)，计算得到铰接塔摇摆的时间历程和对数频谱图如图 9-15 所示。

图 9-15 表明，响应频率中除含有激励频率成分外，还含有 ω_0 频率成分，铰接塔系统运动发生了组合共振。对数频谱图中的其他频率成分与水动力有关。

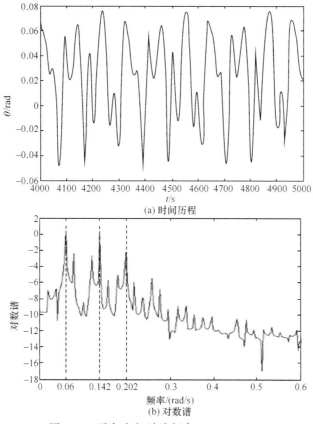

(a) 时间历程

(b) 对数谱

图 9-15　平台响应(波浪频率 $2\Omega_1' + \Omega_2' = \omega_0$)

9.2　考虑系泊张力影响的铰接塔非线性运动

9.2.1　运动方程的建立

9.1 节中,分析模型没有考虑油轮和系泊缆的影响。本节将考虑系泊缆的影响,将系泊张力简化为弹性约束,分析铰接塔的摇摆运动[51]。

在例题 3-11 中将分段恢复刚度拟合为连续刚度,采用达芬方程分析了铰接塔-油轮的非线性振动响应。本节采用分段恢复刚度模型,分析铰接塔的非线性动力响应,其中铰接塔的受力分析同 9.1.2 节。

根据式(3-145),考虑分段恢复刚度后,铰接塔平台的摇摆运动方程可进一步写为

$$I_\theta\ddot{\theta} + C\dot{\theta} + \hat{d}(\dot{\theta}) + \hat{g}(\theta) = \hat{M}\cos\bar{\Omega}\tau \tag{9-15}$$

其中

$$\hat{d}(\dot{\theta}) = \begin{cases} \bar{D}\dot{\theta}^2, & \dot{\theta} < 0 \\ -\bar{D}\dot{\theta}, & \dot{\theta} \geqslant 0 \end{cases}, \quad \hat{g}(\theta) = \begin{cases} \hat{k}_1\theta, & \theta < 0 \\ \hat{k}_2, & \theta \geqslant 0 \end{cases} \tag{9-16}$$

其中，I_θ 为铰接塔的转动惯性矩；C 为阻尼线性项系数；$\hat{d}(\dot{\theta})$ 为非线性阻尼表达式；$\bar{D}$ 为非线性阻尼系数；$\hat{g}(\theta)$ 为系统分段线性恢复力矩函数；$\hat{M}\cos\bar{\Omega}\tau$ 为波浪扰动力矩，$\bar{\Omega}$ 为波浪扰动力矩的频率。

设铰接塔塔顶甲板的水平位移为 x。假定铰接塔做小角度摆动，可认为 $x \approx l\theta$，其中 l 为塔长。将 $\theta \approx x/l$ 代入式(9-15)整理可得

$$I_\theta\ddot{x} + C\dot{x} + \tilde{d}(\dot{x}) + \tilde{g}(x) = l\hat{M}\cos\bar{\Omega}\tau \tag{9-17}$$

其中，$\tilde{d}(\dot{x}) = \begin{cases} \bar{D}\dot{x}^2/l, & \dot{x} < 0 \\ -\bar{D}\dot{x}^2/l, & \dot{x} \geqslant 0 \end{cases}$；$\tilde{g}(x) = \begin{cases} k_1x, & x < 0 \\ k_2x, & x \geqslant 0 \end{cases}$，$k_1 = \hat{k}_1$，$k_2 = \hat{k}_2$；$\dot{x}$ 和 $\ddot{x}$ 分别为 x 对时间的一阶和二阶导数。

该振动系统为分段刚度系统，其无阻尼自由振动可以分解为正半周期和负半周期两个半周期正弦波的叠加，由此可以定义该系统的固有周期 T_0 和固有频率 ω_0 分别为

$$\begin{cases} T_0 = \pi(\sqrt{I_\theta/k_1} + \sqrt{I_\theta/k_2}) \\ \omega_0 = 2\pi/T_0 = \sqrt{k_e/I_\theta} \end{cases} \tag{9-18}$$

其中，k_e 为等效刚度系数，表达式为 $k_e = 4k_1k_2/(\sqrt{k_1} + \sqrt{k_2})^2$。对式(9-17)进行无量纲化可得

$$\Omega^2\ddot{x} + 2\Omega\xi\dot{x} + \beta\Omega^2 d(\dot{x}) + g(x) = M\cos t \tag{9-19}$$

其中

$$d(\dot{x}) = \begin{cases} \dot{x}^2, & \dot{x} < 0 \\ -\dot{x}^2, & \dot{x} \geqslant 0 \end{cases}, \quad g(x) = \begin{cases} \mu_1 x, & x < 0 \\ \mu_2 x, & x \geqslant 0 \end{cases} \tag{9-20}$$

$$t = \bar{\Omega}\tau, \quad \Omega = \frac{\bar{\Omega}}{\omega_0}, \quad M = \frac{l\hat{M}}{I_\theta\omega_0}$$

$$\beta = \bar{D}/(I_\theta l), \quad \mu_1 = (1+\sqrt{\alpha})^2/4, \quad \mu_2 = (1+\sqrt{\alpha})^2/4\alpha, \quad \alpha = \frac{k_1}{k_2}$$

以下采用 IHB 法，求解式(9-19)和式(9-20)。

9.2.2 IHB 法求解迭代格式

基于第 3 章单自由度系统的 IHB 法，将式(9-19)改写为

$$f(x, \dot{x}, \ddot{x}, M, \Omega, t) = \Omega^2 \ddot{x} + 2\Omega \xi \dot{x} + \beta \Omega^2 d(\dot{x}) + g(x) - M \cos t \qquad (9\text{-}21)$$

假设初始迭代条件为 x_0、M_0 和 Ω_0，引入增量 Δx、ΔM 和 $\Delta \Omega$，得

$$x = x_0 + \Delta x, \quad M = M_0 + \Delta M, \quad \Omega = \Omega_0 + \Delta \Omega \qquad (9\text{-}22)$$

由泰勒级数展开得

$$f(\ddot{x}_0 + \Delta \ddot{x}, \dot{x}_0 + \Delta \dot{x}, x_0 + \Delta x, M_0 + \Delta M, \Omega_0 + \Delta \Omega, t)$$

$$= f_0 + \frac{\partial f}{\partial \ddot{x}}\bigg|_0 \cdot \Delta \ddot{x} + \frac{\partial f}{\partial \dot{x}}\bigg|_0 \cdot \Delta \dot{x} + \frac{\partial f}{\partial x}\bigg|_0 \cdot \Delta x + \frac{\partial f}{\partial M}\bigg|_0 \cdot \Delta M + \frac{\partial f}{\partial \Omega}\bigg|_0 \cdot \Delta \Omega \qquad (9\text{-}23)$$

$$+ 高阶项$$

其中，$f_0 = f(\ddot{x}_0, \dot{x}_0, x_0, M_0, \Omega_0, t)$；$\Delta M$ 和 $\Delta \Omega$ 代表激励振幅和频率的增量。这里仅求原方程的周期解。假定 x 和 Δx 展开为如下有限傅里叶级数的形式：

$$x(t) = a_0 + \sum_{i=1}^{N} \left(a_i \cos \frac{i}{\overline{m}} t + b_i \sin \frac{i}{\overline{m}} t \right) \qquad (9\text{-}24)$$

$$\Delta x(t) = \Delta a_0 + \sum_{i=1}^{N} \left(\Delta a_i \cos \frac{i}{\overline{m}} t + \Delta b_i \sin \frac{i}{\overline{m}} t \right) \qquad (9\text{-}25)$$

其中，$\overline{m} = 1$ 可用于求解超谐和主共振的情况；$\overline{m} = n$ 用于求解 $1/n$ 亚谐共振的情况。

对式(9-23)应用伽辽金展开，得到如下线性代数方程组：

$$R = C\Delta a + P\Delta M + Q\Delta \Omega \qquad (9\text{-}26)$$

其中，C 为相应的雅克比(Jacobian)矩阵；R 为残差向量；Δa 为傅里叶级数中余弦项和正弦项系数增量的矢量形式；P 和 Q 分别为相应于 M 和 Ω 的派生矢量。

假定激励幅值不变，则 $\Delta M = 0$，式(9-26)变为

$$R = C\Delta a + Q\Delta \Omega \qquad (9\text{-}27)$$

从初始解开始迭代求解，通过增加频率 Ω 或增加振动中任意一个振幅项 a_k 或 b_k，可以得到系统的精确周期解。在此，采用频率 Ω 作为控制增量，在整个迭代过程中，频率 Ω 保持为常量，即 $\Delta \Omega = 0$。

解以下方程获得振幅增量 Δa：

$$\begin{cases} C^i \Delta a^{i+1} = R \\ a^{i+1} = a^i + \Delta a^{i+1} \end{cases} \qquad (9\text{-}28)$$

其中，i 为迭代次数。这里采用牛顿-拉弗森(Newton-Raphson)迭代方法求解每一个增量步骤。当残差向量的范数 $\|R\|$ 和增量的范数 $\|\Delta a\|$ 小于规定误差时，迭代停止，求出该参数状态下的周期解。对应每个激励频率，按照式(9-28)迭代得到该激

励下的振动响应。

9.2.3　实例计算与分析

取平台的技术参数为：塔柱高度 $l = 400\text{m}$ ；直径 $D = 15\text{m}$ ；塔柱单位长度质量 $m = 20 \times 10^3 \text{kg/m}$ ；顶部质量 $M = 2.5 \times 10^5 \text{kg}$ ；平均水深 $d = 350\text{m}$ ；流体阻力系数 C_D 的范围为 $0.6 \sim 1.6$ ；流体惯性系数 C_M 的范围为 $1.5 \sim 2$ ；海水密度 $\rho = 1025\text{kg/m}^3$ ；采用 20cm 直径的尼龙缆将油轮系泊于铰接塔。由于油轮质量和惯性很大，在铰接塔小幅摆动时考虑油轮不动，当系泊缆长度为 20m、40m、80m 时，系缆刚度分别约为 950t/m、450t/m、250t/m，此时在无量纲系统中不对称恢复刚度比值分别为 $\alpha = 20、10、5$ ；系统固有频率 $\omega_0 \approx 0.24 \sim 0.34\text{rad/s}$ ，这里取 $\omega_0 = 0.25\text{rad/s}$ 。由 Bar-Avi 和 Benaroya 的方法计算铰接塔水动力阻尼和所受波浪力，将其换算至无量纲系统中，得到 $\beta = 0.03 \sim 0.12$ ，这里取 $\beta = 0.1$ ；波高 1m、2m、4m 时无量纲系统中简谐激励 $M\cos t$ 的幅值分别约为 0.5、1、2。考虑结构阻尼和海底铰接头阻尼，取线性阻尼比为 $\xi = 0.1$ 。

1. 单色波激励

1) 幅频响应分析

考虑系统受单个简谐激励 $F\cos t$ 的作用，其无量纲激励振幅分别取 0.5、1；取不对称恢复刚度比值 $\alpha = 5$ ，线性阻尼比 $\xi = 0.1$ ，平方阻尼系数 $\beta = 0$ 。用 IHB 法求解式(9-19)，得到铰接塔运动的幅频响应曲线如图 9-16 和图 9-17 所示。

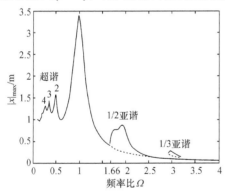
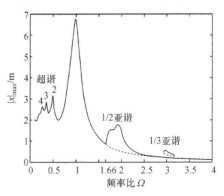

图 9-16　幅频响应曲线($F = 0.5$)　　　　图 9-17　幅频响应曲线($F = 1$)

在图 9-16 和图 9-17 中，实线表示稳定周期运动的振幅，虚线表示不稳定周期运动的振幅。图 9-16 和图 9-17 得到了 $\Omega = 0 \sim 4$ 区间内系统所有稳定和不稳定解。可以看出，在 Ω 等于 0.25、0.33、0.5 处出现了系统运动的振幅峰值，而

$0.25 \times 4 = 1$、$0.33 \times 3 \approx 1$、$0.5 \times 2 \approx 1$，因此，系统发生了 2、3、4 倍超谐共振。在 Ω 等于 2 和 3 处也分别出现共振峰，说明系统发生 1/2 和 1/3 亚谐共振，其下部虚线为不稳定的单倍周期运动的最大幅值。

考虑系统受到单个简谐激励 $F\cos t$ 的作用，其无量纲激励振幅分别取 0.5、1；取不对称恢复刚度比值 $\alpha = 5$，线性阻尼比 $\xi = 0.1$，平方阻尼系数 $\beta = 0.1$。用 IHB 法求解式(9-19)，得到铰接塔运动的幅频响应曲线如图 9-18 和图 9-19 所示。

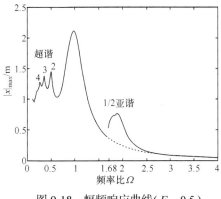

图 9-18　幅频响应曲线($F = 0.5$)　　　图 9-19　幅频响应曲线($F = 1$)

由图 9-18 和图 9-19 可看出，在 Ω 等于 0.5、0.33、0.25 处出现了超谐共振峰，系统发生了 2、3、4 倍超谐共振；在 Ω 等于 2 处出现了亚谐共振峰，系统发生了 1/2 亚谐共振。

2) 分岔与混沌特性分析

取不对称恢复刚度比值 $\alpha = 20$，线性阻尼比 $\xi = 0.1$，平方阻尼系数 $\beta = 0.1$，无量纲简谐激励幅值为 0.5 时，采用 IHB 法求解式(9-19)，结合李雅普诺夫稳定性分析，得到最大响应幅值分岔图，如图 9-20 所示，该分岔图包括系统解的稳定和不稳定分支，分岔点和系统的混沌特性。图 9-21 为图 9-20 的局部放大图。图 9-20 和图 9-21 中的黑点代表系统周期解的分岔点。

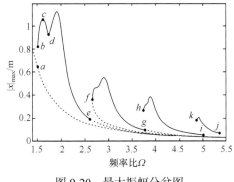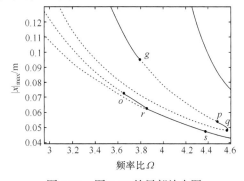

图 9-20　最大振幅分岔图　　　　　　图 9-21　图 9-20 的局部放大图

　　取无量纲激励频率为 $\Omega = 4$，采用第 7 章的数值方法求解式(9-19)，得到铰接塔运动的时间历程曲线，根据时间历程绘制相平面图，如图 9-22 所示。图 9-22(a)为稳定的 1 倍周期和不稳定的 3 倍周期运动，图 9-22(b)为稳定的 4 倍周期运动。

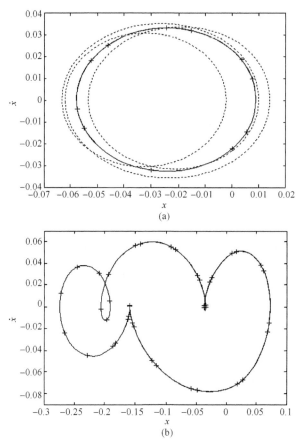

图 9-22　铰接塔-油轮系统倍周期运动相图($\Omega = 4$)

　　取无量纲激励频率为 $\Omega = 2.665$，采用第 7 章中介绍的数值方法求解式(9-19)，参考第 8 章中介绍的庞加莱截面的做法，得到铰接塔运动的时间历程 (图 9-23(a))、相图(图 9-23(b))、庞加莱截面图(图 9-23(c))和频谱图(图 9-23(d))。

　　由图 9-23 可以看出，系统发生了混沌运动。采用第 6 章中的稳定性分析方法，基于图 9-20 和图 9-21 计算李雅普诺夫指数，得到不同无量纲频率下的最大李雅普诺夫指数，如图 9-24 所示。

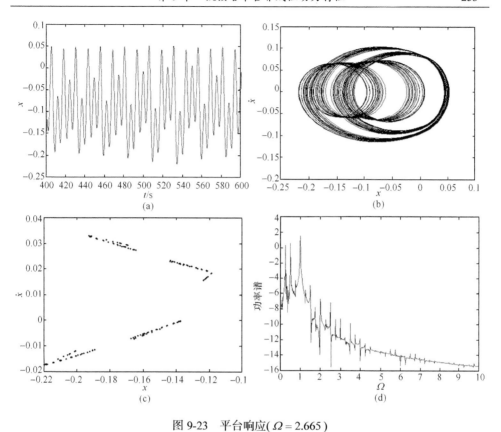

图 9-23　平台响应($\Omega = 2.665$)

(a) 沿曲线 deor 运动

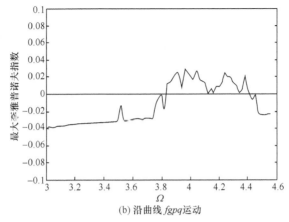

(b) 沿曲线 *fgpq* 运动

图 9-24   最大李雅普诺夫指数图

图 9-24 表明，沿图 9-20 和图 9-21 中的分岔曲线 *fgpq* 变化时，系统运动发生倍周期分岔，并由一系列的正倍周期分岔和倒倍周期分岔进入和离开混沌。沿图 9-20 和图 9-21 中分岔曲线 *deor* 变化时，系统运动发生倍周期分岔，并由一系列的正倍周期分岔进入混沌。

3) 铰接塔运动的吸引域

为了研究铰接塔运动的稳定性，采用第 7 章中介绍的胞映射方法计算不同激励频率时的吸引域。给定若干不同的初始条件，激励频率分别为 $\Omega = 2.665$ 和 $\Omega = 4$，计算系统初始条件吸引域，结果如图 9-25 和图 9-26 所示。

图 9-25 中，当初始条件处于阴影区时，振动解将会收敛到混沌运动；当初始条件处于空白处时，振动解将会收敛到稳定的 3 倍周期运动。图 9-26 中，当初始条件处于"·"处时，系统解将会收敛到混沌运动；当初始条件处于"+"处时，

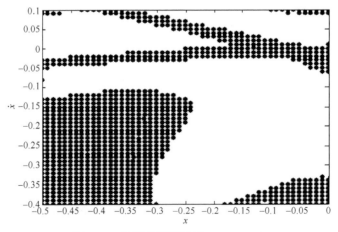

图 9-25   初始条件吸引域($\Omega = 2.665$)

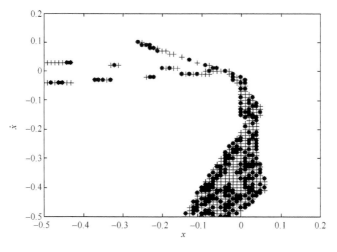

图 9-26　初始条件吸引域($\Omega = 4$)

铰接塔运动将会收敛到稳定的单倍周期运动；当初始条件处于空白处时，铰接塔运动将会收敛到稳定的 4 倍周期运动。这表明铰接塔的运动是十分不稳定的，环境条件的微小变化也会导致系统运动状态发生变化。

2. 双色波激励

考虑两个不同的入射波作用，双色波激励为

$$F_1 \cos t + F_2 \cos 2t \tag{9-29}$$

取 F_1 和 F_2 分别为 1 和 0.8 ，不对称恢复刚度比值 $\alpha = 10$ ，线性阻尼比 $\xi = 0.1$ ，平方阻尼系数 $\beta = 0.1$ ，用式(9-29)代替式(9-19)右边的激励项，采用 IHB 法计算无量纲激励频率 Ω 取不同值的铰接塔平台运动，取最大振幅作图，结果如图 9-27 和图 9-28 所示。

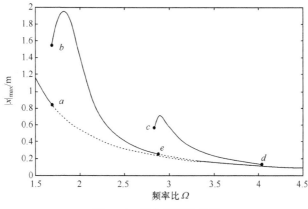

图 9-27　最大振幅分岔图

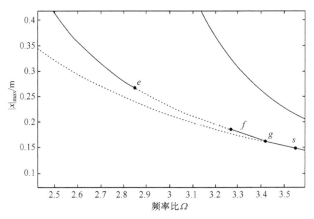

图 9-28　最大振幅分岔图局部放大图

图 9-27 和图 9-28 中，虚线表示不稳定运动，实线表示稳定运动。图 9-29 为 $\Omega = 2.835$ 时响应的相平面图。图 9-29(a)为稳定的 3 倍周期运动，图 9-29(b)为稳定的 2 倍周期和不稳定的 1 倍周期运动。

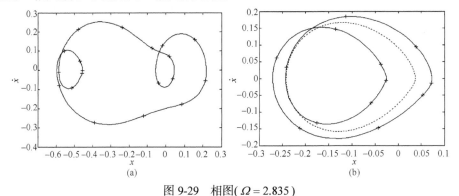

图 9-29　相图（$\Omega = 2.835$）

取激励频率 $\Omega = 3.1$，计算得到铰接塔发生混沌运动的时间历程(图 9-30(a))、相图(图 9-30(b))、庞加莱截面图(图 9-30(c))和频谱图(图 9-30(d))。

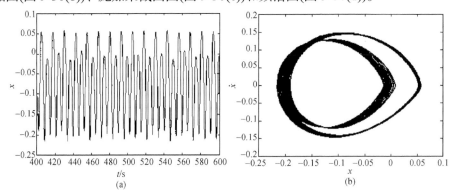

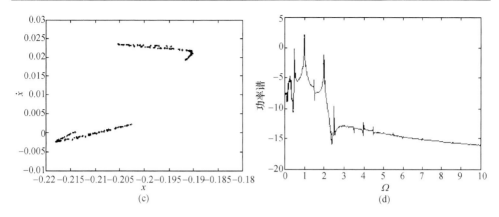

图 9-30　平台响应($\Omega = 3.1$)

由图 9-30 可以看出，在该组参数激励下系统发生混沌运动。图 9-31 为沿图 9-27 和图 9-28 中的分岔曲线 *befgs* 变化时的最大李雅普诺夫指数图。结果表明，沿分岔曲线 *befgs* 变化时，系统运动发生倍周期分岔，并由一系列的正倍周期分岔和倒高倍周期分岔进入和离开混沌。

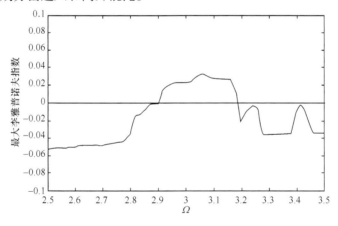

图 9-31　最大李雅普诺夫指数图

采用胞映射方法计算得到激励频率为 $\Omega = 3.1$ 时，铰接塔平台混沌运动的吸引域，见图 9-32。图 9-32 中，当初始条件处于"·"处时，运动将会收敛到混沌运动；当初始条件处于空白处时，运动将会收敛到稳定的 3 倍周期运动。

图 9-32 表明，在双色波浪激励下，铰接塔运动对于初始条件是非常敏感的，不同的初始条件将导致不同的运动形式。

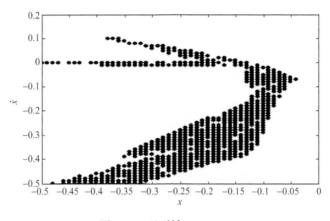

图 9-32　吸引域($\Omega = 3.1$)

9.3　铰接塔-油轮系统非线性运动

9.3.1　铰接塔-油轮系统非线性耦合运动方程

在 9.1 和 9.2 两节的分析中, 均未考虑油轮的运动, 本节考虑铰接塔和油轮的耦合运动, 研究整个系统的非线性动力响应[9,52-55]。仅考虑油轮的纵荡运动和塔柱摇摆, 系统可简化为两个自由度。

考虑作用在铰接塔和油轮上的水动力、铰接塔自身的恢复力以及使铰接塔与油轮运动耦合的缆绳张力, 根据达朗贝尔原理, 写出铰接塔-油轮系统的耦合分段非线性运动方程为

$$\begin{cases} I_\theta \ddot{\theta} + C\dot{\theta} + k_1 \sin\theta = M_0 \sin(-\bar{\Omega}t) + M_{\mathrm{w}} + M_{\mathrm{C}} + g_{\mathrm{t}} l \cos\theta \\ (M + \mu_{11})\ddot{x} + \lambda_{11}\dot{x} = F_{\mathrm{DX}} + F_1^{(2)} + F_{\mathrm{w}} + F_{\mathrm{C}} - g_{\mathrm{t}}(\theta, x) \end{cases} \tag{9-30}$$

其中, θ 为铰接塔转角; I_θ 是铰接塔的总质量惯性矩(包含附加质量惯性矩); C 是铰接塔结构阻尼常数; k_1 是重力和浮力引起的恢复力矩系数; $g_{\mathrm{t}}(\theta, x)$ 为缆绳张力, 是铰接塔和油轮位移的分段非线性函数; M_0 为波浪对铰接塔的激励力矩幅值; $\bar{\Omega}$ 为波浪激励频率; t 为时间; M_{w} 和 M_{C} 分别为风力和流力对铰接塔的力矩; M 为油轮质量; μ_{11} 为油轮纵荡的附加质量; x 为油轮纵向位移; λ_{11} 为油轮纵荡的阻尼力系数; F_{DX} 和 $F_1^{(2)}$ 分别为作用在油轮上的波浪绕射力和二阶纵荡波浪力; F_{w} 和 F_{C} 分别为作用在油轮上的风力和流力; 变量上方的圆点表示对时间求导。

由铰接塔-油轮运动方程可见, 铰接塔-油轮系统是一个非保守、非自治的分段强非线性系统, 以下采用第 7 章中介绍的数值积分的方法求解式(9-30)。

9.3.2 铰接塔-油轮系统受力分析

1. 铰接塔受力分析

1) 铰接塔自身的恢复力矩

铰接塔自身的恢复力矩由浮力和重力提供。重力矩 M_W 和浮力矩 M_B 的计算公式为

$$M_W = M_T S_M \sin\theta \tag{9-31}$$

$$M_B = B_T S_B \sin\theta \tag{9-32}$$

其中，M_T 和 B_T 分别为铰接塔所受重力和浮力；S_M 和 S_B 则分别为铰接塔重心和浮心距底铰的距离。由此得到铰接塔自身提供的恢复力矩为

$$M_B - M_W = (B_T \cdot S_B - M_T \cdot S_M)\sin\theta = k_1 \sin\theta \tag{9-33}$$

2) 铰接塔承受的风、流力矩

选取海底铰接处为力矩中心，铰接塔所受风力力矩 M_W 和海流力矩 M_C 为

$$M_W = \int_0^{\max[l\cos\theta - d, 0]} \frac{1}{2}\rho_W C_D V_W^2 D(z+d)\mathrm{d}z \tag{9-34}$$

$$M_C = \int_{-d}^{-d+d\cos\theta} \frac{1}{2}\rho C_D V_C^2 \frac{(z+d)^3}{d^2} D\mathrm{d}z \tag{9-35}$$

其中，ρ_W 为空气密度；C_D 为与铰接塔截面形状有关的曳力系数；V_C、V_W 分别为表面流速和风速。

3) 铰接塔自身的结构阻尼力矩

铰接塔自身的结构阻尼力矩计算公式为

$$M_C = C\dot{\theta} \tag{9-36}$$

其中，C 是结构阻尼力矩系数。

4) 铰接塔所受缆绳拉力

忽略系缆自重，系统中缆绳的拉力还同缆绳的状态有关。当缆绳松弛时，缆绳拉力为零；当缆绳张紧时，缆绳拉力设为缆绳伸长量的函数：

$$g_t = \begin{cases} 0, & \delta l \leqslant 0 \\ k_{11}\delta l + k_{13}\delta l^3, & \delta l > 0 \end{cases} \tag{9-37}$$

其中，k_{11}、k_{13} 分别为系泊缆的线性和非线性弹簧系数，同缆绳的材料、长度、截面积有关；δl 是系缆伸长量，它等于油轮与铰接塔顶端之间的相对位移与缆绳原长之差，$\delta l = x - l\sin\theta - l_0$，$x$ 是油轮的纵向坐标，l_0 为缆绳的原长。

5) 铰接塔所受波浪载荷

波浪理论采用线性微幅波，本节分析中不考虑波流的相互作用。由于铰接塔为细长圆柱体，且其直径远比波长小，因此可采用 Morison 方程进行计算，计算

考虑塔柱瞬时位置的改变。具体计算方法见 9.1.2 节。

2. 油轮受力分析

1) 油轮承受的风、流力

采用经验公式来计算油轮在纵荡方向受到的风力 F_W 和流力 F_C：

$$F_W = \frac{1}{2} \rho_W C_{DW} V_W^2 A_{PW} \qquad (9\text{-}38)$$

$$F_C = \frac{1}{2} \rho C_{DC} V_C^2 A_{PC} \qquad (9\text{-}39)$$

其中，C_{DW} 和 C_{DC} 分别是风、流拖曳力系数，对于系泊船，通常选取 $C_{DW} = 1.3$ 或更大一些，而取 $C_{DC} = 0.15 \sim 0.6$；A_{PW} 和 A_{PC} 分别是油轮纵向迎风和迎流投影面积，其余符号的意义同前。

2) 油轮所受波浪载荷

将油轮简化为有限吃水的椭圆柱体，其横截面椭圆的长轴为船长，短轴为船宽。在水平面内采用局部椭圆坐标系 (ξ, η)，ξ 轴垂直向上，原点 O 位于水平面内椭圆中心，见图 9-33。因油轮水线面处船宽变化不大，忽略纵浪中船舶初稳性高变化引起的参数激励横摇。

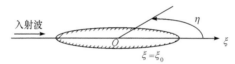

图 9-33　油轮简化模型(俯视图)

在椭圆柱坐标下，用基于二维亥姆霍兹(Helmholtz)方程的线性绕射理论来计算作用在油轮上的一阶波浪绕射力 F_{DX}：

$$F_{DX} = -\frac{\rho H b \pi \mathrm{i}}{k} F_1 \mathrm{e}^{-\mathrm{i}\omega t} \times \sum_{n=0}^{\infty} \frac{A_1^{(2n+1)}}{p_{2n+1}} Ce_{2n+1}(0°) \left[\overline{C}e_{2n+1}(\xi_0) - \frac{\overline{C}'e_{2n+1}(\xi_0)}{M'e_{2n+1}(\xi_0)} Me_{2n+1}(\xi_0) \right]$$

$$(9\text{-}40)$$

$$F_1 = \frac{\sinh(kd) - \sinh[k(d - \overline{\delta})]}{\cosh(kd)} \qquad (9\text{-}41)$$

其中，b 为船宽；$\overline{\delta}$ 为油轮吃水；H 为波高；k 为波数；$Ce(\eta)$ 和 $\overline{C}e(\xi)$ 分别为偶马休函数和变型马休函数；$Me(\xi)$ 是相应于汉克耳函数的变型马休方程的解；$A_m^{(n)}$ 为马休函数傅里叶展开式的第 m 个系数；p_n 为马休汉克耳函数应用贝塞尔函数乘积形式进行级数展开的系数；ξ_0 为椭圆柱表面对应的 ξ 值。式(9-40)中的" $'$ "表示对 ξ 求导。

二阶漂移力应用 Pinkster 近场方法来计算：

$$F_1^{(2)} = -\int_{L_{WL}} 0.5\rho g \left[\frac{H}{2}\cos(kx - \bar{\Omega}t) \right]^2 \boldsymbol{n}_0 \mathrm{d}l \qquad (9\text{-}42)$$

其中，$\boldsymbol{n}_0$ 表示船舶表面的法向矢量。

3) 油轮所受缆绳拉力

油轮所受缆绳拉力与铰接塔所受缆绳拉力大小相等，方向相反，为 $-g_t$。其中，g_t 的表达式见式(9-37)。

9.3.3　实例计算与分析

1. 铰接塔-油轮系统技术参数

单点系泊油轮的技术参数为：船长 341.4m，船宽 54.9m，吃水 6.1m，排水量 93472t。铰接塔的技术参数为：浸没塔长 88.4m，底铰距海底 3.0m，塔柱直径 6.1m，铰接塔总重量为 47840kN，所受浮力为 51800kN，塔柱结构阻尼力矩系数为 $C = 8.05 \times 10^5 \mathrm{kN \cdot m \cdot s}$。缆绳为尼龙缆，自由长度为 61m，直径为 30cm。刚度系数 $k_{11} = 24.55\mathrm{kN/m}$，$k_{13} = 0.503\mathrm{kN/m}$，破断强度为 11549kN。铰接塔-油轮构成的单点系泊系统所处海域的水深为 91.4m。

直立状态塔柱总质量惯性矩为 $I_\theta = 1.82 \times 10^{10}\mathrm{kg \cdot m^2}$，恢复力矩系数为 $k_1 = 2.31 \times 10^5 \mathrm{kN \cdot m}$，质量系数 $C_M = 1.85$，拖曳力系数 $C_D = 0.7$，从而得到铰接塔所受的流力矩和波浪载荷。

2. 铰接塔-油轮运动及缆绳张力

取风流作用下系统的平衡位置为初始状态，用四阶龙格-库塔方法求解式(9-30)得到铰接塔-油轮系统的运动和缆绳张力。当海况参数为波高 9m、波浪周期 19s、流速 1m/s、风速 15m/s 时，计算得到铰接塔摆动运动、油轮纵荡位移和缆绳张力，结果如图 9-34～图 9-36 所示。

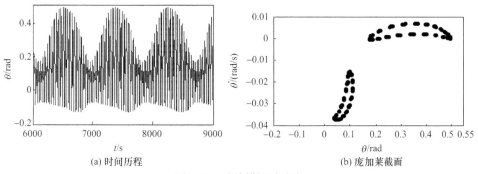

(a) 时间历程　　　　　　　　　(b) 庞加莱截面

图 9-34　铰接塔摆动响应

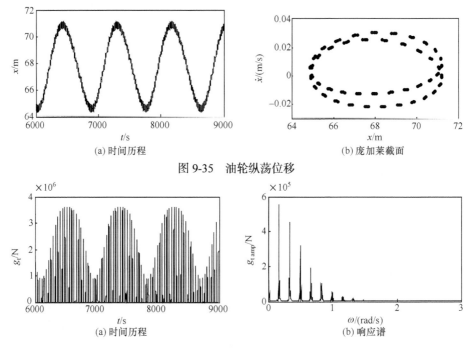

(a) 时间历程　　　　　　　　　　　(b) 庞加莱截面

图 9-35　油轮纵荡位移

(a) 时间历程　　　　　　　　　　　(b) 响应谱

图 9-36　缆绳张力响应

由上述计算结果可见，该海况下铰接塔和油轮的运动为概周期运动。

3. 波浪频率对铰接塔-油轮系统运动的影响

选取波高为 7.62m，流速为 1m/s，风速为 15m/s，取波浪频率与铰接塔摆动固有频率的比值 $\Omega=\bar{\Omega}/\omega_0$ 为分岔参数，通过改变波浪频率改变 Ω（取值为[1.5：0.1：5.0]），数值求解式(9-30)，基于第 8 章的方法作分岔图，分析波浪频率对铰接塔摆动、油轮纵荡、缆绳张力及缆绳伸长量的影响，结果如图 9-37 所示。

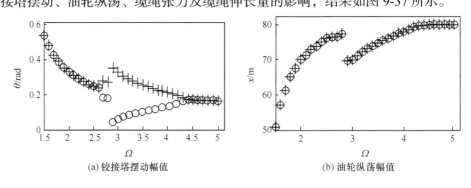

(a) 铰接塔摆动幅值　　　　　　　　　(b) 油轮纵荡幅值

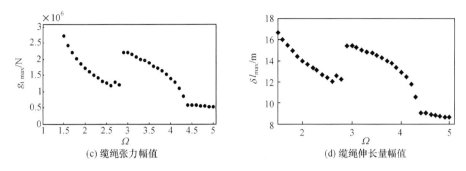

(c) 缆绳张力幅值　　　　　　　　(d) 缆绳伸长量幅值

图 9-37　分岔图(波高为 7.62m)

图 9-37 中，"+"表示奇数倍扰动力周期截取的点，"○"表示偶数倍周期截取的点。不同参数条件下缆绳张力和伸长量幅值用"·"标出，$g_{t\max}$ 为缆绳张力幅值，$\delta l_{\max}$ 为缆绳伸长量幅值。图 9-37 表示，当 Ω=2.7~4.3 时，铰接塔出现亚谐共振，发生倍周期分岔，油轮纵荡和缆绳张力出现幅值跳跃现象。

4. 波浪激励幅值对铰接塔-油轮系统运动的影响

为研究波浪幅值的影响，选取流速为 1m/s，风速为 15m/s，相对于本小节第 3 部分的计算，波浪激励幅值提高 1.2 倍，即为 9.14m，数值求解式(9-30)。基于第 8 章的方法作分岔图，计算铰接塔摆动、油轮纵荡、缆绳张力及缆绳伸长量关于频率比 Ω(取值为[1.5：0.1：5.0])变化的分岔图，结果如图 9-38 所示。

图 9-38 表明，在 Ω=2.6~2.8、3.1~4.3 时，铰接塔出现亚谐共振，发生倍周期分岔；当 Ω=2.9、3.0 时，铰接塔和油轮均发生低频慢漂运动，此时缆绳张力相应变大。

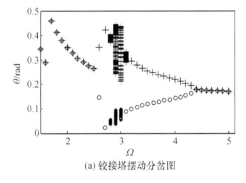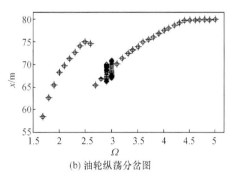

(a) 铰接塔摆动分岔图　　　　　　　　(b) 油轮纵荡分岔图

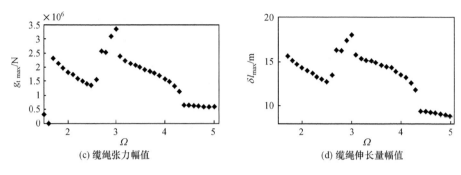

(c) 缆绳张力幅值　　　　　　　　(d) 缆绳伸长量幅值

图 9-38　分岔图(波高为 9.14m)

第 10 章 船舶非线性横摇及参数激励运动

船舶在海上航行时，由于风浪等各种扰动而产生的摇摆运动中，横摇、纵摇和垂荡是影响船舶安全的主要运动形式。船舶在波浪中运动的非线性因素主要有：①水动力载荷的非线性；②船舶外形所决定的横摇恢复力矩的非线性。

本章采用多尺度方法、第 6 章解的稳定性判别方法以及第 7 章的图解法与数值解法等，分析船舶非线性横摇运动及参数激励运动，揭示船舶倾覆机理。

10.1 横浪中船舶的非线性横摇运动

10.1.1 横浪中船舶横摇非线性运动方程

考虑阻尼力、恢复力及波浪激励力，建立横浪中船舶非线性横摇运动方程为[6,56]

$$(I + \delta I)\ddot{\phi} + c_1\dot{\phi} + c_3\dot{\phi}^3 + \Delta GZ(\phi) = F_{sea}(t) \tag{10-1}$$

其中，ϕ 为横摇角；I 为船舶横摇惯性矩；δI 为由附连水引起的附加惯性矩；c_1 为船舶横摇线性阻尼系数；c_3 为船舶横摇非线性阻尼系数；Δ 为船舶排水量；$GZ(\phi)$ 为船舶横摇恢复力臂；$F_{sea}(t)$ 为横浪中波浪对船舶横摇的激励力矩。

根据耐波性理论，规则波浪中干扰力矩的形式可以写为

$$F_{sea}(t) = \omega^2 I \frac{\pi h_{1/3}}{\lambda} \cos(\Omega t + \vartheta) \tag{10-2}$$

其中，$h_{1/3}$ 为 1/3 有义波高；λ 为波长；ω 为横摇固有频率；Ω 和 ϑ 分别为规则波浪的频率和相位角。

将横摇恢复力臂曲线 $GZ(\phi)$ 拟合成五次多项式形式，代入式(10-1)，得到规则横浪中船舶非线性横摇运动方程为

$$(I + \delta I)\ddot{\phi} + c_1\dot{\phi} + c_3\dot{\phi}^3 + \Delta(K_1\phi + K_3\phi^3 + K_5\phi^5) = \frac{1}{\lambda}\omega^2 I\pi h_{1/3}\cos(\Omega t + \vartheta) \tag{10-3}$$

其中，K_1、K_3 和 K_5 分别为线性和非线性恢复力臂系数。

式(10-3)两边同时除以 $(I + \delta I)$，有

$$\ddot{\phi} + d_1\dot{\phi} + d_3\dot{\phi}^3 + k_1\phi + k_3\phi^3 + k_5\phi^5 = H\cos(\Omega t + \vartheta) \tag{10-4}$$

其中，$d_1 = \dfrac{c_1}{I + \delta I}$;　$d_3 = \dfrac{c_3}{I + \delta I}$;　$k_1 = \dfrac{\Delta K_1}{I + \delta I}$;　$k_3 = \dfrac{\Delta K_3}{I + \delta I}$;　$k_5 = \dfrac{\Delta K_5}{I + \delta I}$;

$H = \dfrac{\omega^2 I \pi h_{1/3}}{(I + \delta I)\lambda}$。

10.1.2　平均方程、分岔方程和定常解

引入小参数 $0 < \varepsilon \ll 1$，设 d_1、d_3、k_3、k_5 和 H 同为 ε 阶小量，即 $d_1 = \varepsilon \overline{d}_1$，$d_3 = \varepsilon \overline{d}_3$，$k_3 = \varepsilon \overline{k}_3$，$k_5 = \varepsilon \overline{k}_5$，$H = \varepsilon \overline{H}$，取 $\vartheta = 0$，用 x 表示横摇角 ϕ，则式(10-4)可写为

$$\ddot{x} + \varepsilon(\overline{d}_1 \dot{x} + \overline{d}_3 \dot{x}^3) + \omega^2 x + \varepsilon(\overline{k}_3 x^3 + \overline{k}_5 x^5) = \varepsilon \overline{H} \cos \Omega t \tag{10-5}$$

下面的计算中去掉 d_1、d_3、k_3、k_5 和 H 上面的"–"。用多尺度法求解式(10-5)的近似解。

设式(10-5)的近似解为

$$x = x_0(T_0, T_1) + \varepsilon x_1(T_0, T_1) \tag{10-6}$$

其中，T_0 为快变时间尺度，$T_0 = t$；T_1 为慢变时间尺度，$T_1 = \varepsilon t$。有微分算子：

$$\frac{\mathrm{d}}{\mathrm{d}t} = \frac{\mathrm{d}T_0}{\mathrm{d}t}\frac{\partial}{\partial T_0} + \frac{\mathrm{d}T_1}{\mathrm{d}t}\frac{\partial}{\partial T_1} + \cdots = D_0 + \varepsilon D_1 + \cdots \tag{10-7}$$

$$\frac{\mathrm{d}^2}{\mathrm{d}t^2} = D_0^2 + 2\varepsilon D_0 D_1 + \varepsilon^2(D_1^2 + 2D_0 D_2) + \cdots \tag{10-8}$$

其中，$D_n = \dfrac{\partial}{\partial T_n}(n = 1, 2)$。将式(10-6)代入式(10-5)，使 ε 的同次幂的系数相等，有

$$\varepsilon^0 : \quad D_0^2 x_0 + \omega^2 x_0 = 0 \tag{10-9}$$

$$\varepsilon^1 : \quad D_0^2 x_1 + \omega^2 x_1 = -2D_1 D_0 x_0 - k_3 x_0^3 - k_5 x_0^5 - d_1 D_0 x_0 - d_3 x_1^3 + H \cos \Omega t \tag{10-10}$$

设式(10-9)的复数形式的解为

$$x_0 = A \mathrm{e}^{\mathrm{i}\omega T_0} + \overline{A} \mathrm{e}^{-\mathrm{i}\omega T_0} \tag{10-11}$$

其中，$A = A(T_1)$。

考虑主共振有

$$\Omega = \omega + \varepsilon \sigma \tag{10-12}$$

其中，ε 表示小量；σ 为调谐参数，表示周期波浪激励频率 Ω 与船舶横摇固有频率 ω 的接近程度。将式(10-11)代入式(10-10)有

$$D_0^2 x_1 + \omega^2 x_1 = -[i d_1 A\omega + 2i D_1 A\omega + 3i A d_3 \omega^3 A\overline{A} + 3A^2\overline{A}k_3 + 10A^3\overline{A}k_5$$

$$-\frac{1}{2}H\exp(i\sigma T_1)\Big]\exp(i\omega T_0) - (5A^4\overline{A}k_5 + k_3 A^3 - i d_3 A^3\omega^3) \quad (10\text{-}13)$$

$$\exp(3i\omega T_0) - k_5 A^5 \exp(5i\omega T_0)] + cc$$

为使式(10-13)解中不出现永年项，必须有

$$i d_1 A\omega + 2i D_1 A\omega + 3i A d_3 \omega^3 A\overline{A} + 3A^2\overline{A}k_3 + 10A^3\overline{A}k_5 - \frac{1}{2}H\exp(i\sigma T_1) = 0 \quad (10\text{-}14)$$

将 A 表示成复数形式，即令

$$A = \frac{1}{2}re^{i\theta} \quad (10\text{-}15)$$

其中，r、θ 是关于 T_1 的实函数。将式(10-15)代入式(10-14)，分离实部、虚部，将各系数上面的 "-" 加上，得到一次近似情形下极坐标形式的平均方程为

$$\begin{cases} \dfrac{dr}{dt} = \dfrac{1}{8}\dfrac{4\overline{H}\sin(T_1\sigma - \theta) - 4\omega\,\overline{d}_1 r - 3\omega^3\overline{d}_3 r^3}{\omega}\varepsilon \\[3mm] r\dfrac{d\theta}{dt} = \dfrac{1}{16}\dfrac{-8\overline{H}\cos(T_1\sigma - \theta) + 5r^5\overline{k}_5 + 6r^3\overline{k}_3}{\omega}\varepsilon \end{cases} \quad (10\text{-}16)$$

式(10-16)的定常解对应于非线性方程式(10-5)的周期解，因此研究船舶横摇方程式(10-5)的周期解可转换为研究式(10-16)的定常解。将式(10-15)代入式(10-11)，得到一次近似解为

$$x = r\cos(\omega t + \theta) \quad (10\text{-}17)$$

其中，r 和 θ 由式(10-16)确定，令

$$\psi = \theta - \sigma T_1 \quad (10\text{-}18)$$

作替换 $\varepsilon\overline{d}_1 = d_1$，$\varepsilon\overline{d}_3 = d_3$，$\varepsilon\overline{k}_3 = k_3$，$\varepsilon\overline{k}_5 = k_5$，$H = \varepsilon\overline{H}$，那么式(10-16)变为如下的平均方程：

$$\begin{cases} \dot{r} = -\dfrac{1}{2\omega}H\sin\psi - \dfrac{1}{2}d_1 r - \dfrac{3}{8}\omega^2 d_3 r^3 \\[3mm] r\dot{\psi} = -\sigma r - \dfrac{1}{2\omega}H\cos\psi + \dfrac{5}{16\omega}r^5 k_5 + \dfrac{3}{8\omega}r^3 k_3 \end{cases} \quad (10\text{-}19)$$

对于定常运动（$\dot{r} = 0, \dot{\psi} = 0$），应满足如下方程：

$$\begin{cases} H\sin\psi + \omega d_1 r + \dfrac{3}{4}\omega^3 d_3 r^3 = 0 \\[3mm] -2\sigma\omega - H\cos\psi + \dfrac{5}{8}r^5 k_5 + \dfrac{3}{4}r^3 k_3 = 0 \end{cases} \quad (10\text{-}20)$$

从上面两式中消去 ψ，得到以横摇角幅值 r 为变量的分岔方程为

$$\left(-2r\sigma\omega + \frac{5}{8}r^5 k_5 + \frac{3}{4}k_3 r^3\right)^2 + \left(d_1\omega r + \frac{3}{4}d_3\omega^3 r^3\right)^2 = H^2 \tag{10-21}$$

10.1.3 定常周期解稳定性分析

前面已经求得了横摇角幅值、相位的微分方程。根据稳定性理论，可以通过研究平均方程式(10-19)的奇点来确定船舶横摇定常周期解的稳定性。

满足式(10-20)的解记为 (r_0,ψ_0)，它就是式(10-19)的奇点。设

$$\begin{cases} r = r_0 + \delta r \\ \psi = \psi_0 + \delta\psi \end{cases} \tag{10-22}$$

将式(10-22)代入式(10-19)，并只保留到 δr 和 $\delta\psi$ 的线性项，得到奇点 (r_0,ψ_0) 附近的变分方程为

$$\begin{cases} \dfrac{\mathrm{d}(\delta r)}{\mathrm{d}t} = -\dfrac{1}{2\omega}H\cos\psi_0\delta\psi - \left(\dfrac{1}{2}d_1 + \dfrac{9}{8}\omega^2 d_3 r_0^2\right)\delta r \\ \dfrac{\mathrm{d}(\delta\psi)}{\mathrm{d}t} = \left(\dfrac{5}{4\omega}r_0^3 k_5 + \dfrac{3}{4\omega}r_0 k_3 + \dfrac{H}{2\omega r_0^2}\cos\psi_0\right)\delta r + \dfrac{1}{2\omega r_0}H\sin\psi_0\delta\psi \end{cases} \tag{10-23}$$

利用式(10-20)，式(10-23)进一步写成

$$\begin{cases} \dfrac{\mathrm{d}(\delta r)}{\mathrm{d}t} = -\left(\dfrac{1}{2}d_1 + \dfrac{9}{8}\omega^2 d_3 r_0^2\right)\delta r + \left(r_0\sigma - \dfrac{5}{16}\dfrac{r_0^5 k_5}{\omega} - \dfrac{3}{8}\dfrac{r_0^3 k_3}{\omega}\right)\delta\psi \\ \dfrac{\mathrm{d}(\delta\psi)}{\mathrm{d}t} = \left(-\dfrac{\sigma}{r_0} + \dfrac{25}{16\omega}r_0^3 k_5 + \dfrac{9}{8\omega}r_0 k_3\right)\delta r + \left(-\dfrac{1}{2}d_1 - \dfrac{3}{8}d_3\omega^2 r_0^2\right)\delta\psi \end{cases} \tag{10-24}$$

式(10-24)的特征方程为

$$\begin{vmatrix} C_1 - \lambda & C_2 \\ C_3 & C_4 - \lambda \end{vmatrix} = \begin{vmatrix} -\left(\dfrac{1}{2}d_1 + \dfrac{9}{8}\omega^2 d_3 r_0^2\right) - \lambda & r_0\sigma - \dfrac{5}{16}\dfrac{r_0^5 k_5}{\omega} - \dfrac{3}{8}\dfrac{r_0^3 k_3}{\omega} \\ -\dfrac{\sigma}{r_0} + \dfrac{25}{16\omega}r_0^3 k_5 + \dfrac{9}{8\omega}r_0 k_3 & \left(-\dfrac{1}{2}d_1 - \dfrac{3}{8}d_3\omega^2 r_0^2\right) - \lambda \end{vmatrix} = 0$$

式(10-24)的系数矩阵为

$$\begin{bmatrix} C_1 & C_2 \\ C_3 & C_4 \end{bmatrix} = \begin{bmatrix} -\dfrac{1}{2}d_1 - \dfrac{9}{8}\omega^2 d_3 r_0^2 & r_0\sigma - \dfrac{5}{16}\dfrac{r_0^5 k_5}{\omega} - \dfrac{3}{8}\dfrac{r_0^3 k_3}{\omega} \\ -\dfrac{\sigma}{r_0} + \dfrac{25}{16\omega}r_0^3 k_5 + \dfrac{9}{8\omega}r_0 k_3 & -\dfrac{1}{2}d_1 - \dfrac{3}{8}d_3\omega^2 r_0^2 \end{bmatrix}$$

令

$$
\begin{cases}
p \equiv -(C_1 + C_4) = d_1 + \dfrac{3}{2} d_3 \omega^2 r_0^2 \\[2mm]
q \equiv C_1 C_4 - C_2 C_3 \\[2mm]
\quad = \left(\dfrac{1}{2} d_1 + \dfrac{9}{8} \omega^2 d_3 r_0^2 \right) \left(\dfrac{1}{2} d_1 + \dfrac{3}{8} d_3 \omega^2 r_0^2 \right) - \left(r_0 \sigma - \dfrac{5}{16} \dfrac{r_0^5 k_5}{\omega} \right) \\[4mm]
\quad \quad - \dfrac{3}{8} \dfrac{r_0^3 k_3}{\omega} \right) \left(-\dfrac{\sigma}{r_0} + \dfrac{25}{16\omega} r_0^3 k_5 + \dfrac{9}{8\omega} r_0 k_3 \right)
\end{cases}
\tag{10-25}
$$

根据非线性系统奇点类型的判别方法可知：$q < 0$ 时，奇点是不稳定的；$q > 0$ 时，若 $p > 0$ 则，奇点是稳定的。由于船舶运动的阻尼恒为正，$p > 0$ 总是成立的。因此，规则横浪中船舶横摇运动定常周期解的稳定条件为

$$
\begin{aligned}
q = &\left(\dfrac{1}{2} d_1 + \dfrac{9}{8} \omega^2 d_3 r_0^2 \right) \left(\dfrac{1}{2} d_1 + \dfrac{3}{8} d_3 \omega^2 r_0^2 \right) - \left(r_0 \sigma - \dfrac{5}{16} \dfrac{r_0^5 k_5}{\omega} \right. \\[2mm]
&\left. - \dfrac{3}{8} \dfrac{r_0^3 k_3}{\omega} \right) \left(-\dfrac{\sigma}{r_0} + \dfrac{25}{16\omega} r_0^3 k_5 + \dfrac{9}{8\omega} r_0 k_3 \right) > 0
\end{aligned}
\tag{10-26}
$$

下面进一步研究幅频特性曲线上哪段线段符合上述稳定性条件。为此，将式(10-20)对 σ 求导有

$$
\begin{cases}
\left(\omega d_1 + \dfrac{9}{4} \omega^3 d_3 r_0^3 \right) \left(\dfrac{\mathrm{d} r_0}{\mathrm{d} \sigma} \right) + H \cos \psi_0 \left(\dfrac{\mathrm{d} \psi_0}{\mathrm{d} \sigma} \right) = 0 \\[3mm]
-2 \omega r_0 + \left(-2\omega \sigma + \dfrac{9}{4} r_0^2 k_3 + \dfrac{25}{8} r_0^4 k_5 \right) \left(\dfrac{\mathrm{d} r_0}{\mathrm{d} \sigma} \right) + H \sin \psi_0 \left(\dfrac{\mathrm{d} \psi_0}{\mathrm{d} \sigma} \right) = 0
\end{cases}
\tag{10-27}
$$

由式(10-27)求出 $\dfrac{\mathrm{d} r}{\mathrm{d} \sigma}$，并利用式(10-20)的关系得到

$$
\begin{aligned}
&\left[\left(\dfrac{1}{2} d_1 + \dfrac{9}{8} \omega^2 d_3 r_0^2 \right) \left(\dfrac{1}{2} d_1 + \dfrac{3}{8} d_3 \omega^2 r_0^2 \right) - \left(\sigma - \dfrac{5}{16} \dfrac{r_0^4 k_5}{\omega} - \dfrac{3}{8} \dfrac{r_0^2 k_3}{\omega} \right)(-\sigma \right. \\[2mm]
&\left. + \dfrac{25}{16\omega} r_0^4 k_5 + \dfrac{9}{8\omega} r_0^2 k_3 \right) \right] \left(\dfrac{\mathrm{d} r_0}{\mathrm{d} \sigma} \right) = -r_0 \left(\sigma - \dfrac{3}{8} \dfrac{r_0^2 k_3}{\omega} - \dfrac{5}{16} \dfrac{r_0^4 k_5}{\omega} \right)
\end{aligned}
\tag{10-28}
$$

根据式(10-28)，稳定性条件可以表示为

$$
\begin{cases}
\left(\dfrac{\mathrm{d} r_0}{\mathrm{d} \sigma} \right) > 0, \quad \left(\sigma - \dfrac{3}{8} \dfrac{r_0^3 k_3}{\omega} - \dfrac{5}{16} \dfrac{r_0^5 k_5}{\omega} \right) < 0 \\[4mm]
\left(\dfrac{\mathrm{d} r_0}{\mathrm{d} \sigma} \right) < 0, \quad \left(\sigma - \dfrac{3}{8} \dfrac{r_0^3 k_3}{\omega} - \dfrac{5}{16} \dfrac{r_0^5 k_5}{\omega} \right) > 0
\end{cases}
\tag{10-29}
$$

脊骨曲线的方程为

$$\sigma - \frac{3}{8}\frac{r_0^3 k_3}{\omega} - \frac{5}{16}\frac{r_0^5 k_5}{\omega} = 0 \tag{10-30}$$

10.1.4 算例分析

1. 船舶参数

以一艘拖网船 Gaul 为例，该船于 1972 年制造，1974 年 2 月 8 日在北挪威诺尔辰角西部岛海面附近遭遇恶劣海况(大约 8 级大风)失事。船舶参数如表 10-1 所示。

表 10-1　船舶主要参数[57]

参数	数值
总长	LOA=66.01m
垂线间长	LBP=56.85m
船宽	B=12.19m
平均吃水	T=4.10m
排水量	$\Delta = 1567×9.81\text{kN}$

根据文献[57]中的试验数据，规则波浪中与式(10-4)对应的 Gaul 的各项系数分别为：$d_1 = 0.056$，$d_3 = 0.1659$，$k_1 = 0.2227$，$k_3 = -0.0694$，$k_5 = -0.0131$，参数 H、Ω 和 ϑ 依不同的海况而定。

2. 幅频响应曲线

将船舶阻尼系数和恢复力矩系数代入分岔方程式(10-21)，取波浪激励幅值 $H = 0.4\omega^2$，画出船舶非线性横摇运动的幅频响应曲线，如图 10-1 所示。

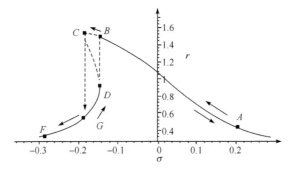

图 10-1　幅频响应曲线

图 10-1 中，横坐标为调谐参数 σ，表示波浪激励频率与船舶横摇固有频率的接近程度，纵坐标为横摇角幅值 r。可以看出，横摇角幅值发生跳跃。

3. 稳定及不稳定区域

将阻尼系数和恢复力矩系数分别代入分岔方程式(10-21)和稳定条件式(10-26)。由分岔方程式(10-21)得到不同的波浪激励幅值 H 作用下船舶横摇运动的幅频响应曲线族以及由稳定条件式(10-26)得到船舶横摇运动的不稳定区域如图 10-2 所示。

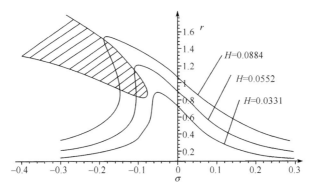

图 10-2　船舶横摇运动幅频响应曲线族及不稳定区域

图 10-2 中的阴影部分是由各幅频响应曲线上不稳定线段形成的不稳定区域，即在阴影区域内周期横摇运动是不稳定的。

4. 脊骨曲线

将阻尼系数和恢复力矩系数代入分岔方程式(10-21)和脊骨曲线方程式(10-30)。取波浪激励幅值 $H = 0.4\omega^2$，由分岔方程式(10-21)得到船舶横摇运动的幅频特性曲线以及由式(10-30)得到脊骨曲线如图 10-3 所示。

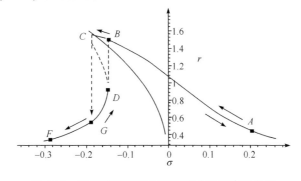

图 10-3　船舶横摇运动幅频响应曲线和脊骨曲线

由图 10-3 可以看出，脊骨曲线右侧的分支 ABC 满足式(10-29)的第二式，所以相应的定常解是稳定的。对于脊骨曲线左侧的分支，DGF 段满足式(10-29)的第一式，相应的定常解是稳定的，而 CD 段不满足式(10-29)中的稳定性条件，相应的定常解是不稳定的，这就说明了前面的跳跃。

5. 横摇幅值与波浪激励幅值之间的关系曲线

将阻尼系数和恢复力矩系数代入式(10-21)，计算得到不同的波浪激励频率的作用下，周期波浪激励幅值 $E = H / \omega^2$ 和横摇角幅值 r 的关系曲线如图 10-4 所示。

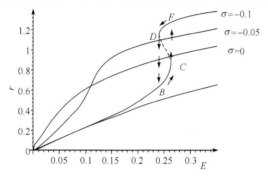

图 10-4　横摇角幅值与波浪激励幅值之间的关系

由图 10-4 可以看出，随着波浪幅值 E 的增大，横摇角幅值 r 随之增大。当 $\sigma = -0.1 \mathrm{rad/s}$ 时，在波浪幅值 E 的一定范围内对于同一个 E 值对应于 3 个横摇角幅值 r。

10.2　迎浪参数激励横摇运动

当船舶在纵浪中航行时，由于船舶遭遇周期与船舶横摇周期同量级，波面形状引起船体复原特性的改变，进而影响船舶横摇，在一定条件下会发生显著的参数激励横摇运动。本节讨论迎浪航行时船舶的参激非线性横摇运动[27-29,33]。

10.2.1　迎浪中船舶横摇非线性运动方程

由于横摇对于船舶倾覆起着决定性的作用，本书将重点研究船舶的横摇运动。为了使问题简化，有如下假设：①船形对称，船舶重心固定不变；②船舶不发生艏摇、横荡、纵荡；③仅考虑横摇与升沉(或纵摇)之间的耦合，忽略其他模态之间的耦合；④仅考虑横摇与升沉(或纵摇)之间的静态耦合，忽略动态耦合；⑤波浪为规则波；⑥船舶做迎浪(或顺浪)航行，横向无干扰荷载。

根据牛顿第二定律，分别列出升沉和横摇的运动方程：

$$\ddot{z} + 2\delta_z \dot{z} + \omega_z^2 z = \overline{Z}(\tau) \tag{10-31}$$

$$(I + \delta I)\ddot{\phi} + c_1 \dot{\phi} + c_3 \dot{\phi}^3 + \Delta GM\phi + \Delta(K_3\phi^3 + K_5\phi^5) = F_0 \tag{10-32}$$

其中，z 为升沉位移；δ_z 为升沉运动阻尼；ω_z 为升沉固有频率；$\overline{Z}(\tau)$ 为波浪外激励；F_0 为定常偏移力；GM 为船舶初稳心高。

可以看出式(10-31)为线性方程，且与式(10-32)不发生耦合作用。在规则波作用下，式(10-31)的解可表示为

$$z = \alpha_z \cos \hat{\Omega}\tau \tag{10-33}$$

其中，α_z 为升沉运动幅值；$\hat{\Omega}$ 为遭遇频率。升沉运动的幅值 α_z 在发生共振，即 $\hat{\Omega} \approx \omega_z$ 时将达到最大值。

对于式(10-32)，考虑船舶升沉运动对横摇运动的耦合作用，船舶的初稳心高可表示为

$$\overline{GM} = \overline{GM_0} + \frac{\partial \overline{GM}}{\partial z} z \tag{10-34}$$

$$\overline{GM} = \overline{KB} + \overline{BM} - \overline{KG} \tag{10-35}$$

其中，$\overline{KB}$ 为浮心高度；$\overline{BM}$ 为初稳心半径；$\overline{KG}$ 为重心高度。

将式(10-35)代入式(10-34)中得

$$\overline{GM} = \overline{GM_0} + \left(\frac{\partial \overline{KB}}{\partial z} + \frac{\partial \overline{BM}}{\partial z} \right) z$$

$$= \overline{GM_0} + A_w \left(\frac{b}{\Delta} - \frac{I_T}{\Delta^2} \right) z \tag{10-36}$$

其中，A_w 为水线面面积；b 为浮心距水面高；I_T 为水面面积距。将式(10-33)代入式(10-36)中：

$$\overline{GM} = \overline{GM_0} + A_w \left(\frac{b}{\Delta} - \frac{I_T}{\Delta^2} \right) \alpha_z \cos \hat{\Omega}\tau \tag{10-37}$$

从式(10-37)可以看出初稳心高已变成时间 τ 的函数 $GM(\tau)$。将式(10-37)代入式(10-32)中并整理，得

$$\ddot{\phi} + 2\hat{\mu}\dot{\phi} + \hat{\mu}_3\dot{\phi}^3 + \omega^2[\phi + \alpha_3\phi^3 + \alpha_5\phi^5 + h\phi\cos\hat{\Omega}\tau] = \omega^2(\phi_s + \alpha_3\phi_s^3 + \alpha_5\phi_s^5) \tag{10-38}$$

其中，h 为参数激励幅值；ϕ_s 为定常偏移力引起的横倾角。其他符号定义如下：

$$\hat{u}=\frac{c_1}{2(I+\delta I)}, \quad \hat{u}_3=\frac{c_3}{I+\delta I}, \quad \omega^2=\frac{\Delta GM_0}{I+\delta I}$$

$$\alpha_3=\frac{\Delta K_3}{\omega^2(I+\delta I)}, \quad \alpha_5=\frac{\Delta K_5}{\omega^2(I+\delta I)}, \quad h=\frac{A_w b \alpha_z}{\omega^2(I+\delta I)}$$

为了使方程的求解方便，引入新的时间尺度 $t=\hat{\Omega}\tau$ 及变换 $\phi=\phi_s+\bar{\phi}$，将式(10-38)无量纲化：

$$\ddot{\bar{\phi}}+2\mu\dot{\bar{\phi}}+\mu_3\dot{\bar{\phi}}^3+\bar{\phi}+b_1\bar{\phi}+b_2\bar{\phi}^2+b_3\bar{\phi}^3+b_4\bar{\phi}^4+b_5\bar{\phi}^5+h\bar{\phi}\cos\Omega t=0 \tag{10-39}$$

其中，$\mu=\hat{\mu}/\omega$；$\mu_3=\hat{u}_3\omega$；$b_1=3\alpha_3\phi_s^2+5\alpha_5\phi_s^4$；$b_2=3\alpha_3\phi_s+10\alpha_5\phi_s^3$；$b_3=\alpha_3+10\alpha_5\phi_s^2$；$b_4=5\alpha_5\phi_s$；$b_5=\alpha_5$；$\Omega=\hat{\Omega}/\omega$。

式(10-39)即为纵浪情况下考虑升沉运动影响后得到的无量纲参数激励非线性横摇运动方程。为了书写的方便，在以下的公式书写中，都将 $\bar{\phi}$ 上面的 "–" 去掉。

10.2.2　主参数共振

1. 近似解

对于式(10-39)，引入小参数 ε，有

$$\ddot{\phi}+\phi+\varepsilon[2\mu\dot{\phi}+\mu_3\dot{\phi}_3+b_1\phi+b_2\phi^2+b_3\phi^3+b_4\phi^4+b_5\phi^5+h\phi\cos\Omega t]=0 \tag{10-40}$$

当频率比 $\Omega\approx2$ 时将发生主参数共振，引入调谐因子 σ_1 来描述 Ω 与 2 的近似程度：

$$\frac{1}{4}\Omega^2=1+\varepsilon\sigma_1 \tag{10-41}$$

根据式(10-41)可将式(10-40)的线性固有频率化为以 Ω 表达的形式：

$$\ddot{\phi}+\frac{1}{4}\Omega^2\phi=-\varepsilon[-\sigma_1\phi+2\mu\dot{\phi}+\mu_3\dot{\phi}^3+b_1\phi+b_2\phi^2+b_3\phi^3+b_4\phi^4+b_5\phi^5 \\ +h\phi\cos\Omega t] \tag{10-42}$$

令

$$\phi(t;\varepsilon)=\phi_0(T_0,T_1,T_2)+\varepsilon\phi_1(T_0,T_1,T_2)+\varepsilon^2\phi_2(T_0,T_1,T_2)+\cdots \tag{10-43}$$

其中，$T_0=t$ 是快尺度，用来描述在频率比 Ω 下发生的运动，而 $T_1=\varepsilon t$ 和 $T_2=\varepsilon^2 t$ 为慢尺度，用来描述由于非线性因素、阻尼和共振等造成的幅值及相位的改变值。这样时间导数变为

$$\frac{\mathrm{d}}{\mathrm{d}t}=D_0+\varepsilon D_1+\varepsilon^2 D_2+\cdots \tag{10-44}$$

$$\frac{\mathrm{d}^2}{\mathrm{d}t^2} = D_0^2 + 2\varepsilon D_0 D_1 + \varepsilon^2 (2D_0 D_2 + D_1^2) + \cdots \tag{10-45}$$

其中，$D_n = \partial/\partial T_n$。将式(10-43)~式(10-45)代入式(10-42)中并按照同量级 ε 系数相等的原则展开得到：

$$D_0^2 \phi_0 + \Omega^2 \phi_0 = 0 \tag{10-46}$$

$$\begin{aligned}
D_0^2 \phi_1 + \frac{1}{4}\Omega^2 \phi_1 = &-2D_0 D_1 \phi_0 + \sigma_1 \phi_0 - 2\mu D_0 \phi_0 - \mu_3 (D_0 \phi_0)^3 - b_1 \phi_0 - b_2 \phi_0^2 \\
&- b_3 \phi_0^3 - b_4 \phi_0^4 - b_5 \phi_0^5 - h\phi_0 \cos \Omega T_0
\end{aligned} \tag{10-47}$$

$$\begin{aligned}
D_0^2 \phi_2 + \frac{1}{4}\Omega^2 \phi_2 = &-2D_0 D_2 \phi_0 - 2D_0 D_1 \phi_1 - D_1^2 \phi_0 + \sigma_1 \phi_1 - 2\mu D_0 \phi_1 \\
&- 2\mu D_1 \phi_0 - 3\mu_3 (D_0 \phi_0)^2 D_0 \phi_1 - 3\mu_3 (D_0 \phi_0)^2 D_1 \phi_0 - b_1 \phi_1 \\
&- 2b_2 \phi_0 \phi_1 - 3b_3 \phi_0^2 \phi_1 - 4b_4 \phi_0^3 \phi_1 - 5b_5 \phi_0^4 \phi_1 - h\phi_1 \cos \Omega T_0
\end{aligned} \tag{10-48}$$

为方便起见，将式(10-46)的解写成如下的复数解形式：

$$\phi_0 (T_0, T_1, T_2) = A(T_1, T_2) \mathrm{e}^{\frac{1}{2}\mathrm{i}\Omega T_0} + \overline{A}(T_1, T_2) \mathrm{e}^{-\frac{1}{2}\mathrm{i}\Omega T_0} \tag{10-49}$$

其中，A 和 $\overline{A}$ 为此阶近似下时间尺度 T_1 和 T_2 的复函数，其中 $\overline{A}$ 为 A 的复共轭，二者由下一阶近似的可求解条件决定。

将式(10-49)代入式(10-47)中得

$$\begin{aligned}
D_0^2 \phi_1 + \frac{1}{4}\Omega^2 \phi_1 = &\,\mathrm{e}^{\frac{1}{2}\mathrm{i}\Omega T_0} \left(\sigma_1 A - \mathrm{i}\Omega D_1 A - \mathrm{i}\mu\Omega A - \frac{3}{8}\mathrm{i}\mu_3 \Omega^3 A^2 \overline{A} - b_1 A \right. \\
&\left. -3b_3 A^2 \overline{A} - 10b_5 A^3 \overline{A}^2 - \frac{h}{2}\overline{A} \right) + \mathrm{e}^{\mathrm{i}\Omega T_0} (-b_2 A^2 - 4b_4 A^3 \overline{A}) \\
&+ \mathrm{e}^{\frac{3}{2}\mathrm{i}\Omega T_0} \left(\frac{1}{8}\mathrm{i}\mu_3 \Omega^3 A^3 - b_3 A^3 - 5b_5 A^4 \overline{A} - \frac{1}{2}hA \right) + \mathrm{e}^{2\mathrm{i}\Omega T_0} (-b_4 A^4) \\
&+ \mathrm{e}^{\frac{5}{2}\mathrm{i}\Omega T_0} (-b_5 A^5) - b_2 A\overline{A} - 3b_4 A^2 \overline{A}^2 + YY
\end{aligned} \tag{10-50}$$

其中，YY 表示前面项的共轭项。由可解条件应消除式(10-50)中的永年项，其条件为

$$\mathrm{i}\Omega(D_1 A + \mu A) + b_1 A - \sigma_2 A + \left(3b_3 + \frac{3}{8}\mathrm{i}\mu_3 \Omega^3 \right) A^2 \overline{A} + 10b_5 A^3 \overline{A}^2 + \frac{1}{2}h\overline{A} = 0 \tag{10-51}$$

可求得式(10-50)的特解为

$$\phi_1 = -\frac{4b_2}{\Omega^2} A\overline{A} - \frac{12b_4}{\Omega^2} A^2\overline{A}^2 + \mathrm{e}^{\mathrm{i}\Omega T_0}\left(\frac{4b_2}{3\Omega^2} A^2 + \frac{16b_4}{3\Omega^2} A^3\overline{A}\right)$$

$$+ \mathrm{e}^{\frac{3}{2}\mathrm{i}\Omega T_0}\left(-\mathrm{i}\frac{b_3\Omega}{16} A^3 + \frac{b_3}{2\Omega^2} A^3 + \frac{5b_5}{2\Omega^2} A^4\overline{A} + \frac{1}{4\Omega^2} hA\right) \qquad (10\text{-}52)$$

$$+ \mathrm{e}^{2\mathrm{i}\Omega T_0}\frac{4b_4}{15\Omega^2} A^4 + \mathrm{e}^{\frac{5}{2}\mathrm{i}\Omega T_0}\frac{b_5}{6\Omega^2} A^5 + YY$$

将式(10-49)和式(10-52)代入式(10-48)中，有

$$D_0^2\phi_2 + \frac{1}{4}\Omega^2\phi_2 = -\mathrm{i}\Omega D_2 A - D_1^2 A - 2\mu D_1 A + \frac{3}{4}\mu_3\Omega^2 A^2 D_1\overline{A} - \frac{3}{2}\mu_3\Omega^2 A\overline{A}D_1 A$$

$$-\frac{h^2}{8\Omega^2} A - \left(\frac{3b_3 h}{4\Omega^2} - \mathrm{i}\frac{9\mu_3\Omega h}{32}\right) A\overline{A}^2 + \frac{40b_2^2}{3\Omega^2} A^2\overline{A} - \frac{5b_5 h}{\Omega^2} A^2\overline{A}^3$$

$$+\left(\mathrm{i}\frac{\mu_3\Omega h}{32} - \frac{b_3 h}{4\Omega^2}\right) A^3 + \left(\frac{9}{128}\mu_3^2\Omega^4 - \frac{3b_3^2}{2\Omega^2} + \frac{112}{\Omega^2}b_2 b_4\right) \qquad (10\text{-}53)$$

$$+\mathrm{i}\frac{3}{4}\mu_3 b_3\Omega\Bigg) A^3\overline{A}^2 - \frac{5b_5 h}{2\Omega^2} A^4\overline{A} + \left(\frac{3024b_4^2}{15\Omega^2} - \frac{20b_3 b_5}{\Omega^2}\right)$$

$$+\mathrm{i}\frac{15}{4}\mu_3 b_5\Omega\Bigg) A^4\overline{A}^3 - \frac{190b_5^2}{3\Omega^2} A^5\overline{A}^4 + \mathrm{NST} + YY$$

其中，NST 代表不产生永年项的部分，由消除式(10-53)中的永年项得

$$-\mathrm{i}\Omega D_2 A - D_1^2 A - 2\mu D_1 A + \frac{3}{4}\mu_3\Omega^2 A^2 D_1\overline{A} - \frac{3}{2}\mu_3\Omega^2 A\overline{A}D_1 A - \frac{h^2}{8\Omega^2} A$$

$$-\left(\frac{3b_3 h}{4\Omega^2} - \mathrm{i}\frac{9\mu_3\Omega h}{32}\right) A\overline{A}^2 + \frac{40b_2^2}{3\Omega^2} A^2\overline{A} - \frac{5b_5 h}{\Omega^2} A^2\overline{A}^3 + \left(\mathrm{i}\frac{\mu_3\Omega h}{32} - \frac{b_3 h}{4\Omega^2}\right) A^3$$

$$+\left(\frac{9}{128}\mu_3^2\Omega^4 - \frac{3b_3^2}{2\Omega^2} + \frac{112}{\Omega^2}b_2 b_4 + \mathrm{i}\frac{3}{4}\mu_3 b_3\Omega\right) A^3\overline{A}^2 - \frac{5b_5 h}{2\Omega^2} A^4\overline{A} \qquad (10\text{-}54)$$

$$+\left(\frac{3024b_4^2}{15\Omega^2} - \frac{20b_3 b_5}{\Omega^2} + \mathrm{i}\frac{15}{4}\mu_3 b_5\Omega\right) A^4\overline{A}^3 - \frac{190b_5^2}{3\Omega^2} A^5\overline{A}^4 = 0$$

为求解式(10-51)和式(10-54)，可将二者合并为单一的一阶微分方程的形式：

$$\mathrm{i}\Omega\dot{A} + \varepsilon\left[(b_1 - \sigma_1 + \mathrm{i}\mu\Omega)A + \left(3b_3 + \mathrm{i}\frac{3}{8}\mu_3\Omega^3\right) A^2\overline{A} + 10b_5 A^3\overline{A}^2 + \frac{1}{2}h\overline{A}\right]$$

$$+\varepsilon^2\left[\left(-\mu^2 - \frac{b_0^2}{\Omega^2} + \frac{3h^2}{8\Omega^2}\right)A + \left(\mathrm{i}\frac{3}{2}\mu_3\Omega b_0 - \frac{40b_2^2}{3\Omega^2}\right) A\overline{A} - \frac{5b_5 h}{\Omega^2} A^2\overline{A}^3\right.$$

$$+\left(\mathrm{i}\frac{17}{32}\mu_3\Omega h + \frac{7b_3 h}{4\Omega^2}\right) A^3 + \left(-\mathrm{i}\frac{40\mu b_5}{\Omega} + \frac{9}{128}\mu_3^2\Omega^4 + \mathrm{i}\frac{3}{2}\mu_3\Omega b_3\right.$$

$$-\frac{20b_5b_0}{\Omega^2}-\frac{15b_3^2}{2\Omega^2}-\frac{112b_2b_4}{\Omega^2}\Bigg)A^3\overline{A}^2+\frac{25b_5h}{2\Omega^2}A^4\overline{A}-\Bigg(\frac{40b_3b_5}{\Omega^2}$$

$$+\frac{3024b_4^2}{15\Omega^2}+\mathrm{i}\frac{15}{4}\mu_3b_5\Omega\Bigg)A^4\overline{A}^3-\frac{110b_5^2}{3\Omega^2}A^5\overline{A}^4\Bigg]=0 \tag{10-55}$$

将函数 A 写成指数形式：

$$A=\frac{1}{2}a(t)\mathrm{e}^{\mathrm{i}\beta(t)} \tag{10-56}$$

其中，a、β 分别表示响应幅值和相位的基本组成部分，为时间 t 的实函数。将式(10-56)代入式(10-55)中，分离实部和虚部后得

$$\dot{a}=\varepsilon\Bigg[-\mu a-\frac{3}{32}\mu_3\Omega^2a^3+\frac{h}{2\Omega}a\sin(2\beta)\Bigg]+\varepsilon^2\Bigg[\Bigg(\frac{3\mu b_3}{2\Omega^2}-\frac{3}{8}\mu_3b_0$$

$$-\frac{5b_3h}{8\Omega^3}\sin(2\beta)-\frac{7}{64}\mu_3h\cos(2\beta)\Bigg)a^3+\Bigg(\frac{5\mu b_5}{2\Omega^2}-\frac{3}{32}\mu_3b_3 \tag{10-57}$$

$$-\frac{35b_5h}{32\Omega^3}\sin(2\beta)\Bigg)a^5+\frac{15\mu_3b_5}{256}a^7\Bigg]$$

$$a\dot{\beta}=\varepsilon\Bigg[\frac{b_0}{\Omega}a+\frac{3b_3}{4\Omega}a^3+\frac{5b_5}{8\Omega}a^5+\frac{h}{2\Omega}a\cos(2\beta)\Bigg]+\varepsilon^2\Bigg\{\Bigg(-\frac{\mu^2}{\Omega}$$

$$-\frac{b_0^2}{\Omega^3}+\frac{3h^2}{8\Omega^3}\Bigg)a-\Bigg[\frac{3b_3b_0}{2\Omega^3}+\frac{5}{32}\mu_3\,h\sin(2\beta)-\frac{b_3h}{4\Omega^3}\cos(2\beta)$$

$$+\frac{10b_2^2}{3\Omega^3}\Bigg]a^3+\Bigg[\frac{9}{2048}\mu_3^2\Omega^3-\frac{15b_5b_0}{32\Omega^3}-\frac{15b_3^2}{32\Omega^3}+\frac{15b_5h}{32\Omega^3}\cos(2\beta) \tag{10-58}$$

$$-\frac{7b_2b_4}{\Omega^3}\Bigg]a^5-\Bigg(\frac{5b_3b_5}{8\Omega^3}+\frac{63b_4^2}{40\Omega^3}\Bigg)a^7-\frac{55b_5^2}{3384\Omega^3}a^9\Bigg\}$$

其中，$b_0=b_1-\sigma_1$。将式(10-49)、式(10-52)、式(10-56)代入式(10-43)中，可求得方程 $A(t)=A(t+T)$ 对应于主参数共振($\Omega\approx2$)的二阶近似解为

$$\phi(t)=a\cos\Bigg(\frac{1}{2}\Omega t+\beta\Bigg)+\varepsilon\Bigg[-\frac{b_2}{2\Omega^2}a^2-\frac{3b_4}{2\Omega^2}a^4+\frac{2b_2}{3\Omega^2}a^2\cos(\Omega t+2\beta)$$

$$+\frac{2b_4}{3\Omega^2}a^4\cos(\Omega t+2\beta)+\frac{\mu_3\Omega}{64}a^3\sin\Bigg(\frac{3}{2}\Omega t+3\beta\Bigg)+\Bigg(\frac{b_3}{8\Omega^2}a^3$$

$$+\frac{h}{4\Omega^2}a+\frac{5b_5}{32\Omega^2}a^5\Bigg)\cos\Bigg(\frac{3}{2}\Omega t+3\beta\Bigg)+\frac{b_4}{30\Omega^2}a^4\cos(2\Omega t+4\beta) \tag{10-59}$$

$$+\frac{b_5}{96\Omega^2}a^5\cos\Bigg(\frac{5}{2}\Omega t+5\beta\Bigg)+\cdots\Bigg]$$

其中，a 和 β 由式(10-57)和式(10-58)决定。对于稳态周期响应应有条件 $\dot{a}=0$ 和 $\dot{\beta}=0$ ，这样式(10-57)和式(10-58)变为一组代数方程，可由数值解析法求出 a 和 β 。

2. 稳定性分析

前面求出了主参数共振($\Omega \approx 2$)的二阶近似解 ϕ (式(10-59))。当 $\dot{a}=0$ 和 $\dot{\beta}=0$ 时解为稳态周期响应，同时 $a=0$ (即平凡解)也可能为方程的解。下面将分别对平凡解和周期解进行稳定性分析。

1) 平凡解的稳定性

忽略式(10-55)中的非线性项，得到方程：

$$i\Omega\dot{A} + \varepsilon\left[(b_0+i\Omega\mu)A+\frac{1}{2}hA\right] - \varepsilon^2\left[-\left(\mu^2+\frac{b_0^2}{\Omega^2}+\frac{3h^2}{8\Omega^2}\right)A\right]=0 \qquad (10\text{-}60)$$

将式(10-60)化为紧凑格式，令

$$A = B_r + iB_i \qquad (10\text{-}61)$$

将式(10-61)代入式(10-60)中，分离实部和虚部后得

$$2\Omega(\dot{B}_r+\varepsilon\mu B_r)+\left[\varepsilon b_0 - \varepsilon^2\left(\frac{b_0^2}{4\Omega^2}+\mu^2+\frac{h^2}{6\Omega^2}-\frac{h^2}{4\Omega^2}\right)\right]B_i=0 \qquad (10\text{-}62)$$

$$2\Omega(\dot{B}_i+\varepsilon\mu B_i)+\left[-\varepsilon b_0 + \varepsilon^2\left(\frac{b_0^2}{4\Omega^2}+\mu^2+\frac{h^2}{6\Omega^2}+\frac{h^2}{4\Omega^2}\right)\right]B_r=0 \qquad (10\text{-}63)$$

式(10-62)和式(10-63)允许有如下形式：

$$(B_r,B_i)=(b_r,b_i)e^{\varepsilon\lambda t} \qquad (10\text{-}64)$$

其中

$$\lambda = -\mu \pm \sqrt{\varepsilon^2\frac{h^4}{64\Omega^6}-\frac{1}{4\Omega^2}\left(-b_0+\varepsilon\frac{b_0^2}{4\Omega^2}+\varepsilon\mu^2+\varepsilon\frac{h^2}{6\Omega^2}\right)^2} \qquad (10\text{-}65)$$

从式(10-65)可以看出，当 λ 的实部为负或零时平凡解是稳定的，而当 λ 的实部为正时平凡解是不稳定的。这样，就可以在 h-Ω 平面内画出 $\lambda=0$ 的曲线，分离出平凡解的稳定域和不稳定域。

2) 周期解的稳定性

式(10-59)给出了主参数共振下非线性参数激励横摇方程的二阶近似解，当 $\dot{a}=0$ 和 $\dot{\beta}=0$ 时解为稳态周期响应。为了考察周期解的稳定性，给解一微小扰动 $\xi(t)$ ，看其在周期运动中随时间的变化情况，令

$$\tilde{\phi}(t)=\phi_p(t)+\xi(t) \qquad (10\text{-}66)$$

其中，$\phi_p(t)$ 的稳定性依赖于当 $t \to \infty$ 时，$\xi(t)$ 随时间增大还是减小。将式(10-66)代入方程(10-39)中，并仅保留线性项，得到：

$$\ddot{\xi} + [2\mu + 3\mu_3 \dot{\phi}_p^2(t)]\dot{\xi} + [1 + b_1 + 2b_2\phi_p(t) + 3b_3\phi_p^2(t) + 4b_4\phi_p^3(t)$$
$$+ 5b_5\phi_p^4(t) + h\cos\Omega t]\xi = 0 \tag{10-67}$$

式(10-67)是一带有周期性系数的二阶线性微分方程。由式(10-59)可知式(10-67)的系数具有周期 $\bar{t} = 4\pi / \Omega$。由弗洛凯理论可知式(10-67)的解有如下形式：

$$\xi(t + \bar{t}) = \lambda\xi(t) \tag{10-68}$$

其中，λ 为弗洛凯乘子，它是矩阵 C 的特征值，而矩阵 C 与式(10-67)的基解矩阵 $\boldsymbol{\varPhi}(t)$ 有如下联系：

$$\boldsymbol{\varPhi}(t + \bar{t}) = \boldsymbol{\varPhi}(t)C \tag{10-69}$$

当 $\xi(t)$ 随着时间 t 衰减时，解 ϕ 是渐近稳定的，这就要求 $|\lambda| < 1$。因此，如果式(10-59)的周期解是渐近稳定的，则矩阵 C 的特征值必须处于单位 1 的复平面内。对于单自由度耗散系统，周期解不稳定的情况($|\lambda| > 1$)有两种，一种是特征值在实轴+1 处离开单位圆，形成鞍结分岔；另一种是特征值在实轴-1 处离开单位圆，形成倍周期分岔。通过缓变激励项 h 和频率比 Ω 可以预计周期解的稳定性，从而研究船舶的动态特性。

决定解稳定性矩阵 C 的特征值，可通过选取以 $\boldsymbol{\varPhi}(0) = C$ 为初始条件的基本解矩阵获得，I 为单位矩阵，于是式(10-69)变成为

$$C = \boldsymbol{\varPhi}(\bar{t}) \tag{10-70}$$

矩阵 $\boldsymbol{\varPhi}$ 可通过在区间[0，$\bar{t}$]内对式(10-70)进行数值积分求得。为简单起见，对应于每组参数 (h, Ω) 选取的初始条件可为

(1) $\xi(0) = 1.0$ 和 $\dot{\xi}(0) = 0.0$;

(2) $\xi(0) = 0.0$ 和 $\dot{\xi}(0) = 1.0$。

3. 算例分析

船模的特征参数如表 10-2 所示，其中恢复力矩系数 α_3 和 α_5 通过采用最小二乘法对静稳性曲线拟合后再乘以一个常数求得；阻尼系数 $\hat{\mu}$ 和 $\hat{\mu}_3$ 通过对自由衰减曲线拟合求得；船模的稳性消失角为 0.93rad。

表 10-2　船舶特征参数

I	δI	$\hat{\mu}$	$\hat{\mu}_3$	α_3	α_5	ω
1	0.251	0.0163	0.57	−1.402	0.271	5.278

取参数激励值 $h = 0.35$，求解幅频响应，结果如图 10-5 所示。图 10-5 中的实线为理论值，圆点为数值，可以看出二者之间的近似程度很好。

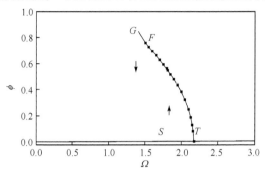

图 10-5　幅频响应曲线（ $h = 0.35$ ）

从图 10-5 中可以看到非线性横摇运动的一些如下特点。

(1) 跳跃现象(共存吸引子之间的跳跃)。从 0 开始逐渐增加频率比 Ω，首先得到的是平凡解，当增加到 S 点时，平凡解失稳跳跃到一非零周期解上，随着 Ω 的继续增大，响应幅值逐渐减小并在 T 点恢复到平凡解上。相反，从 3.0 开始逐渐减小频率比 Ω，先得到的是平凡解；减小到 T 点时，平凡解丧失稳定性，得到稳态解；继续减小频率比 Ω，到 F 点后进入复杂响应阶段。在 F 点和 G 点的狭小区间内，稳态的单一幅值周期运动失稳，可以产生倍周期分岔、混沌等具有非线性特色的复杂运动。例如，图 10-6 以相图描述的三周期运动。经过 G 点后混沌运动丧失稳定性，并跳跃至平凡解。

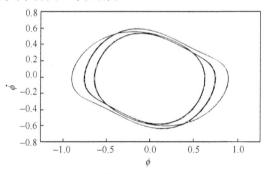

图 10-6　相图（ $h = 0.35, \Omega = 1.402$ ）

(2) 多值现象(吸引子共存)。频率比 Ω 在 G 和 S 之间，运动响应是多值的，平凡解和周期解(或复杂响应解)都可以存在。运动响应的方式是由初始条件决定的，即在不同初始条件下会得到不同的解。例如，取遭遇频率比 $\Omega = 1.7$，在①$\phi = 0.05, \dot{\phi} = 0.05$；②$\phi = 0.20, \dot{\phi} = 0.20$ 两种情况下分别得到平凡解(零解)和稳态周期解，结果如图 10-7 所示。

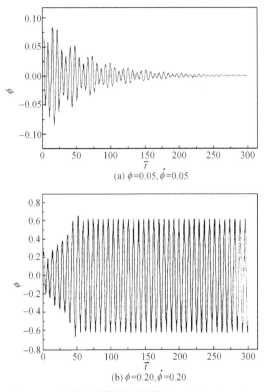

图 10-7　不同初始条件下的解($h=0.35, \Omega=1.7$)

(3) 复杂运动。在 F 点和 G 点的狭小区间内，单一幅值的周期运动不再存在，得到的是倍周期分岔、混沌等的复杂运动。

下面增大激励幅值 h，求解幅频响应。图 10-8 展示的是参数激励值 $h=0.8$ 时的幅频响应曲线，可以看出图 10-8 类似于 $h=0.35$ 的幅频响应曲线，例如，跳跃现象(平凡解在 S 点丧失稳性而产生跳跃)和平凡解到稳态周期解的过渡(平凡解在 T 点丧失稳定性，振幅不断增大直至 F 点)等，但也有如下不同之处。

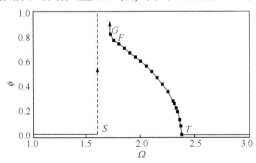

图 10-8　幅频响应曲线($h=0.8$)

(1) 无多值现象(吸引子共存)现象。在 S 点与 T 点之间，仅存在周期解。可以看出，这是平凡解失稳区间增大的结果。

(2) 出现了船舶倾覆区间。从右至左减小频率，稳态周期解在 F 点失稳，然后开始倍周期分岔并将导致混沌运动。当混沌吸引子在 G 点丧失稳定性后，导致船舶倾覆，因为在此时的频率比 Ω 下平凡解也是不稳定的；另外，从左至右增加频率，平凡解在 S 点丧失稳定性而产生跳跃，导致运动响应从平凡解到大幅运动，也将导致船舶倾覆。图 10-9 和图 10-10 以时域和相图的方法分别描述了平凡解失稳和混沌吸引子失稳导致船舶倾覆的过程。

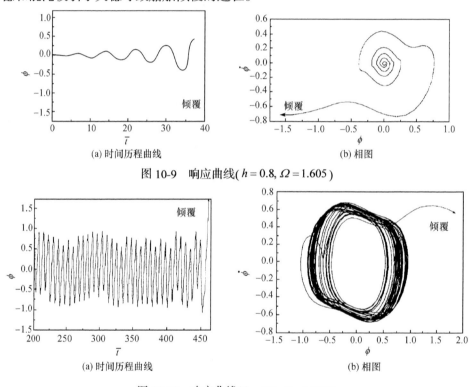

图 10-9　响应曲线($h = 0.8,\ \Omega = 1.605$)

图 10-10　响应曲线($h = 0.8,\ \Omega = 1.725$)

改变参数激励值 h 和频率比 Ω 对解进行稳定性分析，就会得到如图 10-11 所示的分岔集。图中实线 S、T 代表的是平凡解损失稳性的区域。平凡解在通过曲线 S、T 进入舌状区域后失去稳定性。通过对主参数共振解 $\phi(t)$ 周期解稳定性的分析可得到鞍结分岔曲线 H，它表示从非平凡解跳跃到平凡解；同时还得到分岔曲线 K，表示倍周期分岔的开始。沿着分岔曲线移出舌状区域，进入由分岔曲线 H 和 K 包围的区域后可以得到平凡解，同时也可以得到较大幅值的振动，即为多解区域。箭头表示分岔被激活的方向，暗示着通过这些曲线时解将发生性质上的变化。在阴影区 C 内平凡解是不稳定的，同时周期解也是不稳定的。

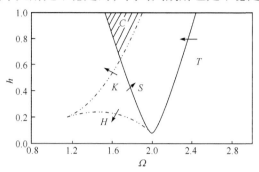

图 10-11　由稳定性分析得到的分岔图

10.3　斜浪参数激励和波浪激励横摇运动

本节研究斜浪中船舶在参数激励及波浪激励作用下的非线性横摇运动[9,58]。考虑阻尼力矩和恢复力矩的非线性，以及升沉、纵摇、波浪共同作用产生的参数激励和强迫激励项，建立斜浪中船舶横摇运动方程如下：

$$(I + \delta I)\ddot{\phi} + c_1\dot{\phi} + c_3\dot{\phi}^3 + \Delta\left\{\left[\overline{GM} + gm(t)\right]\phi + K_3\phi^3 + K_5\phi^5\right\} = M(\chi, \hat{\Omega}, t) \quad (10\text{-}71)$$

其中，$gm(t)$ 为波浪中船舶初稳性高变动项。

式(10-71)两边同时除以横摇转动惯量 $(I + \delta I)$ 得

$$\ddot{\phi} + 2\hat{\mu}\dot{\phi} + \hat{\mu}_3\dot{\phi}^3 + \omega^2\left[\phi + k_3\phi^3 + k_5\phi^5 + h(t)\phi\right] = m(\chi, \hat{\Omega}, t) \quad (10\text{-}72)$$

其中，$2\hat{\mu} = \dfrac{c_1}{I + \delta I}$；$\hat{\mu}_3 = \dfrac{c_3}{I + \delta I}$；$\omega = \sqrt{\dfrac{\Delta\overline{GM}}{I + \delta I}}$ 为船体横摇的固有频率；

$k_3 = \dfrac{\Delta K_3}{(I + \delta I)\omega^2}$；$k_5 = \dfrac{\Delta K_5}{(I + \delta I)\omega^2}$；$h(t) = \dfrac{\Delta gm(t)}{(I + \delta I)\omega^2}$；$m = \dfrac{M}{I + \delta I}$。

10.3.1　船舶参强激励横摇运动近似解析解及其稳定域分析

1. 近似解析解

令 $\tau = \omega t$，引入小参数标记 ε，主要研究 $\Omega \approx 2$ 的情况。引入调谐参数 σ，其定义为 $\Omega^2 / 4 = 1 + \varepsilon\sigma$。规则斜浪中船舶的横摇运动微分方程为

$$\ddot{\phi} + \frac{1}{4}\Omega^2\phi = -\varepsilon\left[-\sigma\phi + 2\mu\dot{\phi} + \mu_3\dot{\phi}^3 + k_3\phi^3 + k_5\phi^5 + h_0\phi\cos\Omega\tau - m_0\cos(\Omega t + \delta_0)\right]$$

$$(10\text{-}73)$$

其中，$\mu = \hat{\mu}/\omega$；$\mu_3 = \hat{\mu}_3\omega$；$\Omega = \hat{\Omega}/\omega$。变量上方的小圆点表示对变量 τ 求导。式(10-73)可以采用多尺度方法求得解析解。

设式(10-73)的解为如下形式：

$$\phi(\tau,\varepsilon) = \phi_0(T_0,T_1,T_2) + \varepsilon\phi_1(T_0,T_1,T_2) + \varepsilon^2\phi_2(T_0,T_1,T_2) + \cdots \tag{10-74}$$

其中，$T_0 = \tau$，为快变尺度，用来表达频率与 Ω 同量级的运动；$T_1 = \varepsilon\tau$，$T_2 = \varepsilon^2\tau$ 为慢变尺度，用来表达由于系统非线性、阻尼和共振引起的幅值和相位角的变化。

令

$$\phi_0 = A(T_1,T_2)\exp\left(\frac{1}{2}\mathrm{i}\Omega T_0\right) + \overline{A}(T_1,T_2)\exp\left(-\frac{1}{2}\mathrm{i}\Omega T_0\right) \tag{10-75}$$

可以得到以下微分方程：

$$\begin{aligned}
&\mathrm{i}\Omega\dot{A} + \varepsilon\left[(-\sigma+\mathrm{i}\Omega\mu)A + \frac{1}{2}h_0\overline{A} + \left(\mathrm{i}\frac{3}{8}\Omega^3\mu_3 + 3k_3\right)A^2\overline{A} + 10k_5A^3\overline{A}^2\right] \\
&+ \varepsilon^2\left[\left(-\frac{\sigma^2}{\Omega^2} - \mu^2 + \frac{3h_0^2}{8\Omega^2}\right)A + \left(\frac{6k_3\sigma}{\Omega^2} - \mathrm{i}\frac{3}{2}\Omega\mu_3\sigma - \mathrm{i}\frac{6\mu k_3}{\Omega}\right)A^2\overline{A} \right. \\
&- \left(\mathrm{i}\frac{3}{32}\Omega\mu_3 h_0 + \frac{3k_3 h_0}{4\Omega^2}\right)A\overline{A}^2 - \frac{5k_5 h_0}{\Omega^2}A^2\overline{A}^3 + \left(\mathrm{i}\frac{17}{32}\Omega\mu_3 h_0 + \frac{7k_3 h_0}{4\Omega^2}\right)A^3 \\
&+ \left(\frac{9}{128}\Omega^4\mu_3^2 + \mathrm{i}\frac{3}{2}\Omega\mu_3 k_3 + \frac{20k_5\sigma}{\Omega^2} - \frac{15k_3^2}{2\Omega^2} - \mathrm{i}\frac{40\mu k_5}{\Omega}\right)A^3\overline{A}^2 + \frac{25k_5 h_0}{2\Omega^2}A^4\overline{A} \\
&+ \left.\left(-\mathrm{i}\frac{15}{4}\Omega\mu_3 k_5 - \frac{40k_3 k_5}{\Omega^2}\right)A^4\overline{A}^3 - \frac{110k_5^2}{3\Omega^2}A^5\overline{A}^4\right] = 0
\end{aligned} \tag{10-76}$$

将 A 表达为极坐标的形式：

$$A = \frac{1}{2}\phi_a\exp(\mathrm{i}\varphi) \tag{10-77}$$

其中，ϕ_a 和 φ 为解的幅值和相位。将式(10-77)代入式(10-76)并分离实部和虚部，得

$$\begin{aligned}
\dot{\phi}_a = \varepsilon&\left[-\mu\phi_a - \frac{3}{32}\Omega^2\mu_3\phi_a^3 + \frac{h_0}{2\Omega}\phi_a\sin(2\varphi)\right] + \varepsilon^2\left\{\left[\frac{3\mu k_3}{2\Omega^2} + \frac{3}{8}\mu_3\sigma\right.\right. \\
&- \left.\frac{5k_3 h_0}{8\Omega^3}\sin(2\varphi) - \frac{7}{64}\mu_3 h_0\cos(2\varphi)\right]\phi_a^3 + \left[\frac{5\mu k_5}{2\Omega^2} - \frac{3}{32}\mu_3 k_3\right. \\
&- \left.\left.\frac{35k_5 h_0}{32\Omega^3}\sin(2\varphi)\right]\phi_a^5 + \frac{15}{256}\mu_3 k_5\phi_a^7\right\}
\end{aligned} \tag{10-78}$$

$$\phi_a \dot\varphi = \varepsilon \left[-\frac{\sigma}{\Omega}\phi_a + \frac{3k_3}{4\Omega}\phi_a^3 + \frac{5k_5}{8\Omega}\phi_a^5 + \frac{h_0}{2\Omega}\phi_a \cos(2\varphi) \right] + \varepsilon^2 \left\{ -\left(\frac{\mu^2}{\Omega} + \frac{\sigma^2}{\Omega^3} \right. \right.$$

$$\left. -\frac{3h_0^2}{8\Omega^3} \right)\phi_a + \left[\frac{3k_3\sigma}{2\Omega^3} - \frac{5}{32}\mu_3 h_0 \sin(2\varphi) + \frac{k_3 h_0}{4\Omega^3}\cos(2\varphi) \right]\phi_a^3$$

$$+\left[\frac{9}{2048}\Omega^3\mu_3^2 - \frac{15k_3^2}{32\Omega^3} + \frac{5k_5\sigma}{4\Omega^3} + \frac{15k_5 h_0}{32\Omega^3}\cos(2\varphi) \right]\phi_a^5 \tag{10-79}$$

$$\left. -\frac{5k_3 k_5}{8\Omega^3}\phi_a^7 - \frac{55k_5^2}{384\Omega^3}\phi_a^9 \right\}$$

令式(10-78)和式(10-79)左端项等于零，可以解出 ϕ_a 和 φ，由此近似解可以写为以下形式：

$$\phi(\tau) = \phi_a \cos\left(\frac{1}{2}\Omega\tau + \varphi \right) - \varepsilon\frac{4m_0}{3\Omega^2}\cos(\Omega\tau + \delta_0)$$

$$+\varepsilon\left[\frac{1}{64}\Omega\mu_3\phi_a^3 \sin\left(\frac{3}{2}\Omega\tau + 3\varphi \right) + \left(\frac{h_0}{4\Omega^2}\phi_a + \frac{k_3}{8\Omega^2}\phi_a^3 \right) \right. \tag{10-80}$$

$$\left. +\frac{5k_5}{32\Omega^2}\phi_a^5 \right)\cos\left(\frac{3}{2}\Omega\tau + 3\varphi \right) + \frac{k_5}{96\Omega^2}\phi_a^5 \cos\left(\frac{5}{2}\Omega t + 5\varphi \right) \right] + \cdots$$

其中，包含 m_0 的项为系统强迫激励对横摇运动的影响，而包含 h_0 的项则代表了系统参数激励对横摇运动的影响。

2. 平凡解的稳定域分析

在式(10-76)中，令 $A=0$ 可以得到方程的平凡解，其对应于式(10-73)的特解，这是实际上参数激励横摇并没有被激起的情况，此时船舶横摇幅值比较小。但是，当 h_0、m_0 和 Ω 满足某种条件时，式(10-76)的平凡解将失稳，参数激励横摇就会被激起。为了判断式(10-76)的平凡解在现实的船舶航行过程中是否存在，就需要判断其稳定性。

保留式(10-76)的线性项，可以得到以下方程：

$$\mathrm{i}\Omega\dot A + \varepsilon\left[(-\sigma + \mathrm{i}\Omega\mu)A + \frac{1}{2}h_0\bar A \right] + \varepsilon^2\left[\left(-\frac{\sigma^2}{\Omega^2} - \mu^2 + \frac{3h_0^2}{8\Omega^2} \right)A \right] = 0 \tag{10-81}$$

令 $A = S + \mathrm{i}X$，其中 S 和 X 为实数，代入式(10-81)得

$$\begin{pmatrix} \dot S \\ \dot X \end{pmatrix} = \frac{1}{\Omega} \begin{pmatrix} -\Omega\varepsilon\mu & \left[\left(\varepsilon\sigma + \varepsilon^2\frac{\sigma^2}{\Omega^2} + \varepsilon^2\mu^2 - \varepsilon^2\frac{3h_0^2}{8\Omega^2} \right) + \frac{1}{2}\varepsilon h_0 \right] \\ -\left(\varepsilon\sigma + \varepsilon^2\frac{\sigma^2}{\Omega^2} + \varepsilon^2\mu^2 - \varepsilon^2\frac{3h_0^2}{8\Omega^2} \right) + \frac{1}{2}\varepsilon h_0 & -\Omega\varepsilon\mu \end{pmatrix} \cdot \begin{pmatrix} S \\ X \end{pmatrix}$$

$$\tag{10-82}$$

式(10-82)的解可以表达为以下形式：

$$\begin{pmatrix} S \\ X \end{pmatrix} = \begin{pmatrix} s_0 \\ x_0 \end{pmatrix} \cdot \exp(\varepsilon \nu \tau) \tag{10-83}$$

其中，s_0 和 x_0 为常数；ν 的表达式如下：

$$\nu = -\mu \pm \sqrt{\frac{h_0^2}{4\Omega^2} - \left(\frac{\sigma}{\Omega} + \varepsilon \frac{\sigma^2}{\Omega^3} + \varepsilon \frac{\mu^2}{\Omega} - \varepsilon \frac{3h_0^2}{8\Omega^3} \right)^2} \tag{10-84}$$

当 ν 的实数部分 $\mathrm{Re}(\nu) \leqslant 0$ 时，式(10-76)的平凡解是稳定的，否则是不稳定的。令 $\varepsilon = 1$，就可以在 h_0-Ω 参数域作出稳定域和不稳定域的分界线。

3. 周期解的稳定性分析

式(10-78)和式(10-79)中，当 $\dot{\phi}_a = 0$ 和 $\dot{\varphi} = 0$ 时，解为稳态周期响应。为了考察周期解的稳定性，给解一微小扰动 $\upsilon(\tau)$，看其在周期运动中随时间的变化情况。令

$$\phi(\tau) = \tilde{\phi}(\tau) + \upsilon(\tau) \tag{10-85}$$

将式(10-85)代入式(10-73)，保留线性部分得到

$$\ddot{\upsilon}(\tau) + \left[2\mu + 3\mu_3 \dot{\tilde{\phi}}(\tau)^2 \right] \dot{\upsilon}(\tau) + \left[1 + 3k_3 \tilde{\phi}(\tau)^2 + 5k_5 \tilde{\phi}(\tau)^4 + h \cos \Omega \tau \right] \upsilon(\tau) = 0 \tag{10-86}$$

令 $\vartheta(\tau) = \dot{\upsilon}(\tau)$，式(10-86)写为如下形式：

$$\begin{cases} \dot{\upsilon}(\tau) = \vartheta(\tau) \\ \dot{\vartheta}(\tau) = -\left[2\mu + 3\mu_3 \dot{\tilde{\phi}}(\tau)^2 \right] \vartheta(\tau) - \left[1 + 3k_3 \tilde{\phi}(\tau)^2 \right. \\ \qquad\qquad \left. + 5k_5 \tilde{\phi}(\tau)^4 + h \cos \Omega \tau \right] \upsilon(\tau) \end{cases} \tag{10-87}$$

在庞加莱截面图中，式(10-87)的解表现为由一系列点组成的集合，而这一点集的稳定性同 $\phi(\tau)$ 的稳定性相同，可以通过弗洛凯理论判断。式(10-87)的系数包含周期解 $\tilde{\phi}(\tau)$ 和 $\dot{\tilde{\phi}}(\tau)$ 的平方项，$\tilde{\phi}(\tau)$ 和 $\dot{\tilde{\phi}}(\tau)$ 的周期 $T = 4\pi / \Omega$，且 $\tilde{\phi}(\tau + T/2) = -\tilde{\phi}(\tau)$，故而式(10-87)中系数的周期为 $T/2$。根据弗洛凯理论，如果 $\psi(\tau)$ 为基本解矩阵，且满足 $\psi(0) = E$，其中 E 为单位矩阵，则 $\psi(\tau)$ 满足以下关系：

$$\psi(\tau + T/2) = \psi(\tau) \cdot \psi(T/2) \tag{10-88}$$

假设 λ_1 和 λ_2 为矩阵 $\psi(T/2)$ 的特征值，也被称为弗洛凯乘数。如果 $\lambda_1 < 1$ 并且 $\lambda_2 < 1$，则 $\psi(\tau)$ 是渐近稳定的，周期解 $\phi(\tau)$ 是稳定的；如果 $\lambda_1 > 1$ 或者 $\lambda_2 > 1$，$\psi(\tau)$ 是不稳定的，周期解 $\phi(\tau)$ 也是不稳定的。

矩阵 $\psi(T/2)$ 可以通过在区间 $[0,T/2]$ 内，数值积分式(10-87)得到。初始条件取为：① $\upsilon(0)=1.0$ ，$\dot{\upsilon}(0)=0$ ；② $\upsilon(0)=0$ ，$\dot{\upsilon}(0)=1.0$ 。式(10-87)中的系数包含采用多尺度法求解式(10-73)得到的解。

采用这种方法就可以判断参数激励幅值 h_0 、外激励幅值 m_0 和遭遇频率与横摇运动固有频率的比值 Ω 不同组合情况下周期解的稳定性，结果见图10-12。

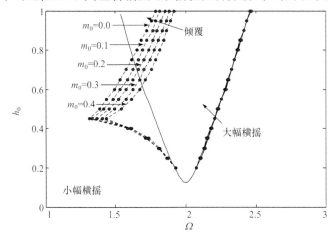

图 10-12　周期解的稳定域

图 10-12 中的实线为式(10-76)平凡解的稳定域和不稳定域的界限。如果 h_0 和 Ω 的组合位于实线内部，则参数激励横摇将会被激起。图 10-12 中的虚线为式(10-73)周期解稳定域和不稳定域的界限，分别对应 $m_0=0,0.1,0.2,0.3,0.4$ 的情况，在图中均有标明。在虚线区域内部周期解是稳定的，在虚线区域外部周期解是不稳定的。

10.3.2　系统参数的影响分析

1. 波浪参数对船舶主参数共振横摇的影响

保持频率比 $\Omega=2$ ，波长 $\lambda=40\,\mathrm{m}$ ，航向 χ 分别取 $0°$ 、$10°$ 、$20°$ 、$30°$ 、$40°$ 、$50°$ 、$60°$ 时，采用数值方法和多尺度法分别求解式(10-73)，得出船舶横摇幅值随波高的变化曲线如图10-13所示。

在图10-13中，黑点表示采用多尺度方法得到的近似解析解，实线表示采用龙格-库塔方法得到的数值解。从中可以看出，随着 χ 的增大，横摇运动幅值逐渐变小，这是因为当 $\Omega=2$ 时，位于船舶主参数共振区域，远离横摇主共振区域。此时，船舶的横摇运动幅值主要由参数激励幅值决定，波浪外激励幅值影响不大，随着 χ 的增大，参数激励幅值减小，所以船舶横摇运动幅值也随之变小。

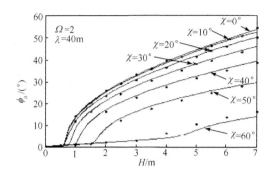

图 10-13 　横摇幅值随波高的变化

保持频率比 $\Omega = 2$，波高 $H = 3\,\text{m}$，航向角 χ 分别取 $0°$、$10°$、$20°$、$30°$、$40°$、$50°$、$60°$ 时，采用数值方法求解式(10-73)，得出船舶横摇幅值随波长的变化曲线，见图 10-14。

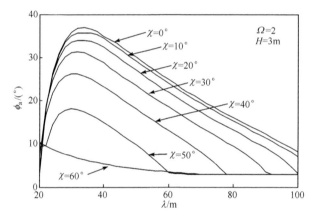

图 10-14 　横摇幅值随波长的变化

由图 10-14 可见，波长和船长接近时，横摇幅值较大；χ 分别取 $0°$、$10°$、$20°$、$30°$、$40°$、$50°$ 时，在接近船长的某一波长处，横摇幅值达到最大；对于 χ 而言，最大稳定横摇幅值对应的波长随着 χ 的增大而变小，这是因为在船上来看的相对波长为 $\lambda / \cos\chi$，这使得真实波长小于船长时，相对波长就可以等于或大于船长。$\Omega = 2$ 且波长确定的情况下，稳定横摇幅值随 χ 的增大而减小；当 $\chi = 60°$ 时，稳定横摇幅值随波长是逐渐衰减的，这是因为此时参数激励很小，没有激起大幅横摇运动，而强迫激励幅值随波陡的减小而减小，波长越大波陡越小，所以强迫激励横摇幅值也逐渐变小。

2. 航速和航向对船舶参强激励横摇的影响

在波长 40m，波高 3m，航向 30°条件下，船舶首斜浪航行航速为 7.3m/s，遭遇频率为 2.23rad/s，是横摇固有频率的 2 倍，采用数值方法求解式(10-73)，得到规则波中船舶的初稳性高的变化和横摇响应，结果见图 10-15～图 10-18。该结果表明，此时船舶横摇周期为波浪激励周期的 2 倍，发生主参数共振。

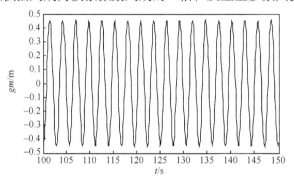

图 10-15　gm 随时间的变化

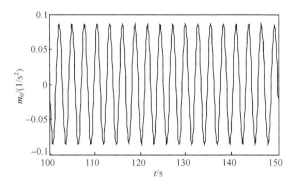

图 10-16　m_0 随时间的变化

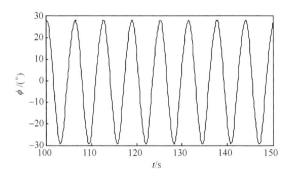

图 10-17　横摇时间历程

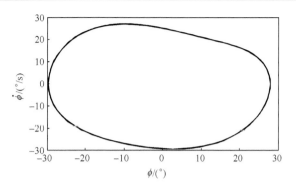

图 10-18　稳定横摇相图

在波长 40m，波高 3m，航向 30°条件下，船舶尾斜浪，航行航速为 0.90m/s，遭遇频率为 1.118rad/s，等于船舶横摇固有频率，采用数值方法求解式(10-73)，得到规则波中船舶的初稳性高的变化和横摇响应，结果见图 10-19～图 10-22。可以看出，船舶横摇幅值较大，横摇运动周期与波浪激励周期相等，且激励频率等于船舶固有频率，发生横摇主共振。

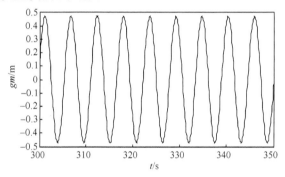

图 10-19　gm 的变化

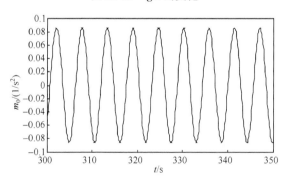

图 10-20　m_0 随时间的变化

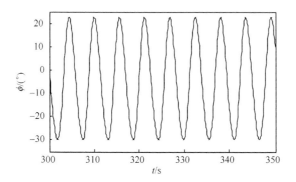

图 10-21　横摇时间历程

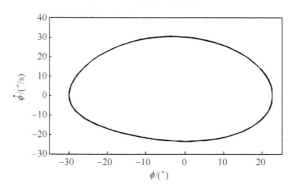

图 10-22　横摇相图

在波长 40m，波高 3m，航向 30°条件下，船舶尾斜浪，航行航速为 5.01m/s，遭遇频率为 0.56rad/s，为横摇固有频率的 50%，采用数值方法求解式(10-73)，得到船舶初稳性高 gm 的变化和横摇响应，结果见图 10-23 ~ 图 10-26。此时，船舶发生超谐共振，出现 2 倍频率的谐波成分。

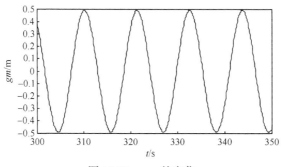

图 10-23　gm 的变化

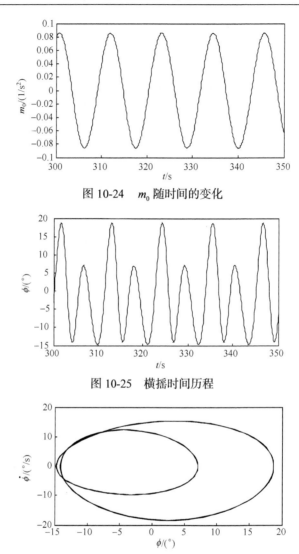

图 10-24　　m_0 随时间的变化

图 10-25　　横摇时间历程

图 10-26　　横摇相图

可以看出，对于规则斜浪中的参强激励横摇运动，在波长与船长接近，航向角一定的情况下，如果改变船舶航速，遭遇频率会发生变化，这样就会发生不同形式的共振运动。

3. 波高对船舶参强激励横摇响应的影响

为了分析不同频率比对船舶横摇运动幅值的影响，在确定的波高、波长和航向角情况下，改变航速进而改变遭遇频率与船舶横摇固有频率的比值，对每一频率比值采用龙格-库塔数值积分方法进行求解，得到稳定的横摇幅值。

图 10-27～图 10-32 给出了在波长 $\lambda = 40\,\mathrm{m}$，$\chi = 30°$（或 $\chi = 210°$），波高 H 分别取 0.5m、1.0m、2.0m、3.0m、4.0m、5.0m 时，横摇幅值随频率比 Ω 的变化情况。因为航速为零时，对应的遭遇频率与横摇固有频率之比 $\Omega = 1.1$，所以在图 10-27～图 10-32 中，$\Omega < 1.1$ 的情况对应 $\chi = 210°$ 的尾斜浪航行状态；$\Omega = 0$ 表示船舶尾斜浪航行，船速等于波浪沿 χ 方向的传播速度，遭遇频率为零，船、波相对静止；$\Omega < 0$ 表示船舶尾斜浪航行，且船速超过了波浪沿 χ 方向的传播速度。

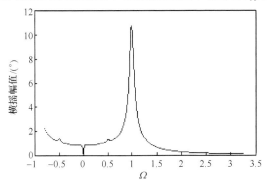

图 10-27　横摇幅频曲线（$H = 0.5\mathrm{m}$）

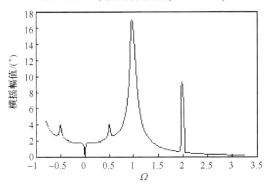

图 10-28　横摇幅频曲线（$H = 1.0\mathrm{m}$）

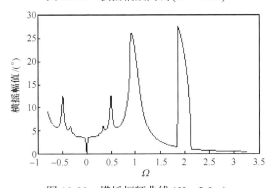

图 10-29　横摇幅频曲线（$H = 2.0\mathrm{m}$）

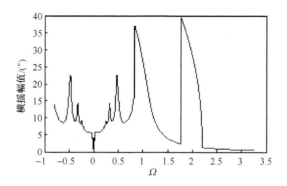

图 10-30　横摇幅频曲线 ($H = 3.0$m)

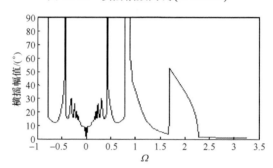

图 10-31　横摇幅频曲线 ($H = 4.0$m)

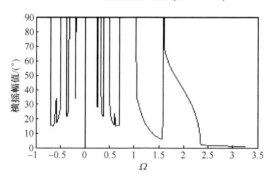

图 10-32　横摇幅频曲线 ($H = 5.0$m)

由图 10-27 可以看到，在波高 $H = 0.5$m 时，船舶并没有发生参数激励横摇，这是因为此时参数激励幅值比较小，不能激起主参数共振。从图 10-27～图 10-32 可以看到，$\Omega = 1$ 时的主共振横摇幅值同 $\Omega = 2$ 时主参数共振的横摇幅值同量级，而且其倾覆危险大于主参数共振横摇运动。而 $\Omega \leqslant 1$ 对应船舶的尾斜浪航行状态，斜浪中的主共振发生在尾浪航行状态，说明船舶在尾斜浪航行时比首斜浪航行时更易发生倾覆，这也同航行实际经验一致。

4. 船舶参强激励横摇的倾覆参数域

为了将理论分析结果同实际航行参数相联系，根据方程中的各个系数同实际海况和航行参数的关系，在波长为 40m 时，针对不同波高，给出了船舶在航速-航向参数域中，由多尺度法求得的主参数共振区域，以及分别由多尺度法和龙格-库塔方法求得的倾覆区域，见图 10-33。

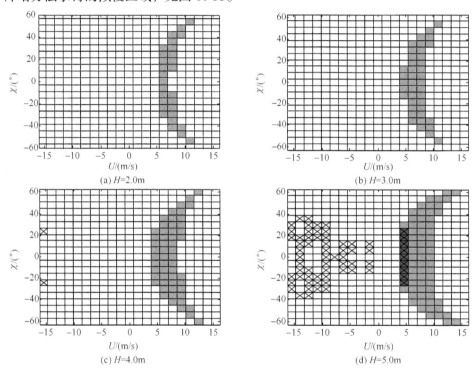

图 10-33　倾覆域和主参数共振域

在图 10-33 中，χ-U 参数域被分为 21×21 个小格，在每一个小格中心取值来计算该区域的状态。根据计算结果，如果该区域中心点对应的船舶运动为参数共振但并未倾覆，则填充为浅灰色；如果该区域中心点对应的船舶运动为参数共振且船舶倾覆则填充为黑色。为了对解析结果进行验证，给出了采用数值积分得到的倾覆区域，如果数值积分的结果为倾覆，则在区域内用"×"标出。

由图 10-33 可以看出，随着波浪幅值的增大，参数激励横摇区域也逐渐变大。在波高 $H = 4.0$m 和 $H = 5.0$m 时，船舶出现倾覆，并且在尾斜浪航行状态倾覆的危险要大于首斜浪航行状态。

第 11 章 深海 Spar 平台垂荡-纵摇耦合运动分析

本章基于非线性振动分析的理论，采用解析分析与数值模拟结合的方法，分析深海 Spar 平台垂荡-纵摇耦合非线性运动的动力学行为。首先建立垂荡-纵摇耦合非线性运动方程组，采用多尺度法[59]对该方程组求解两自由度运动的近似解析解。分别针对垂荡与纵摇固有频率的 2：1 内共振关系及组合共振关系特性进行研究，对解的稳定性进行讨论，并采用数值方法对近似解进行验证。

11.1 垂荡-纵摇耦合运动方程

Spar 平台的垂荡运动与纵摇运动是强烈的耦合运动。典型的 Spar 平台垂荡固有周期约为 30s，纵摇固有周期为 50~70s，垂荡与纵摇固有频率比接近 2：1。在长周期涌浪的条件下，将产生一个线性激励使垂荡产生共振运动，在共振的情况下，垂荡响应会急剧增大，并会产生不稳定纵摇运动[60]。

当 Spar 平台发生垂荡-纵摇耦合运动时，垂荡静水回复力和纵摇静水恢复力矩会受到各自运动的影响，如图 11-1 所示。

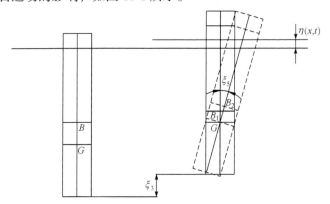

图 11-1 Spar 平台垂荡-纵摇耦合示意图

当考虑平台垂荡纵摇相互影响后，主体垂荡静水回复力 F_{HS} 可表示为

$$F_{HS} = \rho g A_w \left\{ \left[H_g - \xi_3 + \eta(x,t) \right] \frac{1}{\cos \xi_5} - H_g \right\} \tag{11-1}$$

其中，H_g 表示平台重心与静水面的距离；$\eta(x,t)$ 表示瞬时波面升高；ξ_3 表示垂荡位移；ξ_5 表示纵摇位移；A_w 表示平台水线面面积。

纵摇静水回复力矩 M_{HS} 主要依赖于两个因素：平台瞬时的排水体积与稳性高度。其中平台瞬时排水体积为

$$\nabla_{new} = A_w \left\{ \left[H_g + \eta(x,t) - \xi_3 \right] \frac{1}{\cos \xi_5} - H_g \right\} + \nabla \tag{11-2}$$

而影响瞬时稳性高 $\overline{GM}_{new}$ 最主要的因素是浮心 B 相对于重心 G 沿平台轴线的距离 $\overline{BG}$，因为 $\overline{BM}$ 值较小(这是由于水线面惯性矩相对于平台整体的排水量较小)，因此：

$$\overline{GM}_{new} \approx \overline{GM} + dB = \overline{GM} + \frac{1}{2} \left[(H_g + \eta - \xi_3) \frac{1}{\cos \xi_5} - H_g \right] \tag{11-3}$$

当 ξ_5 较小时，根据泰勒公式：

$$\frac{1}{\cos \xi_5} \approx 1 + \frac{\xi_5^2}{2} \tag{11-4}$$

因此 Spar 平台精确到二阶的垂荡静水恢复力和纵摇静水恢复力矩可表示为

$$F_{HS} = \rho g A_w \left\{ \eta(x,t) - \xi_3 + \frac{1}{2} H_g \xi_5^2 \right\} \tag{11-5}$$

$$\begin{aligned} M_{HS} &= \nabla_{new} \overline{GM}_{new} \xi_5 \\ &= \left\{ \nabla \overline{GM} + \left(\frac{1}{2} \nabla + A_w \overline{GM} \right) \left[\eta(x,t) - \xi_3 \right] \right\} \xi_5 \end{aligned} \tag{11-6}$$

在考虑平台垂荡-纵摇相互影响后，两自由度耦合方程经整理后可表示为

$$\begin{cases} (m + m_{33})\ddot{\xi}_3 + B_3 \dot{\xi}_3 + \rho g A_w \left[\xi_3 - \frac{\xi_5^2}{2} H_g - \eta(x,t) \right] = F \\ (I + I_{55})\ddot{\xi}_5 + B_5 \dot{\xi}_5 + \nabla \left[\overline{GM} - \frac{1}{2}\xi_3 + \frac{\xi_5^2}{4} H_g + \frac{1}{2}\eta(x,t) \right] \xi_5 = M \end{cases} \tag{11-7}$$

其中，m 为平台质量；m_{33} 为垂荡附加质量；I 为平台纵摇转动惯量；I_{55} 为纵摇附加转动惯量；B_3 和 B_5 分别为垂荡和纵摇线性辐射阻尼系数；A_w 为平台水线面面积；H_g 为平台重心距静水面的高度；$\overline{GM}$ 为纵摇初稳性高；F 为垂荡波浪力；M 为纵摇波浪力矩。

根据 Ariy 波线性波浪理论，瞬时波面升高表示为

$$\eta(x,t) = \eta_0 \cos(\Omega t - kx) \tag{11-8}$$

其中，η_0 为瞬时波浪幅值；Ω 为波浪频率；k 为波数。

$$k = 2\pi / L \tag{11-9}$$

其中，L 为波长，可通过求解色散超越方程来确定。

$$kd \cdot \tanh(kd) = \Omega^2 = 4\pi^2 \frac{d}{gT^2} \tag{11-10}$$

本章主要研究 Spar 平台在垂荡主共振波浪条件下的动力响应，考虑波长很大，取波数 $k \to 0$，此时波面方程可简化为

$$\eta(x,t) \approx \eta_0 \cos \Omega t \tag{11-11}$$

在考虑瞬时波面升高后，平台垂荡-纵摇耦合方程可表示为

$$\begin{cases} (m+m_{33})\ddot{\xi}_3 + B_3\dot{\xi}_3 + \rho gA_w\left(\xi_3 - \dfrac{\xi_5^2}{2}H_g - \eta_0\cos\Omega t\right) = F_3\cos(\Omega t + \theta_1) \\ (I+I_{55})\ddot{\xi}_5 + B_5\dot{\xi}_5 + \nabla\left(\overline{GM} - \dfrac{1}{2}\xi_3 + \dfrac{\xi_5^2}{4}H_g + \dfrac{1}{2}\eta_0\cos\Omega t\right)\xi_5 = F_5\cos(\Omega t + \theta_2) \end{cases}$$

$$\tag{11-12}$$

其中，F_3 表示垂荡波浪力幅值；F_5 为纵摇波浪力矩幅值；θ_1、θ_2 表示垂荡、纵摇激励力相对于波面的滞后相位角。

忽略高阶非线性项并将式(11-12)进行无量纲化，得到精确至 2 阶的耦合方程为

$$\begin{cases} \ddot{\xi}_3 + 2\overline{\mu}_3\dot{\xi}_3 + \omega_{30}^2\xi_3 - a_3\xi_5^2 - b_3\eta_0\cos\Omega t = \overline{F}_3\cos(\Omega t + \theta_1) \\ \ddot{\xi}_5 + 2\overline{\mu}_5\dot{\xi}_5 + \omega_{50}^2\xi_5 - a_5\xi_3\xi_5 + a_5\xi_5\eta_0\cos\Omega t = \overline{F}_5\cos(\Omega t + \theta_2) \end{cases} \tag{11-13}$$

其中

$$\overline{\mu}_3 = \frac{B_3}{2(m+m_{33})}, \quad \omega_{30}^2 = \frac{\rho gA_w}{m+m_{33}}, \quad \overline{F}_3 = \frac{F_3}{m+m_{33}}, \quad a_3 = \frac{\rho gA_w H_g}{2(m+m_{33})}$$

$$b_3 = \frac{\rho gA_w}{m+m_{33}}, \quad \overline{\mu}_5 = \frac{B_5}{2(I+I_{55})}, \quad \omega_{50}^2 = \frac{\nabla\overline{GM}}{I+I_{55}}, \quad \overline{F}_5 = \frac{F_5}{I+I_{55}}, \quad a_5 = \frac{\nabla}{2(I+I_{55})}$$

从式(11-13)中可以看出，在垂荡-纵摇运动间存在明显的耦合关系，同时瞬时波面将作为参数激励项出现在方程中。

11.2　垂荡-纵摇耦合运动响应分析

11.2.1　垂荡-纵摇耦合内共振响应分析

采用摄动法对垂荡-纵摇固有频率比为 $2:1$ 时的多自由度非线性方程进行求解[61, 62]，首先对式(11-13)中的变量进行线性变换，令

$$
\begin{cases}
\xi_3 = \dfrac{1}{a_5} x_3 \\[3mm]
\xi_5 = \dfrac{1}{\sqrt{a_3 a_5}} x_5
\end{cases}
\tag{11-14}
$$

将式(11-14)代入式(11-13)可得

$$
\begin{cases}
\ddot{x}_3 + 2\overline{\mu}_3 \dot{x}_3 + \omega_{30}^2 x_3 - x_5^2 - a_5 b_3 \eta_0 \cos \Omega t = a_5 \overline{F}_3 (\Omega t + \theta_1) \\
\ddot{x}_5 + 2\overline{\mu}_5 \dot{x}_5 + \omega_{50}^2 x_5 - x_3 x_5 + a_5 x_5 \eta_0 \cos \Omega t = \sqrt{a_3 a_5}\, \overline{F}_5 \cos(\Omega t + \theta_2)
\end{cases}
\tag{11-15}
$$

在长周期涌浪下垂荡激励力与波面间几乎是同步的，即当波浪周期较大时，$\theta_1 \approx 0$，因此令

$$
\begin{cases}
\overline{f}_3 = a_{53}(\overline{F}_3 + b_3 \eta_0) \\
\overline{f}_5 = \sqrt{a_3 a_5}\, \overline{F}_5 \\
D = a_5 \eta_0
\end{cases}
\tag{11-16}
$$

得到

$$
\begin{cases}
\ddot{x}_3 + \omega_{30}^2 x_3 = -2\overline{\mu}_3 \dot{x}_3(t) + x_5^2 + \overline{f}_3 \cos \Omega t \\
\ddot{x}_5 + \omega_{50}^2 x_5 = -2\overline{\mu}_5 \dot{x}_5(t) + x_3 x_5 + D x_5 \cos \Omega t + \overline{f}_5 \cos(\Omega t + \theta_2)
\end{cases}
$$

$$
\tag{11-17}
$$

引入小参数 ε，令

$$
\overline{\mu}_3 = \varepsilon \mu_3, \quad \overline{\mu}_5 = \varepsilon \mu_5, \quad D = \varepsilon d
\tag{11-18}
$$

根据非线性动力学理论，令

$$
\overline{f}_3 = \varepsilon^2 f_3, \quad \overline{f}_5 = \varepsilon f_5
\tag{11-19}
$$

将式(11-18)与式(11-19)代入式(11-17)得到

$$
\begin{cases}
\ddot{x}_3 + \omega_{30}^2 x_3 = -2\varepsilon \mu_3 \dot{x}_3(t) + x_5^2 + \varepsilon^2 f_3 \cos \Omega t \\
\ddot{x}_5 + \omega_{50}^2 x_5 = -2\varepsilon \mu_5 \dot{x}_5(t) + x_3 x_5 + \varepsilon d x_5 \cos \Omega t + \varepsilon f_5 \cos(\Omega t + \theta_2)
\end{cases}
\tag{11-20}
$$

现采用多尺度法求式(11-20)的一阶近摄动解。设解的形式为

$$\begin{cases} x_3 = \varepsilon x_{31}(T_0, T_1) + \varepsilon^2 x_{32}(T_0, T_1) \\ x_5 = \varepsilon x_{51}(T_0, T_1) + \varepsilon^2 x_{52}(T_0, T_1) \end{cases} \tag{11-21}$$

其中，$T_0 = t$，$T_1 = \varepsilon t$。将式(11-21)代入式(11-20)中，比较 ε 的同次项可得

$$\begin{cases} D_0^2 x_{31} + \omega_{30}^2 x_{31} = 0 \\ D_0^2 x_{51} + \omega_{50}^2 x_{51} = f_5 \cos(\Omega t + \theta_2) \end{cases} \tag{11-22}$$

$$\begin{cases} D_0^2 x_{32} + \omega_{30}^2 x_{32} = -2D_0(D_1 x_{31} + \mu_3 x_{31}) + x_{51}^2 + f_3 \cos\Omega t \\ D_0^2 x_{52} + \omega_{50}^2 x_{52} = -2D_0(D_1 x_{51} + \mu_5 x_{51}) + x_{31} x_{51} + d x_{51} \cos\Omega t \end{cases} \tag{11-23}$$

式(11-22)解的形式为

$$\begin{cases} x_{31} = A_{31}(T_1)\exp(\mathrm{i}\omega_{30} T_0) + cc \\ x_{51} = A_{51}(T_1)\exp(\mathrm{i}\omega_{50} T_0) + B_{51}\exp[\mathrm{i}(\Omega T_0 + \theta_2)] + cc \end{cases} \tag{11-24}$$

其中，$B_{51} = \dfrac{f_5}{2(\omega_{50}^2 - \Omega^2)}$；$cc$ 为前几项的复共轭项。

将式(11-24)代入式(11-23)中，可得

$$\begin{aligned} D_0^2 x_{32} + \omega_{30}^2 x_{32} = {}& (-2\mathrm{i}\omega_{30})(D_1 A_{31} + \mu_3 A_{31})\exp(\mathrm{i}\omega_{30} T_0) + A_{51}^2 \exp(2\mathrm{i}\omega_{50} T_0) \\ & + 2A_{51}B_{51}\exp[\mathrm{i}(\Omega T_0 + \omega_{50} T_0 + \theta_2)] + A_{51}\overline{A}_{51} \\ & + B_{51}^2 \exp[2\mathrm{i}(\Omega T_0 + \theta_2)] + 1/2 \cdot f_3 \exp(\mathrm{i}\Omega T_0) \\ & + 2B_{51}\overline{A}_{51}\exp[\mathrm{i}(\Omega T_0 - \omega_{50} T_0 + \theta_2)] + B_{51}^2 + cc \end{aligned} \tag{11-25}$$

$$\begin{aligned} D_0^2 x_{52} + \omega_{50}^2 x_{52} = {}& (-2\mathrm{i}\omega_{50})(D_1 A_{51} + \mu_5 A_{51})\exp(\mathrm{i}\omega_{50} T_0) + A_{31}A_{51}\exp[\mathrm{i}(\omega_{30} + \omega_{50})T_0] \\ & - 2\mathrm{i}\Omega\mu_5 B_{51}\exp[\mathrm{i}(\Omega T_0 + \theta_2)] + A_{31}B_{51}\exp[\mathrm{i}(\omega_{30} T_0 + \Omega T_0 + \theta_2)] \\ & + A_{31}\overline{A}_{51}\exp[\mathrm{i}(\omega_{30} - \omega_{50})T_0] + B_{51}A_{31}\exp[\mathrm{i}(\Omega T_0 - \omega_{30} T_0 + \theta_2)] \\ & - 1/2 \cdot d\{A_{51}\exp[\mathrm{i}(\omega_{50} + \Omega)T_0] + B_{51}\exp[\mathrm{i}(2\Omega T_0 + \theta_2)] \\ & + \overline{A}_{51}\exp[\mathrm{i}(\Omega - \omega_{50})T_0] + B_{51}\exp(\mathrm{i}\theta_2)\} + cc \end{aligned}$$

$$\tag{11-26}$$

根据平台实际结构的特征，平台升沉和纵摇固有频率比约为 2：1，且当平台处于垂荡主共振状态时，波浪频率接近或等于平台垂荡固有频率，因此令

$$\begin{cases} \Omega = \omega_{30} + \varepsilon\sigma_1 \\ \omega_{30} = 2\omega_{50} - \varepsilon\sigma_2 \end{cases} \tag{11-27}$$

其中，σ_1 和 σ_2 为频率调谐参数，分别表示波浪频率与垂荡频率以及垂荡频率与 2 倍纵摇频率的接近程度。将式(11-27)代入式(11-25)和式(11-26)中，得到消除永年项的条件为

$$\begin{cases} (-2\mathrm{i}\omega_{30})(D_1 A_{31} + \mu_3 A_{31}) + A_{51}^2 \exp(\mathrm{i}\sigma_2 T_1) + \dfrac{1}{2} f_3 \exp(\mathrm{i}\sigma_1 T_1) = 0 \\[3mm] (-2\mathrm{i}\omega_{50})(D_1 A_{51} + \mu_5 A_{51}) + A_{31}\overline{A}_{51} \exp(-\mathrm{i}\sigma_2 T_1) - \dfrac{1}{2} d\overline{A}_{51} \exp\big[\mathrm{i}(\sigma_1 - \sigma_2)T_1\big] = 0 \end{cases}$$

$$(11\text{-}28)$$

式(11-28)中不含有纵摇激励力矩 f_5，表明在垂荡主共振时耦合内共振运动主要由垂荡激励力与波面升高项引起，而与纵摇激励力矩 f_5 关系不大。将 A_{31} 和 A_{51} 表示为极坐标的形式，令

$$\begin{cases} A_{31} = \dfrac{1}{2}\alpha_3(T_1)\exp\big[\mathrm{i}\beta_3(T_1)\big] \\[3mm] A_{51} = \dfrac{1}{2}\alpha_5(T_1)\exp\big[\mathrm{i}\beta_5(T_1)\big] \end{cases}$$

$$(11\text{-}29)$$

其中，α_i、β_i 均为关于 T_1 的实函数，将式(11-29)代入式(11-28)中并令实部虚部均为零可得

$$\begin{cases} \omega_{30}\alpha_3' + \omega_{30}\mu_3\alpha_3 + \dfrac{1}{4}\alpha_5^2 \sin\gamma_2 - \dfrac{1}{2} f_3 \sin\gamma_1 = 0 \\[3mm] \omega_{30}\alpha_3\beta_3' + \dfrac{1}{4}\alpha_5^2 \cos\gamma_2 + \dfrac{1}{2} f_3 \cos\gamma_1 = 0 \\[3mm] \omega_{50}\alpha_5' + \omega_{50}\mu_5\alpha_5 - \dfrac{1}{4}\alpha_3\alpha_5 \sin\gamma_2 + \dfrac{1}{4} d\alpha_5 \sin(\gamma_1 + \gamma_2) = 0 \\[3mm] \omega_{50}\alpha_5\beta_5' + \dfrac{1}{4}\alpha_3\alpha_5 \cos\gamma_2 - \dfrac{1}{4} d\alpha_5 \cos(\gamma_1 + \gamma_2) = 0 \end{cases}$$

$$(11\text{-}30)$$

其中，$\gamma_1 = \sigma_1 T_1 - \beta_3$；$\gamma_2 = \beta_3 - 2\beta_5 - \sigma_2 T_1$。

式(11-20)的一阶近似摄动解可表示为

$$\begin{cases} x_{31} = \varepsilon\big[\alpha_3 \cos(\Omega t - \gamma_1)\big] + O(\varepsilon^2) \\[3mm] x_{51} = \varepsilon\left\{\alpha_5 \cos\left[\dfrac{1}{2}(\Omega t - \gamma_1 - \gamma_2)\right] + \dfrac{f_5}{\omega_{50}^2 - \Omega^2} \cos(\Omega t + \theta_2)\right\} + O(\varepsilon^2) \end{cases}$$

$$(11\text{-}31)$$

最终，垂荡主共振时平台垂荡-纵摇耦合运动响应可近似表示为

$$\begin{cases} \xi_3 = \dfrac{1}{a_5}\big[\varepsilon\alpha_3 \cos(\Omega t - \gamma_1)\big] \\[3mm] \xi_5 = \dfrac{1}{\sqrt{a_3 a_5}}\left\{\varepsilon\alpha_5 \cos\left[\dfrac{1}{2}(\Omega t - \gamma_1 - \gamma_2)\right]\right\} + \dfrac{F_5}{\omega_{50}^2 - \Omega^2} \cos(\Omega t + \theta_2) \end{cases}$$

$$(11\text{-}32)$$

11.2.2　垂荡-纵摇耦合组合共振响应分析

对式(11-13)经线性变换后[63]，可得到

$$
\begin{cases}
\ddot{x}_3 + 2\overline{\mu}_3 \dot{x}_3 + \omega_{30}^2 x_3 - x_5^2 = f_{31} \cos \Omega t \\
\ddot{x}_5 + 2\overline{\mu}_5 \dot{x}_5 + \omega_{50}^2 x_5 - x_3 x_5 + D x_5 \cos \Omega t = f_{51} \cos(\Omega t + \theta_2)
\end{cases} \tag{11-33}
$$

其中

$$
\begin{cases}
f_{31} = a_5 (b_3 \eta_0 + F_{31}) \\
f_{51} = \sqrt{a_3 a_5}\, F_{51} \\
D = a_5 \eta_0
\end{cases} \tag{11-34}
$$

引入小参数 ε，令 $\overline{\mu}_3 = \varepsilon \mu_3$，$\overline{\mu}_5 = \varepsilon \mu_5$，$D = \varepsilon d$，并且令 $f_{31} = \varepsilon f_3$　$f_{51} = \varepsilon f_5$，代入式(11-33)中可得

$$
\begin{cases}
\ddot{x}_3 + \omega_{30}^2 x_3 = -2\varepsilon \mu_3 \dot{x}_3(t) + x_5^2 + \varepsilon f_3 \cos \Omega t \\
\ddot{x}_5 + \omega_{50}^2 x_5 = -2\varepsilon \mu_5 \dot{x}_5(t) + x_3 x_5 + \varepsilon d x_5 \cos \Omega t + \varepsilon f_5 \cos(\Omega t + \theta_2)
\end{cases} \tag{11-35}
$$

采用多尺度法求式(11-35)的一阶近似摄动解。采用式(11-21)的形式设解，并将式(11-21)代入式(11-35)中，比较 ε 的同次项可得

$$
\begin{cases}
D_0^2 x_{31} + \omega_{30}^2 x_{31} = f_3 \cos \Omega t \\
D_0^2 x_{51} + \omega_{50}^2 x_{51} = f_5 \cos(\Omega t + \theta_2)
\end{cases} \tag{11-36}
$$

$$
\begin{cases}
D_0^2 x_{32} + \omega_{30}^2 x_{32} = -2 D_0 (D_1 x_{31} + \mu_3 x_{31}) + x_{51}^2 \\
D_0^2 x_{52} + \omega_{50}^2 x_{52} = -2 D_0 (D_1 x_{51} + \mu_5 x_{51}) + x_{31} x_{51} - d x_{51} \cos \Omega t
\end{cases} \tag{11-37}
$$

式(11-36)解的形式为

$$
\begin{cases}
x_{31} = A_{31}(T_1) \exp(i\omega_{30} T_0) + B_3 \exp(i\Omega T_0) + cc \\
x_{51} = A_{51}(T_1) \exp(i\omega_{50} T_0) + B_5 \exp[i(\Omega T_0 + \theta_2)] + cc
\end{cases} \tag{11-38}
$$

其中，$B_3 = \dfrac{f_3}{2(\omega_{30}^2 - \Omega^2)}$；$B_5 = \dfrac{f_5}{2(\omega_{50}^2 - \Omega^2)}$；$cc$ 为前几项的共轭。

将式(11-38)代入式(11-37)中，可得

$$
\begin{aligned}
D_0^2 x_{32} + \omega_{30}^2 x_{32} = {} & (-2i\omega_{30})(A_{31}' + \mu_3 A_{31}) \exp(i\omega_{30} T_0) - 2i\Omega \mu_3 B_3 \exp(i\Omega T_0) \\
& + A_{51}^2 \exp(2i\omega_{50} T_0) + B_5^2 \exp[2i(\Omega T_0 + \theta_2)] \\
& + 2 A_{51} B_5 \exp[i(\Omega T_0 + \omega_{50} T_0 + \theta_2)] + A_{51} \overline{A}_{51} \\
& + 2 B_5 \overline{A}_{51} \exp[i(\Omega T_0 - \omega_{50} T_0 + \theta_2)] + B_5^2 + cc
\end{aligned} \tag{11-39}
$$

$$
\begin{aligned}
D_0^2 x_{52} + \omega_{50}^2 x_{52} = {} & (-2i\omega_{50})(A_{51}' + \mu_5 A_{51}) \exp(i\omega_{50} T_0) - 2i\Omega B_5 \exp[i(\Omega T_0 + \theta_2)] \\
& + A_{31} A_{51} \exp[i(\omega_{30} + \omega_{50})T_0] + A_{31} B_5 \exp[i(\omega_{30} T_0 + \Omega T_0 + \theta_2)] \\
& + A_{31} \overline{A}_{51} \exp[i(\omega_{30} - \omega_{50})T_0] + B_3 A_{51} \exp[i(\omega_{50} + \Omega)T_0] \\
& + B_3 B_5 \exp[i(2\Omega T_0 + \theta_2)] + B_3 \overline{A}_{51} \exp[i(\Omega - \omega_{50})T_0]
\end{aligned}
$$

$$+ B_5 \overline{A}_{31} \exp\left[i\left(\Omega T_0 - \omega_{30} T_0 + \theta_2\right)\right] + B_3 B_5 \exp\left(i\theta_2\right)$$

$$- \frac{1}{2} d \left\{ A_{51} \exp\left[i\left(\omega_{50} + \Omega\right) T_0\right] + B_5 \exp\left[i\left(2\Omega T_0 + \theta_2\right)\right] \right. \tag{11-40}$$

$$\left. + \overline{A}_{51} \exp\left[i\left(\Omega - \omega_{50}\right) T_0\right] + B_5 \exp\left(i\theta_2\right) \right\} + cc$$

为研究平台组合共振时的运动响应，令

$$\begin{cases} \Omega = \omega_{30} + \omega_{50} + \varepsilon\sigma_1 \\ \omega_{30} = 2\omega_{50} - \varepsilon\sigma_2 \end{cases} \tag{11-41}$$

其中，σ_1、σ_2 为频率调谐参数，σ_1 表示波浪频率与垂荡-纵摇固有频率之和的偏差，σ_2 表示平台垂荡固有频率与 2 倍纵摇固有频率间的偏差。将式(11-41)代入式(11-39)和式(11-40)中，得到消除永年项的条件为

$$\begin{cases} (-2i\omega_{30})(A_3' + \mu_3 A_3) + A_5^2 \exp\left(i\sigma_2 T_1\right) + 2B_5 \overline{A}_{51} \exp\left[i\left(\sigma_1 T_1 + \theta_2\right)\right] = 0 \\ (-2i\omega_{50})(A_5' + \mu_5 A_5) + A_3 \overline{A}_5 \exp\left(-i\sigma_2 T_1\right) + B_5 \overline{A}_{31} \exp\left[i\left(\sigma_1 T_1 + \theta_2\right)\right] = 0 \end{cases} \tag{11-42}$$

式(11-42)中不含有 B_3 与 d，仅含有 B_5，表明组合共振现象主要由纵摇激励力矩引起，而与垂荡激励力和瞬时波面升高无关。

将 A_3 和 A_5 表示为极坐标的形式为

$$\begin{cases} A_3 = \dfrac{1}{2} \alpha_3(T_1) \exp\left[i\beta_3(T_1)\right] \\ A_5 = \dfrac{1}{2} \alpha_5(T_1) \exp\left[i\beta_5(T_1)\right] \end{cases} \tag{11-43}$$

其中，α_i、β_i 均为关于 T_1 的实函数，将式(11-43)代入式(11-42)中，并令实部虚部均为零可得

$$\begin{cases} \omega_{30}\alpha_3' + \omega_{30}\mu_3\alpha_3 - \dfrac{1}{4}\alpha_5^2 \sin\gamma_1 - B_5\alpha_5 \sin\gamma_2 = 0 \\ \omega_{30}\alpha_3\beta_3' + \dfrac{1}{4}\alpha_5^2 \cos\gamma_1 + B_5\alpha_5 \cos\gamma_2 = 0 \\ \omega_{50}\alpha_5' + \omega_{50}\mu_5\alpha_5 + \dfrac{1}{4}\alpha_3\alpha_5 \sin\gamma_1 - \dfrac{1}{2}B_5\alpha_3 \sin\gamma_2 = 0 \\ \omega_{50}\alpha_5\beta_5' + \dfrac{1}{4}\alpha_3\alpha_5 \cos\gamma_1 + \dfrac{1}{2}B_5\alpha_3 \sin\gamma_2 = 0 \end{cases} \tag{11-44}$$

其中，$\gamma_1 = 2\beta_5 - \beta_3 + \sigma_2 T_1$；$\gamma_2 = -\beta_3 - \beta_5 + \sigma_1 T_1 + \theta_2$。

式(11-35)的一阶近似摄动解可表示为

$$\begin{cases} x_{31} = \varepsilon\alpha_3 \cos\left[\dfrac{1}{3}\left(-\gamma_1 - 2\gamma_2 + 2\theta_2\right) + \dfrac{2}{3}\Omega t\right] + \dfrac{\varepsilon f_3}{\omega_{30}^2 - \Omega^2}\cos\Omega t \\ x_{51} = \varepsilon\alpha_5 \cos\left[\dfrac{1}{3}\left(\gamma_1 - \gamma_2 + \theta_2\right) + \dfrac{1}{3}\Omega t\right] + \dfrac{\varepsilon f_5}{\omega_{50}^2 - \Omega^2}\cos\left(\Omega t + \theta_2\right) \end{cases} \tag{11-45}$$

最终组合共振时平台垂荡-纵摇耦合运动响应可近似表示为

$$\begin{cases} \xi_3 = \dfrac{1}{a_5}\left\{\alpha_3 \cos\left[\dfrac{1}{3}\left(-\gamma_1 - 2\gamma_2 + 2\theta_2\right) + \dfrac{2}{3}\Omega t\right] + \dfrac{F_{31}}{\omega_{30}^2 - \Omega^2}\cos\Omega t\right\} \\ \xi_5 = \dfrac{1}{\sqrt{a_3 a_5}}\left\{\alpha_5 \cos\left[\dfrac{1}{3}\left(\gamma_1 - \gamma_2 + \theta_2\right) + \dfrac{1}{3}\Omega t\right] + \dfrac{F_{51}}{\omega_{50}^2 - \Omega^2}\cos\left(\Omega t + \theta_2\right)\right\} \end{cases} \tag{11-46}$$

从式(11-46)可以看出，在组合共振时平台除波频运动之外还可能出现 2/3 亚谐垂荡运动和 1/3 亚谐纵摇运动。

11.3　垂荡-纵摇耦合运动稳定性分析

11.3.1　垂荡-纵摇耦合内共振响应运动稳定性分析及数值验证

从式(11-32)可知 Spar 平台在垂荡主共振时的最终运动形式将与 α_3 和 α_5 的取值有关[64-66]。对于定常响应，令式(11-30)中 $\alpha_3' = \alpha_5' = \gamma_1' = \gamma_2' = 0$，其中，$\gamma_1$ 和 γ_2 分别为 γ_1' 和 γ_2' 对 T_1 的导数。将得到以下幅值分岔方程组：

$$\begin{cases} \omega_{30}\mu_3\alpha_3 + \dfrac{1}{4}\alpha_5^2 \sin\gamma_2 - \dfrac{1}{2}f_3 \sin\gamma_1 = 0 \\ \omega_{30}\alpha_3\sigma_1 + \dfrac{1}{4}\alpha_5^2 \cos\gamma_2 + \dfrac{1}{2}f_3 \cos\gamma_1 = 0 \\ \omega_{50}\mu_5\alpha_5 - \dfrac{1}{4}\alpha_3\alpha_5 \sin\gamma_2 + \dfrac{1}{4}d\alpha_5 \sin\left(\gamma_1 + \gamma_2\right) = 0 \\ \omega_{50}\alpha_5\left(\dfrac{1}{2}\sigma_1 - \dfrac{1}{2}\sigma_2\right) + \dfrac{1}{4}\alpha_3\alpha_5 \cos\gamma_2 - \dfrac{1}{4}d\alpha_5 \cos\left(\gamma_1 + \gamma_2\right) = 0 \end{cases} \tag{11-47}$$

式(11-47)的解不存在解析形式，因此只能采用数值方法求解非线性方程的 α_3 与 α_5。由于不稳定解在工程实际中是达不到的，因此在获得 α_3 与 α_5 的取值之后还需要对解的稳定性进行分析。若摄动解表示为 $\boldsymbol{\xi}(\tau) = \left[\xi_3(\tau), \xi_5(\tau)\right]^{\mathrm{T}}$，根据非线性动力学理论，周期解 $\boldsymbol{\xi}(\tau)$ 在庞加莱截面上表现为一个固定点，该固定点的稳定性与周期解的稳定性相同。而固定点的局部稳定性可以由扰动方程的线性部分来判断。现在在周期解 $\boldsymbol{\xi}(\tau)$ 上施加一个的小扰动 $\boldsymbol{\eta}(\tau) = \left[\eta_3(\tau), \eta_5(\tau)\right]^{\mathrm{T}}$，使得

$$\tilde{\xi}(\tau) = \xi(\tau) + \eta(\tau) \tag{11-48}$$

摄动解 $\xi(\tau)$ 的稳定性将取决于时间 $t \to +\infty$ 时，$\eta(\tau)$ 的极限值是否为零。将式(11-48)代入式(11-17)，并消去 $\eta(\tau)$ 的高阶项仅保留关于 $\eta(\tau)$ 的线性项，得到关于扰动 $\eta(\tau)$ 的微分方程组为

$$\begin{cases} \ddot{\eta}_3(\tau) + \omega_{30}^2 \eta_3(\tau) = -2\bar{\mu}_3 \dot{\eta}_3(\tau) + 2x_3 \eta_3(\tau) \\ \ddot{\eta}_5(\tau) + \omega_{50}^2 \eta_5(\tau) = -2\bar{\mu}_5 \dot{\eta}_5(\tau) + x_3 \eta_5(\tau) + x_5 \eta_3(\tau) + D\eta_5(\tau)\cos\Omega t \end{cases} \tag{11-49}$$

令 $\varsigma(\tau) = \dot{\eta}(\tau)$，则式(11-49)可表示为

$$\begin{cases} \dot{\eta}_3(\tau) = \varsigma_3(\tau) \\ \dot{\varsigma}_3(\tau) = -\omega_{30}^2 \eta_3(\tau) - 2\bar{\mu}_3 \varsigma_3(\tau) + 2x_3 \eta_3(\tau) \\ \dot{\eta}_5(\tau) = \varsigma_5(\tau) \\ \dot{\varsigma}_5(\tau) = -\omega_{50}^2 \eta_5(\tau) - 2\bar{\mu}_5 \varsigma_5(\tau) + x_3 \eta_5(\tau) + x_5 \eta_3(\tau) + D\eta_5(\tau)\cos\Omega t \end{cases} \tag{11-50}$$

根据式(11-31)可知式(11-50)是一个关于扰动 $\eta(\tau)$ 的含有周期系数的耦合微分方程组。其系数的周期将由 α_5 的取值决定，当 $\alpha_5 = 0$ 时系数的周期 $T = 2\pi / \Omega$，当 $\alpha_5 \neq 0$ 时系数的周期为 $T = 4\pi / \Omega$。

根据弗洛凯理论，扰动方程式(11-49)有如下形式的解：

$$\eta(\tau + T) = \lambda \cdot \eta(\tau) \tag{11-51}$$

其中，λ 叫作弗洛凯乘子，它是矩阵 $\eta(T)$ 的特征值，而矩阵 $\eta(T)$ 与式(11-49)的基解矩阵 $\eta(\tau)$ 存在如下关系：

$$\eta(\tau + T) = \eta(\tau) \cdot \eta(T) \tag{11-52}$$

当 $\eta(\tau)$ 随时间 t 衰减时，摄动解 $\xi(\tau)$ 是渐近稳定的，这就要求 $|\lambda| < 1$，即当矩阵 $\eta(\tau)$ 的所有特征值均位于复平面上半径为 1 的单位圆内时，式(11-17)的解是稳定的。矩阵 $\eta(T)$ 可通过对式(11-50)在区间 $[0, T]$ 上进行积分获得。对于每组激励参数 (F_3, F_5, Ω) 所选取的初始条件如下：

(1)　$\eta_3(0) = 1.0$，$\dot{\eta}_3(0) = 0.0$，$\eta_5(0) = 0.0$，$\dot{\eta}_5(0) = 0.0$；

(2)　$\eta_3(0) = 0.0$，$\dot{\eta}_3(0) = 1.0$，$\eta_5(0) = 0.0$，$\dot{\eta}_5(0) = 0.0$；

(3)　$\eta_3(0) = 0.0$，$\dot{\eta}_3(0) = 0.0$，$\eta_5(0) = 1.0$，$\dot{\eta}_5(0) = 0.0$；

(4)　$\eta_3(0) = 0.0$，$\dot{\eta}_3(0) = 0.0$，$\eta_5(0) = 0.0$，$\dot{\eta}_5(0) = 1.0$。

式(11-50)周期系数中的 x_3、x_5，可通过对式(11-17)进行数值积分得到或直接将式(11-31)代入式(11-50)中得到。

根据弗洛凯理论，如果 $|\lambda_i|$（$1 \leqslant i \leqslant 4$）均小于 1，则扰动 $\eta(\tau)$ 是渐近稳定的，周期解 $\xi(\tau)$ 是稳定的；若存在 i（$1 \leqslant i \leqslant 4$），使得 $|\lambda_i| > 1$，则扰动 $\eta(\tau)$ 是不稳定的，周期解 $\xi(\tau)$ 也是不稳定的。这样就可以在大量参数组合下确定周期解的稳

定性。

当波浪频率接近垂荡固有频率时，垂荡-纵摇耦合内共振运动主要由垂荡激励力引起。考虑到实际 Spar 平台的垂荡与纵摇两自由度的固有频率 ω_{30}、ω_{50} 和阻尼系数 μ_3、μ_5 已经给定，因此作出在一阶垂荡激励力幅值 f_3 和频率差 σ_1 平面上零解的稳定域。图 11-2 中，各参数取值依次如表 11-1 所示。

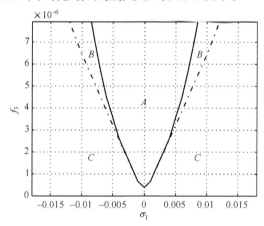

图 11-2　Spar 平台的不稳定参数域

表 11-1　平台参数取值

参数	值
μ_3	0.00259
μ_5	0.00210
ω_{30}	0.216
ω_{50}	0.1065
a_3	2.347
a_5	0.000555
b_5	0.04694

(1) 在区域 C 中，α_5 只存在唯一稳定的零解，在此区域内两自由度运动将处于简单的强迫激励状态。

(2) 在区域 B 中，α_5 存在零解和两个非零解，其中零解与其中一个非零解是稳定的，响应的最终形式将由方程的初值决定，在此区域内平台可能出现幅值跳跃行为。

(3) 在区域 A 中，α_5 存在零解和一个非零解，其中零解失去稳定性，而周期解是稳定的，在此区域内平台将出现稳态的能量渗透现象。

图 11-3 是 α_3 与 α_5 随激励幅值 f_3 变化的情况。

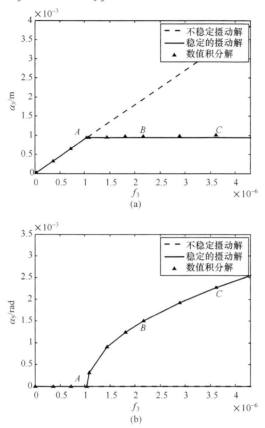

图 11-3　$\sigma_1 = \sigma_2 = 0$ 时 α_3 与 α_5 随激励幅值 f_3 的变化曲线

从图 11-3 可知，当 $f_3 \leqslant 10^{-6}$ 时，α_3 随激励幅值线性增加，$\alpha_5 = 0$，此时垂荡与纵摇均为强迫运动，并未发生能量渗透现象；而当 $f_3 > 10^{-6}$ 时，解曲线出现明显的分岔现象，原先的垂荡线性幅值曲线失去稳定性，此时 α_3 将达到某一极限值不再增长，α_5 随激励幅值快速增大。这种现象表明此时垂荡能量已接近饱和，当继续增加激励力时，剩余能量将由垂荡模态转移到纵摇模态。下面将选取不同计算状态采用龙格-库塔法对所得到的摄动解进行数值验证。各状态参数如表 11-2 所示。

表 11-2　不同参数时的计算状态表

计算状态	ω_{30}	μ_3	μ_5	f_3	f_5	参数域中位置
1	0.216	0.00259	0.00210	10^{-6}	2.79×10^{-6}	A
2	0.216	0.00259	0.00210	2.22×10^{-6}	4×10^{-6}	B
3	0.216	0.00259	0.00210	3.61×10^{-6}	8.2×10^{-6}	C

图 11-4~图 11-9 是不同参数组合时两自由度响应的详细情况。

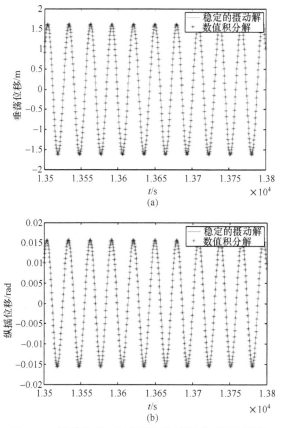

图 11-4　计算状态 1 时垂荡与纵摇运动时间历程图

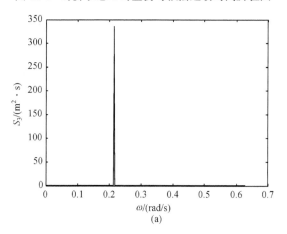

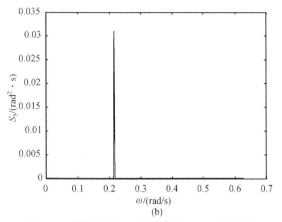

(b)

图 11-5　计算状态 1 时垂荡与纵摇运动频谱图

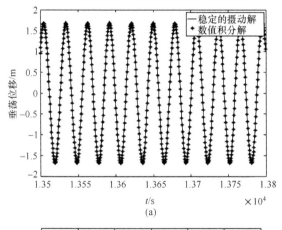

(a)

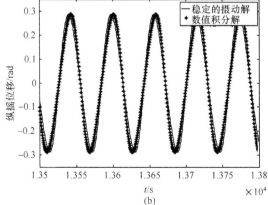

(b)

图 11-6　计算状态 2 时垂荡与纵摇运动时间历程图

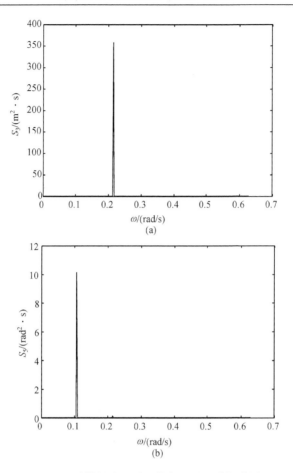

图 11-7　计算状态 2 时垂荡与纵摇运动频谱图

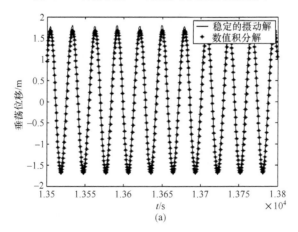

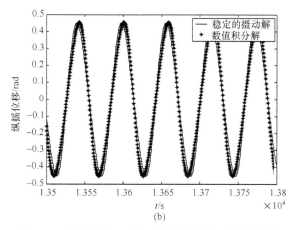

(b)

图 11-8　计算状态 3 时垂荡与纵摇运动时间历程图

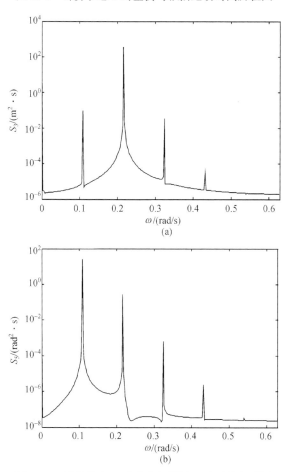

图 11-9　计算状态 3 时垂荡与纵摇运动对数频谱图

从图 11-4~图 11-9 中可见，当纵摇运动出现跳跃现象后，纵摇幅值随垂荡激励力幅值的增大而增大，垂荡幅值大致保持在 1.7m 左右，摄动近似解与数值积分解吻合得较好。当垂荡激励力幅值 $f_3 > 2 \times 10^{-6}$ 时，两个自由度运动均出现了多种超谐与亚谐运动频率。

图 11-10 是当给定激励幅值时两自由度运动幅值随激励频率差的变化情况。

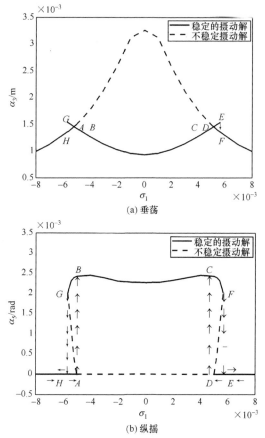

(a) 垂荡

(b) 纵摇

图 11-10　$f_3 = 3.61 \times 10^{-6}$，$\sigma_2 = 0$ 时 α_3 与 α_5 随激励频率差 σ_1 的变化曲线

从图 11-10 中可观察到明显的幅值跳跃现象。当固定激励幅值并缓慢增加 σ_1 时，在图 11-10(a)中，α_3 将由 H 点沿曲线 HA 逐渐增大到 A 点，然后沿曲线 ACE 到达 E 点，在 E 点跳跃至 F 点，最后沿曲线 DF 逐渐减小；而当缓慢减小 σ_1 时，α_3 将由 F 点沿曲线 DF 逐渐增大到 D 点，然后沿曲线 DAG 到达 G 点，在 G 点跳跃至 H 点，最后沿曲线 AH 逐渐减小。

与此相对应是，在图 11-10(b)中，当缓慢增加 σ_1 时，α_5 在直线 HA 上保持为零，当 σ_1 进一步增大时，α_5 的零解失去稳定性，幅值将由 A 点跳跃至 B 点，沿

曲线 BCF 到达 F 点，然后跳跃至 E 点保持为零；而当缓慢减小 σ_1 时，α_3 将在直线 DE 上保持为零，当 σ_1 进一步减小时，α_5 的零解失去稳定性，幅值将由 D 点跳跃至 C 点，沿曲线 CBG 到达 G 点，在 G 点跳跃至 H 点保持为零。

图 11-11～图 11-14 是选取不同初值时 C、D 两点垂荡与纵摇运动的详细情况。

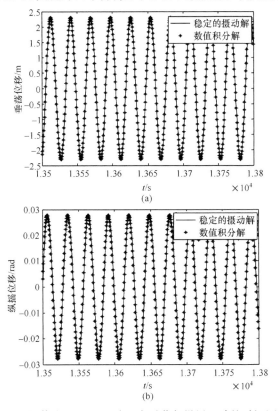

图 11-11　初值为 $(0, 0, 0, 0)$ 时 C 点垂荡与纵摇运动的时间历程图

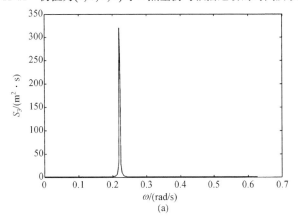

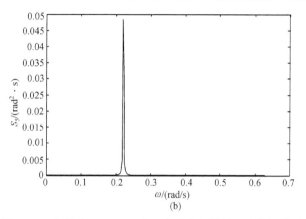

(b)

图 11-12　初值为$(0, 0, 0, 0)$时 C 点垂荡与纵摇运动的频谱图

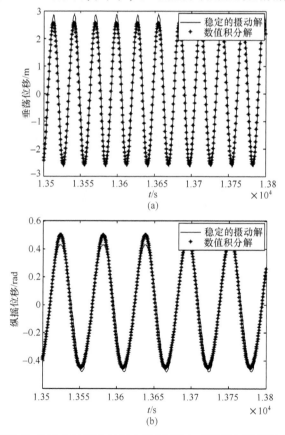

图 11-13　初值为 $(0.6012, 0.2477, 0.5271, 0.0056)$ 时 D 点垂荡与纵摇运动的时间历程图

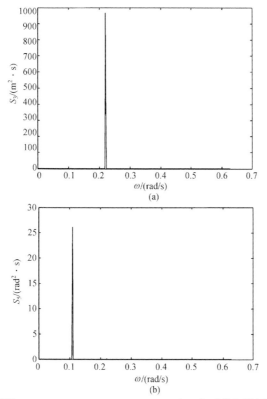

图 11-14　初值为 $(0.6012, 0.2477, 0.5271, 0.0056)$ 时 D 点垂荡与纵摇运动的频谱图

11.3.2　垂荡-纵摇耦合组合共振响应运动稳定性分析及数值验证

对于 Spar 平台来说，是否出现垂荡-纵摇的组合共振运动与 α_3 和 α_5 的零解是否存在且稳定有关。当 α_3 与 α_5 的零解稳定时，式(11-33)的解中只包含强迫激励成分，Spar 平台垂荡-纵摇运动并未出现组合共振现象；而当 α_3 与 α_5 存在稳定的非零解时，Spar 平台垂荡-纵摇运动将出现组合共振现象。下面将对 α_3 与 α_5 的零解进行稳定性分析。对于定常响应，令式(11-44)中 $\alpha_3' = \alpha_5' = \gamma_1' = \gamma_2' = 0$，$\gamma_1'$ 与 γ_2' 分别为 γ_1 与 γ_2 对 T_1 的导数，得到以下方程组：

$$
\begin{cases}
\omega_{30}\mu_3\alpha_3 - \dfrac{1}{4}\alpha_5^2\sin\gamma_1 - B_5\alpha_5\sin\gamma_2 = 0 \\[2mm]
\omega_{30}\alpha_3\dfrac{1}{3}(2\sigma_1+\sigma_2) + \dfrac{1}{4}\alpha_5^2\cos\gamma_1 + B_5\alpha_5\cos\gamma_2 = 0 \\[2mm]
\omega_{50}\mu_5\alpha_5 + \dfrac{1}{4}\alpha_3\alpha_5\sin\gamma_1 - \dfrac{1}{2}B_5\alpha_3\sin\gamma_2 = 0 \\[2mm]
\omega_{50}\alpha_5\dfrac{1}{3}(\sigma_1-\sigma_2) + \dfrac{1}{4}\alpha_3\alpha_5\cos\gamma_1 + \dfrac{1}{2}B_5\alpha_3\sin\gamma_2 = 0
\end{cases}
\tag{11-53}
$$

消去式(11-53)中的 γ_1 和 γ_2，得到 α_3 与 α_5 的分岔方程为

$$
\begin{cases}
\left(\omega_{30}\mu_3\alpha_3^2 - 2\omega_{50}\mu_5\alpha_5^2\right)^2 + \left[(2\sigma_1+\sigma_2)\omega_{30}\alpha_3^2 - 2(\sigma_1-\sigma_2)\omega_{50}\alpha_5^2\right]^2 = \dfrac{9}{16}\alpha_3^2\alpha_5^4 \\[3mm]
\left(\omega_{30}\mu_3\alpha_3^2 + \omega_{50}\mu_5\alpha_5^2\right)^2 + \left[(2\sigma_1+\sigma_2)\omega_{30}\alpha_3^2 - (\sigma_1-\sigma_2)\omega_{50}\alpha_5^2\right]^2 = \dfrac{9}{4}B_{51}^2\alpha_3^2\alpha_5^2
\end{cases}
$$

$$(11\text{-}54)$$

可用数值方法计算获得 α_3 与 α_5。

为了研究 α_3 与 α_5 零解的稳定性，需要将平均方程转化为直角坐标的形式，因此令

$$
\begin{cases}
A_3 = \dfrac{1}{2}(p_1 + iq_1)\exp[i\theta_1 T_1] \\[3mm]
A_5 = \dfrac{1}{2}(p_2 + iq_2)\exp[i\theta_2 T_1]
\end{cases}
$$

$$(11\text{-}55)$$

其中，p_i、q_i 均为 T_1 的实函数；$\theta_1 = \sigma_1 - \sigma_2$；$\theta_2 = \sigma_2$。

将式(11-55)代入式(11-42)中，保留线性部分并分离实部与虚部，可得

$$
\begin{cases}
p_1' + \mu_3 p_1 - (\sigma_1-\sigma_2)q_1 + \dfrac{B_{51}q_2}{\omega_{30}}\cos\theta_2 - \dfrac{B_{51}p_2}{\omega_{30}}\sin\theta_2 = 0 \\[3mm]
q_1' + \mu_3 q_1 + (\sigma_1-\sigma_2)q_1 + \dfrac{B_{51}p_2}{\omega_{30}}\cos\theta_2 + \dfrac{B_{51}q_2}{\omega_{30}}\sin\theta_2 = 0 \\[3mm]
p_2' + \mu_5 p_2 - \sigma_2 q_2 + \dfrac{B_{51}q_1}{2\omega_{50}}\cos\theta_2 - \dfrac{B_{51}p_1}{2\omega_{50}}\sin\theta_2 = 0 \\[3mm]
q_2' + \mu_5 q_2 + \sigma_2 p_2 + \dfrac{B_{51}p_1}{2\omega_{50}}\cos\theta_2 + \dfrac{B_{51}q_1}{2\omega_{50}}\sin\theta_2 = 0
\end{cases}
$$

$$(11\text{-}56)$$

线性解的稳定性将由方程组线性部分的特征值确定，式(11-56)线性部分的系数矩阵为

$$
\begin{bmatrix}
-\mu_3 & \sigma_1-\sigma_2 & \dfrac{B_{51}}{\omega_{30}}\sin\theta_2 & -\dfrac{B_{51}}{\omega_{30}}\cos\theta_2 \\[3mm]
-(\sigma_1-\sigma_2) & -\mu_3 & -\dfrac{B_{51}}{\omega_{30}}\cos\theta_2 & -\dfrac{B_{51}}{\omega_{30}}\sin\theta_2 \\[3mm]
\dfrac{B_{51}}{2\omega_{50}}\sin\theta_2 & -\dfrac{B_{51}}{2\omega_{50}}\cos\theta_2 & -\mu_5 & \sigma_2 \\[3mm]
-\dfrac{B_{51}}{2\omega_{50}}\cos\theta_2 & -\dfrac{B_{51}}{2\omega_{50}}\sin\theta & -\sigma_2 & -\mu_5
\end{bmatrix}
$$

$$(11\text{-}57)$$

式(11-57)对应的特征方程为

$$\lambda^4 + R_3\lambda^3 + R_2\lambda^2 + R_1\lambda^1 + R_0 = 0 \tag{11-58}$$

其中

$$\begin{cases} R_3 = 2\left(\mu_3 + \mu_5\right) \\ R_2 = \mu_3^2 + \mu_5^2 + 4\mu_3\mu_5 + \left(\sigma_1 - \sigma_2\right)^2 + \sigma_2^2 - \dfrac{B_5^2}{\omega_{30}\omega_{50}} \\ R_1 = 2\mu_3\mu_5\left(\mu_3 + \mu_5\right) + 2\mu_5\left(\sigma_1 - \sigma_2\right)^2 + 2\mu_3\sigma_2^2 - \left(\mu_3 + \mu_5\right)\dfrac{B_5^2}{\omega_{30}\omega_{50}} \\ R_0 = \mu_3^2\mu_5^2 + \mu_5^2\left(\sigma_1 - \sigma_2\right)^2 + \mu_3^2\sigma_2^2 + \left[\sigma_2\left(\sigma_1 - \sigma_2\right)\right]^2 \\ \quad\quad + \left[-\mu_3\mu_5 - \sigma_2\left(\sigma_1 - \sigma_2\right)\right]\dfrac{B_5^2}{\omega_{30}\omega_{50}} + \left(\dfrac{B_5^2}{2\omega_{30}\omega_{50}}\right)^2 \end{cases} \tag{11-59}$$

根据 Routh-Hurmitz 判据，当满足以下条件时：

$$\begin{cases} R_3 > 0 \\ R_3 R_2 - R_1 > 0 \\ R_1\left(R_3 R_2 - R_1\right) - R_3^2 R_0 > 0 \\ R_0 > 0 \end{cases} \tag{11-60}$$

线性解是稳定的。

当 $\omega_{30} = 0.22\mathrm{rad/s}$, $\omega_{50} = 0.11\mathrm{rad/s}$, $\varOmega = 0.33\mathrm{rad/s}$, $\mu_3 = 0.000258$, $\mu_5 = 0.000210$ 时，α_3、α_5 随纵摇激励力矩 f_5 的幅值分岔曲线如图 11-15 所示。

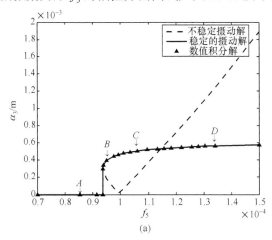

(a)

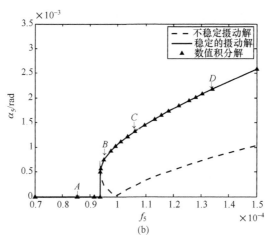

图 11-15　$\sigma_1 = \sigma_2 = 0$ 时，α_3、α_5 随 f_5 的幅值分岔曲线

由图 11-15 可见，当激励幅值 $f_5 < 0.938 \times 10^{-4}$ 时，α_3、α_5 均为零，表明此时垂荡与纵摇运动是简单的强迫激励运动；而当 $f_5 > 0.938 \times 10^{-4}$ 时，α_3、α_5 的解曲线中将分岔出稳定的非零解，表明此时两自由度将出现明显的组合共振运动。以下选取图 11-15 中 A、B、C、D 四点采用龙格-库塔法对求出的摄动解进行数值验证，各点对应计算参数如表 11-3 所示。作出垂荡与纵摇运动的时间历程曲线、相图与频谱图，如图 11-16~图 11-26 所示。

表 11-3　不同激励幅值时计算参数表

计算状态	f_3	f_5	参数域中的位置
1	2.86×10^{-5}	8.50×10^{-5}	A
2	3.26×10^{-5}	9.78×10^{-5}	B
3	3.58×10^{-5}	10.72×10^{-5}	C
4	4.47×10^{-5}	13.40×10^{-5}	D

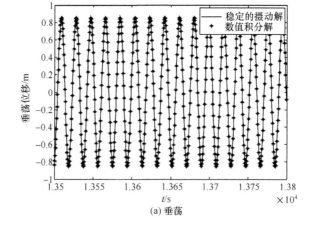

(a) 垂荡

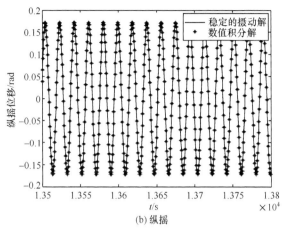

(b) 纵摇

图 11-16　A 点垂荡与纵摇运动的时间历程图

(a) 垂荡

(b) 纵摇

图 11-17　A 点垂荡与纵摇运动的频谱图

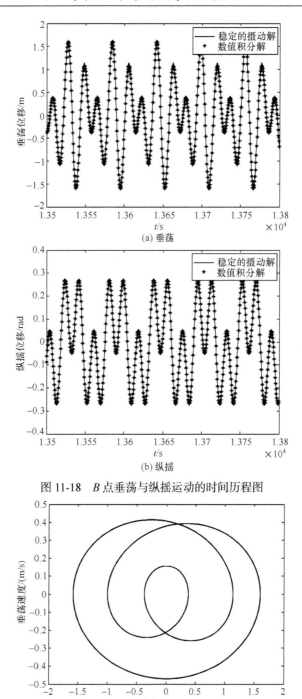

图 11-18 B 点垂荡与纵摇运动的时间历程图

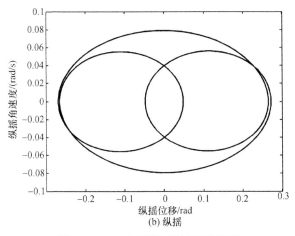

(b) 纵摇

图 11-19　B 点垂荡与纵摇运动相图

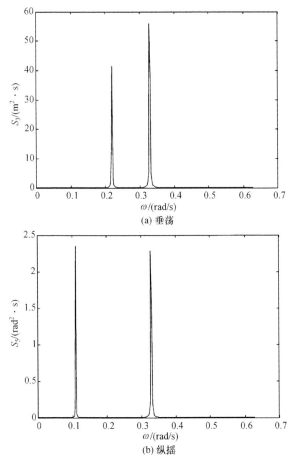

(a) 垂荡

(b) 纵摇

图 11-20　B 点垂荡与纵摇运动频谱图

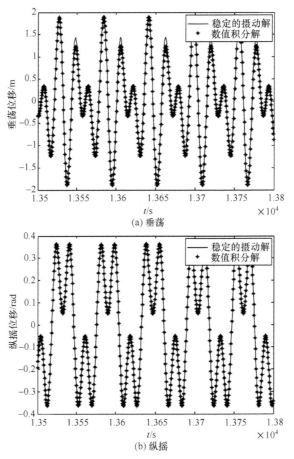

(a) 垂荡

(b) 纵摇

图 11-21　C 点垂荡与纵摇运动的时间历程图

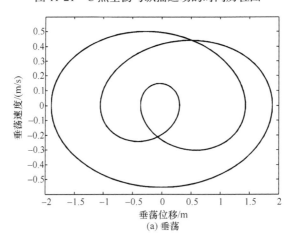

(a) 垂荡

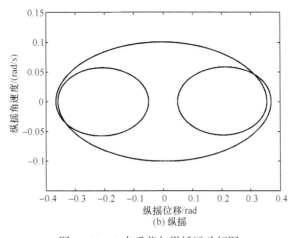

(b) 纵摇

图 11-22　C 点垂荡与纵摇运动相图

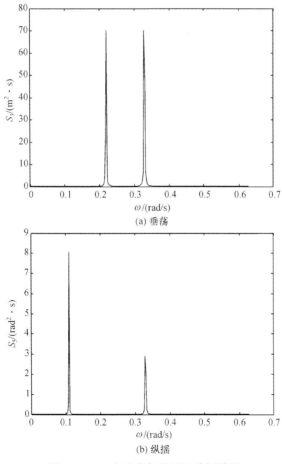

(a) 垂荡

(b) 纵摇

图 11-23　C 点垂荡与纵摇运动频谱图

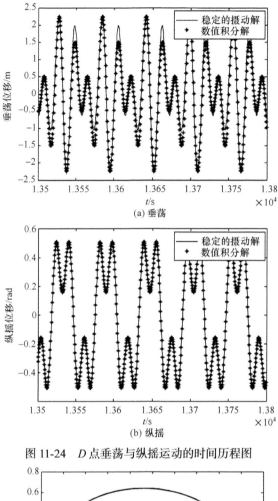

图 11-24　D 点垂荡与纵摇运动的时间历程图

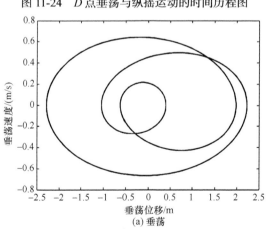

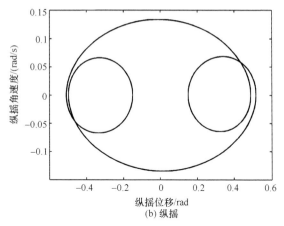

(b) 纵摇

图 11-25　D 点垂荡与纵摇运动相图

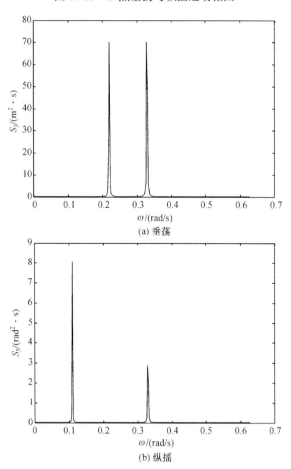

(a) 垂荡

(b) 纵摇

图 11-26　D 点垂荡与纵摇运动频谱图

　　B、C、D 点的运动响应包括激振频率谐波运动及按照固有频率运动的成分，垂荡运动出现 2/3 亚谐波运动，纵摇运动中出现了 1/3 亚谐波运动，出现的亚谐波的运动导致平台的运动显著放大。

第 12 章 海洋细长构件非线性振动

海洋资源开发装备中包括大量细长结构，如立管(钻井立管和生产立管)、张力腿平台的张力腿、各种平台上的系泊缆索等均属大长细比结构。这类结构的顶端与浮体连接。当浮体在波浪中做升沉运动时，其顶端受到浮体的升沉影响，一般将升沉运动简化为作用于结构顶端的周期力，该周期力引起结构的横向振动，此即为海洋细长结构的参数激励振动。此外，海洋细长结构还涉及多种非线性因素，如材料非线性、结构的几何非线性等。

本章采用非线性振动理论分析方法和数值模拟方法，分析海洋细长结构的非线性振动特性。

12.1 海洋立管非线性振动

立管作为连接海面与海底的一种通道，是深海开发中必不可少的关键装备。立管长期在水面以下工作，除了时刻承受风、浪、流等载荷作用，内部还有高压的油或气通过，此外，立管顶端上部浮体的运动以及结构与流体之间的相互耦合都会对立管产生重要的影响。由于平台升沉运动引起立管轴向力随浮体运动而发生时变，从而作为一个参数激励对立管涡激振动(VIV)产生重要影响[67]。本节以Spar平台顶张力立管为研究对象，介绍立管建模、参数激励振动及涡激振动分析的理论方法[68-70]。

12.1.1 立管动力学模型

针对长细比很大的深海立管，考虑海流引起的涡激升力和平台升沉引起的参数激励，简化后的立管模型示意图如图 12-1 所示，坐标原点在立管顶端。

基于欧拉梁的弯曲振动理论，建立深海立管参激-涡激联合振动基本方程如下[68]：

$$EI\frac{\partial^4 x(z,t)}{\partial z^4} - \frac{\partial}{\partial z}\left[T(z,t)\frac{\partial x(z,t)}{\partial z}\right] + \bar{m}\frac{\partial^2 x(z,t)}{\partial t^2} = f_x(z,t) \tag{12-1}$$

其中，$x(z,t)$ 为立管水平位移，是关于位置坐标和时间的连续函数；E 为弹性模量；I 为横截面对中性轴的惯性矩，$I = \frac{\pi}{64}(D^4 - d^4)$，$D$ 为立管外径，d 为立管

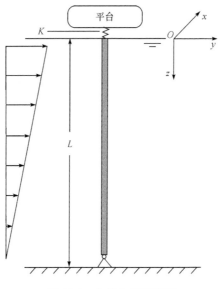

图 12-1 立管分析模型图

内径；$\bar{m}$ 为立管单位长度有效质量，$\bar{m} = m_r + m_f + m_a$，$m_r = \dfrac{1}{4}\rho_s\pi(D^2 - d^2)$ 为单位长度立管质量，ρ_s 为钢材密度，$m_f = \dfrac{1}{4}\rho_f\pi d^2$ 为单位长度内流质量，ρ_f 为内部流体密度，$m_a = \dfrac{1}{4}C_a\rho_w\pi D^2$ 为单位长度附连水质量，C_a 为附连水质量系数，ρ_w 为海水密度；$T(z,t)$ 为立管轴向张力；$f_x(z,t)$ 为单位长度外激励。

1. 轴向张力

立管轴向张力由两部分组成，一是预张力(张紧器提供)和立管水中湿重合成的随位置变化的张力，二是平台升沉引起的随时间变化的等效张力，即

$$T(z,t) = T_t - wz + Ka\cos\Omega t \tag{12-2}$$

其中，w 为立管单位长度湿重，$w = \dfrac{1}{4}g\pi(\rho_s - \rho_w)(D^2 - d^2)$，$g$ 为重力加速度；T_t 为立管顶端的静张力，即张紧器提供的张力，$T_t = f_{top}wL$，L 为立管长度，f_{top} 为顶张力系数，一般为 1.1~1.6，以下取 1.3；K 为张紧器等效弹簧刚度，$K = wL/a_c$，a_c 为与张紧器系统效率有关的常数，以下取 $a_c = 10$；a 和 Ω 分别为平台升沉的幅值和频率。

2. 激励力

单位长度外激励由两部分组成，一是漩涡泄放产生的涡激升力 $f_L(z,t)$，二是立管振动产生的流体阻尼力 $f_D(z,t)$，即

$$f_x(z,t) = f_L(z,t) - f_D(z,t) \tag{12-3}$$

其中，$f_L(z,t) = \dfrac{1}{2}\rho_w D C_L U^2$，$C_L$ 是升力系数，U 是任意水深流速，$U = \left(1 - \dfrac{z}{L}\right)U_0$，$U_0$ 是表面流速；$f_D(z,t) = \dfrac{1}{2}\rho_w D C_D |\dot{x}|\dot{x}$，$C_D$ 是拖曳力系数。

3. 边界条件

将立管两端边界条件视为铰接，则有如下边界条件：

$$x(z,t) = 0, \quad \frac{\partial^2 x(z,t)}{\partial z^2} = 0, \quad z = 0; z = L \tag{12-4}$$

4. 立管参数

以英国 BP 石油公司的"Horn Mountain"平台为例，它是一座运营在墨西哥湾的深水 Truss Spar 平台，其顶张力立管主要参数如表 12-1 所示。

表 12-1　立管参数

序号	名称	符号	数值	单位
1	立管长度	L	1500	m
2	立管外径	D	0.3048	m
3	立管壁厚	t	0.0136	m
4	弹性模量	E	2.1×10^{11}	Pa
5	材料密度	ρ_s	7850	kg/m^3
6	海水密度	ρ_w	1025	kg/m^3
7	内流密度	ρ_f	800	kg/m^3
8	顶张力系数	f_{top}	1.3	——
9	附连质量系数	C_a	1.0	——
10	拖曳力系数	C_D	1.0	——

12.1.2 海洋立管的参数激励振动

1. 参激振动方程

去掉式(12-1)右端的涡激升力项，得到立管的参激振动方程为

$$EI\frac{\partial^4 x(z,t)}{\partial z^4} - \frac{\partial}{\partial z}\left[(T_t - wz + Ka\cos\Omega t)\frac{\partial x(z,t)}{\partial z}\right]$$
$$+\bar{m}\frac{\partial^2 x(z,t)}{\partial t^2} + \frac{1}{2}\rho_w DC_D|\dot{x}|\dot{x} = 0 \tag{12-5}$$

令式(12-5)中的阻尼项为 0，应用 Garlkin 方法，将式(12-5)简化为常微分方程。设式(12-5)解的形式为

$$x(z,t) = \sum_{n=1}^{\infty}\phi_n(z)q_n(t) \tag{12-6}$$

其中，$\phi_n(z)$ 是振型函数；$q_n(t)$ 是时间函数。

将式(12-6)代入式(12-5)，得到

$$\sum_n\left\{EI\phi_n''''(z)q_n(t) - \frac{\mathrm{d}}{\mathrm{d}z}\left[(T_t - wz)\phi_n'(z)\right]q_n(t) - Ka\cos\Omega t\cdot\phi_n''(z)q_n(t) + \bar{m}\phi_n(z)\ddot{q}_n(t)\right\}$$
$$= 0$$

$$\tag{12-7}$$

其中，振型函数 $\phi(z)$ 满足

$$EI\phi_n''''(z) - \frac{\mathrm{d}}{\mathrm{d}z}\left[(T_t - wz)\phi_n'(z)\right] - \bar{m}\omega_n^2\phi_n(z) = 0 \tag{12-8}$$

其中，ω_n 为立管的固有频率。

将式(12-6)代入式(12-7)，化简得到

$$\sum_n\left\{\left[\ddot{q}_n(t) + \omega_n^2 q_n(t)\right]\phi_n(z) - \frac{Ka\cos\Omega t}{\bar{m}}\phi_n''(z)q_n(t)\right\} = 0 \tag{12-9}$$

式(12-9)两端同乘以 ϕ_m，沿立管对 z 从 0 到 L 进行积分，可得

$$\sum_n\left[(\ddot{q}_n + \omega_n^2 q_n)\int_0^L\phi_m\phi_n\mathrm{d}z - \frac{Ka\cos\Omega t}{\bar{m}}q_n\int_0^L\phi_m\phi_n''\mathrm{d}z\right] = 0, \quad m=1, 2, \cdots, n \tag{12-10}$$

令式(12-10)中

$$\begin{cases} f_1 = \int_0^L\phi_m\phi_n\mathrm{d}z \\ f_2 = \int_0^L\phi_m\phi_n''\mathrm{d}z \end{cases} \tag{12-11}$$

考虑自重的影响，立管内部张力沿水深增加而减少，因此，立管振型不再是

标准的正弦函数，立管振型节点和波腹点不再沿管长均匀分布，波腹点的幅值也将随位置变化。这将导致立管振型不满足正交条件，从而带来模态的耦合效应。此时，深海立管振型可进一步修正为

$$\phi(z) = B_1 \left[\frac{T_b}{T(z)} \right]^{1/4} \sin \left\{ \int_0^z \sqrt{ \sqrt{ \left[\frac{T(z)}{2EI} \right]^2 + \frac{\overline{m}\omega^2}{EI} } - \frac{T(z)}{2EI} } \, dz \right\} \quad (12\text{-}12)$$

其中，T_b 为立管底部张力，系数 B_1 由初始条件确定。

把式(12-12)代入式(12-11)，存在

$$\begin{cases} f_1 \neq 0, f_2 \neq 0, & m \neq n \\ f_1 \neq 0, f_2 \neq 0, & m = n \end{cases} \quad (12\text{-}13)$$

计算发现，当 $m \neq n$ 时，f_1 的绝对值接近于 0，数量级远小于 $m = n$ 时 f_1 的数量级，因此可近似认为 $m \neq n$，$f_1 = 0$；当 $m \neq n$ 时，f_2 的绝对值虽然也接近于 0，但由于与 $m = n$ 时 f_2 的数量级相当，因此当 $m \neq n$ 时，f_2 不能近似为 0。可见 f_2 更能体现模态的耦合性。

利用上面的近似处理，式(12-13)变为

$$\begin{cases} f_1 = 0, f_2 \neq 0, & m \neq n \\ f_1 \neq 0, f_2 \neq 0, & m = n \end{cases} \quad (12\text{-}14)$$

把式(12-14)代入式(12-10)，并进行简化，可得

$$\ddot{q}_m + \omega_m^2 q_m - \frac{ka\cos\Omega t}{\overline{m}} \sum_n (f_{mn} q_n) = 0, \quad m = 1, 2, \cdots, n \quad (12\text{-}15)$$

其中，f_{mn} 为模态耦合系数，且 $f_{mn} = \dfrac{\displaystyle\int_0^L \phi_m \phi_n'' \, dz}{\displaystyle\int_0^L \phi_m^2 \, dz}$。

可见，通过 Garlkin 法，可将轴向变张力下立管参激振动偏微分方程化为耦合的二阶常微分方程组的形式。

考虑拖曳阻尼力的形式如下：

$$f_D(z,t) = \frac{1}{2} \rho_w D C_D |\dot{x}| \dot{x} \quad (12\text{-}16)$$

首先将非线性拖曳阻尼力线性化，基本原理是：在一个周期内非线性阻尼消耗的能量与线性化后阻尼消耗的能量相等，即

$$E_{\text{nonlin}} = E_{\text{lin}} \quad (12\text{-}17)$$

将式(12-6)代入式(12-16)，则每一模态非线性阻尼为

$$f_{\text{nonlin}} = \frac{1}{2} \rho_{\text{w}} DC_{\text{D}} \left| \phi_n(z)\dot{q}_n(t) \right| \left[\phi_n(z)\dot{q}_n(t) \right] \tag{12-18}$$

设每一模态线性化后阻尼为

$$f_{\text{lin}} = \frac{1}{2} \rho_{\text{w}} DC_{\text{D}} \left[\phi_n(z)\dot{q}_n(t) \right] \beta_n \tag{12-19}$$

其中，β_n 为等效参数。

根据式(12-17)可知：

$$\int_0^{\frac{2\pi}{\omega_n}} \int_0^L f_{\text{nonlin}} \left[\phi_n(z)\dot{q}_n(t) \right] \mathrm{d}z\mathrm{d}t = \int_0^{\frac{2\pi}{\omega_n}} \int_0^L f_{\text{lin}} \left[\phi_n(z)\dot{q}_n(t) \right] \mathrm{d}z\mathrm{d}t \tag{12-20}$$

由式(12-18)~式(12-20)求得 β_n 为

$$\beta_n = \frac{\displaystyle\int_0^{\frac{2\pi}{\omega_n}} \int_0^L \left[\phi_n(z)\dot{q}_n(t) \right]^2 \left| \phi_n(z)\dot{q}_n(t) \right| \mathrm{d}z\mathrm{d}t}{\displaystyle\int_0^{\frac{2\pi}{\omega_n}} \int_0^L \left[\phi_n(z)\dot{q}_n(t) \right]^2 \mathrm{d}z\mathrm{d}t} \tag{12-21}$$

可见 β_n 是一个与模态振动有关的参量。令 β_n 有如下形式：

$$\beta_n = \alpha_n \phi_{n\max} \omega_n \tag{12-22}$$

其中，α_n 是无量纲的模态比例系数；$\phi_{n\max}$ 是模态最大幅值，则有

$$\alpha_n = \frac{1}{\phi_{n\max}\omega_n} \cdot \frac{\displaystyle\int_0^{\frac{2\pi}{\omega_n}} \int_0^L \left[\phi_n(z)\dot{q}_n(t) \right]^2 \left| \phi_n(z)\dot{q}_n(t) \right| \mathrm{d}z\mathrm{d}t}{\displaystyle\int_0^{\frac{2\pi}{\omega_n}} \int_0^L \left[\phi_n(z)\dot{q}_n(t) \right]^2 \mathrm{d}z\mathrm{d}t} \tag{12-23}$$

考虑阻尼时立管的参激振动方程可以写为

$$\ddot{q}_m + \omega_m^2 q_m - \frac{ka\cos\Omega t}{\bar{m}} \sum_n (f_{mn}q_n) + c\alpha_m \omega_m \dot{q}_m = 0, \quad m=1, 2, \cdots, n \tag{12-24}$$

其中，c 为等效模态阻尼项系数，且有

$$c = \frac{\rho_{\text{w}} DC_{\text{D}}}{2\bar{m}} \phi_{n\max} \tag{12-25}$$

需要说明的是，为便于比较，这里假定各阶模态振幅最大幅值 $\phi_{n\max}$ 是相等的，从而使 c 成为一个常系数。但系数 c 本身不是真正的等效阻尼系数，$c\alpha_n \omega_n$ 才是等效的模态阻尼系数。$c\alpha_n \omega_n$ 是一个随模态变化的参量，为了分析方便引入系数 c 和 α_n。

2. 立管参激振动稳定性分析

本节基于第 4 章中介绍的弗洛凯理论分析立管参激的稳定性，主要研究一阶

不稳定区域的特征[69]。

将式(12-24)化为耦合的一阶常微分方程组的形式：

$$
\begin{bmatrix} \dot{y}_1 \\ \vdots \\ \dot{y}_8 \\ \dot{y}_9 \\ \vdots \\ \dot{y}_{16} \end{bmatrix} = \left[\begin{array}{ccc|ccc} 0 & \cdots & 0 & 1 & \cdots & 0 \\ \vdots & & \vdots & \vdots & & \vdots \\ 0 & \cdots & 0 & 0 & \cdots & 1 \\ \hline -\omega_1^2 + \dfrac{ka\cos\Omega t}{\overline{m}}f_{11} & \cdots & \dfrac{ka\cos\Omega t}{\overline{m}}f_{18} & -c\alpha_1\omega_1 & \cdots & 0 \\ \vdots & & \vdots & \vdots & & \vdots \\ \dfrac{ka\cos\Omega t}{\overline{m}}f_{81} & \cdots & -\omega_8^2 + \dfrac{ka\cos\Omega t}{\overline{m}}f_{88} & 0 & \cdots & -c\alpha_8\omega_8 \end{array} \right] \begin{bmatrix} y_1 \\ \vdots \\ y_8 \\ y_9 \\ \vdots \\ y_{16} \end{bmatrix}
$$

$$(12\text{-}26)$$

经计算，轴向变张力立管的前 8 阶模态的固有频率如表 12-2 所示。一般 Spar 平台的垂荡运动周期为 20~30s，而波浪周期主要集中为 4~9s(频率为 0.7~1.57rad/s)，因此参数激励的计算频率范围选择为 0.2~1.6rad/s，即主要考虑立管的前 6 阶模态的振动响应。

表 12-2　模态频率

	1	2	3	4	5	6	7	8
$\Omega = 2\omega_n$ /(rad/s)	0.2658	0.5318	0.798	1.0648	1.3332	1.6006	1.8698	2.1402
ω_n /(rad/s)	0.1329	0.2659	0.3990	0.5324	0.6661	0.8003	0.9349	1.0701

计算前 8 阶的模态耦合系数 f_{mn}，为方便比较，将每个系数乘以 10^{-6}，结果如表 12-3 所示。

表 12-3　立管前 8 阶模态耦合系数

$f_{11} = -5.07$	$f_{12} = 3.23$	$f_{13} = -1.45$	$f_{14} = 1.35$	$f_{15} = -0.83$	$f_{16} = 0.88$	$f_{17} = -0.59$	$f_{18} = 0.65$
$f_{21} = 3.23$	$f_{22} = -20.1$	$f_{23} = 9.05$	$f_{24} = -3.46$	$f_{25} = 2.95$	$f_{26} = -1.75$	$f_{27} = 1.76$	$f_{28} = -1.17$
$f_{31} = -1.45$	$f_{32} = 9.07$	$f_{33} = -45.1$	$f_{34} = 17.8$	$f_{35} = -6.28$	$f_{36} = 5.11$	$f_{37} = -2.93$	$f_{38} = 2.90$
$f_{41} = 1.36$	$f_{42} = -3.48$	$f_{43} = 17.8$	$f_{44} = -80.0$	$f_{45} = 29.4$	$f_{46} = -9.94$	$f_{47} = 7.72$	$f_{48} = -4.34$
$f_{51} = -0.84$	$f_{52} = 2.98$	$f_{53} = -6.28$	$f_{54} = 29.4$	$f_{55} = -125$	$f_{56} = 44.0$	$f_{57} = -14.4$	$f_{58} = 11.0$
$f_{61} = 0.88$	$f_{62} = -1.77$	$f_{63} = 5.08$	$f_{64} = -9.91$	$f_{65} = 44.0$	$f_{66} = -180$	$f_{67} = 61.3$	$f_{68} = -19.7$
$f_{71} = -0.60$	$f_{72} = 1.79$	$f_{73} = -2.91$	$f_{74} = 7.71$	$f_{75} = -14.4$	$f_{76} = 61.3$	$f_{77} = -244$	$f_{78} = 81.8$
$f_{81} = 0.65$	$f_{82} = -1.20$	$f_{83} = 2.87$	$f_{84} = -4.31$	$f_{85} = 10.9$	$f_{86} = -19.7$	$f_{87} = 81.8$	$f_{88} = -319$

由表 12-3 可以发现如下结论。

(1) 当 $m \neq n$ 时，f_{mn} 和 f_{nm} 同号，且 $f_{mn} \approx f_{nm}$，这说明模态 m 和 n 之间只能发生一阶和型组合共振，即 $\Omega = \omega_m + \omega_n$。

(2) 当 $m = n$ 时，f_{mn} 的绝对值最大；当 $m \neq n$ 时，m 和 n 越接近，f_{mn} 的绝对值越大，这说明相邻模态的耦合响应更明显。

基于弗洛凯理论，计算得到立管无阻尼和有阻尼的参激稳定性图，如图 12-2 和图 12-3 所示。

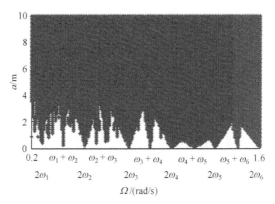

图 12-2　立管参激振动稳定性图(c=0)

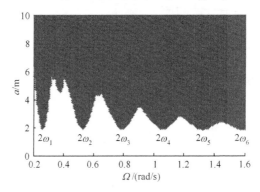

图 12-3　立管参激振动稳定性图(c=0.27)

分析图 12-2 和图 12-3 可知，由于模态耦合的影响，响应中除了一阶不稳定区($\Omega = 2\omega_n$)之外，还出现了和型组合共振($\Omega = \omega_m + \omega_n$)。和型共振与主共振不稳定区相互交叉和重叠，令不稳定区域进一步增大。阻尼对不稳定区域的抑制作用，使得立管参激振动失稳一般发生在一阶不稳定区，发生的模态一般为低阶模态。

根据图 12-3，选取稳定区与不稳定区临界线上的参数组合 a =2.0m 和 $\Omega = 2\omega_3$，初始条件为 $q_n = 1$ 和 $\dot{q}_n = 0$。计算立管振动的时间历程响应和不同水深处的位移，结果如图 12-4 和图 12-5 所示。

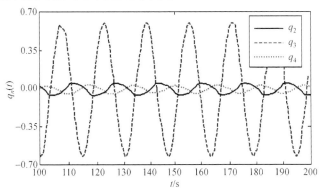

图 12-4　响应时间历程

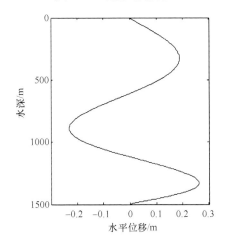

图 12-5　立管管振动曲线(t=187s)

由图 12-4 可以看出，当平台升沉频率与立管第 3 阶固有频率满足 2 倍关系时，立管第 3 阶模态被激发，由于模态之间的耦合作用，其他未被激发的模态，也存在一定的幅值，且不随时间的增加而衰减。

得到立管振动位移之后，可进一步计算立管参激振动引起的弯曲应力：

$$\sigma_b(z) = \frac{M(z)D}{2I} \tag{12-27}$$

其中，$\sigma_b(z)$ 为立管的弯曲应力；I 是立管截面惯性矩；$M(z)$ 为立管截面弯矩，其表达式为

$$M(z) = EIx''(z,t) \tag{12-28}$$

把式(12-28)代入式(12-27)，得

$$\sigma_{\mathrm{b}}(z) = \frac{EDx''(z,t)}{2} \tag{12-29}$$

由图 12-5 可知，立管横向最大位移为 0.26m(187s)，经计算得到其对应的最大弯曲应力约为 0.67MPa。

根据图 12-3，选取临界参数组合 $a=2.0$m 和 $\Omega=2\omega_5$，初始条件 $q_n=1$，$\dot{q}_n=0$。计算立管振动的时间函数和位移，结果如图 12-6 和图 12-7 所示。

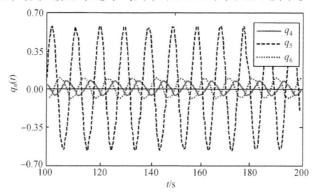

图 12-6　响应时间历程

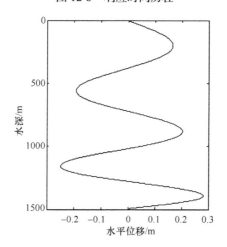

图 12-7　立管振动曲线($t=197$s)

对比图 12-6 和图 12-4 可以发现，激发模态越高，耦合效应越明显；与激发模态越接近，耦合效应越明显。这与表 12-3 中模态耦合系数 f_{mn} 统计得到的规律是一致的。由图 12-7 可知，立管横向最大位移约为 0.28m，对应的最大弯曲应力为 2.10MPa。

根据图 12-3，选择组合共振参数 $a=2.8$m 和 $\Omega=(\omega_4+\omega_5)$，初始条件 $q_n=1$，

$\dot{q}_n = 0$。计算立管振动时间函数和位移，结果如图 12-8 和图 12-9 所示。

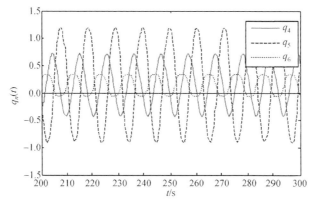

图 12-8　响应时间历程

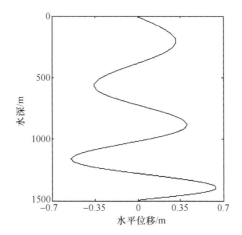

图 12-9　立管振动曲线(t =260s)

由图 12-8 可以看出立管 4 阶、5 阶、6 阶模态均具有较大幅值。由图 12-9 得到立管的最大位移为 0.64m，计算得到对应的最大弯曲应力约为 4.69MPa，可见组合参激共振对立管的危害更大。

12.1.3　海洋立管的涡激振动

考虑立管与流体之间的流-固耦合影响，基于范德波尔方程描述旋涡的尾流特性，得到深海立管涡激振动模型为[70]

$$EI\frac{\partial^4 x(z,t)}{\partial z^4} - \frac{\partial}{\partial z}\left[(T_z - wz)\cdot\frac{\partial x(z,t)}{\partial z}\right] + \bar{m}\frac{\partial^2 x(z,t)}{\partial t^2} = \frac{1}{4}\rho_w DC_{L0}\eta U^2 - \frac{1}{2}\rho_w DC_D|\dot{x}|\dot{x}$$

(12-30)

$$\ddot{\eta} + \varepsilon\Omega_s(\eta^2 - 1)\dot{\eta} + \Omega_s^2\eta = \frac{A}{D}\ddot{x} \tag{12-31}$$

其中，ε 为小参数，根据试验，取值为 $\varepsilon = 0.3$；η 为隐含流场变量，可定义为

$$\eta = 2\frac{C_L}{C_{L0}} \tag{12-32}$$

其中，C_L 为流体对结构的瞬时升力系数；C_{L0} 为对应的结构静态横向升力系数，本书取 $C_{L0} = 0.3$。

旋涡泄放频率 Ω_s 为

$$\Omega_s = 2\pi \cdot \frac{StU}{D} \tag{12-33}$$

其中，St 为斯特劳哈尔数，取 $St = 0.2$。立管振动对流体的反作用力 F 与立管振动的加速度成正比，即

$$F = \frac{A}{D}\ddot{x} \tag{12-34}$$

其中，A 为结构对流体的耦合动力参数，由试验确定为 $A = 12$。

由式(12-30)和式(12-31)可知，深海立管涡激振动预报模型出现了流固耦合的特性，应用有限差分法对式(12-30)和式(12-31)在时间和空间上离散，以求解立管的振动响应。

不考虑波浪的影响，海面流速一般为 $0.1 \sim 1\,\mathrm{m/s}$。当顶张力系数 $f_{top} = 1.3$ 时，计算不同流速下立管的振动响应。根据立管每一点的位移时程曲线和弯曲应力时程曲线，得到立管振动的最大位移和最大弯曲应力。图 12-10 和图 12-11 是选取高、中、低三种流速：$0.2\,\mathrm{m/s}$、$0.5\,\mathrm{m/s}$ 和 $0.8\,\mathrm{m/s}$ 计算得到的最大位移和最大弯曲应力对比图。

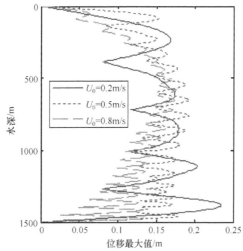

图 12-10　立管涡激振动位移最大值

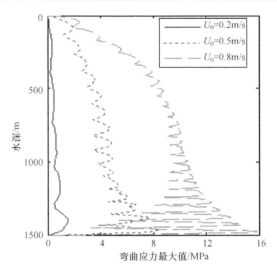

图 12-11　立管涡激振动弯曲应力最大值

图 12-10 表明，流速越大，立管涡激振动激发模态越高，但最大振动位移略有减小，说明立管涡激振动位移主要受低阶模态控制；低流速时，振动位移最大值在立管底部，高流速时，振动位移最大值在立管中上部。由图 12-11 可以看出，流速越大，立管涡激振动弯曲应力越大，说明立管涡激振动弯曲应力主要受高阶模态控制。不管何种流速，立管振动弯曲应力随水深增加逐渐增大，弯曲应力最大值始终位于立管底部。

不同流速下立管振动最大位移、最大弯曲应力及振动主频率的统计情况如表 12-4 所示。

表 12-4　不同流速下立管涡激振动响应统计表

序号	流速 /(m/s)	最大位移 /m	位置点 /m	最大弯曲应力 /MPa	位置点 /m	主频率 /(rad/s)
1	0.1	0.2438	1246	0.29	1268	0.2564
2	0.2	0.2346	1384	1.52	1398	0.6440
3	0.3	0.2163	1432	3.55	1435	1.0433
4	0.4	0.2131	1442	5.91	1455	1.1966
5	0.5	0.1925	652	8.42	1463	1.9442
6	0.6	0.1853	648	10.89	1468	2.4237
7	0.7	0.1822	612	14.09	1472	2.8532
8	0.8	0.1757	589	15.8	1475	3.1598
9	0.9	0.1517	580	17.97	1478	3.6201
10	1.0	0.1511	525	20.29	1481	4.0801

结合表 12-4、图 12-10 和图 12-11 可以得出如下结论。

(1) 振动位移。流速越大，最大位移越小，最大值出现的位置越靠近立管上部。原因如下：小流速产生的涡激升力小，主要激起低阶模态，低阶模态产生的位移较大，特别是立管底部由于内部张力较小，因此有较大的位移；大流速激起高阶模态，高阶模态产生的位移较小，立管中上部由于涡激升力大，导致有较大的振动位移。

(2) 振动弯曲应力。流速越大，激发模态越高，弯曲应力越大，最大弯曲应力均集中在立管底部。究其原因，是因为弯曲应力大小由振动位移的二次导数决定，深海立管涡激振动位移的二次导数最大幅值在立管底部，在振动位移相差不大的情况下，位移二次导数的最大幅值随模态阶次升高而增大。

12.1.4　海洋立管的参激涡激联合振动

采用范德波尔方程作为升力系数的控制方程，并同立管参激-涡激联合振动方程联立，以作为立管参激-涡激联合振动的预报模型[70]：

$$
\begin{cases}
EI\dfrac{\partial^4 x(z,t)}{\partial z^4} - \dfrac{\partial}{\partial z}\left[\left(T_z - wz - Ka\cos\Omega t\right)\dfrac{\partial x(z,t)}{\partial z}\right] + \bar{m}\dfrac{\partial^2 x(z,t)}{\partial t^2} \\
= \dfrac{1}{4}\rho_w D C_{L0}\eta U^2 - \dfrac{1}{2}\rho_w D C_D |\dot{x}|\dot{x} \\
\ddot{\eta} + \varepsilon\Omega_s(\eta^2 - 1)\dot{\eta} + \Omega_s^2\eta = \dfrac{A}{D}\ddot{x}
\end{cases}
\tag{12-35}
$$

与涡激振动预报模型式(12-30)和式(12-31)相比，式(12-35)主要增加了参数激励项。采用有限差分法求解式(12-35)，得到立管每一位置的振动位移时程曲线。分析相对于单独的涡激振动，考虑参激-涡激联合作用后立管的振动响应特性。图 12-12 为流速为 0.5 m/s 时，水深 1125m 处，有参激和无参激立管振动位移时程曲线对比图。

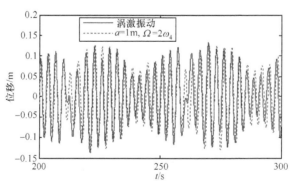

图 12-12　立管振动位移时间历程响应曲线(z=1125m)

由图 12-12 可以看出，参数激励使立管的振动位移略有增大。由式(12-34)可得对应的立管弯曲应力时间历程响应曲线，如图 12-13 所示。

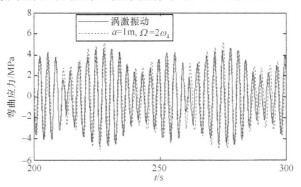

图 12-13　立管振动弯曲应力时间历程响应曲线(z=1125m)

可见，参数激励改变了立管涡激的振动特性，特别是改变了立管的振动应力循环，这将对疲劳损伤带来一定的影响。

立管振动响应频谱如图 12-14 所示。可以看出，在参数激励 a=1m，$\Omega=2\omega_4$ 作用下，立管振动主频率的成分更为突出，但基本没有改变立管振动的频率成分及频率的大小。

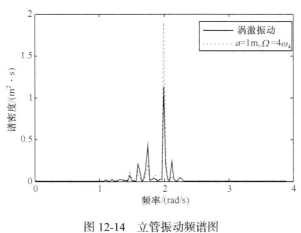

图 12-14　立管振动频谱图

12.2　张力腿平台张力腿的非线性振动

张力腿平台所受的浮力大于平台重量产生的剩余浮力，承受剩余浮力的张力腿具有较大的预张力，由此维持平台整体的运动稳定性[14]。张力腿连接海洋平台主体与海底基础，承受着很大的张力和波流作用。此外，平台浮体的垂荡作用，使张力腿受到垂向载荷，所以张力腿的振动特点是在波流作用下发生涡激振动，浮体垂荡引起参数激励振动。本节综合考虑张力腿的涡激力和参数激励，建立张力腿非线性振动的数学模型，研究张力腿的涡激和参数激励非线性振动，并分析张力腿振动的稳定性。

12.2.1　张力腿涡激非线性振动方程

假设：①张力腿的几何尺度和材料特性沿长度方向保持不变；②张力腿承受很大的预张力，预张力比自重大很多，因此忽略张力沿长度方向的变化；③顶部张力变化产生的中心激振由平台升沉运动决定。

系统坐标如图 12-15 所示。原点设在海底，z 轴向上为正，波与流都沿 x 轴的正方向传播。本节讨论的涡激振动沿 y 轴方向。基于以上假定及定义的坐标系，张力腿运动方程可以表示为

$$EI\frac{\partial^4 y}{\partial z^4} - (T_0 + T\cos\Omega t)\frac{\partial^2 y}{\partial z^2} + C\frac{\partial y}{\partial t} + m\frac{\partial^2 y}{\partial t^2} = F_y(z,t) \tag{12-36}$$

其中，EI 为张力腿的弯曲刚度；T_0 为预张力；T 为动张力；Ω 为参数激振频率；C 为结构黏性阻尼系数；m 为单位长度结构质量；$F_y(z,t)$ 为沿 y 轴方向上单位长度流体总作用力。

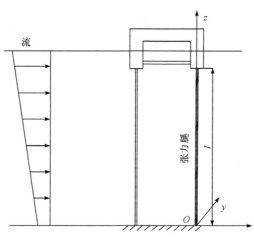

图 12-15　张力腿平台示意图

视张力腿两端为简支结构，其边界条件为

$$\begin{cases} y(0,t) = y(l,t) = 0 \\ \dfrac{\partial^2 y}{\partial z^2} = 0, \quad z = 0, l \end{cases} \tag{12-37}$$

垂直于水流方向的流体力可以分为两部分：一是由涡泄过程产生的升力 $F_L(z,t)$；二是由张力腿在 y 轴方向运动而产生的流体阻尼力 $F_r(z,t)$，即

$$F_y(x,t) = F_L(z,t) - F_r(z,t) \tag{12-38}$$

若只考虑流作用而不考虑波浪影响，升力 $F_L(z,t)$ 可近似表示为涡泄频率的简谐函数。这种近似在涡串有定义的 Reynolds 数范围内成立。这样，升力可以表示为

$$F_L(z,t) = \frac{1}{2}\rho_w D u_c^2 C_L \cos \Omega_s t \tag{12-39}$$

其中，ρ_w 为海水的密度；D 为张力腿直径；u_c 为流速；C_L 为升力系数；Ω_s 为涡泄频率。

若考虑波流联合作用，则需要考虑波速的影响，升力公式变形为

$$\begin{cases} F_L(z,t) = \dfrac{1}{2}\rho_w D (u_c + u)^2 C_L \cos \Omega_s t = K_L(z) C_L \cos \Omega_s t \\ K_L(z) = \dfrac{1}{2}\rho_w D (u_c + u)^2 \end{cases} \tag{12-40}$$

其中，u 为波浪中水质点运动的水平速度。

对于线性微幅波而言，水质点运动的水平速度为

$$\begin{cases} u = u(z) = \dfrac{\pi H}{T_w} \mathrm{e}^{kz'} \cos(kx + \Omega_w t) \\ z' = z - (l - d) \end{cases} \tag{12-41}$$

其中，l 为张力腿长度；d 为张力腿平台的吃水；H 为波高；T_w 为波浪周期；Ω_w 为波浪圆频率；k 为波数。

张力腿在 y 方向运动所引起的流体阻尼力可以使用 Morison 公式表示：

$$\begin{cases} F_r(z,t) = \dfrac{1}{2}\rho_w C_D D \dot{y}|\dot{y}| + C_a \rho_w \dfrac{\pi D^2}{4}\ddot{y} = K_d C_D \,\mathrm{sgn}(\dot{y})\dot{y}^2 + m'\ddot{y} \\ K_d = \dfrac{1}{2}\rho_w D \\ m' = C_a \rho_w \dfrac{\pi D^2}{4} \end{cases} \tag{12-42}$$

其中，C_D 为流体阻尼系数；C_a 为附加质量系数。

升力系数与流体阻尼系数依赖于雷诺数 Re 及 KC(Keulegan-Carpenter)数，附

加质量系数与结构振动频率有关。

为求解系统非线性偏微分方程，首先采用伽辽金法将式(12-36)化成常微分方程组，将横向位移 $y(z,t)$ 表示为振型的级数形式，即

$$y(z,t) = \sum_{n=1}^{\infty} y_n(t) \sin \frac{n\pi z}{l} \tag{12-43}$$

将式(12-43)代入式(12-40)、式(12-42)、式(12-36)中，根据伽辽金法可得

$$\int_0^l R(z,t) \sin \frac{j\pi z}{l} dz = 0, \quad j = 1, 2, \cdots \tag{12-44}$$

其中，$R(z,t)$ 称为留函数，由下式表示：

$$R(z,t) = \sum_{n=1}^{\infty} \left[EI \left(\frac{n\pi}{l} \right)^4 y_n(t) + \left(T_0 + T\cos\Omega t \right) \left(\frac{n\pi}{l} \right)^2 y_n(t) + C\dot{y}_n(t) + \overline{m}\ddot{y}_n(t) \right] \sin \frac{n\pi z}{l}$$

$$+ K_{\mathrm{d}} C_{\mathrm{D}} \left[\sum_{n=1}^{\infty} \dot{y}_n(t) \sin \frac{n\pi z}{l} \right]^2 \cdot \mathrm{sgn} \left[\sum_{n=1}^{\infty} \dot{y}_n(t) \sin \frac{n\pi z}{l} \right] - K_{\mathrm{L}}(z) C_{\mathrm{L}} \cos \Omega_{\mathrm{s}} t$$

$$\tag{12-45}$$

其中，$\overline{m}$ 为单位长度包括附连水在内的质量，$\overline{m} = m + m'$；$\mathrm{sgn}(\cdot)$ 为符号函数。

式(12-44)代表的常微分方程组个数与位移表达式(12-43)中选取的 n 有关。因为非线性阻尼力的处理比较烦琐，所以 n 的取值不宜过大。本节中取 $n = 3$。另外，为了便于运算，引入下列符号：

$$D_j = K_{\mathrm{d}} C_{\mathrm{D}} \int_0^l \mathrm{sgn}(\dot{y}) \dot{y}^2 \sin \frac{j\pi z}{l} dz, \quad j = 1, 2, \cdots \tag{12-46}$$

其中

$$\dot{y} = \dot{y}(z,t) = \sum_{i=1}^{n} y_i(t) \sin \frac{i\pi z}{l} \tag{12-47}$$

式(12-46)中，$\mathrm{sgn}[\dot{y}(z,t)]$ 既随时间 t 变化，又随空间 z 变化，不能用解析法确定。由于非线性常微分方程组可对时间逐步积分求解，而对 z 的积分式(12-46)可以采用分段积分近似得到，$\mathrm{sgn}[\dot{y}(z,t)]$ 就可以由上一时段中 $\dot{y}(z,t)$ 的数值确定。这样，最终的常微分方程组可写成

$$\ddot{y}_n + \left[\omega_{\mathrm{B}n}^2 + \omega_{\mathrm{C}n}^2 (1 + \varepsilon \cos \Omega t) y_n + \frac{C_n}{\overline{m}} \dot{y}_n + \frac{2K_{\mathrm{d}} C_{\mathrm{D}}}{\pi \overline{m}} D_n \right]$$

$$= \frac{2C_{\mathrm{L}}}{l\overline{m}} \cos \Omega_{\mathrm{s}} t \int_0^l K_{\mathrm{L}}(z) \sin \frac{n\pi z}{l} dz, \quad n = 1, 2, 3 \tag{12-48}$$

其中，$\omega_{\mathrm{B}n}$ 为张力腿第 n 阶弯曲振动固有频率，$\omega_{\mathrm{B}n}^2 = \left(\frac{n\pi}{l} \right)^4 \frac{EI}{\overline{m}}$；$\omega_{\mathrm{C}n}$ 为张力腿沿

z 向振动的固有频率，$\omega_{Cn}^2 = \left(\dfrac{n\pi}{l}\right)^2 \dfrac{T_0}{\overline{m}}$；$C_n$ 为结构第 n 阶黏性阻尼系数，

$C_n = 2\overline{m}(\omega_{Bn}^2 + \omega_{Cn}^2)^{1/2}\zeta_s$，$\zeta_s$ 为无因次阻尼比；D_n 由式(12-46)定义，并由分段积分计算得到。

假定流速沿水深线性变化，即

$$u_c(z) = a + bz \tag{12-49}$$

若考虑 $x=0$ 处的微幅波，则由式(12-41)得到波速为

$$u(z) = \frac{\pi H}{T_w} e^{kz'} \cos \Omega_w t \tag{12-50}$$

将式(12-49)和式(12-50)代入升力公式(12-40)中，可以得到式(12-48)中右端激振载荷的具体表达式如下：

$$
\begin{aligned}
&\frac{2C_L}{l\overline{m}} \cos \Omega_s t \int_0^l K_L(z) \sin\frac{n\pi z}{l} \mathrm{d}z \\
&= \frac{\rho_w D C_L}{l\overline{m}} \cos \Omega_s t \int_0^l \left[u_c(z) + u(z)\right]^2 \sin\frac{n\pi z}{l}\mathrm{d}z \\
&= \frac{\rho_w D C_L}{l\overline{m}} \left[A_c \cos \Omega_s t + A_w \cos 2\Omega_w t \cdot \cos \Omega_s t + 2A_{cw} \cos \Omega_w t \cdot \cos \Omega_s t \right]
\end{aligned}
\tag{12-51}
$$

其中

$$
A_c = \begin{cases}
a^2\left(\dfrac{2l}{\pi}\right) + 2ab\left(\dfrac{l^2}{\pi}\right) + b^2\left[\dfrac{l^3}{\pi} - 4\left(\dfrac{l}{\pi}\right)^3\right], & n=1,3 \\[3mm]
-ab\left(\dfrac{l^2}{\pi}\right) + b^2\left(\dfrac{l^2}{2\pi}\right), & n=2
\end{cases}
\tag{12-52}
$$

$$
A_w = \begin{cases}
\left(\dfrac{\pi H}{T_w}\right)^2 \dfrac{\dfrac{n\pi}{l}}{4k^2 + \left(\dfrac{n\pi}{l}\right)^2}\left[e^{-2kd} + e^{-2k(l+d)}\right], & n=1,3 \\[5mm]
0, & n=2
\end{cases}
\tag{12-53}
$$

$$
A_{cw} = \begin{cases}
\left(\dfrac{\pi H}{T_w}\right) aB_n\left[e^{-kd} + e^{-k(l+d)}\right] + b\left[B_n l e^{-kd} - k\overline{B}_n\left(e^{-kd} + e^{-k(l+d)}\right)\right], & n=1,3 \\[3mm]
-b\dfrac{\pi H}{T_w}\overline{B}_n l e^{-kd}, & n=2
\end{cases}
\tag{12-54}
$$

且有

$$\begin{cases} B_n = \dfrac{\dfrac{n\pi}{l}}{k^2 + \left(\dfrac{n\pi}{l}\right)^2} \\[6mm] \overline{B}_n = \dfrac{\dfrac{n\pi}{l}}{\left[k^2 + \left(\dfrac{n\pi}{l}\right)^2\right]^2} \end{cases} \qquad (12\text{-}55)$$

在式(12-51)右端，第一项 $A_c \cos \Omega_s t$ 为由流单独作用而产生的涡激力，第二项 $A_w \cos 2\Omega_w t \cdot \cos \Omega_s t$ 为波浪引起的涡激力，第三项 $2A_{cw} \cos \Omega_w t \cdot \cos \Omega_s t$ 则代表流与波浪共同作用产生的耦合涡激力。

值得注意的是，式(12-48)中 D_n 是 $\dot{y}_i(z,t)$ $(i=1,2,3)$ 的二次函数。因此该方程是互相耦合的方程组，可以采用第 7 章的数值方法进行求解。

以下算例取自北海海域英国的 Conoco's Hutton 张力腿平台。该平台的技术参数列于表 12-5。

表 12-5　Conoco's Hutton 张力腿平台的技术参数[71]

序号	项目		参数		
1	流		a=0.4 m/s		$b=1.2857\times10^{-3}$ m/s
2	波浪	I	$\Omega_w = 0.5938$ rad/s	$H=10$m	$L_w=175$m
		II	$\Omega_w = 0.4345$ rad/s	$H=20$m	$L_w=327$m
3	平台吃水 d/m		50		
4	张力腿的参数		—		
5	长度 l/m		300		
6	外径 D/m		1.176		
7	壁厚 t/m		0.038		
8	张力比 $\varepsilon = T/T_0$		0.328		
9	单位长度质量 m/(t/m)		1.000		
10	单位长度附加质量 m'/(t/m)		1.006		
11	弯曲刚度 EI/(kN·m^2)		3.854×10^6		
12	固有频率/(rad/s)				
13	ω_1		0.869		
14	ω_2		1.817		
15	ω_3		2.910		
16	结构无因次阻尼比 ζ_s		1.8×10^{-8}		

数值计算分两步进行，首先只讨论流引起的振动，然后讨论波与流的联合作用激起的振动响应。

采用第 7 章的龙格-库塔方法求解式(12-48)。先将方程变成典型形式，令

$$Y_1 = y_1(t), \quad Y_2 = y_2(t), \quad Y_3 = y_3(t) \tag{12-56}$$

利用式(12-48)及表 12-5 中的有关物理参量，式(12-48)可以写成如下 6 个一阶常微分方程组：

$$\frac{\mathrm{d}Y_1}{\mathrm{d}t} = Y_2$$

$$\frac{\mathrm{d}Y_2}{\mathrm{d}t} = 0.1304C_\mathrm{L}\cos\Omega_\mathrm{s}t - 0.00156Y_2 - [0.023 + 0.733(1 + \varepsilon\cos\Omega t)]Y_1 + 0.1819C_\mathrm{D}D_1$$

$$\frac{\mathrm{d}Y_3}{\mathrm{d}t} = Y_4$$

$$\frac{\mathrm{d}Y_4}{\mathrm{d}t} = -0.0416C_\mathrm{L}\cos\Omega_\mathrm{s}t - 0.00326Y_4 - [0.3697 + 2.931(1 + \varepsilon\cos\Omega t)]Y_3 + 0.1819C_\mathrm{D}D_2$$

$$\frac{\mathrm{d}Y_5}{\mathrm{d}t} = Y_6$$

$$\frac{\mathrm{d}Y_6}{\mathrm{d}t} = 0.0467C_\mathrm{L}\cos\Omega_\mathrm{s}t - 0.00522Y_6 - [1.921 + 6.595(1 + \varepsilon\cos\Omega t)]Y_5 + 0.1819C_\mathrm{D}D_3$$

$$\tag{12-57}$$

其中，C_L=0.6～2.4，C_D=0.4～2.0，参数激励频率 Ω 取为平台升沉频率的 2 倍。本例中取 $\Omega = 1.74\mathrm{rad/s}$。动张力与预张力之比 $\varepsilon = 0.328$。这些值是根据奥林维瑞(Oliveira)1988 年提供的资料确定的。

当 $\Omega_\mathrm{s} = 0.869\mathrm{rad/s}$ 时，涡激频率与张力腿的第一阶固有频率接近，产生谐振或称锁定。图 12-16 给出 $C_\mathrm{L} = 2.4$，$C_\mathrm{D} = 0.6$，$\Omega = 1.74\mathrm{rad/s}$，$\varepsilon = 0.328$ 情况下首阶谐振时，3 个模态的动力响应历程曲线。

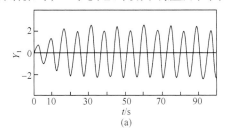

(a)

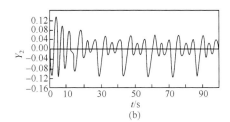

(b)

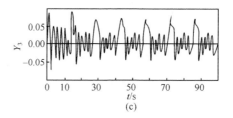

图 12-16　模态振动动力响应历程曲线

12.2.2　张力腿涡激非线性振动稳定性

在下面的讨论中，令式(12-43)中 $n=1$，并记 $y_1(t)$ 为 y，式(12-48)写为如下形式：

$$\ddot{y} + \frac{C_1'}{\overline{m}}\dot{y} + \left[\omega_{B1}^2 + \omega_{C1}^2(1+\varepsilon\cos\varOmega t)\right]y + \frac{8}{3\pi\overline{m}}K_2C_D\dot{y}|\dot{y}|$$
$$= \frac{2K_2C_L}{l\overline{m}}\cos\varOmega_s t\int_0^l u^2(z)\sin\frac{\pi z}{l}\mathrm{d}z \tag{12-58}$$

根据张力腿平台的特点和 12.2.1 节的结果可得如下结论。

(1) 式(12-58)中，$\omega_{B1} \ll \omega_{C1}$，故在稳定性分析中忽略弯曲刚度的影响，以 λ_1 代替 ω_{C1}，表示结构的第一阶固有频率。

(2) 当 $\varOmega = 2\lambda_1$ 时，张力腿的动力响应最大，故取 $\varOmega = 2\lambda_1$。

(3) 尽管涡激力幅值很小，但当涡激频率接近结构的固有频率时，响应很大，故下面集中研究 $\varOmega_s = \lambda_1$ 时的结构响应。

由此，张力腿一阶振动方程可以简化成如下形式：

$$\ddot{y} + C_1\dot{y} + \lambda_1^2\left(1+\varepsilon\cos\varOmega t\right)y + C_2\dot{y}|\dot{y}| = F_g\cos\lambda_1 t \tag{12-59}$$

其中，$C_1 = \dfrac{C_1'}{\overline{m}}$；$C_2 = \dfrac{8}{3\pi\overline{m}}K_2C_D$；$F_g = \dfrac{2K_2C_L}{l\overline{m}}\displaystyle\int_0^l u^2(z)\sin\frac{\pi z}{l}\mathrm{d}z$。

因为 C_1、C_2、ε、F_g 都是小量，下面引入一个小参数 μ 表示它们。同时为反映结构频率的变化，引入一个调谐因子 γ，并假定它也是小量，即令 $\omega_{C1}^2 = \lambda_1^2 + \gamma$，则可将式(12-59)改写为

$$\ddot{y} + \mu\overline{C}_1\dot{y} + \mu\overline{C}_2\,\mathrm{sgn}(\dot{y})|\dot{y}|^2 + \left(\lambda_1^2 + \mu\overline{\gamma} + \mu\lambda_1^2\overline{\varepsilon}\cos 2\lambda_1 t\right)y = \mu\overline{F}_g\cos\lambda_1 t \tag{12-60}$$

其中，$C_1 = \mu\overline{C}_1$；$C_2 = \mu\overline{C}_2\,\mathrm{sgn}\,\dot{y}$；$\varepsilon = \mu\overline{\varepsilon}$；$\gamma = \mu\overline{\gamma}$；$F_g = \mu\overline{F}_g$。值得注意的是，从式(12-59)到式(12-60)的变化中，忽略了 μ 的高阶项。

采用第 3 章中的三级数方法求解式(12-60)，假定解的形式为

$$\begin{cases} y = a\cos(\lambda_1 t + \theta) + \mu u^{(1)}(a,\theta,t) + \mu^2 u^{(2)}(a,\theta,t) + \cdots \\ \dot{a} = \mu A^{(1)}(a,\theta) + \mu^2 A^{(2)}(a,\theta) + \ldots \\ \dot{\theta} = \mu B^{(1)}(a,\theta) + \mu^2 B^{(2)}(a,\theta) + \ldots \end{cases} \tag{12-61}$$

其中，a、θ 分别为简谐解的幅值、相位，它们都是时间的函数。相位有时也表示为

$$\phi = \lambda_1 t + \theta \tag{12-62}$$

式(12-61)中，$A^{(i)}$、$B^{(i)}$、$u^{(i)}(i=1,2)$ 都是未知的。将 y 及其对时间的一阶、二阶导数代入式(12-60)中，经整理只取 μ 的一次项，则可得 $u^{(1)}$ 的方程为

$$\ddot{u}^{(1)} + \lambda_1^2 u^{(1)} = f_0(a,\lambda_1,t,\phi) + 2\lambda_1 A^{(1)}\sin\phi + 2a\lambda_1 B^{(1)}\cos\phi \tag{12-63}$$

其中

$$f_0(a,\lambda_1,t,\phi) = \overline{F}_g\cos\lambda_1 t + \overline{C}_1 a\lambda_1\sin\phi - \overline{\gamma}a\cos\phi - \lambda_1^2\overline{\varepsilon}a\cos\phi\cdot\cos 2\lambda_1 t \\ - \overline{C}_s a^2\lambda_1^2\sin^2\phi\,\mathrm{sgn}(-a\lambda_1\sin\phi) \tag{12-64}$$

考虑 a、λ_1 为正数,利用傅里叶级数展开公式: $\mathrm{sgn}(\sin\phi)|\sin\phi|^2 = \sum_{m=1,3,5,\cdots}^{\infty} b_m\sin m\phi$,

其中 $b_m = -\dfrac{8}{\pi n(m^2-4)}$。因此当 $m=1$ 时，$b_1 = -8/3\pi$。

根据 $u^{(1)}$ 解存在的必要条件，一次谐波项为永年项，$\sin\phi$、$\cos\phi$ 的系数应该为0，得

$$\begin{cases} A^{(1)} = -\dfrac{1}{2}\overline{C}_1 a + \dfrac{\lambda_1}{4}\overline{\varepsilon}a\sin 2\theta - \dfrac{1}{2}\overline{C}_2 a^2\lambda_1 b_1 - \dfrac{1}{2\lambda_1}\overline{F}_g\sin\theta \\ B^{(1)} = \dfrac{1}{2\lambda_1}\overline{\gamma} + \dfrac{\lambda_1}{4}\overline{\varepsilon}\cos 2\theta - \dfrac{1}{2a\lambda_1}\overline{F}_g\cos\theta \end{cases} \tag{12-65}$$

将式(12-65)代入式(12-63)中，最后可解出

$$u^{(1)} = -\dfrac{1}{16}\overline{\varepsilon}a\cos(3\lambda_1 t + \theta) + \overline{C}_2 a^2\lambda_1^2\sum_{m=1,3,5,\cdots}^{\infty}\dfrac{b_m}{\lambda_1^2 - m^2}\sin m\phi \tag{12-66}$$

由式(12-59)及式(12-63)可以写出 $\dot{a}$、$\dot{\theta}$ 的一阶近似表达式为

$$\begin{cases} \dot{a} = \mu A^{(1)} = \dfrac{a}{2}f_1(a,\theta,\varepsilon) \\ \dot{\theta} = \mu B^{(1)} = \dfrac{1}{2}f_2(a,\theta,\varepsilon) \end{cases} \tag{12-67}$$

其中

$$\begin{cases} f_1(a,\theta,\varepsilon) = -C_1 + \dfrac{\lambda_1}{2}\varepsilon\sin 2\theta - C_2 a b_1 \lambda_1 - \dfrac{1}{a\lambda_1}F_g\sin\theta \\[3mm] f_2(a,\theta,\varepsilon) = \dfrac{1}{\lambda_1}\gamma + \dfrac{\lambda_1}{2}\varepsilon\cos 2\theta - \dfrac{1}{a\lambda_1}F_g\cos\theta \end{cases} \tag{12-68}$$

令 $\dot{a}=0$、$\dot{\theta}=0$，可得到非线性振动的非零定常解。将该条件代入式(12-67)，有

$$\begin{cases} -C_1 a\lambda_1 + \dfrac{\lambda_1^2}{2}\varepsilon a\sin 2\theta - C_2 a^2 b_1 \lambda_1^2 = F_g\sin\theta \\[3mm] a\gamma + \dfrac{\lambda_1^2}{2}\varepsilon a\cos 2\theta = F_g\cos\theta \end{cases} \tag{12-69}$$

若 $F_g=0$，即自由振动，则可推导出稳定状态的定常解幅值 a 与其余各参数的关系为

$$C_2 a b_1 \lambda_1 = \frac{1}{2}\sqrt{\lambda_1^4 \varepsilon^2 - 4\gamma^2} - C_1\lambda_1 \tag{12-70}$$

当 $F_g\neq 0$，即强迫振动时，依据式(12-69)推导定常解幅值 a 与参数 C_1、C_2、ε、γ、F_g 的关系，从而求解具有意义的正实根 a。为此，将式(12-69)改写成

$$C_1 a\lambda_1 + C_2 a^2 b_1 \lambda_1^2 = \frac{\lambda_1^2}{2}\varepsilon a\sin 2\theta - F_g\sin\theta \tag{12-71}$$

$$-a\gamma = \frac{\lambda_1^2}{2}\varepsilon a\cos 2\theta - F_g\cos\theta \tag{12-72}$$

将式(12-71)和式(12-72)各自平方之后相加，并利用三角函数和差角公式可以得到

$$(C_1 a\lambda_1 + C_2 a^2 b_1 \lambda_1^2)^2 + (-a\gamma)^2 = \frac{\lambda_1^4}{4}\varepsilon a^2 + F_g^2 - \varepsilon a\lambda_1^2 F_g\cos\theta \tag{12-73}$$

由式(12-72)得

$$\cos\theta = \frac{F_g \pm \sqrt{F_g^2 - 4\varepsilon a^2\lambda_1\gamma + 2\varepsilon^2 a^2\lambda_1^4}}{2\varepsilon a\lambda_1^2} \tag{12-74}$$

由式(12-71)可得下列关系：

$$\lambda_1^2 \varepsilon a\sin\theta\cos\theta - F_g\sin\theta \geqslant 0 \tag{12-75}$$

分析式(12-75)可知

$$\sin\theta \begin{cases} \geqslant 0, & \cos\theta \geqslant F_g/\varepsilon a\lambda_1^2 \\[2mm] < 0, & \cos\theta < F_g/\varepsilon a\lambda_1^2 \end{cases} \tag{12-76}$$

利用式(12-74)和式(12-76)可以检查式(12-71)及式(12-72)中由于平方而导致的增根。将式(12-74)代入式(12-73)，两边平方，整理后得到关于 a 的 6 阶代数方程：

$$Aa^6 + Ba^5 + Ca^4 + Da^3 + Ea^2 + Fa + G = 0 \tag{12-77}$$

其中

$$A = (C_2 b_1 \lambda_1^2)^4, \quad B = 4C_1(C_2 b_1 \lambda_1^2)^3$$

$$C = 2(C_2 b_1 \lambda_1^2)^2 \left[3(C_1 \lambda_1)^2 + \gamma - \frac{1}{4}\varepsilon^2 \lambda_1^4 \right], \quad D = 4C_1 C_2 b_1 \lambda_1^3 \left[(C_1 \lambda_1)^2 + \gamma - \frac{1}{4}\varepsilon^2 \lambda_1^2 \right]$$

$$E = (C_1 \lambda_1)^2 \left[(C_1 \lambda_1)^2 + 2\gamma^2 - \frac{1}{2}\varepsilon \lambda_1^2 \right] + \left[\gamma^4 + \frac{1}{16}(\varepsilon \lambda_1)^4 - \gamma \frac{1}{2}(\gamma \lambda_1 \varepsilon)^2 - (F_g C_2 b_1 \lambda_1^2)^2 \right]$$

$$F = -2F_g^2 C_1 C_2 b_1 \lambda_1^3, \quad G = F_g^2 \left[\frac{1}{4}(\varepsilon \lambda_1)^2 - \frac{1}{2}\varepsilon^2 \lambda_1^4 - (C_1 \lambda_1)^2 + \varepsilon \gamma \lambda_1^2 - \gamma^2 \right]$$

由式(12-77)解得 a ，进而由式(12-74)解得 θ 。下面讨论这些解的稳定性，将它们分别记为 a^* 和 θ^* ，表示未经扰动的解。若在其附近加小扰动 $\rho(t)$ 和 $\phi(t)$ ，则受扰动后的解为

$$\begin{cases} a = a^* + \rho(t) \\ \theta = \theta^* + \phi(t) \end{cases} \tag{12-78}$$

将它们代入式(12-67)中，得到

$$\begin{cases} \dot{a} = \dfrac{a^*}{2} f_1[a^* + \rho(t), \theta^* + \phi(t), \varepsilon] \\ \dot{\theta} = \dfrac{1}{2} f_2[a^* + \rho(t), \theta^* + \phi(t), \varepsilon, \gamma] \end{cases} \tag{12-79}$$

用泰勒展开法将 $\dot{a}$ 、 $\dot{\theta}$ 在 a^* 、 θ^* 附近展开，并注意到定常解 $\dot{a}^* = \dot{\theta}^* = 0$ ，则可得到下面线性变化的变分方程组：

$$\begin{cases} \dot{\rho} = \dfrac{1}{2}\left[a^* f_{1a}(a^*, \theta^*, \varepsilon) \right]\rho + \dfrac{1}{2}\left[a^* f_{1\theta}(a^*, \theta^*, \varepsilon) \right]\phi \\ \dot{\phi} = \dfrac{1}{2}\left[f_{2a}(a^*, \theta^*, \varepsilon, \gamma) \right]\rho + \dfrac{1}{2}\left[f_{2\theta}(a^*, \theta^*, \varepsilon, \gamma) \right]\phi \end{cases} \tag{12-80}$$

其中， f_{1a} 、 $f_{1\theta}$ 、 f_{2a} 、 $f_{2\theta}$ 分别为 f_1 、 f_2 对 a 、 θ 的偏导数，可由式(12-67)得到，而且均表示在 $a = a^*$ 、 $\theta = \theta^*$ 处的值。

假定 $\rho(t) = C_\rho e^{\sigma t}, \phi(t) = C_\phi e^{\sigma t}$ ，将它们代入式(12-80)，并根据 C_ρ 、 C_ϕ 不同时为零的充分必要条件，可写出其特征方程：

$$\begin{vmatrix} \dfrac{1}{2}\Big[a^*f_{1a}(a^*,\theta^*,\varepsilon)\Big]-\sigma & \dfrac{1}{2}\Big[a^*f_{1\theta}(a^*,\theta^*,\varepsilon)\Big] \\[3mm] \dfrac{1}{2}\Big[f_{2a}(a^*,\theta^*,\varepsilon,\gamma)\Big] & \dfrac{1}{2}\Big[f_{2\theta}(a^*,\theta^*,\varepsilon,\gamma)\Big]-\sigma \end{vmatrix}=0 \tag{12-81}$$

根据第 6 章的李雅普诺夫原理：如果此特征方程根的实部全部是负数，则相应的 $u=a^*$、$\theta=\theta^*$ 解是稳定的；如果其中任意一个根的实部为正，则相应的解是不稳定的。为了判别该特征方程的根，将其改写为

$$\sigma^2+p\sigma+q=0 \tag{12-82}$$

其中

$$\begin{cases} p=-\dfrac{1}{2}\Big[a^*f_{1a}(a^*,\theta^*,\varepsilon)+f_{2\theta}(a^*,\theta^*,\varepsilon,\gamma)\Big] \\[3mm] q=\dfrac{1}{4}\Big[a^*f_{1a}(a^*,\theta^*,\varepsilon)f_{2\theta}(a^*,\theta^*,\varepsilon,\gamma)-a^*f_{1\theta}(a^*,\theta^*,\varepsilon)f_{2a}(a^*,\theta^*,\varepsilon,\gamma)\Big] \end{cases} \tag{12-83}$$

根据第 6 章的劳斯-赫尔维茨稳定性判据，上述特征根实部为负的充分必要条件是 $p>0$ 且 $q>0$。经过整理，得到 p、q 的具体表达式为

$$\begin{cases} p=C_1+\dfrac{3}{2}C_2\lambda_1 b_1 a^* \\[3mm] q=\dfrac{1}{4}\left[\left(C_1+2C_2\lambda_1 b_1 a^*-\dfrac{\varepsilon\lambda_1}{2}\sin 2\theta^*\right)\left(C_1+C_2\lambda_1 b_1 a^*+\dfrac{\varepsilon\lambda_1}{2}\sin 2\theta^*\right)\right. \\[3mm] \left.+\left(\dfrac{\gamma}{\lambda_1}\right)^2-\left(\dfrac{\varepsilon\lambda_1}{2}\cos 2\theta^*\right)\right] \end{cases} \tag{12-84}$$

以下算例为一混凝土 TLP 平台张力腿的稳定性分析，该平台的主要参数见表 12-5。考虑涡激频率等于结构的第一阶固有频率，即 $\Omega_s=\omega_1$，分析张力腿振动的稳定性。将表 12-5 中的数据代入式(12-77)，计算定常解 a^*、θ^*。

给定 C_L、C_D 和 ε 的值，变化 γ，由式(12-77)计算 a。基于李雅普诺夫原理和劳斯-赫尔维茨法则判定解的稳定性[72]。图 12-17(a)给出了 $C_L=0.6$、$C_D=0.4$、$\varepsilon=0.328$ 时，振动幅值随调谐参数 γ 的变化曲线；图 12-17(b)给出了 $C_L=0.6$、$C_D=0.1$、$\varepsilon=0.328$ 时，振动幅值随调谐参数 γ 的变化曲线。图 12-17 中，"+"表示不稳定的解，"·"表示稳定的解。

由图 12-17(a)可以看出，$C_D=0.4$ 时，不稳定振动的范围为 $-0.01\sim0.07$。由图 12-17(b)可以看出，$C_D=0.1$ 时，不稳定振动的范围为 $-0.09\sim0.1$，这表明拖曳力系数的影响是减小 C_D 时不稳定振动幅值范围增大。

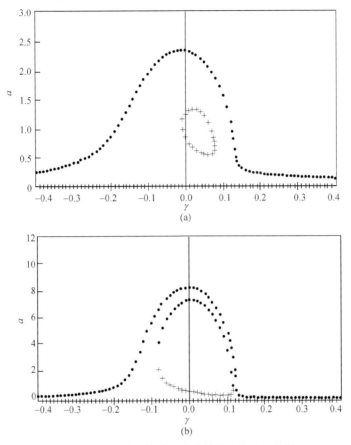

图 12-17　振动幅值随调谐参数变化的关系曲线

取 $C_L = 1.2$、$C_D = 0.1$、$\varepsilon = 0.328$，改变激振力的幅值 F_g，计算振动幅值。图 12-18 给出了振动幅值随激振力的变化关系曲线。由图 12-18 可知，在激振力为 $F_g = -0.3 \sim 0.35$ 时，振动幅值有 3 个解，其中虚线表示的解是不稳定的，此外，振动幅值随激振力 F_g 的大小变化出现振幅跳跃现象。例如，图 12-18 中，当激振力幅值从 0.35 再稍微增大时，振动幅值将从 -6.0 跳跃到 10。振动幅值在激振力或者频率变化时出现幅值跳跃，是非线性振动的重要特点，第 3 章强迫振动分析时也曾出现过幅值响应跳跃。

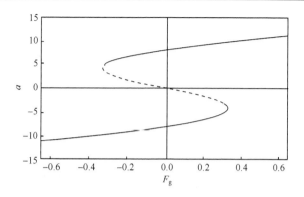

图 12-18 振动幅值随激振力幅值的变化关系曲线

12.3 系泊缆索非线性振动

缆索结构属于细长柔性结构。在深海系泊系统中，这一长细比会更大。当考虑系泊缆绳的连续性及缆绳内张力的传播特性以及不均匀特性时，可以采用偏微分系统来描述缆索结构的动力学问题。缆索结构的上端点与系泊的浮体相连，受到来自浮体的端点激励，所以属于动边界问题。同时受到来自风、浪、流等非线性载荷的激励。缆索结构的几何非线性、载荷非线性因素，使得缆索结构动力学问题是一种动边界、非线性偏微分问题[73]。本节以水平悬垂的缆索结构为例，探讨缆索结构的振动问题。

12.3.1 模型建立

假设缆绳沿长度方向各向同性，弹性连续，忽略弯曲、剪切和扭转刚度，浸没在准静态流体介质中，通过两个点连接，一端与地面铰接，另一端与海上浮体相连。将浮体的运动简化为正弦激励 $A_0 \sin \Omega t$，其中，A_0 为端点激励的幅值；Ω 为激励频率。为了简化计算，进一步假设两个端点在同一水平高度。用 χ^0 表示未拉伸时的几何形状，χ^i 表示静态平衡位置，χ^f 表示动态几何构形，如图 12-19 所示。由于重力的作用，缆绳下垂，弧坐标为 s，最大悬垂量为 D。假设 $R^i(s)$ 和 $R^f(s,t)$ 分别为同一点在静态平衡位置和动态曲线上的位置向量，则缆绳相对于平衡位置的三维位移 $U(s,t) = R^f(s,t) - R^i(s)$ 可以分解为沿切向 e_t、法向 e_n 和副法向 e_b 的 3 个分量 $U_1(s,t)$、$U_2(s,t)$ 和 $U_3(s,t)$，则

$$U(s,t) = U_1(s,t)e_1 + U_2(s,t)e_2 + U_3(s,t)e_3 \tag{12-85}$$

系泊缆的三维非线性运动方程由哈密顿原理推出。

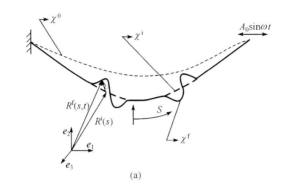

(a)

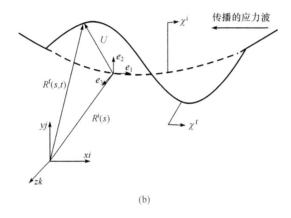

(b)

图 12-19　缆绳坐标示意图

1. 应变能和重力势能

描述缆绳动态应变的表达式为

$$e^{\mathrm{f}} = \frac{1}{2} \frac{(\mathrm{d}s^{\mathrm{f}})^2 - (\mathrm{d}s^0)^2}{(\mathrm{d}s^0)^2} = \frac{1}{2}\left(\frac{\partial R^{\mathrm{f}}}{\partial s^0} \cdot \frac{\partial R^{\mathrm{f}}}{\partial s^0} - 1\right)$$

其中，s^{f} 为沿伸长以后的缆绳的动态构形的弧长坐标；s^0 为沿未伸长缆绳的弧长坐标。

缆绳在最后构形 χ^{f} 时的应变能为

$$\Pi_{\mathrm{s}}^{\mathrm{f}} = \Pi_{\mathrm{s}}^{\mathrm{i}} + \frac{1}{2}\int_0^{L^{\mathrm{i}}} \left[2P^{\mathrm{i}}(s^{\mathrm{i}},t)\varepsilon(s^{\mathrm{i}},t)(1+2e^{\mathrm{i}}) + EA^{\mathrm{i}}\varepsilon^2(1+2e^{\mathrm{i}})^2\right]\mathrm{d}s^{\mathrm{i}} \qquad (12\text{-}86)$$

其中，$\Pi_{\mathrm{s}}^{\mathrm{i}}$ 表示在平衡位置 χ^{i} 时的应变能；L^{i} 表示平衡位置时的缆绳长度；$P^{\mathrm{i}}(s^{\mathrm{i}},t) = EA^{\mathrm{i}}e^{\mathrm{i}}$ 是平衡时缆绳的静态张力；A^{i} 为横截面积；E 为弹性模量；ε 表示中心线拉伸的拉格朗日应变的动态分量：

$$\varepsilon = \left(U_{1,s} - \kappa U_2\right) + \frac{1}{2}\left[\left(U_{1,s} - \kappa U_2\right)^2 + \left(U_{2,s} + \kappa U_1\right)^2 + U_{3,s}^2\right] \tag{12-87}$$

κ 为曲率。

当不考虑周围的流体时，系统在最后构形 χ^{f} 时的重力势能为

$$\Pi_{\mathrm{g}}^{\mathrm{f}} = \Pi_{\mathrm{g}}^{\mathrm{i}} + \int_{\Omega^{\mathrm{i}}} \rho A^{\mathrm{i}} g\left(-l_t U_1 - l_n U_2\right) \mathrm{d}\Omega^{\mathrm{i}} \tag{12-88}$$

其中，Π_g^{i} 表示在平衡位置 χ^{i} 时的重力势能；ρ 为缆绳密度；l_t 和 l_n 为方向余弦。

对于浸没在流体中的缆绳，浮力的作用方向与重力方向相反。由浮力产生的势能为

$$\Pi_{\mathrm{b}}^{\mathrm{f}} = \Pi_{\mathrm{b}}^{\mathrm{i}} + \int_{\Omega^{\mathrm{i}}} \rho_{\mathrm{w}} A^{\mathrm{i}} g\left(-l_t U_1 - l_n U_2\right) \mathrm{d}\Omega^{\mathrm{i}} \tag{12-89}$$

其中，ρ_{w} 为水的密度。

2. 动能和外部虚功

系统在最后构形 χ^{f} 时的动能为

$$\Pi_{\mathrm{k}}^{\mathrm{f}} = \frac{1}{2}\int_0^{L^{\mathrm{i}}} \rho A^{\mathrm{i}} (V^{\mathrm{f}} \cdot V^{\mathrm{f}}) \mathrm{d}s^{\mathrm{i}} \tag{12-90}$$

其中，V^{f} 为在动态缆绳构形上，质点的绝对速度，其表达式为

$$V^{\mathrm{f}} = \frac{\mathrm{d}U(s^{\mathrm{i}}, t)}{\mathrm{d}t} = U_{1,t}(s,t)\boldsymbol{e}_1 + U_{2,t}(s,t)\boldsymbol{e}_2 + U_{3,t}(s,t)\boldsymbol{e}_3 \tag{12-91}$$

外部虚功是指所有水动力和其他外部激励力做的功。所有作用在缆绳微段上的内力和外力如图 12-20 所示。与这些力有关的虚功可以表示为

$$\Pi_{\mathrm{f}}^{\mathrm{f}} = \int_{\Omega^{\mathrm{i}}} F \cdot U \mathrm{d}\Omega^{\mathrm{i}} = \int_{\Omega^{\mathrm{i}}} \left(F_1 U_1 + F_2 U_2 + F_3 U_3\right) \mathrm{d}\Omega^{\mathrm{i}} \tag{12-92}$$

其中的外力 F 被分解成沿 3 个方向的分量 F_1、F_2 和 F_3。

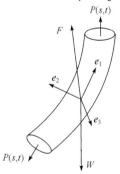

图 12-20　水下缆绳受力示意图

根据哈密顿原理，有

$$\delta \int_{t_1}^{t_2} \left(\varPi_k^f - \varPi_s^f - \varPi_g^f + \varPi_b^f + \varPi_f^f \right) \mathrm{d}t = 0 \tag{12-93}$$

将式(12-86)、式(12-87)、式(12-88)、式(12-89)、式(12-91)代入式(12-93)，就可以得到缆绳三维非线性运动方程如下。

切向运动方程：

$$
\begin{aligned}
-\rho A^i U_{1,tt} = & \left[\left(P^i + EA^i \varepsilon \right) \left(1 + U_{1,s} - \kappa^i U_2 \right) \right]_{,s} \\
& - \kappa^i \left(P^i + EA^i \varepsilon \right) \left(U_{2,s} + \kappa^i U_1 \right) - \left(\rho - \rho_w \right) A^i g l_t + F_1
\end{aligned}
\tag{12-94}
$$

法向运动方程：

$$
\begin{aligned}
-\rho A^i U_{2,tt} = & \left[\left(P^i + EA^i \varepsilon \right) \left(U_{2,s} + \kappa^i U_1 \right) \right]_{,s} \\
& + \kappa^i \left(P^i + EA^i \varepsilon \right) \left(1 + U_{1,s} - \kappa^i U_2 \right) - \left(\rho - \rho_w \right) A^i g l_n + F_2
\end{aligned}
\tag{12-95}
$$

副法向运动方程：

$$-\rho A^i U_{3,tt} = \left[\left(P^i + EA^i \varepsilon \right) U_{3,s} \right]_{,s} + F_3 \tag{12-96}$$

通常情况下，将切向运动和法向运动称为面内运动，而将副法向运动称为面外运动。图 12-20 中，e_1 和 e_2 方向的运动为面内运动，e_3 方向的运动为面外运动。此处主要考虑面内运动，忽略面外运动。

12.3.2　平衡分析

在式(12-94)~式(12-96)中，包含平衡张力和曲率两个未知量，可通过对方程组的平衡分析求得。令所有与时间有关的项均为零，由式(12-94)和式(12-95)，得到计算平衡张力和曲率的方程为

$$P_s^i = \left(\rho - \rho_w \right) A^i g l_t \tag{12-97}$$

$$P^i \kappa^i = \left(\rho - \rho_w \right) A^i g l_n \tag{12-98}$$

式(12-97)和式(12-98)确定了缆绳经典的悬链线平衡构形。当 $\rho_w \neq 0$ 时，即包含了浮力的作用，表示水下缆绳的悬链线构形。令 ϕ^i 表示 e_1 与水平方向的夹角，则两个曲率和两个方向余弦可以表示为 $\kappa^i = \phi_s^i$，$l_t = \sin \phi^i$，$l_n = \cos \phi^i$。通过积分变换，可以得到水下缆绳的平衡张力和曲率的表达式为

$$P^i = \frac{P_0}{\cos \phi^i} = \sqrt{P_0^2 + \left[\left(\rho - \rho_w \right) A^i g s^i \right]^2} \tag{12-99}$$

$$\kappa^{i} = \left[\frac{(\rho - \rho_{w}) A^{i} g}{P_0}\right] \cos^2 \phi^{i} = \frac{(\rho - \rho_{w}) A^{i} g P_0}{P_0^2 + \left[(\rho - \rho_{w}) A^{i} g s^{i}\right]^2} \qquad (12\text{-}100)$$

其中，P_0 为缆绳平衡张力的水平分量。式(12-99)和式(12-100)对任意松弛度的缆绳都适用。

上述方程主要可以处理两种悬链线问题，一种是不可伸长的悬链线，另一种是弹性可伸长的悬链线。这两种类型的差别可以通过考虑守恒定律得到。由守恒定律可知，$P^{i} = EA^{i} \varepsilon^{i}$，平衡状态的拉格朗日应变为 $\varepsilon^{i} = \frac{1}{2}\left[\left(\frac{\mathrm{d}s^{i}}{\mathrm{d}s^{0}}\right) - 1\right]$，$A^{i} \mathrm{d}s^{i} = A^{0} \mathrm{d}s^{0}$，同时满足

$$\frac{\mathrm{d}s^{i}}{\mathrm{d}s^{0}} = \left(1 + \frac{2T^{i}}{EA^{0}}\right)^{\frac{1}{2}} \qquad (12\text{-}101)$$

$$\frac{A^{i}}{A^{0}} = \left(1 + \frac{2T^{i}}{EA^{0}}\right)^{\frac{1}{2}} \qquad (12\text{-}102)$$

将式(12-101)进行泰勒级数展开，得到

$$\frac{\mathrm{d}s^{i}}{\mathrm{d}s^{0}} = 1 + \frac{T^{i}}{EA^{0}} - \left(\frac{T^{i}}{EA^{0}}\right)^2 + 3\left(\frac{T^{i}}{EA^{0}}\right)^3 + \cdots \qquad (12\text{-}103)$$

如果 $\dfrac{T^{i}}{EA^{0}} \ll 1$，则缆绳可以认为是不可伸长的，得到

$$\mathrm{d}s^{i} = \mathrm{d}s^{0}, \quad A^{i} = A^{0} \qquad (12\text{-}104)$$

若为弹性缆绳，则至少需要二阶近似，即

$$\frac{\mathrm{d}s^{i}}{\mathrm{d}s^{0}} = 1 + \frac{T^{i}}{EA^{0}} \qquad (12\text{-}105)$$

$$\frac{A^{i}}{A^{0}} = 1 - \frac{T^{i}}{EA^{0}} \qquad (12\text{-}106)$$

在有些条件下，缆绳自身的重力相对于缆绳内的张力是个小量，可以忽略不计，或者在松弛时可认为缆绳内的张力为零。但是当考虑冲击载荷时，要考虑缆绳内张力的变化率，缆绳自身重力引起的缆绳张力的大小就不能忽略，因为它对应变率的影响比较大。

由式(12-99)和式(12-100)可知，缆绳的张力和曲率与弧长坐标 s 为非线性关系。为了简化计算，对式(12-99)和式(12-100)变换形式以后进行泰勒级数展开，忽略其中的 4 次及 4 次以上的项，得到

$$P(s,t) = \sqrt{P_0^2(s,t) + (\rho Ags)^2} = P_0(s,t)\sqrt{1 + \left(\frac{\rho Ag}{P_0}s\right)^2}$$

$$= P_0(s,t)\left[1 + \frac{1}{2}\left(\frac{\rho Ag}{P_0}s\right)^2\right] + O\left(\frac{\rho Ag}{P_0}s\right)^4 \tag{12-107}$$

$$\kappa(s,t) = \frac{\rho AgP_0(s,t)}{P_0^2(s,t) + (\rho Ags)^2} = \frac{\rho Ag}{P_0}\frac{1}{1 + \left(\frac{\rho Ag}{P_0}s\right)^2}$$

$$= \frac{\rho Ag}{P_0}\left[1 - \left(\frac{\rho Ag}{P_0}s\right)^2\right] + O\left[\left(\frac{\rho Ag}{P_0}s\right)^4\right] \tag{12-108}$$

引入变量 λ，令 $\lambda = \rho Ag / P_0$，表示缆绳单位长度重力与缆绳水平张力的比值，其单位为 1/m。由于缆绳弧长坐标的最大值为缆绳的长度，此时 $\frac{\rho Ag}{P_0}L$ 表示缆绳自身的重力与缆绳内水平张力的比值。工程中实用的缆绳，缆绳自身重力比缆绳内张力的值小很多，所以展开的级数收敛。忽略 λ 的 4 次及以上的高阶小量，则式(12-107)和式(12-108)可以简化为

$$P(s,t) = P_0(s,t)\left(1 + \frac{1}{2}\lambda^2 s^2\right) \tag{12-109}$$

$$\kappa(s,t) = \lambda\left(1 - \lambda^2 s^2\right) \tag{12-110}$$

可以看出，当缆绳处于松弛状态时，λ 值较大，式(12-109)和式(12-110)中的第二项就不可忽略；当缆绳张紧时，则相反。λ 值的大小反映了缆绳的松紧状态，松弛-张紧条件下缆绳的模型就是一个连续模型。在后面的计算中，均采用式(12-109)和式(12-110)中的简化关系。

考虑线弹性的本构关系，将式(12-109)和式(12-110)代入式(12-94)和式(12-95)中，提取公因式并除以 ρA，忽略包含 λ 的 4 阶及更高阶的项，只保留影响应力波传播速度中的非线性项，而忽略其他非线性项是可行的。化简得到缆绳结构的面内运动方程为

$$-U_{1,tt} + \frac{F_1}{\rho A} + \left(-2g - \frac{E}{\rho}\lambda + \frac{E}{\rho}\lambda^3 s^2 + g\lambda^2 s^2\right)U_{2,s}$$

$$+ \left(\frac{P_0}{\rho A} + \frac{E}{\rho} + \frac{g}{2}\lambda s^2 + 2\frac{E}{\rho}U_{1,s} + 2\frac{E}{\rho}\lambda^3 s^2 U_2 - 2\frac{E}{\rho}\lambda U_2\right)U_{1,ss} \tag{12-111}$$

$$+ g\lambda s U_{1,s} + g\lambda s + \left(2\frac{E}{\rho}\lambda^3 s + g\lambda^2 s\right)U_2 + \left(\frac{3}{2}g\lambda^3 s^2 - g\lambda\right)U_1 = 0$$

$$-U_{2,tt} + \frac{F_2}{\rho A} + \left[\frac{P_0}{\rho A} + \frac{g}{2}\lambda s^2 + (\lambda^3 s^2 - \lambda)\frac{E}{\rho}U_2 + \frac{E}{\rho}U_{1,s} \right]U_{2,ss} - g\lambda^2 s U_1$$

$$+ g\lambda s U_{2,s} + \left(g - \frac{g}{2}\lambda^2 s^2 \right) + \left(2g - g\lambda^2 s^2 - \frac{E}{\rho}\lambda^3 s^2 + \frac{E}{\rho}\lambda \right)U_{1,s}$$

$$+ \left(-\frac{E}{\rho}\lambda^2 - g\lambda + \frac{3}{2}g\lambda^3 s^2 \right)U_2 = 0 \qquad (12\text{-}112)$$

令 $C_1^2 = a_1 + a_2 U_{1,s} + a_3 U_2$，$C_2^2 = b_1 + b_2 U_{1,s} + b_3 U_2$ 分别表示非线性应力波切向传播和法向传播的波速，其中各系数为

$$b_1 = \frac{P_0}{\rho A} + \frac{g}{2}\lambda s^2, \quad a_1 = \frac{P_0}{\rho A} + \frac{E}{\rho} + \frac{g}{2}\lambda s^2$$

$$b_2 = \frac{E}{\rho}, \quad a_2 = 2\frac{E}{\rho}$$

$$b_3 = (\lambda^3 s^2 - \lambda)\frac{E}{\rho}, \quad a_3 = 2\frac{E}{\rho}(\lambda^3 s^2 - \lambda)$$

可以看出，非线性应力波的波速是与位置坐标 s、缆绳单位长度的重力与平衡张力水平分量的比值 λ、切向应变和法向位移有关的函数。在式(12-111)和式(12-112)中，F_1 和 F_2 分别表示在切向和法向的任意激励载荷。

12.3.3　缆绳上的外部载荷分析

缆绳结构中，主要包含两个方面的激励：一个是由于系泊浮体的运动引起的端点激励，另一个是作用在缆绳上面的切向和法向的水动力，即

$$F_i = F_i^{\text{excit}} + F_i^{\text{hyd}}, \quad i = 1, 2 \qquad (12\text{-}113)$$

其中，F_i^{excit} 表示端点运动激励；F_i^{hyd} 表示作用在缆绳上的水动力。

缆绳的水动力根据莫里森公式计算。假定缆绳处于准静态流中，作用在单位长度缆绳上的水动力可以表示为

$$F_i^{\text{hyd}} = C_{ai}\rho_{\text{w}}\frac{\pi d^2}{4}U_{i,tt} + C_{di}\frac{\rho_{\text{w}}d}{2}\left| U_{i,t} \right| U_{i,t}, \quad i = 1, 2 \qquad (12\text{-}114)$$

其中，d 为缆绳直径；C_d 为流体曳力系数；C_a 为附加质量系数；ρ_{w} 为海水的密度。

缆绳在切向和法向受到的流体拖曳阻力分别为

$$F_1^{\text{hyd}} = C_{at}\rho_{\text{w}}\frac{\pi d^2}{4}U_{1,tt} + C_{dt}\frac{\rho_{\text{w}}d}{2}\left| U_{1,t} \right| U_{1,t} \qquad (12\text{-}115)$$

$$F_2^{\text{hyd}} = C_{an}\rho_w \frac{\pi d^2}{4} U_{2,tt} + C_{dn}\frac{\rho_w d}{2}|U_{2,t}|U_{2,t} \qquad (12\text{-}116)$$

根据参考文献，式中系数取值为 $C_{at}=1$、$C_{an}=1$、$C_{dt}=0.01$ 及 $C_{dn}=1.5$。

对于图 12-19 描述的一端固定，一端自由的系泊缆绳，在端点 $s=L$ 处只受到切向的简谐运动激励，如图 12-21 所示。令 A_0 表示激励幅值，Ω 表示激励频率，则上端点激励可以表示为

$$F_1^{\text{excit}} = A_0 \delta(s)\sin\Omega t \qquad (12\text{-}117)$$

其中，$\delta(s) = \begin{cases} 0, & s \neq L \\ 1, & s = L \end{cases}$。

在法向的端点激励忽略不计，即 $F_2^{\text{excit}} = 0$。

图 12-21　水平悬垂缆绳示意图

12.3.4　深海缆绳的动力响应计算结果及分析

选取的缆绳参数如表 12-6 所示。

表 12-6　缆绳参数[74]

缆绳特征量	符号	数值
弹性模量	E	1.0×10^{11}Pa
缆绳密度	ρ_c	3750kg/m³
横截面积	A	314.2mm²
静态水平张力	P_0	27kN
绳长	L	2000m
悬垂度	D	200m
附加质量系数	C_m	1.0
法向拖曳力系数	C_{d2}	1.05
切向拖曳力系数	C_{d1}	0.01
水的密度	ρ_w	1025kg/m³

1. 位移和应变的传播特性计算及分析

端点的激励频率为5rad/s，激励幅值为10m，其他参数如表12-6所示，计算得到缆绳不同位置处的横向运动和纵向运动的位移与时间和弧长坐标等的关系曲面如图12-22和图12-23所示。为了看清楚各个特殊点的运动情况，缆绳上500m和1000m处的位移曲线在图12-24和图12-25中给出。由于非线性因素的影响，缆绳的纵向运动中出现"拍振"现象，若用波动理论来说，就是"波包"，即多个波共同作用的结果，此时传递的能量最大。

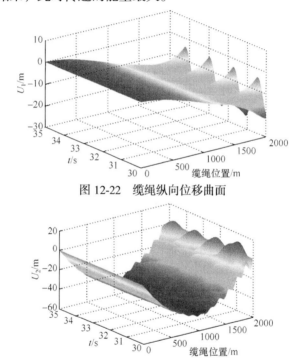

图12-22 缆绳纵向位移曲面

图12-23 缆绳横向位移曲面

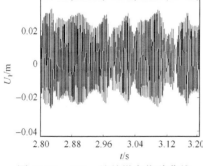

图12-24 500m处的纵向位移曲线

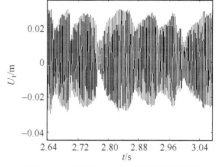

图12-25 1000m处的纵向位移曲线

缆绳 1800m 和 1000m 处的应变时间历程曲线如图 12-26 和图 12-27 所示。可以看出，缆绳不同点的应变各不相同，并不是同步、均匀的变形，这表明当缆绳的长度比较长时，缆绳长度位置坐标的影响不能忽略。

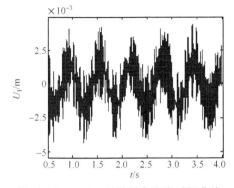
图 12-26　1800m 处的纵向应变时间曲线

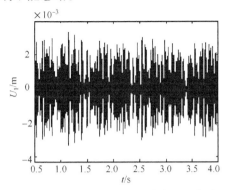
图 12-27　1000m 处的纵向应变时间曲线

1800m 处缆绳纵向运动和横向运动的时间历程曲线及相图如图 12-28～图 12-31 所示。

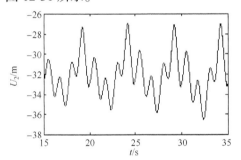
图 12-28　1800m 处的横向运动时间历程曲线

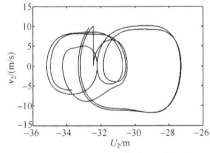
图 12-29　1800m 处横向运动相图

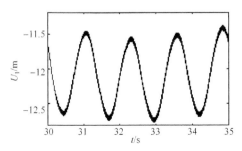
图 12-30　1800m 处的纵向时间历程曲线

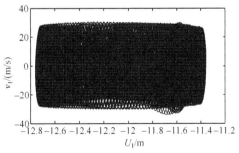
图 12-31　1800m 处纵向运动的相图

由图 12-28～图 12-31 可知，由于非线性的影响，缆绳的横向运动为倍周期运动，而纵向运动为概周期运动。此外，在缆绳的纵向运动中，出现了 300Hz 左右的高频分量，见图 12-32 和图 12-33，这是应力波的频率成分。由于缆绳弹性模量的影响，缆绳内产生的纵向应力波高速传播，同时由于非线性因素的影响，应力波的波速不断发生改变，产生高频分量。

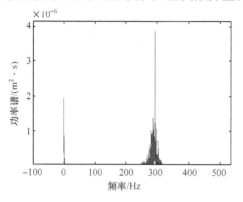

图 12-32　1800m 处纵向运动频谱图

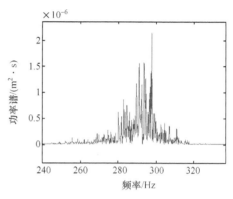

图 12-33　纵向运动频谱图的局部放大图

2. 缆绳松弛-张紧时的运动及动态张力计算分析

当预张力为 61.2kN 时，计算得到缆绳的初始位移[75]，此时缆绳的水平跨度为 1992m，悬垂比为 0.056。

给定激励频率 5rad/s，激励幅值为 10m，可以计算得到缆绳的运动情况。当达到稳定状态时，缆绳 1000m 处的纵向运动时间历程曲线如图 12-34 所示，运动相图如图 12-35 所示。从图 12-35 中可以看出，缆绳 1000m 处的纵向运动是概周期运动。

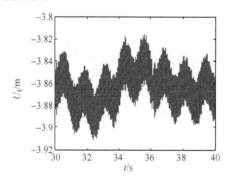

图 12-34　1000m 处纵向运动时间历程曲线

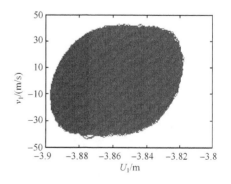

图 12-35　1000m 处纵向运动相图

缆绳 1000m 处的横向运动曲线如图 12-36 和图 12-37 所示。在经过长时间的衰减以后，缆绳的横向运动最终达到一种稳定的运动状态。

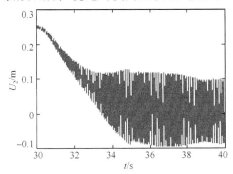 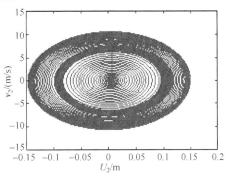

图 12-36　1000m 处横向运动时间历程曲线　　　图 12-37　缆绳 1000m 处横向运动相图

缆绳中点处的横向运动发生跳跃，相图如图 12-37 所示。系统从一个比较小的极限环开始运动，然后逐渐趋近于一个比较大的极限环，然后回到原来的极限环，再从极限环跳跃到一个平衡点，之后又开始运动到最外面的极限环。这个过程对应缆绳的 3 个平衡状态：正向弯曲、负向弯曲和平衡点的位置。

从图 12-37 中可以看出，在横向位移为 0 的位置处，缆绳的速度发生了跳跃，从 5m/s 跳跃到 0，然后速度逐渐增大。运动相图中的较小极限环对应了缆绳的松弛状态，较大的极限环对应了缆绳的张紧状态。在实际的缆绳中，缆绳在初始预张力的作用下，发生正向弯曲(规定向下的弯曲为正)，然后在水平方向的激励下，由于纵向运动和横向运动的耦合作用，正向弯曲逐渐减小到一个平衡点的位置，到达零点位置，然后继续向上弯曲运动，如此往复。缆绳的冲击载荷就可能发生在从松弛状态到张紧状态的转变过程中。

所以，当缆绳初始状态不张紧时，缆绳的运动会发生改变：缆绳的纵向会发生概周期运动，横向运动发生跳跃，缆绳出现不同平衡位置间的转换。

参 考 文 献

[1] 唐友刚. 高等结构动力学. 2 版. 天津: 天津大学出版社, 2003.

[2] 陈予恕. 非线性振动. 北京: 高等教育出版社, 2001.

[3] Wilson J F. Dynamics of Offshore Structure. Hoboken, New Jersey: John Wiley, 2003.

[4] 徐继祖, 李维扬, 王克让, 等. 海洋工程结构动力分析. 天津: 天津大学出版社, 1992.

[5] 唐友刚, 沈国光, 刘利琴. 海洋工程结构动力学. 2 版. 天津: 天津大学出版社, 2012.

[6] 刘利琴. 船舶横摇非线性随机动力学行为的研究[博士学位论文]. 天津: 天津大学, 2007.

[7] 田凯强. 船舶参数激励-强迫激励非线性运动研究[硕士学位论文]. 天津: 天津大学, 1999.

[8] 闻邦椿, 李以农, 韩清凯. 非线性振动理论中的解析方法及工程应用. 沈阳: 东北大学出版社, 2000.

[9] 李红霞. 纵浪和斜浪中船舶非线性运动特性研究[博士学位论文]. 天津: 天津大学, 2008.

[10] 谢文会. 铰接塔平台非线性动力响应研究[博士学位论文]. 天津: 天津大学, 2007.

[11] Bar-Avi P, Benaroya H. Nonlinear dynamics of an articulated tower in the ocean. Journal of Sound and Vibration, 1996, 190(1): 77-103.

[12] 谈俊峰, 陈京普. 参数横摇对集装箱船设计和运营的影响. 集装箱化, 2015, 26(4): 16, 17.

[13] 邵卫东. 深海顶张力立管参激-涡激耦合动力响应分析[硕士学位论文]. 天津: 天津大学, 2011.

[14] 董艳秋. 深海采油平台波浪载荷及响应. 天津: 天津大学出版社, 2005.

[15] 赵文斌. Spar 平台水动力载荷及垂荡-纵摇耦合运动分析[硕士学位论文]. 天津: 天津大学, 2007.

[16] 赵晶瑞. 经典式 Spar 平台非线性耦合动力响应研究[博士学位论文]. 天津: 天津大学, 2010.

[17] Agarwal A K, Jain A K. Dynamic behavior of offshore Spar platforms under regular sea waves. Ocean Engineering, 2003, 30(4): 487-516.

[18] 郑俊武, 唐友刚, 董艳秋, 等. 船舶横摇与纵摇耦合运动的非线性微分方程. 天津大学学报, 1998, 31(6): 737-740.

[19] 威尔逊 J F. 海洋结构动力学. 杨国金, 郭毅, 唐钦满, 等译. 北京: 石油工业出版社, 1991.

[20] 陈予恕. 非线性振动. 天津: 天津科技出版社, 1983.

[21] 王海期. 非线性振动. 北京: 高等教育出版社, 1992.

[22] 胡楠. FPSO 单锚摇臂系泊系统的非线性动力特性研究[硕士学位论文]. 天津: 天津大学, 2006.

[23] Rgahothama A, Narayanan S. Bifurcation and chaos of an articulated loading platform with piecewise non-linear stiffness using the incremental harmonic balance method. Ocean Engineering, 2000, 27: 1087-1107.

[24] Choi H S, Lou J Y K. Nonlinear behavior and chaotic motions of an sdf with piecewise nonlinear stiffness. International Journal of Nonlinear Mechanics, 1991, 26 (5): 461-473.

[25] Adrezin R, Bar-Avi P, Benaroya H. Dynamic response of compliant offshore structures review. Journal of Aerospace Engineering, 1996, 9(4): 114-131.

[26] 陈树辉, 刘世龄, 张佑. 强非线性振动的定量方法. 广州: 广东科技出版社, 2003.

[27] 张延峰. 纵浪上船舶的动稳性研究[硕士学位论文]. 天津: 天津大学, 1998.

[28] 张延峰, 董艳秋, 唐友刚, 等. 纵浪上基本参数共振对船舶稳性的影响. 船舶力学, 1998, 2(3): 6-12.

[29] 董艳秋, 张延峰, 唐友刚, 等. 纵浪上船舶的动稳性研究. 中国造船, 1998, 143(4): 27-37.

[30] 唐友刚, 田凯强, 董艳秋, 等, 船舶参数激励非线性运动升沉(纵摇)-横摇耦合关系的研究. 中国造船, 2000, 41(3): 23-27.

[31] 王洪礼, 张琪昌, 郭树起, 等. 非线性动力学理论及工程应用. 天津: 天津科学技术出版社, 2002.

[32] 郑俊武. 船舶内共振动力学行为研究[硕士学位论文]. 天津: 天津大学, 1998.

[33] 唐友刚, 马网扣, 张伟, 等. 船舶超谐共振响应运动. 中国造船, 2002, 43(4): 19-24.

[34] 凌复华. 非线性振动系统周期运动及其稳定性的数值研究. 力学进展, 1986, 16(1): 14-27.

[35] 徐培骥. 不规则波浪下 Spar 平台参数纵摇的预测研究[硕士学位论文]. 上海: 上海交通大学, 2015.

[36] 周纪卿, 朱因远. 非线性振动. 西安: 西安交通大学出版社, 2001.

[37] 徐伟, 孙春艳, 孙建桥, 等. 胞映射方法的研究和进展. 力学进展, 2013, 43(1): 91-100.

[38] 杜度, 张伟康, 毕毅, 等. 系泊海洋平台周期运动倍周期分岔的胞映射分析. 应用力学学报, 2004, 21(4): 71-75.

[39] 欧阳茹荃, 朱继懋. 多点锚泊系统吸引子和吸引域的计算. 海洋工程, 1999, 17(3): 62-68.

[40] Huang L, Liu L Q. The nonlinear bifurcation and chaos of coupled heave and pitch motions of a truss spar platform. Journal of Ocean University of China, 2015, 14: 795-802.

[41] Zhao J R, Tang Y G, Shen W J. A study on the combination resonance response of a classic Spar platform. Journal of Vibration and Control, 2010, 16(14): 2083-2107.

[42] 刘利琴, 王宾, 张若瑜, 等. 经典式Spar平台垂荡-纵摇耦合混沌运动研究. 工程力学, 2013, 30(11): 272-276.

[43] 刘利琴, 唐友刚. Spar 平台垂荡-纵摇耦合运动的不稳定性. 船舶力学, 2009, 13(4): 551-556.

[44] 刘利琴, 唐友刚. 船舶甲板上浪的非线性横摇响应. 应用力学学报, 2010, 27(3): 565-569.

[45] 刘利琴. 一种微静电开关的非线性动力学[硕士学位论文] . 天津: 天津大学, 2002.

[46] Wolf A, Swift J B, Swinney H L, et al. Determining Lyapunov exponents from a time series. Physica D, 1985, 16: 285-317.

[47] Andrea R Z, Gallas J A C. Lyapunov exponents for a duffing oscillator. Physica D, 1995, 89: 71-82.

[48] Petter A B. Dynamic response analysis of a truss Spar in waves [Dissertation]. Newcastle: University of Newcastle, 2000.

[49] 谢文会, 唐友刚, 周满红. 深水铰接塔平台的非线性动力特性分析. 工程力学, 2006, 23(9): 36-41.

[50] 谢文会, 唐友刚, 陈予恕. 波流联合作用下深水铰接塔平台的组合共振. 海洋技术, 2005, 24(4): 82-93.

[51] 谢文会, 唐友刚. 用IHB法分析双谐波激励下铰接塔-油轮系统的非线性动力学特性. 应用力学学报, 2008, 25(3): 498-502.

[52] Li H X, Tang Y G, Liu L Q, et al. Analysis on motion and cable dynamic tension for an ALT-tanker system. China Ocean Engineering, 2009, 23(2): 355-366.

[53] Liaw C Y. Bifurcations of subharmonics and chaotic motions of articulated towers. Engineering Strtuctures, 1988, 10(2): 117-124.

[54] Choi H S, Lou J Y K. Nonlinear behavior of an articulated offshore loading platform. Applied Ocean Research, 1991, 12(2): 63-74.

[55] Gottlieb O, Yim C S, Hudspeth R T. Analysis of nonlinear response of an articulated tower. International Journal of Offshore and Polar Engineering, 1992, 2(1): 61-66.

[56] 刘利琴, 唐友刚. 船舶运动的复杂动力学特性在我国的研究进展. 武汉理工大学学报(交通科技与工程版), 2006, 30(1): 183-186.

[57] Morrall A, The gaul disaster: A investigation into the loss of a large stern trawler. Naval Architect, 1981, (5): 391-440.

[58] Hua J B, A study of the parametrically excited roll motion of a Ro-Ro-Ship in following and heading waves. Int. Shipbuild. Progr, 1992, 39(420): 345-366.

[59] Nayfeh A H, Mook D T. Nonlinear Oscillations. Hobokey, New Jersey: John Wiley, 1979.

[60] 王文杰. SPAR 平台垂荡-纵摇耦合非线性运动响应的数值模拟[硕士学位论文]. 天津: 天津大学, 2008.

[61] 赵晶瑞, 唐友刚, 张若瑜, 等. 传统 Spar 平台垂荡主共振时非线性耦合响应的研究. 应用力学学报, 2010, 27(1): 20-27.

[62] 赵晶瑞, 唐立志, 唐友刚, 等. 传统 Spar 平台垂荡-纵摇耦合内共振响应. 天津大学学报, 2009(3): 201-297.

[63] 赵晶瑞, 唐友刚, 刘利琴, 等. 传统 Spar 平台和型组合共振运动响应研究. 海洋工程, 2009, 27(4): 23-30.

[64] 刘利琴, 唐友刚, 王文杰. Spar 平台垂荡-纵摇耦合运动失稳机理研究. 海洋工程, 2009, 27(2): 29-35.

[65] 赵晶瑞, 唐友刚, 王文杰. Spar 平台参数激励 Mathieu 不稳定性研究. 工程力学, 2010, 27(3): 222-227.

[66] Zhao J, Tang Y, Shen W. A study on the combination resonance response of a classic spar platform. Journal of Vibration & Control, 2010, 16(4): 2083-2107.

[67] 张杰, 唐友刚, 黄磊. 深海立管参激振动研究综述. 船舶工程, 2012, 34(6): 1-4.

[68] 张杰, 唐友刚. 深海立管固有振动特性的进一步分析. 船舶力学, 2014, 18(1/2): 165-171.

[69] 张杰, 唐友刚, 黄磊, 等. 参数激励下深海立管多模态振动特性分析. 振动与冲击, 2013, 32(19): 51-56.

[70] 张杰. 深海立管参激-涡激联合振动与疲劳特性研究[博士学位论文]. 天津: 天津大学, 2014.

[71] 董艳秋. 波流联合作用下海洋平台张力腿的涡激非线性振动. 海洋学报, 1994, 16(3): 121-129.

[72] Dong Y Q, Lou J Y K. Stability of vortex-induced oscillation of tension leg platform tethers. Ocean Engineering, 1992, 19(6): 555-571.

[73] 张素侠. 深海系泊系统松弛-张紧过程缆绳的冲击张力研究[博士学位论文]. 天津: 天津大学, 2008.

[74] Behbahan-Nejad M. Wave propagation in elastic cables with and without fluid interaction [Dissertation]. Michigan: University of Michigan, 1997.

张素侠, 唐友刚, 侯书军, 等. 系泊缆松弛-张紧状态应力波的特性分析. 工程力学, 2010, 7(5): 53-59.